"十三五"国家重点出版物出版规划项目

 "十二五"普通高等教育本科国家级规划教材

高等教育网络空间安全规划教材

移动互联网：原理、技术与应用
第3版

崔　勇　张　鹏　编著

吴建平　主审

机械工业出版社

本书主要介绍移动互联网的基本原理和最新研究进展。第 1 章介绍移动互联网的基础知识，第 2 章分析无线接入网络技术，第 3、4 章讨论移动互联网的两种重要组网方式——移动自组织网络和无线传感器网络，第 5 章阐述网络层移动 IP 技术，第 6 章介绍传输层的重要技术——无线 TCP 技术和新兴的 QUIC 协议，第 7 章介绍移动云计算的关键技术，第 8 章介绍移动边缘计算技术，第 9 章探讨卫星互联网技术与发展趋势，第 10 章探讨移动互联网安全机制，第 11、12 章介绍移动互联网技术的综合应用和实验。基本涵盖了移动互联网的主要内容。本书第 1~11 章附有习题，帮助读者深入地进行学习。

本书既可作为高等院校相关专业高年级本科生、研究生学习移动计算、无线网络课程的教材，也可供相关专业技术人员和教育工作者参考使用。

本书配有授课电子课件，需要的教师可登录 www.cmpedu.com 免费注册，审核通过后下载，或联系编辑索取（微信：13146070618，电话：010-88379739）。

图书在版编目（CIP）数据

移动互联网：原理、技术与应用/崔勇，张鹏编著．—3 版．—北京：机械工业出版社，2023.10（2025.1 重印）

"十三五"国家重点出版物出版规划项目　高等教育网络空间安全规划教材

ISBN 978-7-111-73643-1

Ⅰ．①移…　Ⅱ．①崔…②张…　Ⅲ．①移动网-高等学校-教材　Ⅳ．①TN929.5

中国国家版本馆 CIP 数据核字（2023）第 147413 号

机械工业出版社（北京市百万庄大街 22 号　邮政编码 100037）
策划编辑：郝建伟　　　　　　责任编辑：郝建伟
责任校对：韩佳欣　陈　越　　责任印制：张　博
北京建宏印刷有限公司印刷
2025 年 1 月第 3 版第 2 次印刷
184mm×260mm · 22.75 印张 · 563 千字
标准书号：ISBN 978-7-111-73643-1
定价：89.00 元

电话服务　　　　　　　　　　网络服务
客服电话：010-88361066　　机　工　官　网：www.cmpbook.com
　　　　　010-88379833　　机　工　官　博：weibo.com/cmp1952
　　　　　010-68326294　　金　书　网：www.golden-book.com
封底无防伪标均为盗版　　　　机工教育服务网：www.cmpedu.com

前　言

本书自 2012 年 1 月第 1 版发行以来，得到了广大授课教师和学生的支持与认可，先后入选"十二五"普通高等教育本科国家级规划教材和"十三五"国家重点出版物出版规划项目。本次修订本着"前沿、实用"的原则，在尽量保持本书核心技术内容不变的前提下，突出移动互联网的特色，删减部分过时内容，在移动互联网行业核心原理、关键技术、典型应用等内容的时效性和实用性方面有所更新与充实，新增业界最新技术内容，如移动边缘计算技术、卫星互联网技术，并更新了 IEEE 802.11 的最新技术进展等。

移动互联网时代是网络化和智能化的时代。移动互联网与云计算、大数据、物联网、人工智能和虚拟现实等技术相结合，能广泛应用于游戏、视频、零售、教育、医疗、旅游等领域。移动互联网的快速发展和广泛应用，不但让人们的生活和工作更加便捷，而且对社会、经济发展产生了极其深远的影响。移动互联网，尤其是移动互联网与其他应用平台的有机结合体，已成为人们进行移动通信和获取互联网服务的首要模式。

移动互联网不仅是计算机、微电子和通信等多个学科交叉融合的结果，也是信息技术发展的重要基础，因此对移动互联网技术的学习和研究已成为计算机网络领域人才的基本素养。为了使信息学科研究生和本科高年级学生能够尽快了解移动互联网的研究现状，以及目前学术界和产业界的最新技术进展，很多高等院校都开设了移动计算、移动互联网等专业课。

近年来，随着移动互联网行业的蓬勃发展，各种新型网络技术与应用形态不断涌现，移动云计算、移动终端和移动支付等安全问题日益突出，同时移动互联网的传输也面临着各种性能与安全挑战，例如低延时通信，用户数据的隐私安全，以及新的传输层技术的部署问题。移动互联网的理论教学、实战训练和人才培养等面临全新的挑战，课程教材的适时更新与不断完善势在必行。

本书向读者全面、系统、深入地介绍了移动互联网的相关知识，并力图培养读者的独立研究能力，使得读者能够在较短时间内掌握移动互联网的基本原理和关键技术，了解学术界和工业界的最新研究进展。本书通过大量应用实例，增强读者感性认识，从而达到学以致用的目的。本书的每一章都从基本原理出发，结合实例介绍基本协议原理及其运行机制和关键技术，然后分析学术界在该问题上的最新研究进展以及产业界的最新应用，最后展望该技术的未来研究方向。

为了帮助读者更好地理解移动互联网的关键技术，本书第 1 章介绍移动互联网的基础知识，第 2 章分析了无线接入技术，第 3、4 章讨论移动互联网的两种重要组网方式——移动自组织网络和无线传感器网络，第 5 章阐述网络层移动 IP 技术，第 6 章介绍传输层的重要技术——无线 TCP 技术和新兴的 QUIC 协议，第 7 章介绍移动云计算的关键技术，第 8 章介绍移动边缘计算技术，第 9 章探讨卫星互联网技术与发展趋势，第 10 章探讨移动互联网安全机制，第 11、12 章介绍移动互联网技术的综合应用和实验。

本书具有以下特点。

1）入门要求低，读者只需要了解计算机网络的基本知识就可阅读本书，并且各个章节相对独立，难度分布合理。

2）涵盖内容广泛，全面介绍了学术界最新研究成果，以及工业界最新技术发明和产品，从原理、技术和应用角度向读者展示了移动互联网的最新成果。

3）内容实用性强，介绍并分析了移动互联网各关键技术的应用，力图帮助读者学以致用，在今后的学习、工作和研究中更加顺利。

古人云：知其然，知其所以然。在此提醒读者，不仅要学习知识、掌握原理、了解应用，更要多些疑问：每学习一个协议、一个算法，要多想想为什么要这样设计，为什么不能那样设计。进一步而言，如果说人类发明了互联网而不是发现了互联网的话，那么本书不仅希望读者学习移动互联网的基本知识和研究进展，更希望能够带领读者，针对移动互联网所面临的每一个问题，一起去"发明"每一个协议、每一个算法，哪怕是去"发明"一个十年前已经成熟的技术。虽然优秀的发明成果本身乃是无价之宝，但发明的过程才是思维的凝练和学习的精髓。如果本书能够让读者思考问题的模式得到些许改变，那么本书对读者的价值就远远超过对移动互联网知识本身的学习。本书可作为计算机、电子工程、通信、自动化、软件工程等信息类相关专业的研究生和本科高年级学生的教材，也可供信息领域的工程技术人员和教育工作者参考使用。

本书由崔勇和张鹏共同编写，由崔勇完成全书的统稿。本书是作者多年教学实践工作的总结。本书的出版，首先应该感谢近年来学习清华大学"无线网络与移动计算"课程的研究生，他们对本书的期盼使得作者倍受鼓舞并感受到义不容辞的责任；清华大学计算机系移动互联网研究小组的学生参与了本书的资料收集和整理工作；清华大学吴建平教授不仅审阅了全文，而且给出了许多宝贵建议，使本书增色不少；最后，感谢国家自然科学基金重点项目和教育部长江学者特聘教授项目对作者相关研究工作的支持。

在阅读本书过程中，若发现不足之处，请提出宝贵意见，以便作者对本书内容不断加以完善，更好地为读者服务。作者电子邮箱：cuiyong@ tsinghua. edu. cn。

编　者

目　　录

第 1 章
移动互联网基础

计算机技术和通信技术的融合对信息时代的发展起了重要的推动作用，尤其是二者融合所产生的计算机网络，彻底改变了人们的生活方式和思维方式。Andrew S. Tanenbaum 教授在《计算机网络（第 5 版）》中，将计算机网络定义为通过同一种技术相互连接的一组自主计算机的集合，其中"相互连接"是指各台计算机之间能够交换信息[1]。

随着无线通信技术的发展，行走在路上的人们已经可以随时随地通过智能手机、平板电脑、笔记本电脑等移动设备发送或接收电子邮件、浏览网页，以及访问远程文件等。随着无线接入技术的进一步发展以及移动操作系统和移动浏览器的开发，无线移动互联网具有越来越多的网络应用，并且越来越多的使用者开始逐渐接受无线移动互联网。与此同时，"无线城市"不但成为热门的新名词，而且通过 WiFi、4G、5G 等无线网络技术组建的无线局域网、无线城域网已经走进千家万户。可以说，无线通信成为固定宽带之后互联网发展的重要推动力，无线移动互联网代表了未来计算机网络技术乃至未来计算机技术的发展趋势，21 世纪已成为无线移动互联网的时代。

1.1 节是引言；1.2 节介绍了移动互联网的概念和特点，回顾了移动互联网的发展与演进；1.3 节介绍了移动互联网的相关协议与标准化组织；1.4 节阐述了移动互联网的设计要求；1.5 节是本章小结。

📖 教学目标

- 掌握移动互联网的概念，熟悉移动互联网的设计要求。
- 了解移动互联网的发展历程和特点。
- 了解移动互联网相关的标准化组织。

1.1 引言

计算机网络经历了几十年的发展，影响力最大的计算机网络是互联网[2]。互联网起源于 20 世纪 60 年代后期美国国防部高级研究计划局所建立的 ARPANET。ARPANET 是由一些被称为接口消息处理器（IMP）的小型

中国互联网发展

机所构成的分组交换网络，每个节点具有接口消息处理器和主机，主机向接口消息处理器发送消息，接口消息处理器将该消息分成分组，接着向目的节点发送分组。ARPANET 已经具备了互联网的一些特点，并迅速成长。

虽然 ARPANET 成长迅速，但是各个网络的消息格式、接口等缺乏统一标准，多个网络之间的连接和通信成为亟待解决的问题。解决该问题的方案在于协议，只要各个网络采用相同的协议，相互之间的通信就能够得以实现[3]。这促进了有关协议的研究工作，最终，研究人员提出了 TCP/IP 参考模型及其协议簇[4]，它被专门设计用于处理网络之间的通信。随着越来越多的网络连接到 ARPANET，TCP/IP 成为互联网的核心协议簇。

20 世纪 70 年代后期，美国国家科学基金会在 ARPANET 的基础上，建立了美国境内的骨干网络，并且将一些区域性网络连接到骨干网上，这些区域性网络和骨干网构成了 NSF-NET。随着 NSFNET 规模不断扩大，美国国家科学基金会鼓励 MERIT、MCI 和 IBM 组成非营利性企业 ANS，该企业在 NSFNET 的基础上构建了 ANSNET。之后，ANS 被美国在线（AOL）公司收购，美国在线等公司成为 IP 服务的提供商。可见，互联网的发展经历了军用需求推动最初建立、政府资助推动扩大发展和商业运营推动广泛应用的过程，其演进过程如图 1-1 所示。随后，随着文件传输（FTP）、远程登录（telnet）、电子邮件（Email）和万维网的出现，互联网走进了每个人的生活。

除帮助 ARPANET 成长以外，美国国防部高级研究计划局还资助了卫星网络和分组无线网络（PRNET），PRNET 成为无线移动互联网的雏形，在此基础上发展出移动自组织网络，然后进一步发展出无线传感器网络和无线 Mesh 网络等无线移动互联网，如图 1-2 所示。

图 1-1　互联网的演进过程

图 1-2　无线移动互联网的演进

纵观计算机网络的发展历史，可以看出，它经历了从有线通信到无线通信、从固定结构互联网到无线移动互联网的发展历程。

1.2　移动互联网的发展与演进

数据通信系统模型

数据通信是指通过某种传输介质在两台设备间进行数据交换。数据通信系统主要包括：消息、发送方、接收方、传输介质和协议[5]。其中，消息，或者称为报文，是需要由计算机网络进行交换与传送的基本数据单元。发送方、接收方分别是发送、接收数据消息的设备，如计算机、移动节点、智能手机、笔记本电脑等。传输介质是将消息从发送方传送到接收方的物理通路，包括双绞线、同轴电缆、光纤、无线电波和红外线等。协议是控制数据传送的规则，进行通信的设备双方需要按照相同的约定进行消息传送，这种约定就是协议。图 1-3 展示了数据通信的基本原理，发送方按照一定的协议将数据封装成协议要求的消息格式，即报文，报文通过传输介质传送到接收方，接收方按照协议的约定解析该数据消息以获得传送的信息。

人们最初使用的电话是与固定接口连接的固定电话，随着无线通信技术的发展，出现了无须与固定接口连接的移动电话（即手机）。移动电话的使用使人们随时随地进行话音通信成为现实，于是人们对互联网数据通信的移动性提出了更高的要求，希望随时随地通过智能手机、笔记本电脑等移动终端设备发送或接收电子邮件，浏览网页，访问远程文件，以及实现移动办公、移动管理等。在这些需求的推动下，移动互联网技术应运而生。

图 1-3　数据通信的基本原理

移动互联网是互联网与移动通信各自独立发展后相互融合的技术，目前呈现互联网产品移动化强于移动产品互联网化的特点。从技术层面来定义，它是指以宽带 IP 为技术核心，可以同时提供语音、数据和多媒体业务的开放式基础电信网络。用户使用手机、笔记本电脑、平板电脑等移动终端，可通过移动网络获取移动通信网络服务和互联网服务。因此，普遍认为移动互联网是对桌面互联网的补充和延伸，应用和内容仍是移动互联网的根本。

目前，移动电话系统已发展到第五代：第一代为模拟语音通信；第二代为数字语音通信的移动电话系统（扩展为 2.5G 后可以支持低带宽数据通信），主要采用全球移动通信系统（Global System for Mobile communications，GSM）和码分多路访问技术（Code Division Multiple Access，CDMA）；第三代移动电话系统（3G）支持数字语音与高速数据混合通信，主要包括 TD-SCDMA、WCDMA（Wideband CDMA）和 CDMA2000 等；第四代移动电话系统（4G）是国际电信联盟（ITU）制定的用于宽带移动通信的技术规范，与 3G 相比，它以更高的速率支持基于 IP 的话音、数据和流媒体传输；第五代移动电话系统（5G）是具有高速率、低时延和大连接特点的新一代宽带移动通信技术，5G 通信设施是实现人、机、物互联的网络基础设施。

移动电话系统和移动互联网都是在移动环境下对数字信号进行无线传输，并且都可以使用移动电话等作为终端设备。二者的不同之处：①移动互联网主要面向数据包传送，而移动电话系统侧重固定带宽的高质量语音传送；②移动互联网在不同情况下的数据流量和服务质量要求均存在较大差异，而移动电话系统的语音传送则具有固定的带宽和服务质量要求（例如，对于移动互联网，在网页浏览时，通常需要较低的数据流量，但同时有突发数据流的可能；在文件下载过程中，通常需要较高的数据流量，但也有可能由于传输完毕或者网络"拥塞"而造成数据流量的突然降低；在流媒体传输中，则对延迟、带宽和丢失率有一定的服务质量要求）；③移动互联网往往对带宽的需求很大，而移动电话系统则没有这样的要求。

从 2009 年年初开始，ITU 在全世界范围内征集 IMT-Advanced 候选技术。2009 年 10 月，

ITU 共计征集到了六种候选技术。这六种技术基本上可以分为两大类，一类是基于 3GPP 的 LTE 技术，我国提交的 TD-LTE-Advanced 是其中的 TDD 部分；另一类是基于 IEEE 802.16m 的技术。

ITU 在收到候选技术以后，组织世界各国和国际组织进行了技术评估。2010 年 10 月，在我国重庆，ITU-R 下属的 WP5D 工作组最终确定了 IMT-Advanced 的两大关键技术，即 LTE-Advanced 和 802.16m。我国提交的候选技术作为 LTE-Advanced 的一个组成部分包含在其中。在确定了关键技术以后，WP5D 工作组继续完成了 ITU 建议的编写工作，以及各个标准化组织的确认工作。此后，WP5D 工作组将文件提交上一级机构审核，SG5 审核通过以后，再提交给全会讨论通过。

在此次会议上，TD-LTE 正式被确定为 4G 国际标准，也标志着我国在移动通信标准制定领域再次走到了世界前列，为 TD-LTE 产业的后续发展和国际化提供了重要基础。

TD-LTE-Advanced 是我国自主知识产权 3G 标准 TD-SCDMA 的发展和演进技术。TD-SCDMA 技术于 2000 年正式成为 3G 标准之一，但它并没有成为真正意义上的"国际"标准，因为在产业链发展和国际发展等方面都非常滞后，而 TD-LTE 的发展明显要好得多。

2010 年 9 月，为了适应 TD-SCDMA 演进技术 TD-LTE 发展及产业发展的需要，我国加快了 TD-LTE 产业的研发进程，率先规划 2570~2620 MHz（共 50 MHz）频段用于 TDD 方式的 IMT 系统，在良好实施 TD-LTE 技术试验的基础上，于 2011 年年初在广州、上海、杭州、南京、深圳、厦门这六座城市进行了 TD-LTE 规模技术试验。2011 年年底，在北京启动了 TD-LTE 规模技术试验演示网建设。

2012 年 1 月 18 日，ITU 在 2012 年世界无线电通信大会上，正式审议通过将 LTE-Advanced 和 Wireless MAN-Advanced（802.16m）技术规范确立为 IMT-Advanced（俗称"4G"）国际标准，我国主导制定的 TD-LTE-Advanced 同时成为 IMT-Advanced 国际标准。

2013 年 4 月，工信部、国家发展改革委、科技部共同支持成立 IMT-2020（5G）推进组，作为 5G 推进工作的平台，推进组织国内各方力量积极开展国际合作，共同推动 5G 国际标准发展。2013 年 4 月 19 日，IMT-2020（5G）推进组第一次会议在北京召开。为了满足 5G 多样化的应用场景需求，ITU 定义了 5G 的三大应用场景，即增强移动宽带（eMBB）、低时延高可靠通信（uRLLC）和海量机器类通信（mMTC），5G 的关键性能指标更加多元化。ITU 还定义了 5G 八大关键性能指标，其中高速率、低延时、大连接成为 5G 的突出特征，用户体验传输速率达 1 Gbit/s，延时低至 1 ms，用户连接能力达 100 万连接/平方公里。截止 2022 年 7 月底，我国累计建成开通 5G 基站 196.8 万个，5G 移动电话用户达到 4.75 亿户，已建成全球规模最大的 5G 网络。我国 5G 商用牌照正式发放 3 年来，网络建设持续推进，已开通 5G 基站占全球 5G 基站总数的 60% 以上，登录 5G 网络的用户占全球 5G 登网用户的 70% 以上[6]。

从 2018 年开始，世界多国便开启了第六代移动通信标准（即 6G）的研究，6G 技术将带来一个地面无线与卫星通信集成的"全连接世界"。将卫星通信整合到 6G，可实现通信的全球覆盖。相比 5G，6G 的各项指标有全面的提升。目前，我国在 6G 技术研究、专利数量等方面处于领先地位。

未来的移动互联网不再仅仅是满足人们移动消费、办公娱乐的技术，而且将支撑工业互联、自动驾驶等社会生产和生活的方方面面。

1.3　相关协议与标准化组织

在使用电磁波作为传输介质将数据发送方和接收方连接的情况下，为了进行通信，数据发送方和接收方之间必须达成协议。协议是通信双方关于如何进行通信的一种约定，是用来控制数据通信的各个方面的规则。协议的关键因素包括语法、语义和时序。其中，语法是数据的结构或者格式，主要描述各个数据组成部分的顺序，语义主要规定每部分比特流的含义，时序则描述发送数据的时间以及传输速率。

目前，产业界有众多的网络设备生产商和供应商，一个单独的网络设备生产商容易保证自己的产品之间能够较好地进行协作，但是多家生产商所生产的同类网络设备要进行互联互通，就必须遵循相同的协议。对于数据通信，标准就是协议的文本定义和阐述。

数据通信标准包括两种：事实标准和法定标准。事实标准是指业界广泛使用而非正式颁布的标准，如 IBM PC 及其后继产品成为个人计算机的事实标准。法定标准是权威的标准化组织所采纳的、正式颁布的标准。移动互联网的相关技术标准大部分都是由标准化组织制定并颁布的。鉴于标准的重要性，下面将介绍与移动互联网相关的主要国际、国内标准化组织。

1.3.1　国际标准化组织

OSI 参考模型
的概念

目前，国际标准化组织（International Organization for Standardization，ISO）是国际标准领域中具有相当大影响力的国际组织。国际标准化组织成立于 1947 年，目前是一个由 168 个成员组成的国际组织。ISO 为大量的学科制定标准，具有约 200 个处理专门主题的技术委员会（Technical Committee，TC），其中 TC97 负责计算机和信息处理技术，另外，每个技术委员会具有若干分委员会，分委员会则通常由若干工作组组成。

1.3.2　第三代合作伙伴计划

当今，第三代合作伙伴计划（3rd Generation Partnership Project，3GPP）是移动通信标准领域非常重要的一个标准组织。3GPP 成立于 1998 年 12 月，最初的工作是为第三代移动通信系统制定全球适用的技术规范和技术报告。目前，欧洲的 ETSI、美国的 ATIS、日本的 TTC 和 ARIB、韩国的 TTA、印度的 TSDSI 以及我国的 CCSA 作为 3GPP 的 7 个组织伙伴（OP）。其独立成员超过 550 个。此外，3GPP 还有 TD-SCDMA 产业联盟（TDIA）、TD-SC-DMA 论坛、CDMA 发展组织（CDG）等 13 个市场伙伴（MRP）。3GPP 成功制定与编写了全球移动通信系统的技术规范和技术报告，在过去数年中，持续完成了 3G、4G、5G 标准的制定和移动通信网络标准的平滑演进，并已经开启 6G 标准的制定工作。

1.3.3　电气和电子工程师协会

电气和电子工程师协会（Institute of Electrical and Electronics Engineers，IEEE）是信息领域的一个专业组织，负责开发电气、电子和计算机领域的标准。电气和电子工程师协会由很多委员会（工作组）组成，IEEE 802 工作组完成了大量计算机网络标准的制定工作，见表 1-1。其中，IEEE 802.2、IEEE 802.4、IEEE 802.6、IEEE 802.7、IEEE 802.9、IEEE

802.10、IEEE 802.12、IEEE 802.14 工作组已经停止工作；IEEE 802.8 工作组已经自行解散；IEEE 802.3、IEEE 802.11、IEEE 802.15、IEEE 802.16 是目前非常重要的工作组，研发了很多通信标准，其大量工作成果已经成为无线接入技术的基础。第 2 章将详细阐述无线接入技术的一些标准。

表 1-1　IEEE 802 工作组[1]制定的标准

序　号	主　题
802.1	局域网的总体介绍和体系结构
802.2	逻辑链路控制
802.3	以太网
802.4	令牌总线
802.5	令牌环网
802.6	双队列双总线
802.7	宽带技术
802.8	光纤技术
802.9	同步局域网
802.10	虚拟局域网和安全机制
802.11	无线局域网
802.12	需求的优先级
802.13	未使用
802.14	有线调制解调器
802.15	蓝牙
802.16	宽带无线
802.17	弹性的分组环
802.18	无线管制
802.19	共存
802.20	移动宽带无线访问
802.21	异构网络之间的无缝切换
802.22	基于认知无线电技术的无线区域网

1.3.4　互联网工程任务组

TCP/IP 协议
介绍

在 ARPANET 刚建立之时，美国国防部就建立了专门的委员会对该项目加以监督。1983 年，美国国防部的该专门委员会被定名为互联网工作委员会（Internet Activities Board，IAB），后来该委员会更名为互联网体系结构研究委员会。1989 年，互联网体系结构研究委员会重组为互联网研究任务组（Internet Research Task Force，IRTF）和互联网工程任务组（Internet Engineering Task Force，IETF）。

在互联网工程任务组中，有关互联网工作的文档、新协议或者修改协议的建议都以技术报告的方式被提出，这些报告被称为互联网 RFC（Internet Request For Comment）。所有 RFC

按照创建的时间顺序编号，所有 RFC 以及 RFC 草案可以在 IETF 官网上访问。

目前，互联网工程任务组已经成为互联网标准领域非常有影响力的组织，也是创建互联网的核心 TCP/IP 协议簇的组织。例如，网际协议（Internet Protocol，IP）为 RFC 791，传输控制协议（Transmission Control Protocol，TCP）为 RFC 792。IETF 针对移动互联网专门成立了包括 MANET、mip4、mext 等近 10 个工作组。

1.3.5 国际电信联盟

国际电信联盟（International Telecommunication Union，ITU）是电信标准领域的一个官方组织。国际电信联盟是联合国专门机构之一，主管信息通信技术事务，由无线电通信部门（ITU-R）、电信标准化部门（ITU-T）和开发部门（ITU-D）三大核心部门组成，目前包括193 个成员，以及 700 多个部门成员、部门准成员和学术成员，其前身为根据 1865 年签订的《国际电报公约》成立的国际电报联盟。1906 年，德、英、法、美和日本等 27 个国家在柏林签订了《国际无线电公约》。1932 年，70 多个国家的代表在马德里开会，决定把上述两个公约合并为《国际电信公约》并将国际电报联盟改名为国际电信联盟。1934 年 1 月 1日，新公约生效，该联盟正式成立。1947 年，国际电信联盟成为联合国的一个专门机构，总部从瑞士的伯尔尼迁到日内瓦。国际电信联盟的电信标准化部门负责对电话、电报和数据通信接口提供一些技术性的建议与标准。

1.3.6 中国的标准化组织

我国在移动互联网相关技术领域的主要组织包括工业和信息化部无线电管理局（国家无线电办公室）与中国通信标准化协会。无线电管理局负责无线电频率资源的指配和管理。中国通信标准化协会（China Communications Standards Association，CCSA）是由国内企、事业单位组成的自愿组织，该协会把通信运营企业、制造企业、研究单位、大学等企事业单位组织起来制定通信标准并且推荐给政府。中国通信标准化协会由会员大会、理事会、技术专家咨询委员会、技术管理委员会、若干技术工作委员会和分会、秘书处构成，主要包括 IP与多媒体通信、移动互联网应用协议、网络与交换、通信电源与通信局站工作环境、无线通信、传送网与接入网、网络管理与运营支撑、网络与信息安全、电磁环境与安全防护等技术工作委员会，并且设置家庭网络、通信产品环保标准等特设任务组。

1.3.7 其他标准化组织

美国国家标准协会（American National Standards Institute，ANSI）是由政府、公司和其他成员组成的自愿组织。它们协商与标准有关的活动，审议美国国家标准，并努力提高美国在国际标准化组织中的地位。ANSI 是国际标准化组织的成员之一。美国联邦通信委员会（Federal Communications Commission，FCC）负责授权和管理除联邦政府使用之外的射频传输装置与设备。

欧洲电信标准协会（European Telecommunications Standards Institute，ETSI）是非营利性的欧洲信息和通信技术标准化组织，它贯彻欧洲邮电管理委员会（CEPT）和欧盟委员会（CEC）确定的电信政策，并且负责电信、广播和其他相关领域的标准化工作。

日本无线工业及商贸联合会（Association of Radio Industries Business，ARIB）由日本原

邮政省特设成立，从发展无线产业的角度调查、研究、开发无线技术，对无线频率的使用提出建议，在电信和广播领域推动新的无线系统的实现与广泛应用。日本电信技术委员会（Telecommunication Technology Committee，TTC）是民间标准化组织，该组织通过制定电信网络之间、电信网与终端设备之间等互连的协议和标准，促进电信领域相关技术的标准化。

1.4　移动互联网的设计要求

基于移动互联网的特点及其与移动电话系统之间的差异，在移动互联网的设计过程中，需要考虑的因素主要包括以下 6 点。

1. 即时接入

移动互联网用户的要求是永远处于在线状态，以便随时随地获得移动互联网的服务，这就要求扩大网络信号覆盖范围，使得原来没有有线网络接入的地方也能够实现无线网络覆盖。为了达到该目标，往往需要采用移动自组织网络、无线传感器网络和无线 Mesh 网络等组网方式，以及多种无线接入技术。

2. 支持突发流量

移动互联网主要提供数据传输业务。不同的数据业务所需的带宽资源不同，即便同一个数据业务，在不同时间，所需的带宽也有很大差异。例如，在网页浏览过程中，可能会同时开启多个 TCP 连接，此时会利用很大的带宽来传输该页面上显示的大量信息，而这些信息在传输完毕后则不再占用任何带宽。因此，移动互联网需要很好地支持突发流量。

3. 提供无缝的移动性

相比固定结构网络，移动互联网最大的特点在于节点的移动性。移动用户能够访问通信对端，也需要能够被别人随时随地访问。节点在移动过程中需要无缝连接。也就是说，移动节点的用户在使用移动互联网时，希望对节点的移动是无感知的，如同使用固定结构网络进行数据访问。为此，需要研究移动 IP 技术、无线 TCP 技术和异构网络互联等关键技术。

4. 支持服务质量保证

移动互联网需要支持各种应用，包括多媒体业务和实时通信业务等。这就需要设计适合其特点的服务质量保证机制。可以说，服务质量保证机制是移动互联网得以广泛应用的必要条件。为此，需要针对移动互联网各层协议研究其服务质量保证方法，如在无线高误码率环境中提高 TCP 传输带宽或者控制传输丢失率和延时等。

5. 提供安全保障

由于无线网络传输不需要使用光纤、双绞线等媒介，电磁波在空间中传输容易被窃听，因此移动互联网需要建立适合其特点的安全机制，为各种上层应用提供安全、可靠的传输。可以说，移动互联网的安全机制与服务质量保证机制一样，是移动互联网得以广泛应用的必要条件。

6. 提供灵活的组网方式

移动互联网应用场景具有很强的异构性，包括带宽需求、移动范围、移动速度和能耗需求等。因此，移动互联网强调针对不同的场景需求采用不同的组网方式，如在低能耗、弱移动情况下，可以采用无线传感器网络；针对高移动、低带宽需求，可以采用移动自组织网络；对于弱移动的无线骨干网，则可以采用无线 Mesh 网络等。

1.5　本章小结

本章主要介绍了移动互联网的基本情况。首先，回顾了无线通信技术和通信网络的发展与演进，接着，介绍了移动互联网的协议、标准的概念以及相关标准化组织的基本情况，最后总结了移动互联网的设计要求。

习题

1. Andrew S. Tanenbaum 教授在《计算机网络（第 5 版）》中，将计算机网络定义为相互连接的一组自主计算机的集合，其中"相互连接"是指各台计算机之间能够交换信息。结合上述定义，谈一下你对无线环境下的计算机网络的理解。

2. 互联网作为影响力非常大的计算机网络，已有几十年的发展历史。请简要介绍互联网的发展历程，总结互联网发展历程中的研究思路，并根据该研究思路对计算机网络的未来发展方向进行展望。

3. 数据通信是指通过某种传输介质在两台设备间进行数据交换。数据通信系统主要包括消息、发送方、接收方、传输介质和协议。请结合图 1-3 阐述数据通信的基本原理，以及消息、发送方、接收方、传输介质和协议的概念，列举一个数据通信的实例，并结合该实例阐述你对消息、发送方、接收方、传输介质和协议的理解。

4. 无线通信摆脱了以往通信所依赖双绞线、光纤的束缚，可以在水、空气甚至真空中进行。请列举三种无线通信所依赖的传输介质，并且结合它们分析无线传输的基本特点，以及这些特点对移动互联网设计的影响。

5. 随着无线通信用户的增多，需要大量使用通信资源，多址技术作为资源共享的一种方式，成为学术界和产业界的研究重点。请列举几种常见的多址技术。

6. 根据传输介质的属性，可以将通信方式划分为有线通信和无线通信；根据通信设备之间的相对位置关系，可以将互联网划分为固定结构互联网和移动互联网。请谈一下你对有线通信和无线通信、固定结构互联网和移动互联网的理解，以及"无线"与"移动"两个概念之间的差别。请列举你身边的有线通信和无线通信、固定结构互联网和移动互联网的实例。

7. 设想下述情况：战场上参与战斗的士兵需要在受伤时及时得到医疗服务，然而，随着战争的推进，他们所处的地理位置不断改变。在这种情况下，是否能够通过一定形式的计算机网络使士兵之间及时取得联系并能够使受伤的士兵及时得到医疗服务？如果可以，那么应当采用哪种形式的计算机网络？与互联网相比，该类型计算机网络具有哪些特点？

8. 移动电话系统和移动互联网之间存在很多相同点和不同点，请列举二者之间的相同点。使用移动电话通话和使用移动电话上网之间存在哪些差异？根据这些差异，列举移动电话系统和移动互联网的不同点。

9. 请访问 ISO 官方网站，了解其基本情况，简要介绍其组织形式。

10. 电气和电子工程师协会负责开发电气、电子和计算机领域的标准，其中 IEEE 802 工作组完成了很多计算机网络标准的制定工作，请介绍四个较为重要的 IEEE 802 工作组，及其所制定的通信标准的主题。

11. IETF 是互联网领域中非常有影响力的标准化组织。请访问 IETF 官方网站，列举与移动互联网相关的 3 个 IETF 工作组并总结各工作组的主要工作内容。

12. 在 IETF 中，有关互联网技术的协议都以技术报告（即 RFC）的方式被提出。请访问 IETF 官方网站，查看 4 个与移动互联网相关的 RFC，了解 RFC 的基本结构和功能，并简要说明这 4 个 RFC 解决的主要技术问题。

参考文献

［1］TANENBAU A S, WETHERALL D J. 计算机网络［M］. 5 版. 严伟, 潘爱民, 译. 北京：清华大学出版社, 2012.

［2］NAUGHTON J. A Brief History of the Future［M］. New York：Overlook Press, 2000.

［3］MAUFER T A. IP Fundamentals［M］. New Jersey：Prentice Hall, 1999.

［4］CERF V, KAHN R. A protocol for packet network interconnection［J］. IEEE Transactions on Communications, 1974, 22：637-648.

［5］FOROUZAN B A, FEGAN S C. 数据通信与网络［M］. 吴时霖, 吴永辉, 吴之艳, 等译. 北京：机械工业出版社, 2007.

［6］人民日报. 我国已建成全球规模最大 5G 网络　5G 移动电话用户达 4.75 亿户［OL］. 人民网, 2022.

第 2 章
无线接入技术

近年来，无线接入技术得到快速发展，无线设备逐渐走入人们的日常生活，与此同时，人们对无线接入技术的需求也在不断变化。现阶段，没有一种无线接入技术能够满足所有的需求，对于不同的应用场景，有不同的无线接入技术。1980 年 2 月，为了实现局域网技术的标准化，IEEE 成立了局域网/城域网标准委员会，简称 IEEE 802 委员会，该委员会制定了很多介质接入的控制标准，包括很多无线接入标准。典型的无线接入标准有 IEEE 802.11、IEEE 802.15、IEEE 802.16 等。本章主要介绍 IEEE 制定的无线接入标准及相关技术。

Internet 接入

本章共有五节，2.1~2.3 节分别介绍 IEEE 802.11、IEEE 802.15、IEEE 802 其他标准，2.4 节介绍移动通信技术，2.5 节是本章小结。

📖 教学目标
- 掌握无线局域网 IEEE 802.11 系列标准的技术原理和规范。
- 掌握 IEEE 802.15 协议簇以及相关技术原理。
- 熟悉 IEEE 802 其他无线接入相关系列标准的技术和规范。
- 了解 3G、4G、5G 通信技术及演进。

2.1 无线局域网与 IEEE 802.11 标准

无线局域网

目前，无线局域网（Wireless Local Area Network，WLAN）有三大协议簇（由一系列相关标准组成的一组标准）：IEEE 802.11、欧洲电信标准协会（ETSI）的高性能局域网（the High Performance Radio Local Area Network，HiperLAN）和日本无线工业及商贸联合会（ARIB）的移动多媒体接入通信（Multimedia Mobile Access Communication，MMAC）技术。其中，IEEE 802.11 系列标准是无线局域网的主流标准[1]，为某一区域内的固定工作站或移动工作站之间的无线连接提供一种规范[2]，主要针对网络的物理层（Physical Layer）和介质访问控制（Media Access Control，MAC）子层技术进行了标准化。

2.1.1 IEEE 802.11 标准的演进

1987 年，IEEE 802.4 工作组开始进行无线局域网的研究，最初的目标是开发无线令牌总线网的 MAC 协议。经过研究发现，令牌总线不适合无线信道的控制。为此，在 1990 年，IEEE 802 委员会成立 802.11 工作组，专门致力于制定无线局域网的 MAC 协议和物理介质标准[3]。IEEE 802.11 标准的演进路线如图 2-1 所示。

图 2-1　IEEE 802.11 标准的演进路线

2.1.2　IEEE 802.11 协议簇

　　IEEE 802.11 协议簇已在无线局域网的应用中取得了很大成功，此系列标准已经经历了二十多年的发展，目前仍在不断改进和完善之中，以适应安全认证、漫游和 QoS 等方面的需要。IEEE 802.11 协议簇见表 2-1。

表 2-1　IEEE 802.11 协议簇

WiFi 版本	标准编号	发布时间	说　　明
WiFi 0	IEEE 802.11	1997 年	第一个无线局域网标准，工作频率为 2.4 GHz，最高传输速率为 2 Mbit/s
WiFi 1	IEEE 802.11a	1999 年	工作频率为 5 GHz，最高传输速率为 54 Mbit/s
WiFi 2	IEEE 802.11b	1999 年	工作频率为 2.4 GHz，最高传输速率为 11 Mbit/s
WiFi 3	IEEE 802.11g	2003 年	工作频率为 2.4 GHz，最高传输速率为 54 Mbit/s
WiFi 4	IEEE 802.11n	2009 年	工作频率为 2.4 GHz 或 5 GHz，理论最高传输速率为 600 Mbit/s
WiFi 5	IEEE 802.11ac	2013 年	工作频率为 5 GHz，理论最高传输速率为 1 Gbit/s
WiFi 6	IEEE 802.11ax	2019 年	工作频率为 2.4 GHz 或 5 GHz，最高传输速率为 9.6 Gbit/s
WiFi 7	IEEE 802.11be	预计 2024 年	工作频率为 2.4 GHz、5 GHz 或 6 GHz，最高传输速率为 30 Gbit/s

　　（1）IEEE 802.11（WiFi 0）

　　IEEE 802.11 标准于 1997 年 6 月公布，是第一代无线局域网标准。IEEE 802.11 工作在 2.4 GHz 免费频段，支持 1 Mbit/s 和 2 Mbit/s 的数据传输速率。它定义了 3 个物理层（两个扩频传输技术和 1 个红外线传输技术）和介质访问控制（MAC）层规范，允许无线局域网和无线设备制造商在一定范围内建立互操作网络设备。IEEE 802.11 主要用于解决办公室局域网和校园网中用户终端的无线接入问题。

　　（2）IEEE 802.11a（WiFi 1）

　　IEEE 802.11a 工作在 5 GHz 频段，在整个覆盖范围内可以提供高达 54 Mbit/s 的传输速率。IEEE 802.11a 的 MAC 层采用 CSMA/CA 机制，物理层采用 OFDM 技术调制。虽然 IEEE 802.11a 的传输速率高，但成本也高。

　　（3）IEEE 802.11b（WiFi 2）

　　1999 年 9 月通过的 IEEE 802.11b 工作在 2.4 GHz 频段，其数据传输速率可以为 11 Mbit/s、5.5 Mbit/s、2 Mbit/s、1 Mbit/s 或更低，可根据噪声状况自动调整。当工作站之间距离过远或干扰太大、信噪比低于某个门限时，传输速率能够从 11 Mbit/s 自动降到 5.5 Mbit/s，或者根据直接序列扩频技术调整到 2 Mbit/s 和 1 Mbit/s。与 IEEE 802.11a 一样，IEEE 802.11b 采用 CSMA/CA 机制，物理层调制方式为补码键控（Complementary Code Keying，CCK）的 DSSS，即 HR/DSSS。IEEE 802.11b 的成本较低，但是与 IEEE 802.11a 不兼容，并且数据传输速率较低。

（4）IEEE 802.11g（WiFi 3）

2003 年，为了解决 IEEE 802.11a 相关设备价格高和 IEEE 802.11b 数据传输速率低的问题，IEEE 正式批准了具有高兼容性和高数据传输速率的 IEEE 802.11g。IEEE 802.11g 是对 IEEE 802.11b 的一种高速物理层扩展。与 IEEE 802.11b 一样，IEEE 802.11g 工作于 2.4 GHz 频段，采用的调制方式包括 IEEE 802.11a 中的 OFDM 与 IEEE 802.11b 中的 CCK。上述两种调制方式的结合，既达到了用 2.4 GHz 频段实现 IEEE 802.11a 的 54 Mbit/s 的数据传输速率的目的，又确保了与 IEEE 802.11b 产品的兼容。

（5）IEEE 802.11n（WiFi 4）

为了实现高带宽、高质量的无线局域网服务，使无线局域网达到近乎以太网的性能水平，IEEE 802.11 工作组提出了 802.11n 标准。IEEE 802.11n 采用软件无线电技术和多输入多输出（Multiple Input Multiple Output，MIMO）技术，将数据传输速率提高到 300 Mbit/s，甚至理论值高达 600 Mbit/s。IEEE 802.11n 不仅增加了物理层的传输速率，还提高了 MAC 层的效率。此外，覆盖范围问题一直是 IEEE 802.11 无线接入技术的"软肋"，而 IEEE 802.11n 草案采用智能天线技术，通过多根（一般为 3 根天线）独立天线组成的天线阵列，可以动态调整波束，保证让 WLAN 用户接收到稳定的信号，并减少其他信号的干扰。因此，如果说从 IEEE 802.11b 发展到 IEEE 802.11g 只不过是技术升级，那么发展到 IEEE 802.11n 则是技术换代。

（6）IEEE 802.11ac（WiFi 5）

IEEE 802.11ac 是在 IEEE 802.11a 标准之上扩展建立起来的。在通道的设置上，IEEE 802.11ac 沿用了 IEEE 802.11n 的 MIMO 技术，为其传输速率达到 Gbit/s 量级奠定了基础。其第一阶段的目标是传输速率达到 1 Gbit/s，即达到有线电缆的传输速率。

IEEE 802.11ac 的每个通道的工作频宽由 IEEE 802.11n 的 40 MHz 提升到 80 MHz，甚至 160 MHz，再加上大约 10% 的实际频率调制效率提升，最终理论传输速率跃升至 1 Gbit/s。当然，实际传输速率可能在 300 Mbit/s ~ 400 Mbit/s 之间，接近 IEEE 802.11n 实际传输速率的 3 倍（IEEE 802.11n 无线路由器的实际传输速率在 75 Mbit/s ~ 150 Mbit/s 之间），足以在一条信道上同时传输多路压缩视频流。

此外，IEEE 802.11ac 向后兼容 IEEE 802.11 全系列的所有标准和规范，包括 IEEE 802.11s（无线网状架构）和 IEEE 802.11u 等。在安全性方面，它将完全遵循 IEEE 802.11i（安全标准）的所有内容，使得无线连接能够在安全性方面达到企业级用户的需求。根据 IEEE 802.11ac 的实现目标，它可以帮助企业或家庭实现无缝漫游，并且在漫游过程中能支持无线产品相应的安全、管理和诊断等应用。

（7）IEEE 802.11ax（WiFi 6）

2019 年 9 月，WiFi 联盟宣布启动 WiFi 6 认证计划，该计划旨在使采用 IEEE 802.11ax WiFi 无线通信技术的设备达到既定标准。WiFi 6 在 2019 年秋季获得 IEEE 的批准。2022 年 1 月，WiFi 联盟发布了 WiFi 6 的第 2 版标准（WiFi 6 Release 2）。WiFi 6 的第 2 版标准改进了上行链路与所有支持频段（2.4 GHz、5 GHz）的电源管理，适用于家庭和工作场所的路由器与设备，以及智能家居 IoT 设备。WiFi 6 主要使用了 OFDMA（正交频分多址）、MU-MIMO（多用户多输入多输出）等技术，MU-MIMO 技术允许路由器同时与多个设备通信，而不是依次进行通信。MU-MIMO 允许路由器一次与四个设备通信，WiFi 6 将允许与多达 8 个设备通信。WiFi 6 还利用了其他技术，如 OFDMA 和发射波束成形，二者的作用分别是提高效率和提升网络容量。WiFi 6 的最高传输速率可达 9.6 Gbit/s。

（8）IEEE 802.11be（WiFi 7）

WiFi 7 是在 WiFi 6 的基础上引入了 320 MHz 带宽、4096-QAM、Multi-RU、多链路操作、增强 MU-MIMO、多 AP 协作等新兴技术。相较 WiFi 6，WiFi 7 将提供更高的数据传输速率和更低的时延。WiFi 7 将能够支持高达 30 Gbit/s 的吞吐量，大约是 WiFi 6 的 3 倍。

目前，IEEE 802.11be（WiFi 7）标准的开发工作仍在进行中，整个标准将按照两个 Release 发布，对于 Release1，在 2021 年年底发布第一版草案 Draft1.0，预计在 2022 年年底发布正式标准；Release2 在 2022 年年初启动，预计在 2024 年年底完成标准发布。

2.1.3 IEEE 802.11 协议框架

在 IEEE 802 系列标准中，将 OSI 参考模型中的数据链路层分为逻辑链路控制（Logic Link Control，LLC）子层和介质访问控制（MAC）子层，将物理层分为汇聚子层（Physical Layer Convergence Protocol Sublayer，PLCP）和介质依赖子层（Physical Medium Dependent，PMD），如图 2-2 所示。

图 2-2 OSI 参考模型和 IEEE 802 参考模型

IEEE 802.11 标准位于物理层和 MAC 子层。MAC 子层决定访问介质的机制与传送数据的规则，传送数据的规则包括 MAC 帧格式、数据帧的拆分和重组。至于传送与接收的细节，则由物理层负责，不同的物理层使用不同的调制、编码技术，把 MAC 层协议数据单元

（MAC Protocol Data Unit，MPDU）形成相应格式的帧。目前为止，IEEE 802.11 协议簇定义了如图 2-3 所示的 7 种物理层。

图 2-3　IEEE 802.11 协议簇定义的物理层

2.1.4　IEEE 802.11 物理层技术

IEEE 802.11 基本规范定义了三种物理层技术，包括了两个扩频技术和一个红外线传输技术。其中，采用扩频技术的物理层包括跳频扩频（Frequency-Hopping Spread-Spectrum，FHSS）物理层和直接序列扩频（Direct-Sequence Spread-Spectrum，DSSS）物理层，后来，IEEE 802.11 陆续加入了其他不同的物理层，如 IEEE 802.11b 规定了高速率直接序列扩频（High Rate Direct Sequence Spread Spectrum，HR-DSSS）物理层，IEEE 802.11a 规定了正交频分复用（Orthogonal Frequency Division Multiplex，OFDM）物理层，IEEE 802.11g 规定了增强速率物理层（Extend Rate Physical，ERP）。

1. 基本物理层技术

IEEE 802.11 标准的基本规范定义了采用不同技术的 3 种物理层：一个红外线技术和两个扩频技术。

（1）红外线传输技术

红外线传输技术使用 0.85 μm 或者 0.95 μm 波段上的漫射传输方式，它允许两种传输速率：1 Mbit/s 和 2 Mbit/s。与可见光一样，红外线不能穿过不透明物体，它或者沿直线传播或者以衍射的方式传播。目前，红外线传输技术在无线局域网中很少使用，这是因为采用红外线方式进行传输的无线局域网存在以下问题：

- 红外线穿透性差，传输距离较短；
- 红外线很容易受到其他干扰源的影响；
- 红外线的性能不稳定；
- 红外线对高速移动的应用的支持不好。

（2）扩频技术

扩频技术是传输信息时所用信号带宽远大于传输信息所需最小带宽的一种信号处理技术，传输信号的频带扩展过程通过扩频码调制方法实现，这种调制方式基本上与所传信息的带宽无关，在接收端，再通过用相同的扩频码进行解扩来恢复原来的信息。IEEE 802.11 采用两种不同方式的扩频技术：FHSS 和 DSSS，这两种技术在运行机制上是完全不同的。

第一种扩频技术是 FHSS。在采用定频通信的系统中，发射机的载波频率是固定不变的，因此，在受到干扰时，通信质量会下降，严重时甚至会使通信中断。与定频通信相比，跳频通信中发射机的载波频率不是固定的，而是在一个预定的频率集合中随时跳变的。从每一个瞬间来看，它是在单一载波上通信的，然而，从总体来看，它的载波可以在很宽的频率范围上跳变，具有很好的抗干扰能力，但带宽仍然较低。

　　FHSS 是最先得到广泛应用的物理层技术，这是因为它通过将数据信号分散到比原始带宽更宽的频带上，从而增加了数据传输的安全性和抗干扰性。另外，跳频系统可以更加高效地利用频带资源，还可以支持多用户同时使用同一频段。但是，随着用户对带宽要求的不断提升，FHSS 技术已经不能满足现代无线通信的需求，因为该技术使得传输的数据被分散到比原始带宽更宽的频带上，从而造成了一定的传输效率损失。此外，跳频系统也容易受到频道状况变化的影响，从而影响通信质量。因此，随着无线通信技术的发展，跳频系统的优势已经逐渐消逝，相关的产品也渐渐淡出市场。

　　另一种扩频技术是 DSSS。DSSS 标准使用 11 位的 chipping-Barker 序列将数据编码发送，数字信号中的每一个比特 1 或者 0 编码为一个 11 位 Barker 码，将这个序列转化成波形，称为一个 Symbol，然后在媒介中传播。该标准被限制在 1 Mbit/s 或 2 Mbit/s 的传输速率上。Symbol 传送的基础速率是 1 Mbit/s，传送的机制称为双相相移键控（Binary Phase Shifting Keying，BPSK）。采用四相相移键控（Quadrature Phase Shifting Keying，QPSK）技术则能够达到 2 Mbit/s 的传输速率。DSSS 能够达到比 FHSS 更快的传输速率。

2. HR-DSSS 物理层

　　IEEE 802.11b 规范了 HR-DSSS，增加了两个传输速率：5.5 Mbit/s 和 11 Mbit/s。IEEE 802.11b 采用了一种更先进的编码技术——补码键控（Complementary Code Keying，CCK），抛弃了原有的 11 位 Barker 编码技术。CCK 的核心编码中有一个由 64 个 8 位编码组成的集合，这个集合中的数据能够被正确地互相区分。对于 5.5 Mbit/s 的传输速率，使用 CCK 串来携带 4 位数字信息，而对于 11 Mbit/s 的传输速率，则使用 CCK 串来携带 8 位数字信息。两种传输速率都将 QPSK 作为调制的手段，不过信号的调制速率为 1.375 Mbit/s。这也是 IEEE 802.11b 获得高传输速率的机理。

　　为了在有噪声的环境下获得较好的传输速率，IEEE 802.11b 采用了动态速率调节技术，允许用户在不同的环境下自动使用不同的连接速度。在理想状态下，用户以 11 Mbit/s 的传输速率全速连接，然而，当用户离开理想的 11 Mbit/s 传输速率范围，或者受到干扰时，传输速率自动按序降为 5.5 Mbit/s、2 Mbit/s、1 Mbit/s。同样，当用户回到理想环境的时候，连接速度会增加到 11 Mbit/s。速率调节机制是由物理层自动实现的，不会对用户和其他上层协议产生任何影响。

3. OFDM 物理层

　　IEEE 802.11a 是高速无线局域网协议，使用 5 GHz 的高频频段和 OFDM 技术来满足高速的要求，最大传输速率可达 54 Mbit/s。OFDM 技术将 20 MHz 的高速数据传输信道分解成 52 个平行传输的低速子信道，其中的 48 个子信道用来传输数据，其余 4 个保留信道用于差错控制。

　　OFDM 的基本原理是把高速的数据流分成许多速度较低的数据流，然后将它们同时在多个副载波频率上进行传输，从而提高数据传输速率并改进信号的质量，克服干扰。OFDM 技术已经被 IEEE 802.11 工作组选为一种重要的 WLAN 传输调制方式。

4. ERP

　　为了在低频段实现高速传输，IEEE 802.11g 使用了 ERP，规定了五种调制方式：ERP-DSSS、ERP-CCK、ERP-OFDM、DSSS-OFDM 和 ERP-PBCC。IEEE 802.11g 使用 2.4 GHz 频带，可以提供相当于 IEEE 802.11a 的传输速率。相比使用 5 GHz 频带的 IEEE 802.11a，

IEEE 802.11g 能够传输更远的距离。IEEE 802.11g 制定的物理层在现有技术的基础上做了一些改动，主要是提供向下兼容性。

IEEE 802.11g 能够与 IEEE 802.11a 和 IEEE 802.11b 兼容，能够同时支持 IEEE 802.11b 的 CCK 和 IEEE 802.11a 的 OFDM 技术。此外，IEEE 802.11g 还支持分组二进制卷积编码（Packet Binary Convolutional Coding，PBCC）。

5. MIMO 物理层

IEEE 802.11n 采用软件无线电技术和 MIMO 技术，将数据传输速率提高到 300 Mbit/s，甚至理论值高达 600 Mbit/s，为无线移动局域网提供带宽和速度保证。之所以能在传输速率上有比较大的突破，是因为 IEEE 802.11n 标准采用了 MIMO 技术，这是无线移动通信领域智能天线技术的重大突破。该技术能在不增加频谱带宽的情况下，成倍提高通信系统的容量和频谱利用率，是新一代移动通信系统的关键技术。

MIMO 系统在发射端和接收端采用两副以上的天线（可以表示为 2×2、2×3、2×4 等），以及双信道（20 MHz 和 40 MHz）和双频带（2.4 GHz 和 5 GHz），不但可以得到很高的传输速率，而且能与 IEEE 802.11b/g 设备兼容。其中，2×3 和 2×4 的配置可以得到比 2×2 更高的传输速率和更好的质量。

6. IEEE 802.11 各种物理层的比较

表 2-2 对 IEEE 802.11 各种物理层进行了比较，可以看出，采用 MIMO 物理层的 IEEE 802.11 具有最高的传输速率，应用前景良好。

表 2-2　IEEE 802.11 物理层

IEEE 802.11 标准	物理层技术	频　带	传 输 速 率
IEEE 802.11	IR	红外线	1 Mbit/s 和 2 Mbit/s
	FHSS	2.4 GHz	
	DSSS	2.4 GHz	
IEEE 802.11a	OFDM	5 GHz	54 Mbit/s
IEEE 802.11b	HR-DSSS	2.4 GHz	5.5 Mbit/s 和 11 Mbit/s
IEEE 802.11g	OFDM	2.4 GHz	54 Mbit/s
IEEE 802.11n	MIMO	2.4 GHz、5 GHz	300 Mbit/s

2.1.5　IEEE 802.11 MAC 子层技术

IEEE 802.11 标准定义了 MAC 子层。MAC 子层位于各种物理层之上，不仅规范访问机制、控制数据的传输，还定义了 MAC 帧格式，负责帧的拆分与重组操作以及与骨干网络之间的交互等。

1. CSMA/CA

在介绍 IEEE 802.11 的 MAC 子层前，首先回顾一下有线以太网的 MAC 子层技术。在采用 IEEE 802.3 的有线以太网中，MAC 子层使用带冲突检测的载波监听多路访问（Carrier Sense Multiple Access with Collision Detection，CSMA/CD）来控制对传输介质的访问。载波监听多路访问（Carrier Sense Multiple Access，CSMA）主要用来判断介质是否处于可用状态[4]，它是一种"先侦听，后会话"的协议：在发送数据之前，工作站先侦听传输介质是否空闲，再决定是否传输数据[5]。由于没有中心控制点，因此各个工作站都能独立地决定数据帧的发送与接收，当有超过1个的工作站侦听到传输介质空闲而同时发送数据时，就会发生冲突，这使发送的数据帧都成为无效帧，浪费了发送数据帧的时间。

CSMA/CD的工作原理可用四个字来描述："边听边说"，即一边发送数据，一边检测是否产生冲突。工作站在发送数据时，一边发送，一边继续监听，若监听到冲突，则立即停止发送数据，等待一段随机时间，再次尝试发送数据。CSMA/CD的优点是原理简单，易于实现，网络中各工作站处于平等地位，不需要集中控制和优先级控制。但是，在网络负载变大时，冲突增多，从而导致发送时间变长并且效率下降。

IEEE 802.11的MAC子层和IEEE 802.3的MAC子层相似，都是采用CSMA机制。但是，无线局域网中的冲突检测机制存在一定问题，因为要在发送数据的同时检测冲突，设备必须能够一边传送数据信号，一边接收数据信号，而这在无线系统中是无法办到的。鉴于上述原因，IEEE 802.11采用了带冲突避免的载波监听多路访问（Carrier Sense Multiple Access with Collision Avoidance，CSMA/CA）机制。

IEEE 802.11中CSMA/CA的基本工作过程是工作站在发送数据前必须检测传输介质是否处于空闲状态，如果是处于忙碌状态，那么工作站必须利用二进制指数后退（Binary Exponential Backoff，BEB）算法等待随机的时间，然后再次尝试发送并重新检测传输介质是否处于空闲状态等，从而降低信号发生冲突的概率。

此外，与CSMA/CD不同的是，CSMA/CA采用了两次握手模式的确认机制，接收站在接收到数据帧时，将等待一小段时间，再向发送站发送ACK信息，从而对收到的数据帧进行确认。也就是说，所有传送出去的数据帧只有在得到ACK信号的响应后才能确认数据已经正确到达目的地（即数据链路层的下一跳节点）。如果发送站在一定时间内没有收到接收站的ACK信息，那么发送站将按BEB机制重新发送数据帧。通过上述等待和确认机制，CSMA/CA在不采用"边听边说"模式的情况下，也能够保证完成数据的传输。

2. 隐藏站点和暴露站点问题

无线网络中存在两个必须解决的问题：隐藏站点问题和暴露站点问题。在无线网络中，将由于站点间距离太远或其他原因，而不能发现潜在竞争者的问题称为隐藏站点问题。如图2-4所示，站点A可以与站点B和C直接通信，而站点B与站点C由于某些因素（如距离过远）无法直接通信，甚至无法感知对方的存在。从站点B的角度来看，站点C就是隐藏节点。在这种情况下，站点B和C有可能在同一时间向站点A发送数据，这会造成站点A无法响应任何数据的问题。此时，只有站点A知道有冲突发生，而站点B和C则无从得知数据传送已发生错误。

图2-4 隐藏站点问题

暴露站点与隐藏站点正好相反。我们将无线网络中由于非竞争站点与发送站点距离太近，从而导致非竞争站点不能发送数据的问题称为暴露站点问题。如图 2-5 所示，站点 A 向站点 B 发送数据，站点 C 试图向站点 D 发送数据，由于站点 C 在站点 A 的信号覆盖范围内，因此，当它收到站点 A 正在发送数据的消息时，错误地认定自己不能向站点 D 发送数据。

图 2-5　暴露站点问题

在无线网络中，由站点隐藏和站点暴露所导致的冲突问题难以监测，因为设备无法同时收发数据。为了解决这个问题，IEEE 802.11 在 MAC 子层上采用了 RTS/CTS（Request to Send/Clear to Send，请求发送/允许发送）机制。RTS/CTS 采用两次握手机制，发送站先发送一个请求发送帧 RTS，接收站在收到 RTS 帧后，等待一定时间后，向发送站发送确认帧 CTS。RTS 和 CTS 都能够让接收到这一信号的其他工作站停止传送数据，并根据 RTS 和 CTS 帧中所携带的信息进行相应的退避。等到 RTS/CTS 完成交换过程，发送站和接收站就可以开始正常的数据收发，从而避免冲突的发生。

RTS/CTS 机制有助于缓解隐藏站点问题和暴露站点问题。在图 2-6 中，站点 B 向站点 A 发送数据前，需要先向站点 A 发送 RTS 帧进行请求，站点 A 回应 CTS 帧，站点 B 在收到 CTS 帧后才向站点 A 发送数据，站点 C 也可以收到站点 A 发送的 CTS 帧，可是站点 C 没有发送过 RTS 帧，所以站点 C 知道自己处于隐藏站点的情况，就不会向站点 A 发送数据。

图 2-6　RTS/CTS 机制解决隐藏站点问题

在图 2-7 中，站点 B 和 C 都可以收到站点 A 发送的 RTS 帧，但只有站点 B 向站点 A 回复 CTS 帧，站点 A 收到 CTS 帧后就向站点 B 发送数据。此时，站点 C 可以向站点 D 发送 RTS 帧，站点 A 和 D 都可以收到，但只有站点 D 向站点 C 回复 CTS 帧，收到 CTS 帧后，站点 C 才可以向站点 D 发送数据。

但是，RTS/CTS 机制不能完全解决站点隐藏和站点暴露问题，例如，站点 D 向站点 C 回复的 CTS 帧有可能被站点 A 向站点 B 发送的数据"淹没"。此外，由于整个 RTS/CTS 传输过程占用了网络资源，增加了额外的网络负担，因此一般在需要时才采用。

图2-7　RTS/CTS机制解决暴露站点问题

3. MAC子层的协调功能

MAC子层的无线介质访问是由特定的协调功能控制的。IEEE 802.11的MAC子层定义了分布式协调功能（Distributed Coordination Function，DCF）、点协调功能（Point Coordination Function，PCF）和混合协调功能（Hybird Coordination Function，HCF）。DCF用于竞争机制，PCF用于非竞争机制，HCF是DCF和PCF的混合机制。

帧间间隔（Inter-Frame Space，IFS）在协调介质的访问上起重要作用。在CSMA/CA机制中，IEEE 802.11规定在连续发送的两个帧间必须有一个时间间隔，并定义了四种不同的帧间间隔：短帧间间隔（Short Inter-Frame Space，SIFS）、DCF帧间间隔（DIFS）、PCF帧间间隔（PIFS）和扩展帧间间隔（EIFS）。发送数据前所需等待的时间长短体现了该数据的优先级，不同的帧间间隔提供不同的介质访问优先级。当介质空闲时，高优先级的数据比低优先级的数据在发送数据前所需等待的时间短。帧间间隔的关系如图2-8所示，SIFS是最短的帧间间隔，拥有最高的优先级，可用于RTS/CTS帧和ACK帧；PIFS主要用在PCF无竞争模式中，其优先级低于SIFS；DIFS用于DCF竞争模式中，其优先级比SIFS和PIFS都低。EIFS不是固定的时间间隔，帧传输出现错误时会用到它，其长度最长并且优先级最低。

图2-8　帧间间隔的关系

（1）分布式协调功能DCF

当使用DCF时，IEEE 802.11使用CSMA/CA机制，采用"尽力而为"（best effort）的方式工作，提供了类似以太网的基于竞争的服务。在DCF中，工作站之间可以直接通信，不需要中心控制节点。

DCF的基本原理：工作点在传送数据前，首先检查介质是否处于空闲状态，如果介质是空闲且空闲时间超过DIFS，则工作点发送数据帧。为了避免冲突的发生，如果介质是正在被占用，则工作站必须延迟对介质的访问，采用退避（backoff）机制来避免发生冲突。

DCF采用的退避机制是在前面提到的BEB机制。在发生冲突后，时间被分成离散的时槽。具体来说，在第一次冲突发生后，每个站点随机等待 0 或 1 个时槽之后再重试发送。在第二次冲突发生后，每个站随机等待 0、1、2 或 3 个时槽之后再重试发送。也就是说，在第 i 次冲突发生后，随机在 $0\sim2^i-1$ 之间选择一个数，然后等待这么长的时间，其中 2^i-1 是竞争窗口（Contention Window，CW）的大小。

如图 2-9 所示，站点 B 和 C 都想发送数据，但此时介质被站点 A 占用。由于 ACK 确认帧所使用的短帧间间隔（SIFS）短于 DCF 帧间间隔（DIFS），因此，在站点 A 发送完数据后，ACK 确认帧会优先在信道上传输。在介质被站点 A 和 ACK 确认帧占用的过程中，站点 B 和 C 都在不断尝试发送数据，这里假设站点 B 和 C 都分别进行了三次尝试（也就是发生了三次冲突）。这时，站点 B 随机选择退避 7 个时槽，而站点 C 选择退避 4 个时槽。因此，在完成 ACK 确认帧的传输后，等待一个 DCF 帧间间隔和 4 个时槽，站点 C 获得了信道使用权，即站点 C 比站点 B 先传送数据。

图 2-9　DCF 举例

（2）点协调功能 PCF

PCF 提供的是无竞争服务（Contention-Free Service）。由于 DCF 不提供任何延迟或带宽的保证，因此它难以满足一些对延迟和带宽敏感的服务的要求，这时可采用 PCF。在 PCF 中，由称为点协调者（Point Coordinator，PC）的基站对其他工作站进行协调，决定哪一个工作站可以发送数据。在 PCF 模式中，传输顺序完全由基站控制，不会出现冲突。但是，PCF 需要具有管理功能的基站，该基站能够和所有工作站通信，并且能够承受较重的计算负担。

PCF 采用轮询策略，AP 在确认介质空闲了 PIFS 后，向所有在基础型服务集合中的站点发送一个信标（beacon）帧，信标帧的详细格式将在后面介绍的 MAC 帧格式中说明。信标帧包含非竞争访问时段（Contention Free Period，CFP）的最大时间、信标间隔和 BSS 标识[6]。所有在此 BSS 中的站点收到该信标帧后，必须停止一切发送行为，并在 CFP 内保持"沉默"。AP 中的 PC 维护着一个轮询表，并按照这个顺序对各站点进行轮询以检查该站点是否有数据传送。有数据要发送的站点必须在被轮询到时才可以发送数据，而其他站点必须处于等待状态，这样就避免了冲突的发生。

PCF 允许工作站经过 PIFS 后即可传送帧，PIFS 比 DIFS 短，这样 PCF 就有比 DCF 高的优先级。所有的 IEEE 802.11 标准都必须支持 DCF，而 PCF 则是可选的。

（3）混合协调功能 HCF

有些应用需要提供比"尽力而为"更高一级的服务质量，却不需要用到 PCF 那么严格的时机控制，此时可以采用 HCF。HCF 允许工作站维护多组服务队列，针对需要更高服务质量的应用，提供更多的无线媒介访问机会。

4. MAC 帧格式

IEEE 802.11 MAC 子层的帧由帧头（Frame Header）、帧实体（Frame Body）和帧校验（FCS）组成。帧头部分包括帧控制（Frame Control）字段、持续时间（Duration/ID）字段、

4 个地址（Address）字段和顺序控制（Seqctl）字段，如图 2-10 所示。

图 2-10　IEEE 802.11 MAC 帧格式

帧格式中主要字段的说明如下。

- 帧控制（Frame Control）：此字段含有工作站之间发送的控制信息，包括很多子字段，在此不再详述。
- 持续时间（Duration）：此字段有多种功能，有三种可能的形式，由第 14 和 15 个比特决定。当第 15 个比特为 0 时，表示 Duration（Nav）；当第 14、15 个比特为 01 时，表示 CFP 帧；当第 14、15 个比特为 11 时，表示 PS-poll 帧。
- 地址（Address1~Address4）：一个 IEEE 802.11 MAC 子层的帧最多可以有 4 个地址字段，以数字编号，帧类型不同，这些字段的作用也有所差异。
- 顺序控制（Seqctl）：该字段由 4 位的片段编号子字段和 12 位的顺序编号子字段组成，用于重组帧片段以及丢弃重复帧。
- 帧实体（Frame Body）：承载在工作站之间传递的上层有效载荷，如带 IP 头的 IP 分组，其长度为 0~2312 B。
- 帧校验（FCS）：采用 CRC 校验码。每一个在无线网络中传输的数据帧都被附加校验位以检验它在传送的时候是否出现错误。

IEEE 802.11 MAC 协议支持三种类型的帧：数据帧、控制帧和管理帧。帧的类型在帧控制字段的 Type 位标识，在 Sub Type 位进一步标识。Type 位的长度为 2 bit，00 表示管理帧，01 表示控制帧，10 表示数据帧。Sub Type 位的长度为 4 bit，表示三种帧类型的不同子类型，具体值不一一列出。

（1）数据帧

数据帧将上层协议的数据置于帧实体中加以传递。

（2）控制帧

控制帧用于协助数据帧的传递，管理无线媒介的访问。控制帧没有 Data 域和 Sequence 域，关键信息在 Sub Type 域，通常为 RTS、CTS 或者 ACK。

（3）管理帧

管理帧的作用非常重要，负责维护数据链路层的各种功能。管理帧中有一种比较重要的帧——信标帧，在基础型结构的网络中，由 AP 负责定期传送。该帧用来声明某个网络的存在，信标可以让移动的工作站知道该网络的存在，从而调整加入该网络的参数。信标帧的具体格式如图 2-11 所示。

信标帧中的各个字段在信标中不一定会全部用到，可选（Optional）字段只有在需要时才会使用。例如，只有在使用跳频（Frequency Hopping，FH）或直接序列（Direct-

Squence，DS）物理层技术时，才会用到 FH 和 DS 参数集（Parameter Set）；CF 参数集只用于支持 PCF 的 AP 所发送的帧等。

图 2-11 信标帧的具体格式

5. MAC 帧的分段与重组

IEEE 802.11 MAC 子层还提供了帧的分段与重组功能。帧的分段功能是指超过特定大小的数据帧在传送时被拆分成几个较小的数据帧分批传送，这些数据帧有相同的帧序号和一个递增的帧片段编号，以便在接收端重组。

将较大的帧分段为多个较小的帧，在网络拥挤或者存在干扰的情况下，是非常有用的特性，可以大大降低被干扰的数据量，减少数据帧被重传的概率，从而提高无线网络的整体性能。接收端的 MAC 子层负责将收到的被分段的大数据帧进行重组，因此，对于上层协议，这个过程是完全透明的。

2.2 IEEE 802.15 标准及相关技术

IEEE 802.15 工作组主要制定无线个域网（Wireless Personal Area Network，WPAN）标准。WPAN 的主要特点是无线传输的距离比较近，一般在 10 m 以内。因为传输距离短，无线发射功率比较小，所以 IEEE 802.15 协议相比 IEEE 802.11 协议更为节能。

2.2.1 IEEE 802.15 标准的演进

IEEE 802.15 标准的先驱是蓝牙（Bluetooth）技术[7]。1998 年 3 月，IEEE 成立 802.15 工作组，致力于 WPAN 的物理层和数据链路层协议的标准化。1999 年 7 月，蓝牙技术联盟（SIG）发布了 1500 多页的蓝牙规范 1.0 版。此后不久，IEEE 802.15 工作组将蓝牙文档作为基础，开始进行修订[8]。

2002 年，802.15 工作组提出第一个 IEEE 802.15 协议——IEEE 802.15.1，该协议是基于蓝牙协议 1.1 版本的。由于 IEEE 802.15.1 采用的频段是 2.4 GHz，与 IEEE 802.11b/g 协议的频段冲突，因此，出现了 802.15.2 工作组，它负责制定相应的规则来解决二者的共存性问题。蓝牙并不能满足无线个域网的所有需求，它的典型应用场景有个人数字终端之间的连接、音频数据等近距传输。而对于长时间工作的传感器以及清晰的实时视频数据传输等，蓝牙技术则不能胜任。

为了满足这些需求，IEEE 成立了 802.15.3 工作组和 802.15.4 工作组。802.15.3 工作组的目标是建立宽带个人无线网，提供个人设备间的高速无线数据传输。802.15.4 工作组的目标是建立一个低速但实现简单且节能的个域网。IEEE 802.15.4 的典型应用场景有无线传感器网络、个人遥控装置等。随后，又有了对个人域的无线 Mesh 网络以及相对于个人域 10 m 范围更小的身体域无线网的需求，于是 IEEE 又成立了 802.15.5 和 802.15.6 工作组来制定相关有针对性的标准。

2.2.2　IEEE 802.15 协议簇

IEEE 802.15 已在无线个域网的应用中取得较大成功，下面介绍 IEEE 802.15 协议簇中的主要协议。

（1）IEEE 802.15.1 标准

IEEEE 802.15.1 标准将 MAC 子层与物理层结合起来，然后划分为以下四个子层。

- RF 层（RF Layer）：该无线接口基于天线能力，功率范围为 0~20 dBm。蓝牙技术运行在 2.4 GHz 波段，链路传输范围为 10 cm~100 m。
- 基带层（Baseband Layer）：在设备之间形成微微网（Piconet），通过蓝牙技术将网络设备连接在一起。
- 链路管理层（Link Manager）：在蓝牙设备之间，建立和维护数据链路。它的其他功能包括安全、基带数据包大小协商、电源模式、蓝牙设备的周期性控制，以及蓝牙设备在微微网中的连接状态控制等。
- 逻辑链路控制和适配协议层（Logical Link Control and Adaptation Protocol，L2CAP）：为上层协议提供无连接和面向连接的服务。

在推出 IEEE 802.15.1-2002 协议之后，蓝牙标准继续向前发展，在 2005 年，IEEE 802.15 工作组发布了基于蓝牙 1.2 标准的 IEEE 802.15.1-2005 标准，这一标准与前一标准相比，主要的改进之处是在实际应用中有更高的传输速率、更快的建立网络连接速度，该标准采用了新技术，这使得其抗干扰能力更好。

（2）IEEE 802.15.2 标准

IEEE 802.15.2 标准不单单是为了定义新的通信协议，而是因为 WiFi 的标准 IEEE 802.11b、IEEE 802.11g 都使用 2.4 GHz 频率，与 IEEE 802.15 会产生干扰，IEEE 802.15.2 正是为了解决它们之间的相互干扰问题而提出的。

由于在该工作组开始工作时，IEEE 802.15 协议簇中的主要应用是 IEEE 802.15.1，因此该协议中主要描述并解决了 IEEE 802.15.1 与 IEEE 802.11、IEEE 802.11b 的互干扰问题，但相应的解决方案对解决 IEEE 802.15 的其他协议与 IEEE 802.11 协议簇的干扰问题也有很大的帮助。

解决上述共存问题的机制主要有两种：合作机制和非合作机制。在合作机制下，两种无线网络之间通过通信来解决共存问题；在非合作机制下，两种无线网络之间不通信，而是通过适应性设备抑制、适应性数据包选择以及适应性的发包策略来解决共存问题[9]。

（3）IEEE 802.15.3 标准

IEEE 802.15.3-2003 标准旨在为便携电子设备提供高速、低功耗、低成本、支持多媒体功能的无线连接。这个标准提供 11~55 Mbit/s 的数据传输速率，并在距离小于 70 m 时可以为数据流提供可靠的服务。此外，这个标准使设备自动组成网络，不需要用户干预。在保护用户隐私和数据完整性方面，该标准提供针对数据和命令的 128 位 AES 加密方法。最后，该标准提供的多种技术可以使 IEEE 802.15.3 的微微网与其他无线网络实现更好的共存。

（4）IEEE 802.15.4 标准

随着通信技术的飞速发展，人们对无线移动通信尤其是短距离无线移动通信的需求日益增多。为了满足用户对低速率、低成本、低能耗的短距离无线通信的需求，2000 年 12 月，IEEE 成立了 802.15.4 工作组。经过将近 3 年的努力，2003 年 5 月，IEEE 正式发布了 IEEE 802.15.4 标准[10]。该标准针对低速率无线个域网（LR-WPAN）制定了物理层和介质接入控制层规范。IEEE 802.15.4 标准的发布，填补了短距离低速率通信领域标准的空白，并且具有成本低、协议简单灵活等特点。

基于 IEEE 802.15.4 标准的低速率无线个人区域网，网络节点间的通信距离通常为 10 m，并且有 868 MHz、915 MHz 和 2.4 GHz 三个物理频率可供选择，其中，各频率支持的数据传输速率分别为 20 Kbit/s、40 Kbit/s 和 250 Kbit/s。

（5）IEEE 802.15.5 与 IEEE 802.15.6

IEEE 在 2006 年成立了 802.15.5 工作组，其目的是制定一套无线 Mesh 网络标准。IEEE 802.15.5 定位于无线 Mesh 网络的 MAC 子层，不需要 ZigBee 或路由支持，它继承了 IEEE 802.15.1~IEEE 802.15.4 的一些基本思想，且完全支持 Mesh 结构。在 IEEE 802.15.5 标准中，Mesh 网络被定义为一个个域网，它有两种组网方式：全网状拓扑和部分网状拓扑。在全网状拓扑中，每一个节点直接与其他任何一个节点相连；在部分网状拓扑中，只有部分节点与其他所有节点相连，而其他节点则只是与连通度较大的节点相连。IEEE 802.15.5 标准主要涉及的问题包括：碰撞避免的信标调度策略、路由算法、分布式安全问题、能效操作模式、对网状节点和网状个域网移动性的支持等[11]。

IEEE 在 2007 年 12 月初宣布成立 802.15.6 工作组，这个工作组的主要任务是研究"身体域网络"（Body Area Network，BAN）协议，如图 2-12 所示。它面向的需求主要有适中的带宽、很低的功耗、很近的传输距离。IEEE 802.15.6 标准的典型应用场景包括医疗和运动学中的身体数据监测，以及个人娱乐等，如心跳速率的监测、游戏、视频娱乐等。

○ 非植入设备
● 植入设备

图 2-12 IEEE 802.15.6 示例

2.2.3 IEEE 802.15.3 的关键技术

IEEE 802.15.3 协议是为提供高速个人局域网而设计的，提供针对多媒体的数据传输。物理层和 MAC 子层中都存在概念上的管理实体，分别称为物理层管理实体（Physical Layer Management Entity，PLME）和 MAC 子层管理实体。这些实体负责提供层间的管理服务接口。

在 IEEE 802.15.3 协议提出后，为了适应更多的环境以及提供更好的性能，IEEE 相继成立了多个工作组以进行该协议的进一步研究，其中包括 IEEE 802.15.3a、IEEE 802.15.3b、IEEE 802.15.3c 等工作组。其中，产生了不少的成功经验，但也有个别工作组因为种种原因而放弃了后续研究的情况。

1. 微微网

IEEE 802.15.3 协议组成的网络一般称为微微网，其通信距离一般为 10 m。微微网由一

系列元素组成，基本元素是设备（device，DEV），
DEV 担任微微网协调者（PicoNet Coordinator，
PNC）的角色。PNC 提供整个微微网的网络时
隙协调功能，并负责管理整个微微网的 QoS 需
求、节能模式和访问模式等。

微微网的 DEV 之间可以独立地相互通信。
在微微网的基础上，允许 DEV 申请成为一个已
有微微网的附属微微网，这种情况下，原微微
网称为父微微网，新的 DEV 组建的微微网称为
子微微网或邻居微微网。具体成为哪一种，取
决于 DEV 连入父微微网的 PNC 的方式。

微微网的结构如图 2-13 所示。其中一个

图 2-13 微微网的结构

IEEE 802.15.3 的 MAC 子层主要是针对个人局域网的高速数据传输而设计的，特别是
多媒体高速应用。该协议采取了一系列措施来组织网络，主要包括微微网的网络协调、DEV
的接入和脱离、DEV 的工作模式和微微网的结束过程等。

（1）微微网的网络协调

当网络中有一个 DEV 作为 PNC 开始发送信标（beacon）帧时，一个微微网就建立了，
即使没有与它相关联的其他 DEV。信标帧主要发送关于微微网的协调信息。

为了建立一个微微网，PNC 通过扫描所有可用信道来寻找一个空闲信道。找到这样的
信道后，马上发送信标帧来声明该微微网的存在，如果没有空闲信道，则该 DEV 将尝试成
为一个依赖微微网。如果微微网的建立过程并不能保证"最有能力"的 DEV 成为 PNC，则
在后续的 DEV 加入过程中允许更有能力的 DEV 成为新的 PNC。

当一个 DEV 连入一个已有微微网时，PNC 会根据一定的策略检查新加入的 DEV 是否更
适合担任 PNC 的角色。如果适合，那么原有的 PNC 就会将 PNC 的角色移交给新加入的
DEV。在移交过程中，原 PNC 负责时间分配，不会造成数据丢失。当 PNC 断电或者需要离
开现有微微网时，也会将 PNC 的权力移交给网络中的一个 DEV。

子微微网是一个建立在已有微微网基础上的网络，已有的微微网称为父微微网。子微微网
在功能上有助于扩展父微微网的覆盖范围和转移一些计算或存储要求。在该协议中，允许一个
父微微网有多个子微微网，同时允许子微微网有自己的子微微网。子微微网除使用父微微网的
信道时间分配（Channel Time Allocation，CTA）以外，完全是一个自治的微微网网络。子微微
网的 PNC 同时作为两个微微网的成员，可以与两个网络中的其他 DEV 进行数据交换。

邻居微微网同样是建立在已有微微网基础上的，它实际上提供了一种在没有可用频段的
情况下与已有微微网共享频段的方法。除与父微微网共享一个 CTA 以外，邻居微微网完全
是一个自治系统，并且邻居微微网和父微微网之间并不能进行数据通信。

（2）DEV 的接入和脱离

在 DEV 接入微微网的过程中，微微网会为每一个 DEV 分配一个唯一的 ID，作为该设备
在微微网中的地址，称为 DEVID。当 DEV 接入微微网后，PNC 会向网络中的所有设备广播
消息，告知其他设备有新设备接入，并且为该 DEV 分配 DEVID。当 DEV 主动脱离微微网或
PNC 将某个 DEV 从网络中移除时，分配给该 DEV 的 DEVID 就不再起作用了，但 PNC 仍会
将该 DEVID 保留一段时间，然后才会将该 ID 分配给其他新加入的 DEV。

（3）DEV 的工作模式

为了适应多变的工作环境，以及提供不同层次的服务，IEEE 802.15.3 协议为微微网和网络中的 DEV 提供了多种工作模式。

在安全方面，微微网可以工作在两种模式下：模式 0（开放模式）和模式 1（安全模式）。在模式 0 下，MAC 子层不提供对成员的检测和对数据的保护，也不提供数据完整性检验和数据加密。在模式 1 下，MAC 子层提供对设备成员的检验和对负载的控制，DEV 在使用微微网的资源之前需要与 PNC 建立信任机制。微微网中的数据传输要求进行数据完整性检验，并可以进行数据保护和数据加密。

IEEE 802.15.3 的一个重要特性是节能，可以使设备在干电池供电的情况下长时间工作。延长电池寿命的推荐办法就是在 DEV 不使用时关机或者减少能量损耗。该标准提供的三种节电模式可以达到这种效果：设备同步节电（Device Synchronized Power Save，DSPS）模式、微微网同步节电（Piconet-Synchronized Power Save，PSPS）模式、异步节电（Asynchronous Power Save，APS）模式。微微网中的 DEV 可以工作在四种电源管理模式下：ACTIVE 模式、DSPS 模式、PSPS 模式或 APS 模式。

在 ACTIVE 模式下，DEV 处于工作状态。在 PSPS 模式下，允许 DEV 在 PNC 定义期间"睡眠"，在 DEV 要进入 PSPS 模式时，需要给 PNC 发送请求。在 DSPS 模式下，一组 DEV 在多个超帧期间"睡眠"，但在同一超帧期间"醒来"，DEV 通过加入 DSPS 集合同步它们的"睡眠"模式，其中 DSPS 集合规定了 DEV"醒来"的周期间隔和下次 DEV"醒来"的时间。DSPS 集合除允许 DEV 同时"醒来"和交换通信量以外，还能使其他 DEV 更容易确定 DSPS 模式下的 DEV 何时可以接收信号。

在 APS 模式下，允许 DEV 为扩展的周期保存能量，直到选择侦听信标为止。在 APS 模式下，DEV 的唯一职责是在关联超时周期（Association Timeout Period，ATP）结束之前与 PNC 通信，以维持与微微网内其他成员的关系。无论 DEV 采用何种功率管理模式，微微网中的每个 DEV 都可以在没有被分配收发数据的时候关闭电源。

（4）微微网的结束过程

在一个 PNC 停止工作时，如果微微网中没有其他可供使用的 DEV 作为新的 PNC，则 PNC 会在信标帧中写入相应的信息并通知网络中的其他 DEV。在原有 PNC 没有完成 PNC 交接而突然退出微微网时，微微网会首先停止工作一段时间，经过一个连接超时时间段（即 ATP）后，原有微微网中可以作为 PNC 的设备会发出信标帧组建新的微微网。如果存在依赖于当前网络的微微网，则微微网结束时会向依赖于它的微微网发送消息，从而顺利退出该依赖微微网。

2. IEEE 802.15.3 的物理层技术

IEEE 定义了工作在 2.4GHz~2.4835GHz 频段的 IEEE 802.15.3 物理层方案，共提供 5 个信道。在节点密度较高的情况下，有 4 个可用信道，在与 IEEE 802.11b 共存使用的情况下，有 3 个可用信道，相应信道的中心频率以及与 IEEE 802.11b 的兼容情况见表 2-3。

IEEE 802.15.3 的物理层采用 QPSK（Quadrature Phase-Shift Keying）、DQPSK（Differential Quadrature Phase-Shift Keying）、16-QAM（16-Quadrature Amplitude Modulation）、32-QAM、64-QAM 等调制方式，支持 11Mbit/s、22Mbit/s、33Mbit/s、44Mbit/s 和 55Mbit/s 等

速率传输。其中 22 Mbit/s 是基本的传输速率，在该速率下，并不需要额外编码，而在其他速率下，则需要采用 TCM（Trellis Coded Modulation）的编码方式。调制方式、编码与相应的传输速率的关系见表 2-4。

表 2-3　IEEE 802.15.3 信道列表

信道序号	中心频率	节点高密度	与 IEEE 802.11b 是否兼容
1	2.412 GHz	高	是
2	2.428 GHz	高	否
3	2.437 GHz	高	是
4	2.445 GHz	高	否
5	2.462 GHz	高	是

表 2-4　调制方式、编码与相应的传输速率的关系

调制方式	编码	传输速率
QPSK	8-state TCM	11 Mbit/s
DQPSK	无	22 Mbit/s
16-QAM	8-state TCM	33 Mbit/s
32-QAM	8-state TCM	44 Mbit/s
64-QAM	8-state TCM	55 Mbit/s

为了提高效率，IEEE 802.15.3 的物理层在组帧时对 MAC 子层的帧头和帧体分别进行了打包与传输。

3. IEEE 802.15.3 的 MAC 子层技术

IEEE 802.15.3 的 MAC 子层的帧结构是为高速个人局域网而设计的。每一个帧由帧头和帧体两部分组成，如图 2-14 所示。帧体由可变长度的帧负载和一个帧校验序列（FCS）组成；帧头由六部分组成，其中流索引用来对微微网中传输的数据流进行唯一标记，分块控制部分用来记录帧分割和重组的相关信息，SrcID 和 DestID 分别用来记录数据的发送源与目的地，PNID 用来记录 Piconet 的唯一 ID，帧控制部分用来记录各种不同的帧类型。

1	3	1	1	2	2		0或者4	Ln
流索引	分块控制部分	SrcID	DestID	PNID	帧控制		帧校验序列	帧负载
		MAC 帧头					MAC 帧体	

图 2-14　IEEE 802.15.3 的帧格式

IEEE 802.15.3 协议在 MAC 子层定义了四种帧：信标帧、确认帧、命令帧和数据帧。信标帧的数据负载单元由 n 个信息元素和一个微微网同步参数组成，信息元素中包含了 PNC 设定时间分配和管理微微网的信息。确认帧分为立即确认帧（Immediate ACK）和延后确认帧（Delayed ACK）两种。立即确认帧仅包含一个 10 位的 MAC 帧头，其中定义了针对

各种帧的确认。延后确认帧主要包含以下几部分：n 个 MAC 子层协议数据单元 ID（MPDU ID）、1 个记录已确认的协议数据单元数的字节、帧长，以及在一个脉冲中可以发送的最大帧数目。命令帧的负载由两字节的命令类型、两字节的用来记录命令长度的字段，以及命令体构成，从而实现组建微微网和管理设备等功能。数据帧用来传输上层发到 MAC 子层的数据，它的负载字段包含了上层需要传送的数据。

　　IEEE 802.15.3 标准提供三种不同的帧发送策略：无确认策略，用于不需要确认帧的情况，这种情况的出现主要是由于返回帧的时间太长或上层协议提供了确认策略；立即确认策略，通常用于需要对发送的每一帧都进行确认的情况；延后确认策略，源设备一次发送多个帧而不需要对每个帧进行单独确认，当源设备发送确认请求时，由目的设备一次性发送对所有帧的确认。当源设备没有收到确认帧时，它会重发或丢弃该帧，这取决于发送帧的类型、已尝试发送的次数、已尝试发送的时间，以及其他现实因素等。

　　为了使微微网高质量运行，要求 PNC 可以在不需要用户介入和保证微微网内服务质量的情况下实现信道的动态切换。为了估计当前使用的信道和其他信道的状态，该协议为 PNC 设计了以下 3 种方法：通过命令，从微微网的 DEV 中收集当前使用信道的状态信息；主动扫描所有可用的信道；发送请求命令，通过微微网中的 DEV 去扫描某一特定信道，并将结果返回给 PNC。当 PNC 发现当前使用的信道不再合适时，PNC 就会控制整个微微网转换到新的信道，转换过程并不会改变微微网的注册信息和时间分配等，因此不会影响微微网提供的服务。

2.2.4　IEEE 802.15.4/ZigBee 关键技术

　　IEEE 802.15.4 规范了 ZigBee 技术的下层协议。ZigBee 的技术套件紧凑且简单，对硬件的需求很低，8 位微处理器 80C51 即可满足要求，全功能协议软件需要 32 KB 的 ROM，最小功能协议软件需要大约 4 KB 的 ROM。ZigBee 技术的另一个突出特点是能耗较低，一台 ZigBee 设备依靠电池就可以工作数年时间。

　　IEEE 802.15.4/ZigBee 的物理层和数据链路层基于 IEEE 802.15.4 协议；网络层和应用层则基于 ZigBee 协议。IEEE 802.15.4/ZigBee 的各层关键技术如图 2-15 所示。其中，用户应用程序主要包括厂家预置的应用软件。同时，为了给用户提供更广泛的应用，提供了面向仪器控制、信息电器和通信设备的嵌入式 API，从而可以广泛地实现设备与用户应用软件间的交互。应用层（Application Layer，APL）提供高级协议栈管理功能。用户应用程序使用此模块来管理协议栈功能。

　　设备对象子层（ZigBee Device Objects，ZDO）通过打开和处理目标端点接口来响应接收与处理远程设备的不同请求。与其他的端点接口不同，目标端点接口总是在启动时就被打开并假设绑定到任何发往该端口的输入数据帧。设备配置子

用户应用程序	
应用层(APL)	
设备配置子层(ZDC)	设备对象子层(ZDO)
应用支持子层(APS)	
网络层(NWK)	
IEEE 802.15.4 LLC	IEEE 802.2 LLC
	SSCS
IEEE 802.15.4 MAC	
IEEE 802.15.4 868/915 MHz PHY	IEEE 802.15.4 2.4 GHz PHY
底层控制模块	RF收发器

图 2-15　IEEE 802.15.4/ZigBee 各层关键技术

层（ZigBee Device Configuration，ZDC）提供标准的 ZigBee 配置服务，定义和处理描述符请求。远程设备可以通过 ZDO 子层请求任何标准的描述符信息。当接收到这些请求时，ZDO 会调用配置对象以获取相应的描述符值。应用支持子层（APS）主要提供 ZigBee 端点接口。应用程序可使用该层打开或关闭一个或多个端点，并且获取或发送数据。网络层（NWK）的主要功能是负责建立和维护网络连接，它可以独立处理传入数据请求、关联、解除关联和孤立通知请求等。

1. IEEE 802.15.4 协议框架

（1）IEEE 802.15.4 拓扑

IEEE 802.15.4/ZigBee 网络中的设备按照功能职责可以划分为三种：网络协调点（PAN Coordinator）、协调点（Coordinator）、终端设备（End Device）。该标准的网络拓扑的主要形态有两种，一种为星形连接，另一种为对等结构连接。由这两种拓扑形式可以衍生出簇树状拓扑[12]。

星形网络如图 2-16 所示。精简功能设备或有限功能设备（Reduced-Function Device，RFD）是能量、计算能力和通信能力有限的设备，而全功能设备（Full-Function Device，FFD）则是计算能力和通信能力较强的设备。网络协调点是整个网络的主控节点，在一个 PAN 中，只能有一个网络协调点。网络协调点发送信标帧，还负责分配 GTS，分配 16 位短地址。网络协调点是整个网络的初始节点，它可以初始化一个网络，还可以结束一个网络。协调点也可以发送信标帧，以对周围的终端设备和其他协调点进行同步。协调点还可以进行数据包的转发，一般出现在非星形结构的网络中，如对等网络等。终端设备不能发送信标帧，只具有数据包的收发功能。

星形网络以网络协调点为中心，所有设备只能与网络协调点进行通信，因此，在星形网络的形成过程中，第一步就是选取网络协调点。任何一个全功能设备都有成为网络协调点的可能。一个全功能设备在第一次被激活后，首先广播查询网络协调点的请求，如果接收到回应，则说明网络中已经存在网络协调点，设备通过认证可以选择加入这个网络；如果没有收到回应，或者认证过程不成功，则这个全功能设备就可以建立自己的网络，并且成为这个网络的网络协调点。

网络协调点要为网络选择一个唯一的标识符，所有该星形网络中的设备都用这个标识符来规定自己的从属关系。不同星形网络之间的设备通过设置专门的网关来完成相互之间的通信。在选择一个标识符后，网络协调点就允许其他设备加入自己的网络，并为这些设备转发数据分组。如果星形网络中的两个设备需要互相通信，那么都是先把各自的数据包发送给网络协调点，再由网络协调点转发给对方。

在如图 2-17 所示的对等网络中，任意两个设备只要能够互相收到对方的无线信号，就可以直接进行通信，不需要其他设备的转发。但在点对点网络中，仍然需要一个网络协调点，不过该协调点的功能不再是为其他设备转发数据，而是完成设备注册和访问控制等基本的网络管理功能。网络协调点的产生由上层协议规定，比如把某个信道上第一个开始通信的设备作为该信道上的网络协调点。

在如图 2-18 所示的簇树网络中，绝大多数设备是全功能设备，而有限功能设备总是作为簇树的叶子节点设备连接到网络中。任意一个全功能设备都可以充当协调点，为其他设备提供同步信息。在这些协调点中，只有一个可以充当整个网络的网络协调点。网络协调点可能和网络中的其他设备一样，也可能比其他设备拥有更多的计算资源和能量资源。网络协调点首先将自己设为簇头（CLuster Header，CLH），并将簇标识符（Cluster IDentifier，CID）设置为 0，同时为该簇选择一个未被使用的 PAN 标识符，形成网络中的第一个簇。

图 2-16 星形网络   图 2-17 对等网络

图 2-18 簇树网络

接着，网络协调点开始广播信标帧。邻近设备在收到信标帧后，就可以申请加入该簇。由网络协调点决定设备是否可以成为簇成员。如果请求被允许，则该设备将作为簇的子设备加入网络协调点的邻居列表，新加入的设备会将簇头作为它的父设备并加入自己的邻居列表，这样就形成了一个简单的簇树。

网络协调点可以指定另一个设备成为邻接的新簇头，以此形成更多的簇。新簇头同样可以选择其他设备成为簇头，进一步扩大网络的覆盖范围。但是，过多的簇头会增加簇间消息传递的延时和通信开销。为了减少延时和通信开销，簇头可以选择最远的通信设备作为相邻簇的簇头，这样可以最大限度地缩小不同簇间消息传递的跳数，从而达到减少延时和通信开销的目的。

（2）IEEE 802.15.4 的 MAC 子层的通信模式

IEEE 802.15.4 的 MAC 子层的通信模式分为两种：信标使能模式和非信标使能模式。

在信标使能模式中，IEEE 802.15.4 设备使用超帧机制来进行同步传输。每个超帧都以网络协调点发出信标帧为始，这个信标帧中包含了超帧的持续时间以及对这段时间的时隙分配等信息。网络中的普通设备在接收到信标帧后，就可以根据其中的内容安排自己的任务，如进入休眠状态，直到这个超帧结束为止。

超帧将通信时间划分为不活跃期间和活跃期间。在不活跃期间，PAN 中的设备不会相互通信，从而可以进入休眠状态以节省能量。活跃期间又可以划分为三个阶段：信标帧发送时段、竞争访问时段（Contention Access Period，CAP）和非竞争访问时段（Contention-Free Period，CFP）。超帧的活跃期间被划分为 16 个等长的时槽，每个时槽的长度、竞争访问时段包含的时槽数等都由网络协调点设定，并通过超帧开始时发出的信标帧广播到整个网络。

在超帧的竞争访问时段，IEEE 802.15.4 网络设备使用带时槽的 CSMA/CA 访问机制，并且任何通信都必须在竞争访问时段结束前完成。带时槽的 CSMA/CA 机制是指，各个设备退避的起始时间以信标为标准。随机退避的时间是单个时槽时间的整数倍。在非竞争访问时段，协调点根据同步时槽的情况，将非竞争时段划分成若干个 GTS。每个 GTS 由若干个时槽组成，时槽数目在设备申请 GTS 时指定。如果申请成功，申请设备就拥有了它指定的时槽数目。每个 GTS 中的时槽都分配给了时槽申请设备，因而不需要竞争信道。IEEE 802.15.4 标准要求任何通信都必须在自己分配的 GTS 内完成。竞争访问时段的功能包括网络设备可以自由收发数据、域内设备向协调者申请 GTS 时段、新设备加入当前 PAN 等。

在非信标使能模式中，MAC 子层使用传统的 CSMA/CA 机制进行访问控制。当设备要访问信道时，先等待一段随机长度的时间，再检查信道的情况。如果信道空闲，就发送数据。如果信道忙，就再次等待一段随机长度的时间，然后再次检查信道。

2. IEEE 802.15.4 的物理层技术

IEEE 802.15.4 的物理层定义了物理无线信道和 MAC 子层之间的接口，提供物理层数据服务和物理层管理服务。物理层数据服务从无线物理信道上收发数据，物理层管理服务维护一个由物理层相关数据组成的数据库。物理层数据服务包括以下五方面的功能[13]：激活和关闭射频收发器、信道能量检测（Energy Detect）、检测接收数据包的链路质量标识符（Link Quality Indication，LQI）、空闲信道评估（Clear Channel Assessment，CCA），以及收发数据。

信道能量检测为网络层提供信道选择依据。它主要测量目标信道中接收信号的功率强度，因为这个检测本身不进行解码操作，所以检测结果是有效信号功率和噪声信号功率之和。链路质量标识符为网络层或应用层提供接收数据时的无线信号的强度和质量信息，与信道能量检测不同的是，它要对信号进行解码，生成信噪比指标。这个信噪比指标和物理层数据单元将会被一起提交给上层处理。

空闲信道评估用来判断信道是否空闲。IEEE 802.15.4 定义了三种空闲信道评估模式：第一种，简单判断信道的信号能量，当信号能量低于某一门限值时，就认为信道空闲；第二种，通过判断无线信号的特征进行评估，这个特征主要包括两方面，即扩频信号特征和载波频率；第三种模式是前两种模式的综合，同时检测信号强度和信号特征，给出信道是否空闲的判断。

物理帧的第一个字段是四个字节的前导码，收发器在接收前导码期间，会根据前导码序列的特征完成片同步和符号同步。帧起始分隔符（Start-of-Frame Delimiter，SFD）字段长度为一个字节，其值固定为 0xA7，表示一个物理帧的开始。收发器在接收完前导码后只能做到数据的位同步，通过搜索 SFD 字段的值 0xA7 才能同步到字节上。帧长度（Frame Length）由一个字节的低 7 位表示，其值就是物理帧负载的长度，因此物理帧负载的长度不会超过 127 个字节。物理帧的负载长度可变，称之为物理服务数据单元（PHY Service Data Unit，PSDU），一般用来承载 MAC 帧。

在物理层的载波调制方面，物理层定义了三个载波频率用于收发数据。在这三个频率上，发送数据使用的传输速率、信号处理过程以及调制方式等方面存在一些差异。三个频率总共提供了 27 个信道（Channel）：868 MHz 频率提供 1 个信道，915 MHz 频率提供 10 个信道，2450 MHz 频率提供 16 个信道。

868 MHz 频率和 915 MHz 频率的数据处理过程：首先使用二进制数据差分编码处理物理层协议数据单元（PHY Protocol Data Unit，PPDU），然后将差分编码后的每一个位转换为长度为 15 的片序列（Chip Sequence），最后信号通过 BPSK 调制到信道上。2450 MHz 频率的处理过程：首先将 PPDU 二进制数据中的每 4 位转换为一个符号（Symbol），然后将每个符号转换成长度为 32 的片序列，最后信号通过 O-QPSK 调制方式调制到载波上。

3. IEEE 802.15.4 的 MAC 子层技术

IEEE 802.15.4 的 MAC 子层提供两种服务：MAC 子层数据实体和 MAC 子层管理实体（MAC SubLayer Management Entity，MLME）。前者保证 MAC 子层协议数据单元在物理层数据服务中的正确收发，后者维护一个存储 MAC 子层协议状态相关信息的数据库。

MAC 子层的主要功能包括下面六个方面：

- 协调点产生并发送信标帧，普通设备根据协调点的信标帧与协调点同步；
- 支持与 PAN 的关联（association）和取消关联（disassociation）操作；
- 支持无线信道通信安全；
- 使用 CSMA/CA 机制访问信道；
- 支持 GTS 机制；
- 支持不同设备的 MAC 子层间的可靠传输。

其中，关联操作是指一个设备在加入一个特定网络时，向协调点注册和身份认证的过程。WPAN 中的设备有可能从一个网络切换到另一个网络，这时就需要进行关联和取消关联操作。

（1）数据传输模式

IEEE 802.15.4 标准中的数据传输分为三种模式：普通节点到协调点的传输、协调点到普通节点的传输，以及对等节点间的数据传输。由于 IEEE 802.15.4 的 MAC 子层的通信模式分为两种，即信标使能模式和非信标使能模式，因此，针对每种数据传输模式，分别介绍两种通信模式下的数据传输方式。

在普通节点到协调点的传输模式下，对于信标使能模式，普通节点首先侦听网络信标，接收到信标帧后完成与协调点的同步，而后在超帧竞争期采用带时槽的 CSMA/CA 机制将数据帧发给协调点，协调点在成功接收到该帧后回复相应的应答。对于非信标使能模式，普通节点将采用带时槽的 CSMA/CA 机制向协调点传输 MAC 帧，协调点在成功接收到该帧后回复相应的应答。

在协调点到普通节点的传输模式下，对于信标使能模式，如果协调点有数据要发给普通节点，将把预发的信息存储到相应的缓存区中，在信标帧中指出有将要发给某节点的数据，并把该节点的地址封装到信标帧预发地址列表（Pending Address Field）中。普通节点周期地侦听网络信标，收到信标帧后，若发现信标帧的地址列表中有自身地址，则采用带时槽的CSMA/CA 机制向协调点发送数据请求命令帧，协调点给予应答。此后，协调点可以紧随该应答帧将预传输的数据发给该普通节点，或者采用带时槽的 CSMA/CA 机制传输相应的数据。普通节点成功接收到数据后也将回复应答帧，至此整个通信过程结束。对于非信标使能模式，普通节点将采用非带时槽的 CSMA/CA 机制，以应用所定义的传输速率向协调点定期发出数据请求命令，协调点回复应答帧。

（2）MAC 子层帧格式

MAC 子层帧结构的设计目标是用最低复杂度来实现多噪声无线信道环境下的可靠数据传输。每个 MAC 子层的帧都由帧头（MHR）、负载（payload）和帧尾（MFR）三部分组成。帧头由帧控制信息、帧序列号和地址信息组成。MAC 子层负载具有可变长度，具体内容由帧类型决定。帧尾是帧头和负载数据的 16 位 CRC 校验序列。

在 MAC 子层中，设备地址有两种格式：16 位（2 个字节）的短地址和 64 位（8 个字节）的扩展地址。16 位短地址是设备与 PAN 的协调点关联时，由协调点分配的网内局部地址；64 位扩展地址是全球唯一地址，在设备进入网络之前就分配好了。16 位短地址只能保证在 PAN 内部是唯一的，所以在使用 16 位短地址进行网间通信时，需要结合 16 位的 PAN 标识符才有意义。

两种地址类型的地址信息的长度是不同的，从而导致 MAC 帧头的长度也是可变的。一个数据帧使用哪种地址类型，由帧控制字段的内容指示。在帧结构中，没有表示帧长度的字段，这是因为物理层的帧里面有表示 MAC 帧长度的字段，MAC 负载长度可以通过物理层帧长和 MAC 帧头的长度计算出来。

IEEE 802.15.4 网络共定义了四种类型的帧：信标帧、数据帧、确认帧和 MAC 命令帧。信标帧的负载数据单元由四部分组成：超帧描述字段、GTS 分配字段、待转发数据目标地址字段和信标帧负载数据。信标帧中的超帧描述字段规定了这个超帧的持续时间、活跃期间持续时间，以及竞争访问时段持续时间等信息。GTS 分配字段将无竞争时段划分为若干个GTS，并把每个 GTS 具体分配给了某个设备。待转发数据目标地址中列出了与协调者保存的数据相对应的设备地址。

如果一个设备发现自己的地址出现在待转发数据的目标地址字段里，则意味着协调点存有属于它的数据，所以它就会向协调点发出请求传送数据的 MAC 命令帧。信标帧中的负载数据为上层协议提供数据传输接口。例如，在使用安全机制时，负载域将根据被通信设备设定的安全通信协议填入相应的信息。通常情况下，这个字段可以被忽略。在非信标使能模式下，协调点在其他设备的请求下也会发送信标帧，此时，信标帧的功能是辅助协调点向设备传输数据，整个帧中只有待转发数据的目标地址字段有意义。

数据帧用来传输上层发送到 MAC 子层的数据，它的负载字段包含了上层需要传送的数据。数据负载传送至 MAC 子层时，被称为 MAC 服务数据单元。它的首尾被分别附加了MHR 头信息和 MFR 尾信息后，就构成了 MAC 帧。

MAC 命令帧用于组建 PAN、传输同步数据等。目前定义好的命令帧主要完成三方面的功能：把设备关联到 PAN、与协调点交换数据、分配 GTS。命令帧在格式上和其他类型的帧没有太多的区别，只是帧控制字段的帧类型位有所不同。帧头的帧控制字段的帧类型为

011B（B 表示二进制数据），表示这是一个命令帧。命令帧的具体功能由帧的负载数据表示。负载数据是一个变长结构，所有命令帧负载的第一个字节是命令类型字节，后面的数据针对不同的命令类型有不同的含义。

2.2.5　其他近距离无线通信技术

与其他无线协议，如 IEEE 802.11 等相比，IEEE 802.15 在 WPAN 领域目前还无法占据统治地位。现阶段，在 WPAN 领域，众多的技术都在蓬勃发展，IEEE 802.15 并不是唯一的或者最优的选择。下面介绍其他一些近距离无线通信技术。

（1）UWB

UWB 即超宽带（Ultra-WideBand），美国联邦通信委员会（FCC）将它定义为基带带宽与载波频率的比值大于 0.25，或者带宽大于 500 MHz 的信号。在 FCC 制定的规范中，超宽带技术在短距离（小于 10 m）和低发射功率（平均 EIRP 为 -41.2 dBm/MHz）时，有高达 Gbit/s 级的巨大传输潜力。它只需要非常小的电量就可以正常工作，可工作在 3.1 GHz~10.6 GHz 的频带内。

802.15.3a 工作组实际上就是致力于建立一个基于 UWB 的物理层标准。两种技术在理论上都具备高传输速率、短距离、低功耗且实现简单的 UWB 特性，一种是传统的脉冲发射（Impulse Radio）方案，它采用脉冲幅度调制（Pulse Amplitude Modulation）或脉冲位置调制（Pulse Position Modulation）方式，发送持续时间极短、频带极宽的基带脉冲信号，超宽带（UWB）这个名字正是由此技术而来；另一种是 MB-OFDM（MultiBanded OFDM）技术，它将 FCC 划归给 UWB 的 3.1 GHz~10.6 GHz 频带分割成多个超过 500 MHz 的次频带，在每个次频带中应用 OFDM 调制方式。

虽然 MB-OFDM 与 UWB 技术的传统定义有所不同，但其每个次频带的频宽仍符合 FCC 对 UWB 的定义。同时，通过 OFDM 技术将频带划分成多个窄带，能够更精确地控制各个频带的发射功率，有利于与现有的窄带通信系统共存，满足 FCC 的功率门限要求。由于有些大公司已掌握 OFDM 技术，因此 MB-OFDM 技术得到了许多大公司的支持。然而，脉冲发射技术也仍然有它的支持者，因为更宽频带的信号具有更好的多径特性。最终采用 MB-OFDM 技术的 WiMedia 联盟实际上胜出。

（2）Bluetooth 2.0/2.1 和 Wibree

Bluetooth 2.0+Enhanced Data Rate（EDR，即增强的数据速率）标准于 2004 年 10 月发布。与以前的蓝牙标准相比，其主要优点包括：具有 3 倍数据传输速率，通过减少工作负载降低电能消耗，以更大频宽简化多连接模式，向下兼容过去所有的蓝牙规格，进一步降低误码率。Bluetooth 2.1+EDR 标准于 2007 年 6 月发布，其主要改进在于采用了低功耗技术和近距离通信（Near Field Communication，NFC）技术。

超低功耗蓝牙无线技术 Wibree 是一种低能耗无线局域网接入技术，能够方便、快捷地接入手机、PDA、无线计算机外围设备、娱乐设备和医疗设备等便携式设备。Wibree 技术最初由诺基亚公司提出，并与 Broadcom、CSR 等一些半导体厂商一起联合推动该项技术的发展。该项技术类似于蓝牙技术，但是能耗仅相当于蓝牙技术的一小部分。使用 Wibree 技术的信号能够在 2.4 GHz 的无线电频率内以最高达到 1 Mbit/s 的数据传输速率覆盖 5~10 m 的范围。Wibree 技术可以很方便地和蓝牙技术一起部署到一块独立宿主芯片或一块双模芯片上。

（3）IrDA

红外数据协会（Infrared Data Association，IrDA）相继制定了很多红外通信协议，有侧重于传输速率方面的，有侧重于低功耗方面的，也有二者兼顾。IrDA 是以红外线为媒介的工业用无线传输标准。红外数据传输一般采用红外波段内的近红外线，波长在 0.75 μm～25 μm 之间。红外数据协会成立后，为保证不同厂商的红外产品能获得较好的通信效果，限定所用红外波长范围为 850 nm～900 nm。

IrDA 1.0 协议基于异步收发器 UART，最高通信传输速率为 115.2 Kbit/s，简称串行红外（Serial Infrared，SIR）协议，采用 3/16ENDEC 编解码机制。IrDA 1.1 协议将通信传输速率提高到 4 Mbit/s，简称快速红外协议 FIR（Fast Infrared，FIR），采用 4 相位脉冲调制（Four-Position Pulse Position Modulation，4PPM）机制，同时在低速时保持 1.0 协议规定。之后，IrDA 又推出了最高通信传输速率为 16 Mbit/s 的协议，简称超高速红外（Very Fast Infrared，VFIR）协议。

IrDA 标准包括三个基本规范和协议：红外物理层连接规范（Infrared Physical Layer Link Specification，IrPHY）、红外连接访问协议（Infrared Link Access Protocol，IrLAP）和红外连接管理协议（Infrared Link Management Protocol，IrLMP）。IrPHY 规范制定了红外通信硬件设计上的目标和要求；IrLAP 和 IrLMP 为两个软件层，负责对连接进行设置、管理和维护。在 IrLAP 和 IrLMP 的基础上，IrDA 针对一些特定的红外通信应用领域，还陆续发布了一些更高级别的红外协议，如 TinyTP、IrOBEX、IrCOMM、IrLAN、IrTran-P 等。

（4）NFC

近距离无线通信（Near Field Communication，NFC）技术由飞利浦公司和索尼公司共同开发，是一种非接触式识别和互联技术，可以在移动设备、消费类电子产品、PC 和智能控件工具间进行近距离无线通信。NFC 提供了一种简单、触控式的解决方案，可以让消费者简单且直观地交换信息、访问内容与服务。

NFC 将非接触读卡器、非接触卡和点对点（Peer-to-Peer）功能整合进一块单芯片，是一个开放接口平台，可以对无线网络进行快速、主动设置，也可以用于连接蓝牙设备和无线 IEEE 802.11 设备。

2.3　IEEE 802 其他标准

中国通信发展

2.3.1　IEEE 802.16 标准及相关技术

随着通信业务和宽带业务的不断发展，用户对带宽的需求不断增加，各种宽带接入技术也迅速发展。在目前的各种宽带接入技术中，宽带无线接入技术凭借其系统建设速度快、运营成本低、扩展能力强、灵活性高等特点，已日益呈现出其重要性，受到广大运营商的青睐。其中，IEEE 802.11 无线局域网（WLAN）技术已经得到了广泛的应用。但是，WLAN 存在着一些不足，如由于覆盖范围有限而难以被很好地应用于室外环境，因此 IEEE 制定了 IEEE 802.16 无线城域网（Wireless Metropolitan Area Network，WMAN）技术。

IEEE 802.16 又被称为 IEEE 无线城域网空中接口标准，可以解决"最后一公里"宽带接入问题。它是针对 2 GHz~66 GHz 频段提出的一种空中接口标准，所规定的无线接入系统覆盖范围可达 50 km。

1. IEEE 802.16 协议簇

IEEE 802.16 协议簇中的主要标准如表 2-5 所示。

表 2-5 IEEE 802.16 协议簇中的主要标准

类 别	IEEE 标准	说 明
空中接口标准	IEEE 802.16-2001	10 GHz~66 GHz 频段的固定宽带无线接入系统的空中接口的物理层和 MAC 子层规范
	IEEE 802.16a	2 GHz~11 GHz 频段空中接口规范，对物理层进行了补充，对 MAC 子层进行了扩展和修改
	IEEE 802.16c	位于 10 GHz~66 GHz 频段，它是对 IEEE 802.16 的修改和增补文件
	IEEE 802.16d	2 GHz~66 GHz 频段的固定宽带无线接入系统的空中接口的物理层和 MAC 子层详细规范，是对 IEEE 802.16-2001 和 IEEE 802.16a 的整合和修订
	IEEE 802.16e	位于 2 GHz~6 GHz 频段，修正标准，支持移动性
	IEEE 802.16f	固定宽带无线接入系统的空中接口的管理信息库
	IEEE 802.16g	固定和移动宽带无线接入系统的空中接口管理流程和服务要求
	IEEE 802.16j	移动中继（MRS）标准，工作在点到多点（PMP）模式下
	IEEE 802.16k	MAC 网桥
解决共存问题标准	IEEE 802.16.2	10 GHz~66 GHz 频段的固定宽带无线接入系统共存的操作建议
	IEEE 802.16.2a	解决 2 GHz~11 GHz 频段的系统共存问题
空中接口的实现一致性标准	IEEE 802.16.1 第一部分	10 GHz~66 GHz Wireless MAN-SC 空中接口的一致性说明（PICS）
	IEEE 802.16.1 第二部分	10 GHz~66 GHz Wireless MAN-SC 空中接口的测试集结构和测试目的（TSS&TP）
	IEEE 802.16.1 第三部分	10 GHz~66 GHz Wireless MAN-SC 空中接口的无线电一致性测试（RCT）

IEEE 802.16a 是对 IEEE 802.16 的扩展，该标准使用 2 GHz~11 GHz 的许可和免许可频段，增加了对无线 Mesh 网络的支持。IEEE 802.16c 是致力于解决 IEEE 802.16 系统的不同厂家产品的兼容性问题的标准。

IEEE 802.16d 和 IEEE 802.16e 是目前 IEEE 802.16 中分别为固定宽带无线接入系统和移动宽带无线接入系统而设计的两个主流标准。IEEE 802.16d 对使用 2 GHz~66 GHz 频段的固定宽带无线接入系统的物理层和 MAC 子层进行了详细规范。IEEE 802.16e 标准定义在 2 GHz~6 GHz 频段，可以在 60 km/h 的车辆移动速度下，预期提供 30 Mbit/s 的传输速率。IEEE 802.16e 可同时支持固定和移动的宽带无线接入系统，在物理层和 MAC 子层增强了对移动业务的支持。这一标准是 IEEE 802.16 工作组的一个阶段性的里程碑。

除此之外，IEEE 802.16 工作组还研究制定了 IEEE 802.16f，该标准定义了 IEEE 802.16 固定宽带无线接入系统的空中接口的管理信息库（MIB）。IEEE 802.16g 标准定义了固定和移动宽带无线接入系统的空中接口的管理流程与服务要求。2007 年提出的 IEEE 802.16j 标准是 WiMAX 的移动中继（Mobile Multihop Relay，MRS）标准，工作在点到多点模式下。此外，还有定义 MAC 网桥的 IEEE 802.16k 标准。

另外，IEEE 802.16 工作组制定并发布了解决不同宽带无线接入系统共存问题的标准和

移动互联网：原理、技术与应用　第3版

空中接口的实现一致性标准，包括 IEEE 802.16.1、IEEE 802.16.2 等。

2. IEEE 802.16 协议框架

IEEE 802.16 是宽带无线接入系统的空中接口的物理层和 MAC 子层规范，其协议框架如图 2-19 所示，其中包括两个平面：数据/控制平面和管理平面。数据/控制平面定义了必要的传输机制和控制机制来保证数据的正确传输；管理平面中定义的管理实体分别与数据/控制平面的各协议层相对应。

图 2-19　IEEE 802.16 协议框架

IEEE 802.16 支持两种网络拓扑：点到多点（PMP）网络和 Mesh 网络，如图 2-20 所示。网络中包含的实体有基站（BS）和用户站（Subscriber Station，SS）。

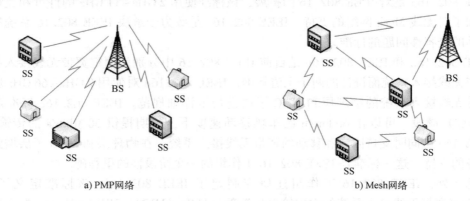

a) PMP网络　　　　　　b) Mesh网络

图 2-20　IEEE 802.16 支持的网络拓扑

PMP 网络由一个中心 BS 和一组 SS 组成，即一个 BS 可以同时为多个 SS 提供服务。从 BS 到 SS 的链路称为下行链路，从 SS 到 BS 的链路称为上行链路，数据仅在 BS 和 SS 之间传递。BS 可以配置全向天线，也可以配置扇区天线，使用扇区天线时，每个扇区之间是相互

38

独立的。位于同一扇区内的所有 SS 可以同时接收到 BS 发出的信号，这样可以扩大系统的容量，降低成本。

Mesh 网络是多点到多点的无线多跳网络，不仅可以在 BS 和 SS 之间传输数据，以及在两个 SS 之间直接或经过多跳的方式传输数据，还能够通过被称为 Mesh BS 的节点接入骨干网。与 PMP 网络相比，Mesh 网络中有 3 个新增的概念：邻居（neighbor）、邻域（neighborhood）和扩展邻域（extended neighborhood）。能够直接通信的 Mesh SS 互称为"邻居"，"邻居"间的距离仅为一跳。一个 Mesh SS 的所有"邻居"形成邻域，而所有"邻居"的邻域形成了扩展邻域。

Mesh 网络中没有明确的、独立的上行链路和下行链路，都是相对 Mesh SS 的父节点而定义的。Mesh SS 的父节点是其邻域中可以到达 Mesh BS 的跳数最少的 Mesh SS[14]。如果某个 Mesh SS 可以与 Mesh BS 直接连接，则 Mesh BS 就是其父节点。定义 Mesh SS 到其父节点为下行链路，则反方向就定义为上行链路。这与 PMP 网络中的定义既有相同点，又有不同点。

2.3.2　IEEE 802.22 标准及相关技术

随着移动互联网的迅速发展，以及人们对无线通信业务需求的增加，无线频谱资源日趋紧缺。通常来说，3 GHz 以下的无线频段具有传输损耗小、频率选择性衰落小、发射机设计功率大等优点，适合远距离、大区域环境下的无线信号传输，成为大家争夺的对象。

为了解决无线频段紧张的问题，近年来，提出了许多无线通信技术，如链路自适应、正交频分复用（OFDM）以及多输入多输出（MIMO）技术等。虽然这些技术在一定程度上提高了频谱利用率，但是仍然远远不能满足人们的通信需求。为了进一步解决频谱资源不足的问题，实现频谱动态管理和提高频谱利用率，学术界提出了认知无线电技术以及基于认知无线电技术的 IEEE 802.22 标准草案，该标准利用空闲的电视频段来提供宽带无线接入。

1. IEEE 802.22 的基本概念

1999 年，Joseph Mitola Ⅲ 博士首次提出认知无线电（Cognitive Radio，CR）的概念，并且较为系统地阐述了认知无线电技术的基本原理[15-16]。2003 年，美国联邦通信委员会和 Simon Haykin 教授分别给出了两个具有代表性的认知无线电定义。美国联邦通信委员会认为[17]，认知无线电从狭义上讲是指能够通过与工作环境交互而改变发射机参数的无线电。Simon Haykin 教授认为[18]，认知无线电是一个智能无线通信系统，它能够感知外界环境，并使用人工智能技术从外界环境中学习，通过实时改变某些操作参数（如传输功率、载波频率和调制技术等），使其内部状态适应接收到的无线信号的统计性变化，以达到提高通信可靠性和有效利用频谱资源的目的。

认知无线电技术能够监测到无线电环境中已存在的用户，同时监控频谱资源的使用情况，并能动态地调整各无线电用户的传输功率、载波频率和调制技术等传输参数，从而提高频谱资源的利用率。

基于认知无线电技术的 IEEE 802.22 标准工作在 54 MHz~862 MHz VHF/UHF（扩展频率范围为 47 MHz~910 MHz）频段中的电视信道上，它可以自动检测空闲的频段资源并加以利用，因此可与电视、无线传声器等已有设备共存。对于低人口密度的区域以及乡村区域，无须单独架设网络服务设备，就可以借助电视网等已有网络实现通信。因此，该标准可向低人口密度地区提供类似于城区所得到的宽带服务，适用于无线区域网络（Wireless Regional Area Network，WRAN）。

由于采用具有较低频率的电视频段作为传输介质，因此 IEEE 802.22 标准的基站覆盖范围比其他 IEEE 802 系列标准大得多。表 2-6 给出了 IEEE 802.22 标准与其他标准之间的区别[19]。

表 2-6　IEEE 802.22 标准与其他标准之间的区别

协　　议	适用网络	覆盖范围	传输速率
IEEE 802.22	WRAN	<100 km	18 Mbit/s~24 Mbit/s
IEEE 802.20、GSM、GPRS、CDMA	WAN	<15 km	10 Mbit/s~24 Mbit/s
IEEE 802.16a/d/e	MAN	<5 km	70 Mbit/s
IEEE 802.11a/b/e/g	LAN	<150 m	11 Mbit/s~54 Mbit/s
IEEE 802.11n	LAN	<150 m	>100 Mbit/s
IEEE 802.15.1（蓝牙）	PAN	<10 m	1 Mbit/s
IEEE 802.15.3a（超宽带）	PAN	<10 m	>20 Mbit/s
IEEE 802.15.4（ZigBee）	PAN	<10 m	<250 kbit/s

2. IEEE 802.22 协议框架

伯克利大学提出的一种认知无线电网络标准协议框架如图 2-21 所示[20]。其中，认知无线电能感知周围无线环境，通过对环境的理解、主动学习等，以实现在特定的无线操作参数上（如功率、载波调制和编码等方案），实时改变和调整内部状态，从而适应外部无线环境的变化，达到通信系统性能最优化的目的。认知无线电具有在不影响其他授权用户的前提下智能地利用大量空闲频谱并且随时随地提高可靠性的通信潜能。信号处理、人工智能、软件无线电、频率捷变、功率控制等技术的迅猛发展，为认知无线电实现上述特殊性能提供了重要的先决条件。

图 2-21　IEEE 802.22 协议框架

在该协议框架中，物理层的频谱感知和数据传输模块需要感知可用的工作信道，并且在此基础上进行数据传输。由于这两项技术是 IEEE 802.22 标准中较为独特的技术，因此下面介绍这两项技术。

3. 频谱感知技术

IEEE 802.22 标准在数据传输之前的一段时间内进行工作信道的感知[21]。也就是说，基站和用户都不发送数据，感知该特定区域内授权用户的信号，从而为频分复用打下基础。常用的信号检测方法包括周期图法、循环平稳检测法、特征值分解检测法等。周期图法根据傅里叶变换获得信号的功率谱密度并进行感知，循环平稳检测法利用调制信号的相关函数的周期性进行感知，特征值分解检测法根据特征值将接收信号分解为信号和噪声的估计量，以获得信号的频率。

IEEE 802.22 标准规定了信道检测时间和授权用户感知门限。信道检测时间是指，用于检测当前电视信道内是否存在授权用户感知门限的最大时间，通常为 500 ms～2 s。基站和用户终端设备利用全向天线在每个方向感知授权用户的传输，如果探测到的授权信号高于预先假定的门限，则基站将空出信道，以避免对授权用户产生干扰。对于使用 6 MHz 信道的电视服务，授权用户感知门限是 -116 dBm。当存在多个用户终端的时候，可以相互联合以进行感知，这就是联合感知技术。

IEEE 802.22 标准规定了信道感知的机制，即两段式感知机制：快速感知阶段和精确感知阶段。在快速感知阶段，采用单一的信号检测方法（如周期图法、循环平稳检测法等），迅速感知授权用户的存在。在精确感知阶段，进一步获取快速感知阶段获得的授权用户的详细信息。

4. 数据传输技术

为了利用认知无线电技术实现频谱的复用，在 IEEE 802.22 标准草案中，上行和下行均采用正交频分多址（OFDMA）。为了提高吞吐量，在 IEEE 802.22 标准草案中，基站根据空闲信道的分布以及衰落情况等，动态分配子载波的位置和个数。IEEE 802.22 标准的正交频分多址采用自适应的编码技术和调制技术，根据信道的实际情况动态地调整带宽和编码方式等。

2.4　移动通信技术

2.4.1　3G 技术

3G 即第三代移动通信系统（IMT-2000），是高速移动数据网络通信领域的行业术语。3G 是相对于第一代（1G）和第二代（2G）通信技术而言的。

以传输模拟信号为基础的 1G 移动网现已淘汰。2G 的主流技术全球移动通信系统（Global System for Mobile communication，GSM）的数据传输速率为 9.6 kbit/s，核心为数字语音传输技术。2.5G 是 2G 和 3G 之间的过渡类型，代表技术为 GPRS（General Packet Radio Service）。GPRS 是一种基于 GSM 的无线分组交换技术，理论最高数据传输速率为 171.2 kbit/s，相比 2G，它在速度和带宽上都有所提高，并且可以使用现有的 GSM 网络实现高速接入。

3G 面向高速、大宽带数据传输，国际电信联盟称它为 IMT-2000（International Mobile Telecommunication），最高可以提供 2 Mbit/s 的数据传输速率。3G 的主流技术为 CDMA，它包括四大主流标准：欧盟和日本提出的 WCDMA、美国提出的 CDMA2000、中国提出的 TD-SCDMA 和以 IEEE 802.16 为基础的 WiMAX 技术。与前两代相比，3G 的主要特征是可提供移动多媒体业务，不仅可以传送语音业务，还可以根据需要传送视频数据。因此，无线网络必须要对多种数据传输速率提供灵活的支持。

如果说在传统语音业务的基础上，短信、彩信、彩铃等增值业务主宰了 2G 的手机时代，那么，3G 的数据传输速率为 2G 的 200 倍，语音业务成本仅为 2G 的 50%。因此，在 3G 环境下，手机游戏迅速发展，手机搜索成为移动互联网的重要应用。与 IEEE 802.11 等技术不同，3G 能提供一定传输速率的数据通信，更重要的是，它能提供良好的语音业务。

3G 标准分为核心网和空中接口两大部分。核心网主要有基于 MAP 演进的核心网和基于 IS-41 演进的核心网两种[22]。对于空中接口标准，2000 年 5 月 5 日，在土耳其举行的国际电信联盟全会上，通过了包括中国提案在内的 5 种无线传输技术的规范，其中有 3 种基于 CDMA 技术——IMT-2000 CDMA DS（WCDMA）、IMT-2000 CDMA MC（CDMA2000 DS）、IMT-2000 CDMA TDD（TD-SCDMA、UTRA TDD），有两种基于 TDMA 技术——IMT-2000 TDMA SC（UWC-136）、IMT-2000 FDMA/TDMA（DECT）。

2.4.2　4G 技术

4G 是指第四代移动通信技术，它以 2G、3G 通信技术为基础，添加了一些新型技术，使得无线通信的信号更加稳定、传输速率更高、兼容性更好。按照 ITU 的定义，用户在静态时的数据传输速率达到 1 Gbit/s，高速移动状态下可达到 100 Mbit/s，就可以作为 4G 的技术之一。2009 年 9 月，IMT-Advanced 4G 提案被提交给 ITU 以作为 4G 候选者。最终，4G 标准都是基于下列两种技术：LTE-Advanced 和 Wireless MAN-Advanced（IEEE 802.16m）。

1）LTE-Advanced（长期演进技术升级版）：它是 LTE 的升级演进，由 3GPP 主导制定，完全向后兼容 LTE，在 LTE 上通过软件升级即可，升级过程类似于从 WCDMA 升级到 HSPA。峰值传输速率：下行为 1 Gbit/s，上行为 500 Mbit/s。它是第一批被 ITU 承认的 4G 标准，也是事实上的唯一主流 4G 标准。另有 TD-LTE 的升级演进技术 TD-LTE-Advanced（TD-LTE-A）。

- LTE FDD（频分双工长期演进技术）：最早提出的 LTE 制式。目前，该技术较为成熟，全球应用较广泛，终端种类较多。峰值传输速率：下行为 150 Mbit/s，上行为 40 Mbit/s。
- LTE TDD（时分双工长期演进技术）：又称 TD-LTE，是 LTE 的另一个分支。峰值传输速率：下行为 100 Mbit/s，上行为 50 Mbit/s。它由上海贝尔、诺基亚、西门子通信、大唐电信、华为技术、中兴通信、中国移动、高通、ST-Ericsson 等业者共同开发。

2）Wireless MAN-Advanced（无线城域网升级版）：又称 WiMAX-Advanced、WiMAX 2，即 IEEE 802.16m 是 WiMAX 的升级演进，由 IEEE 主导制定，它的下行与上行最高传输速率可达 100 Mbit/s，在静止的定点，接收的传输速率可达 1 Gbit/s。它也是 ITU 承认的 4G 标准，不过，随着 Intel 于 2010 年退出，WiMAX 技术已经被运营商放弃，并开始将设备升级为 TD-LTE。

相较于之前的 3G 通信技术，4G 通信技术的最大的优势就是显著提升了通信速度，让用户有了更佳的使用体验，同时这也推动了移动应用的发展。在 4G 技术的加持下，移动互联网应用得到了飞速发展，网络视频、手游、网购等应用得到了快速普及。同手游一样视频直播在当下掀起了很大的热潮。在运用 4G 通信技术以后，视频直播变得更加方便和顺畅。

2.4.3　5G 技术

5G 移动通信技术（简称 5G）是最新一代移动通信技术，是 4G 技术的演进。ITU-R 已定义了 5G 增强功能的三个主要应用领域，它们分别是增强型移动宽带（eMBB）、超高可靠低延时通信（uRLLC）和大规模机器互联（mMTC）。5G 的第一个发布标准 3GPP Release 16 于 2020 年 7 月制定完成，主要新增了超级上行技术，补充了超高可靠低延时通信和大规模机器互联两大应用场景，并进一步提升效能和用户体验。

1）增强型移动宽带作为 4G LTE 移动宽带服务的演进技术，具有更快的连接速度、更高的吞吐量和更大的容量。它是 5G 的主要应用场景。

2）超高可靠低延时通信是指将网络应用在需要不间断和稳定数据连接的关键任务场景，满足场景对无线通信网络的超高可靠性和低延时的要求，提供低于 1 ms 的空中接口延时的可靠无线通信连接。

3）大规模机器互联将用于大量设备的互联通信。5G 技术将为 500 亿个联网物联网设备中的一部分提供服务。由 4G 或 5G 控制的无人机可对灾难恢复工作提供很大的帮助，为紧急救援人员提供实时数据。

2.5　本章小结

随着各种便携式消费电子产品（如智能手机、平板电脑和笔记本电脑等）的普及，用户迫切地要求通过移动通信设备无线接入互联网。本章着重介绍了典型的无线接入技术，包括 IEEE 802.11 标准、IEEE 802.15 标准、IEEE 802 其他标准以及移动无线技术等。

目前，无线局域网已经得到了普遍应用，在这个领域中，IEEE 802.11 占据统治地位。IEEE 802.11 标准的基本规范定义了三种基本物理层技术：一种红外线技术和两种扩频技术，IEEE 802.11 协议簇的其他标准还规定了高速直接序列扩频物理层、正交频分复用物理层、增强速率物理层、MIMO 物理层等。新兴的 IEEE 802.11n 标准中所采用的 MIMO 物理层，具有至少 100 Mbit/s 的传输速率，可以为无线移动局域网提供速度保证，具有良好的应用前景。IEEE 802.11 标准中的基本 MAC 子层技术是 CSMA/CA，但是存在的站点隐藏和站点暴露的问题值得深入研究。

无线个域网技术的发展十分迅猛，该技术可以用无线的方式将短距离的无线设备加以连接。与无线城域网 IEEE 802.16 协议、无线局域网 IEEE 802.11 协议和局域网 IEEE 802.3 协议占据主流地位不同，无线个域网领域的竞争极其激烈，IEEE 802.15 协议簇在无线个域网的主流协议的竞争中，并不具有绝对优势。在个人近距数据传输领域，蓝牙已经取得了先发优势。现在，人们将 IEEE 802.11 协议的应用范围逐渐向个域网扩展。IEEE 802.15 仅依靠 IEEE 802.15.4 在低功耗的无线传感器领域占据优势。IEEE 802.15 工作组现在的主要工作方向是进一步完善 IEEE 802.15.4 和 IEEE 802.15.3 协议，并且着力拓展身体域局域网以及 Mesh 个域网的标准化这两个新兴的应用领域。随着 IEEE 802.15 工作组以及产业界的共同努力，IEEE 802.15 协议还有很大发展空间。

无线城域网正在兴起，IEEE 802.16 关注无线城域网使用时的宽带接入问题。IEEE 802.16 将标准的 MAC 子层划分为更细的 3 个子层：业务汇聚子层、MAC 公共部分子层和安全子层。其中，业务汇聚子层实现与高层实体连接的接口功能，MAC 公共部分子层完成 MAC 子层核心功能，安全子层提供认证、安全密钥交换和加密功能。

为了实现频谱动态管理和提高频谱利用率，IEEE 802.22 采用了认知无线电技术，通过频谱感知的方式动态管理频谱。对于频谱感知技术，还需要进一步深入研究。

移动通信技术发展至今已经经历了 5 代。第一代移动通信技术（1G）仅实现通话的基本功能；第二代移动通信技术（2G）实现了数据传输服务；第三代移动通信技术（3G）诞生于 21 世纪初期，凭借较高的传输速率使移动网成为现实；第四代移动通信技术（4G）诞生于 2010 年，4G 网络技术带来了高质量视频和图片传输能力；第五代移动通信技术（5G）是 4G 通信技术的延伸，不仅能够实现高速下载功能，还能满足机器的海量无线通信需求，极大促进了物联网、工业互联网等领域的发展。

习题

1. 1980 年 2 月，电气和电子工程师协会（IEEE）成立 802 委员会，该委员会制定了很多介质接入的控制标准，包括很多无线接入标准。IEEE 802 委员会制定了哪些无线接入相关的技术标准？

2. 目前，国际上，无线局域网有三大协议簇：IEEE 802.11、欧洲电信标准协会的高性能局域网（HiperLAN）和日本无线工业及商贸联合会的移动多媒体接入通信（NMAC），其中 IEEE 802.11 系列标准是无线局域网的主流标准。请介绍 IEEE 802.11 协议簇中的主要标准。

3. 在采用 IEEE 802.11 标准的无线局域网中，采用 CSMA/CA 来控制对传输媒介的访问。请介绍该机制的基本原理，并将它与 CSMA/CD 机制进行对比。

4. IEEE 802.15.3 标准组成的网络一般称为微微网，通信距离一般在 10 m 左右。微微网由一系列的元素组成，该元素被称为设备（DEV）。请介绍微微网的网络协调机制，DEV 的接入、脱离与工作模式，以及微微网的结束机制。

5. IEEE 802.15.3 的 MAC 子层的帧结构为高速个人局域网而设计，IEEE 802.15.3 协议在 MAC 子层定义了四种帧，每一个帧由帧头和帧体两部分组成。请结合图 2-14 介绍这四种帧的基本含义，以及帧的基本结构。

6. IEEE 802.15.4/ZigBee 的物理层和数据链路层基于 IEEE 802.15.4 标准，网络层和应用层则基于 ZigBee 协议。其拓扑包括星形连接、对等结构连接和簇树状拓扑三种，请介绍这三种拓扑的基本含义。

7. 蓝牙标准正处在迅速发展的过程中。与以前的蓝牙标准相比，蓝牙 2.0 的主要特点：具有 3 倍数据传输速率，通过减少工作负载循环，降低电源消耗，以更大频宽简化多连接模式，向下兼容过去所有的蓝牙规格，进一步降低位错率。请从互联网上查找蓝牙标准演进的相关资料，以及 Bluetooth 2.1+EDR 标准最新的研究进展。

8. 随着通信业务和宽带业务的不断发展，用户对带宽的需求不断增加，各种宽带接入技术也迅速发展。在这种背景下，IEEE 制定了无线城域网技术的标准：IEEE 802.16。请从互联网上查找 IEEE 802.16 标准的演进的相关资料，并且简要介绍 IEEE 802.16 标准的演进过程。

9. IEEE 802.16 是宽带无线接入系统的空中接口的物理层和 MAC 子层规范。IEEE 802.16 工作组的出现大大地推动了宽带无线接入技术在全球的发展，形成了较为庞大的 IEEE 802.16 协议簇。请介绍 IEEE 802.16 协议簇的基本内容，以及 IEEE 802.16 协议框架。

10. IEEE 802.16 中定义了 5 种工作在不同频段，采用不同调制、编码技术的物理层技术：WirelessMAN-SC、WirelessMAN-SCa、WirelessMAN-OFDM、WirelessMAN-OFDMA 和 WirelessMAN-HUMAN。请简要介绍这五种物理层技术的基本原理。

11. 为了进一步解决频谱资源不足的问题，实现频谱动态管理和提高频谱利用率，学术界提出了认知无线电技术以及基于认知无线电技术的 IEEE 802.22 标准草案。请从互联网上查找 IEEE 802.22 标准演进的相关资料，并且简要介绍 IEEE 802.22 标准的演进过程。

12. 认知无线电技术是 IEEE 802.22 标准的关键技术，该技术能够监测到无线电环境中已存在的用户，同时监控频谱资源的使用情况，并能动态调整各无线电用户的传输功率、载波频率和调制技术等传输参数，从而提高频谱资源的利用率。请介绍认知无线电技术的概念。

13. IEEE 802.22 标准在数据传输之前的一段时间内进行工作信道的感知。也就是说，基站和用户都不发送数据，感知该特定区域内授权用户的信号，从而为频分复用打下基础。请介绍 IEEE 802.22 标准的频谱感知技术。

14. 截至目前，无线通信技术的发展经历了 5 个阶段，其中前 3 个阶段包括以模拟移动网为代表的第一代通信技术阶段，以 GSM 为代表、核心为数字语音传输技术的第二代通信技术阶段，以 GPRS 为代表的第 2.5 代通信技术以及以 CDMA 为代表的第三代通信技术阶段。请从互联网上查找 3G 演进的相关资料，并且简要介绍 3G 的演进过程。

15. 2000 年 5 月 5 日，国际电信联盟全会上通过了 5 种无线传输技术的规范，其中包括 WCDMA、CDMA2000 和 TD-SCDMA。请从互联网上查找它们的相关资料，阐述它们的基本运行机制并加以比较。

16. 5G 有哪些技术特征？5G 的主要应用领域有哪些？

参考文献

[1] 崔鸿雁，蔡云龙，刘宝玲. 宽带无线通信技术 [M]. 北京：人民邮电出版社，2007.
[2] 王顺满，陶然，陈朔鹰，等. 无线局域网络技术与安全 [M]. 北京：机械工业出版社，2005.
[3] 吴功宜. 计算机网络高级教程 [M]. 北京：清华大学出版社，2007.
[4] GAST M S. IEEE 802.11 Wireless NetWorks：The Definitive Guide [M]. 2nd ed. California：O'Reily Media，INC，2005.
[5] CHEN H H，GUIZANI M. 下一代无线系统与网络 [M]. 张兴，等译. 北京：机械工业出版社，2008.
[6] 张勇，郭达. 无线网状网原理与技术 [M]. 北京：电子工业出版社，2007.
[7] MILLER B A，BISDIKIAN C. Bluetooth revealed [M]. New Jersey：Prentice-Hall PTR，2001.
[8] Andrew S Tanenbaum. 计算机网络 [M]. 潘爱民，译. 4 版. 北京：清华大学出版社，2004.
[9] IEEE Standard for Part 15.2：Coexistence of Wireless Personal Area Networks with Other Wireless Devices Operating in Unlicensed Frequency Bands [S]. IEEE，2003.
[10] IEEE Standard for part 802.15.4：Wireless Medium Access Control（MAC）and Physical Layer（PHY）specifications for low Rate Wireless Personal Area Networks（LR-WPAN）[S]. IEEE，2003.
[11] IEEE Standard for part 802.15.4：Wireless Medium Access Control（MAC）and Physical Layer（PHY）specifications for low Rate Wireless Personal Area Networks（LR-WPAN）[S]. IEEE，2006.
[12] IEEE 802.15.4 网络拓扑结构及形成 [OL].
[13] 吴慧敏，成谦，张毅. 基于 802.15.4/ZigBee 无线传感器网络节点的物理层设计 [J]. 电子产品世界，2006，15：124-126.
[14] 彭木根，王文博，等. 下一代宽带无线通信系统：OFDM&WiMAX [M]. 北京：机械工业出版社，2007.

［15］ MITOLA Ⅲ J，MAGUIRE G Q. Congnitive radio：making software radios more personal ［J］. IEEE personal Communications，1996，6（4）：13-18.

［16］ Mitola Ⅲ J. Cognitive radio：An integrated agent architecture for software defined radios ［M］. Stockholm：Royal Institute Technology（KTH），2000.

［17］ FCC. Future notice of proposed rule making and order ［OL］. https：//apps. fcc. gov/edocs_public/attach-match/FCC-01-158A1. pdf.

［18］ 许成谦，李刚，练秋生. 2007年通信理论与信号处理学术年会论文集 ［M］. 北京：电子工业出版社，2007.

［19］ CORDEIRO C，CHALLAPALI K，BIRRU D，et al. IEEE 802. 22：The First Worldwide Wireless Standard based on Cognitive Radios ［J］. IEEE Communications Magazine，2005：328-337.

［20］ 田峰，程世伦，杨震. 无线区域网和认知无线电技术 ［OL］.

［21］ IEEE 802. 22 Working Group. IEEE P802. 22/D0. 1Draft Standard for Wireless Regional Area Networks Part 22：Cognitive Wireless RAN Medium Access Control（MAC）and Physical Layer（PHY）specifications：Policies and procedures for operation in the TV Bands ［OL］. https：//www. ieee802. org/22/.

［22］ 张智江，朱士钧，等. 3G核心网技术 ［M］. 北京：国防工业出版社，2006.

第3章
移动自组织网络

20 世纪 80 年代，美国国防部高级研究计划局研制了分组无线网络（Packet Radio Network，PRNET），该网络利用 ALOHA 和 CSMA 技术进行链路控制，采用距离向量路由算法[1]。20 世纪 90 年代早期，随着带有无线网卡的计算机和各种便携式通信设备的广泛使用，学者在 PRNET 的基础上，提出了移动自组织网络[2]。20 世纪 90 年代末，移动自组织网络的相关技术日臻成熟，微电子和传感器技术也得到快速发展，学者将移动自组织网络技术与传感器技术结合起来，提出无线传感器网络[3]。21 世纪初，为了进一步提高无线移动互联网的性能，学者结合移动自组织网络的高速无线通信技术与互联网的固定拓扑结构，提出了无线 Mesh 网络[4]。无线移动互联网技术的演进如图 3-1 所示。

图 3-1　无线移动互联网技术的演进

本章主要介绍移动自组织网络及其相关技术，其中 3.1 节概述了移动自组织网络的基本概念、特点、体系结构和关键技术等；3.2 节介绍了移动自组织网络的 MAC 协议及相关技术；3.3 节介绍了移动自组织网络的路由协议，在阐述基本路由机制、路由机制优化原则和路由分类方法后，分别介绍了表驱动、按需和混合路由协议，然后深入分析了主要的路由选择算法；3.4 节介绍无线 Mesh 网络；3.5 节为本章小结。

📖 教学目标
- 掌握移动自组织网络的基本概念、特点、体系结构和关键技术。
- 掌握移动自组织网络的 MAC 协议、路由协议。
- 了解无线 Mesh 网络的基本概念、体系结构及其 MAC 协议和路由协议。

3.1　移动自组织网络概述

随着移动通信技术的迅猛发展，移动自组织网络技术作为一种重要的无线网络形式应运而生。由于具有无须基础设施支持、高度动态、支持移动通信等优点，移动自组织网络在军事、移动会议、灾难援助、智能办公环境等领域具有广泛的应用[5]。本节将介绍移动自组织网络的基本概念、特点、体系结构和关键技术。

3.1.1　移动自组织网络的基本概念

移动自组织网络（Mobile Ad-hoc Network，MANET）是不依赖于任何固定基础设施的移动节点的联合体，是一种自组织、无线、多跳、对等式、动态的移动网络。一个移动自组织网络由一组移动节点组成，不需要借助基站等已建立好的基础设施进行集中控制。各个移动节点处于移动状态，通过无线传输技术与距离为一跳的邻居节点直接进行数据通信，再由该邻居节点决定如何将数据传送到下一跳，直至目的节点为止。在移动自组织网络中，每个移动节点同时承担了主机和路由器的功能，作为主机收发上层应用业务数据的同时，也作为路由器为其他主机进行数据转发。

在移动自组织网络中，每个移动节点需要同时拥有通信装置和计算装置，能够参与移动自组织网络的信息传输和计算，如带有无线网卡的笔记本计算机、智能手机等。在移动自组织网络的数据传送中，源节点是指数据传送的起始节点，也就是所要传送的数据包得以形成的节点；目的节点是数据传送的结束节点，也就是数据传送的最终目标；中间节点是位于源节点和目的节点之间并且参与数据传送的节点。

移动节点通过相互通信，联合构成移动自组织网络，如图3-2所示，其中图3-2a为实际网络，图3-2b为根据每个节点的无线信号覆盖范围构成的逻辑拓扑图。该网络没有任何用于集中控制的固定基础设施，并且这些移动节点的位置动态变化。这些移动节点与一跳邻居节点进行数据通信，如图3-2中，标号为H的PDA与相邻的智能手机F、带有无线网卡的计算机E的距离均为一跳，因此移动节点H与这两个一跳邻居节点进行数据通信。由于节点能量和无线信号覆盖范围有限，因此移动节点很难与距离太远的节点进行数据通信。例如，图3-2中标号为H的PDA难以与智能手机B进行直接通信，只能通过节点F进行多跳通信。在这次通信中，节点H是源节点，节点B是目的节点，而节点F则相当于路径上的路由器，它为节点H和B进行数据转发。

a) 物理结构　　　　　　　　　　　b) 拓扑结构

图3-2　移动自组织网络结构示例

3.1.2　移动自组织网络的特点

与互联网等固定结构网络相比，移动自组织网络具有如下特点。

1. 移动性

移动自组织网络由移动节点构成，各个节点的地理位置随时可能会发生变化，节点能够以可变的速率移动。节点的不断移动可能导致网络拓扑结构的不断变化，但不应当影响整体网络的运行，这为移动自组织网络的路由技术带来了很大的挑战。

2. 无线性

因为移动自组织网络具有移动性，所以各个移动节点之间必须采用无线传输方式。相比有线网络，移动自组织网络的无线信道不稳定、信道发射频率有限、容易受干扰、误码率高，为服务质量控制带来了很大挑战。由于无线信道容易受到干扰和监听，因此安全性问题成为移动自组织网络中需要重点关注的问题。

3. 多跳性

移动自组织网络中节点的无线发射功率和信号覆盖范围有限，当需要与信号覆盖范围之外的其他节点进行通信时，必须借助中间节点进行多跳转发。这种多跳无线传输特性使得每个节点充当路由器，因此移动自组织网络的路由技术显得尤为重要。另外，这种多跳无线传输方式也使得移动自组织网络具有较长的延迟和较高的丢包率。

4. 节点对等性

移动自组织网络是移动节点的联合体，各个移动节点同时充当主机和路由器，移动节点之间具有对等性。移动自组织网络中不存在具有管理其他节点职能的"超级"节点，也不存在专门用于路由和转发消息的路由器。

5. 分布性

由于移动自组织网络具有的节点对等性，各个移动节点同时充当主机和路由器，因此，网络中的路由选择等操作所涉及的计算多采用分布式计算方式。也就是说，通过无线网络连接起来的多个节点互相共享信息，将需要较大计算能力才能解决的问题分成许多小的部分，然后把这些分配给多个节点进行处理。

6. 自组织性

移动自组织网络不需要预先架设任何无线通信的基础设施，各个移动节点快速、自主、独立地组成网络，所有节点按照分布式算法进行协调。

7. 高动态性

在移动自组织网络中，每个节点的移动性、连通状态和信号影响等因素使得移动自组织网络的拓扑结构极易动态变化。

8. 能量和资源的有限性

移动自组织网络中的移动节点通常将自带电池作为能量供应源，每个移动节点中的电池容量有限，而有限的电池容量不但用于存储和处理节点本身的数据，而且需要用于接收、路由和转发来自其他节点的数据。受体积、无线通信等的限制，移动节点的存储资源、通信资源有限，移动节点的数据处理能力常常远低于通常的计算机，移动节点之间无线通信的带宽常常远低于有线网络的带宽。因此，移动自组织网络中的移动节点具有能量和资源有限性，在路由选择、安全支持、服务质量保证等方面，均需要考虑节省能量，以及减轻计算和通信负担。

3.1.3　移动自组织网络的体系结构

移动自组织网络将简化的 OSI 参考模型作为其体系结构，包括以下五层：物理层、数据链路层、网络层、传输层和应用层。由于移动自组织网络具有节点对等性，因此各个节点都具有相同的体系结构。

1. 物理层

物理层主要对无线信道的传输特性作出规定。为了保证数据的高速传输，防止出现通信"瓶颈"，要求移动自组织网络的物理层能够提供高带宽、低干扰的传输，且具有高效的频谱利用率。在物理层中，超带宽（UWB）利用极窄脉冲传输数据，可以在近距离范围内提供高达 500 Mbit/s 的数据传输速率。

2. 数据链路层

数据链路层主要负责链路控制和信道接入，可以分为链路控制子层和信道接入子层。链路控制子层主要负责链路连接控制；信道接入子层（又称 MAC 子层）负责为链路控制子层提供快速、可靠的帧传送，并控制接入无线信道的时机。

3. 网络层

网络层主要负责将消息分组沿着网络上的特定路径从源节点传送到目的节点，即路由选择和分组转发。

4. 传输层

传输层主要负责在源节点和目的节点之间提供尽量可靠的、性价比合理的数据传送功能，为应用层提供服务。传统的 TCP 用于在不可靠的网络上提供可靠的端对端数据传输。由于 TCP 最初是为有线网络设计的，因此无线链路上运行的 TCP 存在较大缺陷，因为现有 TCP 认为分组丢失是由网络拥塞造成的，而在移动自组织网络中，移动产生的路由失效或无线信道高误码率，都会频繁导致分组丢失。

5. 应用层

应用层主要为应用程序提供不同的服务，如电子邮件服务、文件共享服务等。移动自组织网络的应用层相关技术与互联网的应用层相关技术差别不大，不再详细讨论。

3.1.4　移动自组织网络的关键技术

移动自组织网络的上述特点，使得其数据链路层、网络层、传输层中存在很多问题需要研究，主要涉及链路控制、信道接入、路由选择算法、无线环境下的 TCP 技术、服务质量保证机制和安全保障机制六个方面。图 3-3 给出了移动自组织网络的关键技术。

图 3-3　移动自组织网络的关键技术

50

3.2　移动自组织网络的 MAC 协议

数据链路层的 MAC 协议是移动自组织网络协议栈中的重要组成部分。它既要对无线信道进行信道划分、分配和能量控制，又要负责向网络层提供统一的服务，屏蔽底层不同的信道控制方法，实现拥塞控制、优先级排队、分组发送、确认、差错控制和流量控制等功能。因此，移动自组织网络的 MAC 协议是数据消息在无线信道上发送和接收的直接控制者，它能否高效、公平地利用有限的无线信道资源，对移动自组织网络的性能将起到决定性的作用。

在移动自组织网络中，移动节点的通信距离受到限制，从源节点发出的信号，其他节点不一定都能收到，从而会出现隐藏终端和暴露终端问题，造成时隙资源的无序争用或浪费，增加数据碰撞的概率，影响吞吐量、网络容量和数据传输时延。因此，MAC 协议的设计必须考虑能有效解决隐藏终端和暴露终端问题。

根据所使用的无线信道数量，本节将移动自组织网络的 MAC 协议划分为单信道 MAC 协议和多信道 MAC 协议。在分别介绍这两类协议的基础上，本节将会进一步阐述基于功率控制和基于定向天线的 MAC 协议。

3.2.1　单信道 MAC 协议

传统的移动自组织网络节点间只有一个共享信道，因此早期学术界对单信道 MAC 协议进行了深入研究。根据节点获取信道的方式，可以将移动自组织网络的单信道 MAC 协议分为非竞争性（Contention-free）MAC 协议和竞争性（Contention-based）MAC 协议两类。在非竞争性 MAC 协议（如 TDMA、FDMA、CDMA 等）中，节点之间通过一定的资源分配机制来避免竞争，如分配 TDMA 中的时间片、FDMA 中的频谱空间和 CDMA 中的编码空间等。该类协议需要某种形式的集中协调机制，这种机制在分布式多跳的移动自组织网络中具有较大的管理开销，难以实现。尽管人们对其做了很多相关研究，但是它很少被应用到移动自组织网络中。

在竞争性 MAC 协议中，每个发送节点独立决定发送数据的时刻，不需要和其他节点协调同步。因此，该类协议在传送时可能出现冲突，而缺少 QoS 保障。但该类协议易于实现，具有良好的鲁棒性，非常适合移动自组织网络的分布性、自组织性和动态性的特点，因此得到了深入研究和广泛应用。下面将介绍典型的竞争性 MAC 协议。

1. ALOHA 协议

ALOHA 协议产生于 20 世纪 60 年代，最早是由夏威夷大学应用于无线信道的竞争性 MAC 协议。该协议的基本思想：当节点有数据需要发送时，直接进行发送。如果网络内多个节点同时有数据发送，就会导致严重的干扰和冲突。一般采用检错编码、无线信号分析等方法来检测冲突的发生。如果冲突发生，则节点随机等待一段时间后重新发送。这种纯 ALOHA 协议的信道利用率最高只有 18.4%[6]。

为了改善 ALOHA 协议的性能，Abramson 等学者提出了时隙 ALOHA（Slotted ALOHA）协议[7]。该协议首先将信道划分为多个等长的时隙，节点有数据需要发送时，必须在时隙的起始处发送。如果发生冲突，那么节点先随机等待若干时隙，再在时隙的起始处重新发送。与纯 ALOHA 协议相比，时隙 ALOHA 协议可以将信道利用率提高一倍，但也会产生一定的时间同步开销。

2. CSMA 协议

对于 ALOHA 协议和时隙 ALOHA 协议，无论其他节点是否正在发送数据，节点都会随时开始数据的发送，因而容易出现冲突并且信道利用率低。移动自组织网络的信道空间是由相邻的节点共享的，所以在这些节点之间引入一定的协调机制可以提高资源利用效率。为此，Kleinrock 等学者提出了载波侦听多路访问（Carrier Sense Multiple Access，CSMA）协议[8]。节点在发送数据前首先侦听信道，根据信道的忙闲状态判断其他节点是否正在发送数据。只有在没有其他节点正在发送的前提下，节点才开始自己的数据发送。

CSMA 协议可以分为坚持型 CSMA 协议和非坚持型 CSMA 协议两类。坚持型 CSMA 协议是指节点在侦听到信道为忙时继续监听信道。在坚持型 CSMA 协议中，如果节点侦听到信道空闲后就立即发送，则该协议是 1 坚持型 CSMA 协议；如果节点侦听到信道空闲后以概率 p 发送，则该协议是 p 坚持型 CSMA 协议。非坚持型 CSMA 协议是指节点在监听到信道为忙后，不再坚持侦听信道，而是根据协议的具体算法延迟一段时间（随机回退）后再次侦听。在后面的描述中，将用术语"回退"表示节点在发现信道不空闲后所采取的等待动作。随机回退则是指节点在回退时所等待的时间是随机选取的。

坚持型 CSMA 协议因为过于"贪婪"，在多个节点同时有数据需要发送的情况下必然导致冲突。非坚持型 CSMA 协议则可以通过随机回退等待机制，有效地降低冲突概率。由于回退时间过长会浪费宝贵的无线信道，时间过短又达不到缓解冲突的目的，因此回退时长的选择对非坚持型 CSMA 协议的性能有决定性的影响。此外，CSMA 协议所采用的物理侦听不能有效地解决隐藏终端和暴露终端等问题，所以还需要引入其他机制来进一步提高信道利用率。

3. MACA 协议

为了解决物理侦听存在的问题，产生了虚拟侦听的概念。虚拟监听机制是指在发送实际的数据消息之前，在发送节点和接收节点之间进行一次控制消息握手。带冲突避免的多路访问协议（Multiple Access with Collision Avoidance，MACA）[9]是第一个采用 RTS/CTS 握手机制来解决无线自组网中隐藏终端和暴露终端问题的 MAC 协议。

发送节点在发送数据消息前，先向接收节点发送请求发送消息 RTS，该消息包含发送数据消息所需时间等参数。当接收节点收到 RTS 消息后，回送给发送节点允许发送消息 CTS，该消息包含接收数据消息所需时间。发送节点接收到 CTS 消息后，就发送 DATA 消息。侦听到 CTS 消息的其他所有邻居节点将推迟自己的发送，直到 CTS 消息中声明的时间结束为止。收到 RTS 消息的其他节点也要延迟一段时间，以保证发送节点能够接收并响应 CTS 消息。如果一个节点侦听到了 CTS 信号（发送 RTS 者除外），就暂时禁止发送数据，从而实现信道的复用。但是，仅接收到 RTS 消息而没有接收到 CTS 消息的节点仍然可能发送，所以 MACA 协议只是部分解决了隐藏终端问题。

4. MACAW 协议

Bhargavan 等学者提出了用于无线的带冲突避免的多路访问协议 MACAW（MACA for Wireless）[10]。MACAW 协议的改进主要体现在两个方面：基本消息交互过程和回退机制。首先，出于协议可靠性的考虑，MACAW 协议增加了 MAC 子层的确认机制，即由接收节点在成功接收 DATA 消息后回复 ACK 消息。其次，对于暴露终端不能准确掌握竞争期开始时间的问题，由发送节点发送 DS（Data Sending）消息通知暴露终端。

MACAW 协议采用 RTS—CTS—DS—DATA—ACK 机制，并采用新的回退算法。该协议利用 ACK 消息在 MAC 子层发现错误消息并及时启动重传，从而提供了快速的恢复机制。该协议采用了一种倍数增加线性减少退避（Multiplicative Increase and Linear Decrease，MILD）算法。计数器值以现有值 1.5 倍的比例增加，以 1 的步长减少。在发送数据分组时，分组中携带本节点的退避计数器值，收到此分组的节点可将此值进行复制，从而使双方获得相同的退避计数器值。当传输完成后，所有的退避计数器恢复到最小值。

MACAW 协议的主要缺点是通信中控制信息的交互次数太多。如果考虑无线设备发送和接收的转换时间，那么这种方法的效率并不高，并且它也不能完全解决暴露终端问题。所以，尽管 MACAW 协议提高了网络的吞吐量，但是其网络开销和传输时延比 MACA 协议大。另外，MACAW 协议不适合组播。

5. FAMA 协议

为了解决单物理侦听或者单虚拟侦听机制存在的问题，Fullmer 等学者提出结合使用两种侦听机制的 FAMA（Floor Acquisition Multiple Access）协议[11]。该协议保证节点在发送之前首先获得信道的使用权，实现无冲突的数据消息发送。因此，节点在发送数据前需要对信道进行动态预约，但该协议中的预约不要求独立的控制信道，而是和数据消息共用同一个信道。在 FAMA 协议中，控制消息可能会发生冲突，但可以保证数据消息的无冲突发送。

在 FAMA 协议中，节点预约信道主要有两种方式：采用 RTS/CTS 握手而不采用载波侦听，采用 RTS/CTS 握手和非坚持型载波侦听。根据信道预约方式的不同，形成了 FAMA 协议簇中的不同协议。其中，FAMA-NPS（FAMA Non-persistent Packet Sensing）协议在节点发送之前并不侦听信道，而只是在监听到完整的 RTS 或 CTS 消息后才进行回退，否则按照非坚持型载波侦听方式占用信道。FAMA-NCS（FAMA Non-persistent Carrier Sensing）协议则采用非坚持型载波侦听技术，节点在发送 RTS 消息前首先进行载波侦听，如果信道上无信号，就发送，否则进行回退。FAMA-NCS 协议采用 RTS—CTS—DATA 三次握手机制完成一次数据发送过程，并要求 CTS 消息的长度大于 RTS 消息，将它当成忙音信号，迫使其他节点进行回退。

Acevesm 等学者对 FAMA 协议进一步扩充[12]，提出了 FAMA-NTR（FAMA Non-persistent Transmit Request）协议，通过增加 RTS 控制消息的长度来降低控制消息发生冲突的概率。同时，该协议允许一次成功的 RTS/CTS 消息握手后，节点串行传输多个数据消息，从而增加了网络的吞吐量。

3.2.2　多信道 MAC 协议

由于冲突和退避造成了信道带宽的浪费，因此，在网络负载比较大时，单信道 MAC 协议的效率很低。信道冲突主要包括控制分组之间的冲突，以及由此导致的数据分组和控制分组的冲突。因此，可以考虑采用信道分割技术，把可供使用的信道分成多个子信道。其中一种方法是将信道分为数据信道和控制信道，分别传输数据信息和控制信息，以避免数据信息和控制信息之间的冲突。因为控制分组的长度很小，所以冲突发生的概率将大大降低，并且可以更好地解决隐藏终端和暴露终端问题。此外，可以将其中一个信道作为公共控制信道，其余信道用来传递数据信息；还可以将控制分组和数据分组在同一个信道上混合传送。

多信道 MAC 协议主要关注两个问题：信道分配和接入控制。信道分配负责为不同的通信节点分配相应的信道，消除数据分组的冲突，使尽量多的节点可以同时进行通信。接入控制负责确定节点接入信道的时机，以及避免冲突等。

1. DBTMA 协议

前面介绍的 MAC 协议大多假设所有的移动节点都可以收到 RTS/CTS 帧，但是，在移动互联网中，这种假设并不总是成立。此外，当网络负载很大时，RTS 帧和 CTS 帧冲突的概率很大。为了解决这些问题，Deng 等学者提出了双忙音多址接入（Dual Busy Tone Multiple Access，DBTMA）协议[13]。DBTMA 协议把信道分割成两个信道，即分别传输控制信息和数据信息的控制信道与数据信道。另外，该协议增加了需要额外硬件支持的两个频率不同的带外忙音信号，一个指示发送忙，另一个指示接收忙。

当节点要发送数据时，先检测接收忙音信号。若没有检测到接收忙音信号，那么该节点在控制信道上发送 RTS 分组，并发送持续的发送忙音；否则，延迟发送。在节点发送 RTS 分组期间，仍要检测接收忙音信号，一旦检测到，就延迟发送。接收节点收到 RTS 分组后，先检测发送忙音信号。若无发送忙音信号，则在控制信道上返回 CTS 分组，并发送接收忙音；否则不能接收数据，仍保持空闲状态。

DBTMA 协议优于纯 RTS/CTS 系列的 MAC 协议。与 MACA 协议和 MACAW 协议相比，DBTMA 协议的效率有很大提高，加之忙音信号在通信期间一直存在，可以避免用户数据帧之间的冲突。但是，两个带外忙音信号的发送和检测需要额外的硬件支持，产生了额外的网络负担。此外，该协议假设忙音所占的带宽可以忽略不计，然而该假设在高负载的情况下并不满足。

2. HRMA 协议

为了解决 DBTMA 协议需要额外硬件支持的问题，Tang 等学者提出跳数保留多路访问（Hop-Reservation Multiple Access，HRMA）协议[14]。该协议利用频率跳变时的时间同步特性，实现了一种基于半双工慢调频扩频的多信道协议。

HRMA 协议使用统一的跳频方案，允许收发双方预留一个跳变频率来进行数据的无干扰传输。跳变频率的预留采用基于 RTS/CTS 握手信号的竞争模式。握手信号成功交换后，接收方发送一个预留数据包给发送方，使得其他可能引起冲突的节点禁止使用该频率进行数据传输。在预留跳变频率的驻留时间里，数据可在该频率上无干扰传输。但 HRMA 协议只能用在慢跳变的系统中，并且与使用不同跳频方案的设备兼容性不好。此外，因为数据传输需要的驻留时间比较长，所以数据冲突的概率会增加。

3. RICH 协议

与 HRMA 协议的原理相似，收方驱动跳频（Receiver-Initiated Channel-Hopping，RICH）协议是由接收方发起的多信道 MAC 协议[15]。网络中所有节点按照一个共用的跳频序列改变传输信道，通过分组握手后，停留在当前的跳隙上进行数据分组的传输，其他的节点继续跳频。RICH 协议无须载波侦听和分配单独的码字，却能够有效缓解隐藏终端问题。RICH 协议和 HRMA 协议类似，只能应用于跳频网络中，对于采用 DSSS 等机制的系统并不适用。

4. MCSMA 协议

多信道载波侦听多路访问（Multi-channel CSMA，MCSMA）协议是在单信道的 CSMA/

CA 协议基础上做出的改进[16]。它把可用带宽分割成互不重叠的 N 个子信道，其中 N 远小于网络中的节点数。子信道可以在频域（采用 FDMA）产生，也可以在码域（采用 CDMA）产生，但不提倡在时域（采用 TDMA）产生，因为移动自组织网络中缺乏网络范围内的时钟同步。

该协议中每个节点需要 N 个无线收发器，可以同时侦听 N 个信道。只要有空闲信道，节点就可以在任何一个空闲信道上工作。它采用了"软"预留机制，也就是说，一个节点尽量选择上次成功发送数据的信道并进行本次数据传输。如果该预留信道忙，或者最近使用的信道发送数据失败，则选择另外的空闲信道进行数据传输。在网络负载较大的情况下，信道个数不足以提供无冲突传输，但是，由于每个节点为自己持续预留了信道，因此冲突可以大幅减少。这种基于预留的多信道机制的性能比纯粹的随机选择空闲信道机制好，即使在每个子信道的带宽非常小时，采用预留机制的优势依然存在，然而传输延时会增大。

5. DPC 协议

为了实现网络的负载均衡，动态私有信道（Dynamic Private Channel，DPC）协议采用一个广播控制信道（CCH）和多个单播数据信道（DCH）进行通信[17]。其中，CCH 可以被所有节点共享，接入该信道是基于竞争模式的。DPC 是面向连接的，只要某个 DPC 是空闲的，每个节点就都可以使用该信道进行单播数据传输。

如果节点 A 有数据要发送给节点 B，节点 A 将在 CCH 上发送 RTS 信号给节点 B，同时节点 A 会预留一个数据端口以备和节点 B 通信。在发送 RTS 信号前，节点 A 选择一个空闲的 DCH 并把信道码包含在 RTS 的包头中。当节点 B 接收到 RTS 信号后，它将会检测节点 A 选择的信道是否可用。如果可用，则节点 B 就发送 RRTS（Reply to RTS）信号给节点 A，RRTS 的包头中包含相同的信道码；如果不可用，则节点 B 会选择一个新的信道码，并把该码放入 RRTS 的包头中，进一步征求节点 A 的同意。节点 A、B 双方相互协商，直到找到可用的信道，或者一方放弃协商为止。如果信道选择完毕，则节点 B 发送 CTS 信号给节点 A，然后双方开始交换数据，直到通信结束或者预留时间满并释放信道为止。

DPC 协议采用了动态信道分配机制，很好地解决了多跳移动自组织网络中多个子信道间的连接性和负载均衡问题。但由于控制信道的竞争接入，网络的吞吐量会受到数据信道的数量的影响。

6. MMAC 协议

为了提高网络吞吐量，So 等学者提出 MMAC 协议[18]。该协议支持节点动态切换信道，在节点覆盖范围内，多对节点能同时通信。MMAC 协议利用信标将时间划分为固定的时间间隔，在数据分组传输前，收发节点在 ATIM（Ad-hoc Traffic Indication Messages）窗口中进行信道协商。每个节点维护一个优选信道列表（Preferable Channel List，PCL），该列表包含在本节点传输范围内可优先使用的信道。

当节点 A 有数据要发送到节点 B 时，节点 A 首先在 ATIM 窗口中发送 ATIM 分组，其中包含了自己的 PCL。节点 B 接收到 ATIM 后，基于节点 A 和自己的 PCL 选择信道，并把选择信息包含在 ATIM-ACK 分组中返回节点 A。节点 A 收到 ATIM-ACK 后，判断其中的收方选择信道是否可用。如果节点 B 选择的信道与发送节点 A 选择的信道一致，则节点 A 发送 ATIM-RES（ATIM-Reservation）给节点 B，并在 ATIM-RES 中包含约定的信道。如果节点 A 不能选择与节点 B 相同的信道，则必须等待下一个信标间隔，重新进行信道协商。

MMAC 协议无须专门的控制信道，提高了网络吞吐量，并且每个节点仅需要一个无线收发器。但是，该协议需要节点间的时间同步。

3.2.3　基于功率控制的 MAC 协议

功率控制技术是提高移动自组织网络 MAC 协议性能的有效途径。由于节点在接收消息时，只需要使功率的强度满足信号干扰噪声比的要求，因此，为了降低节点的能耗和提高无线信道空间的利用率，发送节点可以有条件地降低自己的发射功率。

1. 功率控制信号 MAC 协议 PAMAS

功率控制信号 MAC 协议——感知功率的带信令的多路访问协议（Power-Aware Multi-Access protocol with Signaling，PAMAS）是基于 MACA 的多信道 MAC 协议[19]。RTS/CTS 握手信号在控制信道上交互，数据在数据信道上传输，在数据传输过程中，控制信道上发送忙音信号。

PAMAS 考虑了能量控制问题，它有选择地关闭某些不需要接收和发送的节点，以节省能量。当节点监听到不是发送给它的数据时，可以关闭无线收发器，以节省能量。节点独立地决定是否关闭收发器，如以下情况中节点就会关闭收发器：节点无数据要传输，并且其邻居节点正在发送数据；节点有数据要传输，但是其邻居节点中至少一个在发送，一个在接收。

在无线收发器关闭期间，节点既不能发送，又不能接收，这可能严重影响网络时延和吞吐量，所以对其关闭时间需要严格控制。可以考虑在适当的时候采用探测帧唤醒关闭的节点，但这需要额外开销。一种有效的措施是有选择地关闭数据信道，保持控制信道处于激活状态。另一种改进措施是节点一旦获得信道，可以发送多个数据包，从而提高信道利用率。

2. 能量控制 MAC 协议 PCM

在 MACA 中描述的基本功率控制算法下，节点以最大可用功率发送 RTS/CTS 控制消息。与此同时，节点通过控制消息的协商，用可靠接收的最小功率发送数据消息。但是，在能量控制 MAC 协议 PCM（Power Control Medium Access Control）中，Jung 等学者发现这种简单的功率控制技术在理想情况下也只获得了与 IEEE 802.11 类似的性能[20]。针对该缺陷，PCM 协议在节点发送数据消息的过程中，周期性地提高发射功率至最高功率，从而阻止了邻居节点因无法感知数据消息的发送而可能导致的冲突，有效提高了系统的吞吐量。

3. 能量节省 MAC 协议 PCMA

与 PAMAS 类似，能量节省 MAC 协议 PCMA（Power Controlled Multiple Access）也采用多信道，其中一个专门用于忙音信号，另一个用于其他控制消息和数据消息[21]。PCMA 的目标是在节能的同时提高信道利用率，因而节点在发送数据前，首先交换 RPTS（Request Power To Send）和 APTS（Accept Power To Send）消息，确定在存在噪声和干扰的情况下接收节点正确接收消息所需的最小发射功率。

RPTS/APTS 消息类似于 RTS/CTS 消息，但不同的是并不使邻居节点立即推迟发送。为了确保传输成功进行，接收节点在忙音信道广播自己可容忍的干扰，以免其他节点与自己冲突。邻居节点通过监听忙音信道上的忙音信号，可以判断出自己的发送是否会与其他节点冲突，从而做出是否发送的决定。

3.2.4　基于定向天线的 MAC 协议

定向天线利用数字信号处理技术，协同采用波束切换和自适应空间数字处理技术，判断有用信号到达方向，然后通过选择适当的合并权值，在此方向上形成天线主波束，同时降低增益旁瓣。在发射时，定向天线能使期望用户的接收信号功率最大化，同时使窄波束照射范围外的非期望用户受到的干扰最小，甚至为零。定向天线具有抗信号衰落、抗同频干扰和信道干扰、系统容量大、传输功率小等优点。早期基于定向天线的 MAC 协议多数选用较简单的波束转换天线和波束跟踪天线，自适应阵列天线的研究则刚刚起步。

1. 定向天线 DBTMA 协议（DBTMA/DA）

定向天线 DBTMA 协议（DBTMA protocol using Directional Antenna，DBTMA/DA）较 DBTMA 的改进在于用定向天线（波束转换天线）来传输 RTS、CTS、数据帧和双忙音[22]，这需要多部收发机。在定向位置信息的获取上，它没有采用 GPS 辅助或信标，而是通过相邻节点发送全向 RTS，返回定向的 CTS 而知晓各自的位置信息。

当发送节点要发送时，先侦听控制信道并启动竞争计时器，在规定时限内，通过是否有接收忙音 BTr（receive Busy Tone）来确认目的节点是否在接收其他隐藏终端的发送。如果有，则等待；如果没有，则发送一个包含接收节点标识的 ORTS（全向 RTS）分组并启动 RTS 计数器。接收节点收到 ORTS 分组后，如果检测当前没有传输忙音 BTt（transmit Busy Tone），就返回一个定向 DCTS（Directional CTS）并启动 CTS 计数器，开始发送接收忙音 BTr 直到数据传输结束或 CTS 计数器停止。发送节点在收到 DCTS 后，开始发送传输忙音 BTt，并在数据信道上传输数据分组，发送传输忙音 BTt 直到数据传输结束。如果发送节点在 RTS 计数器时限内未收到 DCTS，则取消该次发送，等待重发。

据采用 8 个阵元的波束转换天线、4 种天线模式、CBR 数据流和 AODV 路由的仿真实验显示，定向传输扩大了信道的利用率，同一时间可以有多对通信节点通信，时延和吞吐量均有较大改善。

2. 定向 MAC（DMAC）协议

定向 MAC（Directional MAC，DMAC）协议采用了 DRTS（Directional RTS）和 DCTS 对话机制[23]。每个节点空闲时均以全向模式侦听信道，信道预约过程是通过定向发送的 DRTS 和 DCTS 握手完成的。当从某一方向收到信号时，它便锁定该方向并接收。当一个节点以全向接收信号时，它会受到来自任何方向的干扰，但当天线聚波束于某一方向时，可避免其他方向的干扰。

在 DRTS 的传输过程中，源节点 S 的 MAC 层收到来自上层的包，其中包括收发机的参数 P，DMAC 请求物理层按此参数 P 聚波束 B 并指向目的节点 R。为了检查使用所聚波束 B 是否安全，节点 S 用波束 B 执行物理载波侦听。如果信道空闲，则 DMAC 检查它的定向 NAV 表（DNAV）来计算在节点 R 的方向上是否延迟发送，DNAV 保持虚拟载波侦听每个包的到达方向（DOA）。当节点发现用波束 B 传输不安全，则进入退避环节。

在 DRTS 的接收和 DCTS 的发送过程中，当节点 R 全向侦听信道发现信号时，节点便锁定信号并接收之。这里假设系统模块有能力捕捉到接收信号的 DOA。如果非目的节点 X 收到此信号，则更新各自的 DNAV，阻止节点 X 在该 DOA 的反向 B 上发送任何信号。在节点 R 计算 DOA，当节点 R 的 DNAV 表允许在 R→S 方向使用波束 B 发送时，其物理层聚波束于该向 B，并以此波束侦听信道。若信道在 SIFS 时隙空闲，则回送 DCTS；若忙，则取消该发送。

在 DCTS 的接收和 DATA、ACK 的交换过程中，节点 S 使用原定向波束 B 等待 DCTS，如果在 DCTS_timeout 期间未收到，则节点 S 重发 DRTS；如果 S 收到 DCTS，则定向链路搭建成功，它便使用原定向波束 B 传送 DATA，节点 R 收到 DATA 后便以波束 B 回送 ACK。其他节点（除 R 和 S 外）收到 DCTS、DOTO、ACK 后，便主动更新其 DNAV 表。该协议吞吐量较高，但是具有较高的定向干扰性，并且，由于天线不对称增益，或者未听到 DRTS 或 DCTS，因此会出现新的隐藏终端问题。

3.3　移动自组织网络的路由协议

由于移动自组织网络（MANET）的高度动态性和能量有限性，互联网现有路由技术难以适用于移动自组织网络，因此必须开发适合其特点的移动自组织网络路由技术。移动自组织网络路由协议的设计需要考虑众多因素，包括分布式计算、高效性、及时性、自适应性、安全性和能耗等，使得路由成为移动自组织网络的研究难点。在移动自组织网络的概念被提出之后，路由选择算法一直是该领域的研究重点。

本节首先介绍基本路由机制、路由机制优化原则和路由分类方法。根据路由计算的产生时间进行分类是路由协议的一种基础分类方式，本节以该分类为主线介绍表驱动路由协议、按需驱动路由协议和混合路由协议。在上述基本路由协议的基础上，本节详细分析路由选择算法及其在预测模型、能耗模型、位置信息模型等模型方面的最新研究进展。

3.3.1　基本路由机制、路由机制优化原则和路由分类方法

通常来说，由网络节点（即路由器）组成的通信子网的重要功能是路由和转发，而其中路由是数据转发的基础。移动自组织网络中的节点的移动性较强，使得网络拓扑和路由维护具有很大难度，为此，人们针对这种移动性强的自组织网络设计了很多其特有的路由机制。下面介绍基本路由机制，并分析移动自组织网络的路由机制优化原则和路由分类方法。

1. 基本路由机制

计算机网络的数据传送过程是指将消息从源节点通过网络传送到目的节点，数据传送过程包含两个操作：路由和转发[24]。借助这两个操作，数据消息可以得知传送的路径并且沿着该路径转发，从而该数据消息从源主机发出，经过一个或多个中间节点的路由转发，最终传送到目的主机。移动自组织网络具有多跳性，通常分组需要经过多跳才能传送到目的节点。

通常来说，广义"路由"包括"路由协议交互"和"本地路由计算"两部分，其中路由协议交互主要负责网络路由信息的传送和在不同节点之间的交互。如图 3-4 所示，节点借助路由算法确定数据消息传送的路径：主机 E→路由器 R5→路由器 R3→路由器 R2→主机 B。为了实现上述路由选择，整个路由过程包含两个步骤：首先，路由器之间交互网络的距离向量、路径向量或链路状态等信息，如路由器 R3 和 R5 交互各自所了解的距离向量信息；其次，每个路由器根据在上述操作中获得的信息，计算下一跳信息或具体路径。路由器 R5 根据协议交互过程中所了解到的路由器 R4、R3 各自的距离向量信息，分别计算经过路由器 R4、R3 到达目的主机所需的"代价"，最终根据该计算结果选择合适的路由并进行数据消息的传送。

网络各个节点之间由路由协议交互传送的路由信息分为距离向量、路径向量和链路状态等类别。距离向量可以理解为到达网络各个节点的距离和相应的下一跳节点；路径向量是在距离向量的基础上，增加了端到端路径所经过的具体节点；链路状态则为网络节点之间的邻

图 3-4　基本路由机制

接关系和链路代价。路由选择算法是指为了实现路由功能而设计的算法，负责确定分组应当传送的路径，是网络层的核心部分。

移动自组织网络路由机制的基本原理与互联网的路由机制相同，但移动自组织网络所具有的特点对其路由协议的设计提出了特殊要求。在移动自组织网络中，动态变化的拓扑结构和节点位置、有限的资源和能量、节点间的无线通信等，使得 OSPF、RIP 等传统的互联网路由协议并不适用于移动自组织网络。

2. 路由机制优化原则

在介绍具体路由协议之前，首先根据移动自组织网络的特点，给出移动自组织网络路由机制的优化原则。移动自组织网络的路由协议和互联网的路由协议一样，都是为了实现数据包的高效、快速、准确传送。根据移动自组织网络的特点，其路由机制具有如下特殊要求。

（1）动态适应性

因为移动自组织网络具有高度动态性，所以其路由机制必须能够适应网络拓扑结构的动态变化，具有快速应变的能力。当网络拓扑结构变化导致某些路由不可用时，路由机制能够迅速找到可用的路由，自行恢复数据的传送。对于移动自组织网络，每个移动节点要充当网络的路由器，移动自组织网络的路由机制要求其具有动态适应性，以适应节点移动所带来的网络拓扑结构的动态变化。

（2）节能性

因为移动自组织网络的节点能量有限，所以路由机制必须在节能的前提下实现快速路由。移动自组织网络的移动节点执行路由转发功能，能量供应由自身携带的电池提供。所以，移动自组织网络的路由机制需要具有节能性。例如，在移动自组织网络中，需要降低控制信息与数据信息的比率，高效利用有限的带宽资源，尽量减少消息传送的接转次数，减少数据传送时间和数据量等。

（3）安全性

因为移动自组织网络采用无线通信并具有高度动态性，节点在不安全的环境中使用共享的无线介质传输，所以节点的物理保护有限，易受到各种网络攻击[25]。因此，在保证高效、快速、准确路由的前提下，需要尽可能地提高路由机制的安全性，降低路由过程中遭受攻击的可能性。

3. 路由分类方法

移动自组织网络的路由与应用密切相关，单一的路由机制无法满足各种应用需求。根据路由协议交互和路由计算的时机、逻辑组织结构、协议的功能等分类原则，下面给出路由的主要分类方法。

（1）表驱动路由、按需路由和混合路由

根据路由表项的产生时间，可以分为表驱动路由、按需路由和混合路由[26]。表驱动路由也称为预计算路由、先应式路由。表驱动路由事先维护网络中从一个节点到其他节点的所有路由信息，在数据传输之前计算得到路由表项，然后根据该路由表项进行数据传输。表驱动路由的优点在于节点可以直接根据路由表中的信息进行数据传输，不需要额外的路由建立等待时间；缺点在于建立和维护路由表的开销较大。因此，表驱动路由适用于拓扑结构动态性不强而需要高速数据转发的网络。

按需路由也称为在线路由、反应式路由。按需路由仅在有数据需要传输时，根据所需传输的具体目的地计算相应的路由。节点无须事先维护路由信息表，而仅仅在数据传输过程中形成所需的路由表项。按需路由在一定程度上降低了协议交互的开销，但是路由建立的时延较大，适用于动态性较强的网络。

混合路由则综合上述两种技术的优点，将二者相互结合，实现网络的路由。例如，在规模较大的网络中，采用层次结构的路由技术，不同层次分别采用上述一种路由方案。因此，混合路由往往适用于节点计算能力较强并且规模较大的移动自组织网络。

在当今互联网特别是骨干网的路由体系中，由于网络拓扑结构相对固定，而且需要低延迟的高速转发，因此多采用表驱动路由。相反，移动自组织网络动态性强，路由表的维护代价较高，而传输速率和延迟方面要求却不高，因此多采用按需路由和混合路由。

（2）基于拓扑的路由和基于位置的路由

根据是否使用地理位置信息，可以分为基于拓扑的路由和基于位置的路由。在移动自组织网络中，多数路由机制基于所认知的拓扑结构进行路由选择，被称为基于拓扑的路由。有些应用需要确定节点的地理位置，进而基于该地理位置信息进行路由选择，被称为基于位置的路由。互联网中位置与网络的互联关系之间不具有紧密的联系，所以互联网多采用基于拓扑的路由。移动自组织网络普遍采用无线信道传输，在理想情况下，很容易根据地理位置信息来确定节点之间的互联关系。虽然这类方案需要通过 GPS 或者其他定位装置获取节点的位置信息，但由于移动自组织网络拓扑结构动态变化，因此基于位置的路由仍然具有广泛的应用前景。

（3）距离向量路由、路径向量路由和链路状态路由

根据协议交互信息的类型，可以分为距离向量路由、路径向量路由和链路状态路由。在距离向量路由中，每个节点维护一张表，该表列出了当前已知的到每个目标节点的最佳距离，以及所使用的下一跳节点。每个节点通过与邻居交换上述信息，移动节点不断更新自己的路由表并实现路由选择。因此，距离向量路由被描述为"将整个世界告诉我的邻居"。路径向量路由以距离向量路由为基础，每个节点不但记录到达目标节点的最佳距离和下一跳节

点，而且记录整条路径依次所经过的节点（即路径向量），从而防止在路由计算过程中产生路由回路。

在链路状态路由中，使用反映网络拓扑结构的邻接表来描述网络的链路状态，该邻接表记录了所有节点间的邻接关系和链路代价。在该机制下，当移动节点发现新的邻居节点出现时，将会测量与邻居节点的延迟等信息，并且使用路由公告将上述信息传送到其他节点，其他节点则利用该链路状态信息重新计算最短路径。因此，可以将链路状态路由描述为"将我的邻居告诉整个世界"。

（4）源路由和分布式路由

根据路由信息存储的位置，可以分为源路由和分布式路由。源路由由源节点决定完整路径，在发出的每个消息的消息头中携带路径所经过的节点信息，因而中间节点无须建立和维护路由信息。源路由的路由计算较为简单，减少了通信开销，但是消息头过长。分布式路由则由每个中间节点独立选择传输的下一跳节点，能够避免消息头过长问题，但是中间节点计算负担较大。此外，在分布式路由中，如果各个节点对网络拓扑的认知不一致，则可能会导致路由回路。

（5）单径路由和多径路由

根据数据传输使用路径的数量，可以分为单径路由和多径路由。在单径路由中，源节点发送的数据分组沿着一条路径从源节点到达目的节点。其优点在于路由方案简单，能够较好地避免数据传输乱序；缺点在于路由容错性较差，路径的传送负担不均衡。在多径路由中，源节点发送的数据通过多条路径到达目的节点。该技术容错性较强，能够均衡网络负载，但是路由方案复杂，而且难以避免多条路径传输引入的乱序。

（6）平面路由和层次路由

根据节点的组织是否存在层次结构，可以分为平面路由和层次路由。在平面路由中，所有移动节点地位平等，路由协议设计简单，健壮性好，但是路由维护的代价较大。在层次路由中，节点地位不平等，整个网络划分为不同的簇（或区域），每个簇由簇头和成员组成，簇头负责管理簇内网络和维护簇内路由[27]。由于簇头参与网络管理，因此层次路由扩展性好，易于管理，但是簇头的计算代价较大。由于可扩展性是互联网所面临的一个重要问题，因此互联网的路由采用层次路由。移动自组织网络通常具有较强的动态性，因而在可扩展性要求不高的情况下，可以考虑采用平面路由。

（7）单播路由、广播路由和多播路由

根据消息发送的对象，可以分为单播路由、广播路由和多播（组播）路由。单播路由是节点将消息发送给特定节点的机制。虽然单播路由实现简单，但如果多个节点需要接收数据，那么网络需要将相同信息重复传送多次。广播路由是节点将消息广播给在一个子网内所有节点的机制。由于不感兴趣的节点同样会接收到广播的消息，因此广播路由浪费了带宽并且加重了节点的计算负担。多播路由能够将消息发送给某个特定节点集合。相比而言，多播路由的特定组通常具有明确的定义，组内节点的数量比整个网络的规模小很多，因此其路由效率较高，但其实现机制非常复杂。

（8）其他分类方法

路由作为网络层的重要功能，除存在上述分类方法以外，根据路由所具有的特定功能，还可以进一步做出如下分类：根据路由是否支持服务质量控制，可以分为服务质量感知路由和非服务质量感知路由；根据路由是否提供网络安全保障，可以分为安全路由和非安全路由等。由于移动自组织网络所具有的动态性和能量有限性，因此对服务质量感知路由和安全路由需要做进一步研究。

3.3.2　表驱动路由协议

表驱动路由协议，也称为预计算路由协议，它事先维护网络中从一个节点到其他节点的所有路由信息，在数据传输之前形成路由表项，然后根据该数据表项进行数据传输，从而实现快速路由。移动自组织网络的基本表驱动路由协议包括 DSDV、WRP、CGSR、OLSR 等。

移动自组织网络具有高度动态性，网络的拓扑结构动态改变，消息传送具有一定困难。较为简单的消息传送方法是洪泛方式，也就是说，源节点在发送消息时，将目的节点的地址加载在消息头部，向邻居节点进行广播，中间节点收到消息后进一步向其所有的邻居节点广播该消息，从而最终使该消息抵达目的节点。洪泛方式不但易于实现，而且在拓扑结构不断动态改变的情况下，能够将消息有效地传送到目的地；然而很多节点不必要地参加了消息的转发，增加了节点的计算负担和网络的传送负担。为了解决上述问题，人们提出根据路由表进行数据转发的思想，也就是说，通过路由表的建立与维护，减少洪泛给移动自组织网络带来的影响，这就是表驱动路由协议的核心思想。

1. 基于目的序号的距离向量协议 DSDV

基于目的序号的距离向量（Destination-Sequenced Distance Vector，DSDV）协议是一种采用传统的 Bellman-Ford 路由算法的基于距离向量的分布式表驱动路由技术[28]。该技术于 1994 年被提出，是最早为移动网络专门设计的路由协议之一。

每个节点都要维护路由表，该路由表包含能到达的目的节点、到达目的节点的度量值以及该路由表项所对应的序号。其中，度量值一般采用跳数，而序号是这个协议引入的重点。每个路由表项的序号并非由存储这个路由表项的节点所分配，而是由这个路由表项所对应的目的节点所分配的。每个节点定期向所有邻居转发自己当前的路由表，同时将序号值增加1。中间节点将收到的每个目的节点的序号与自己路由表中所存储的该节点序号进行比较。

路由序号的大小说明了该路由表项的新旧（即产生的时间），路由序号越大，说明该路由表项越新。如果收到的路由表项比原有对应表项新，则删除原有的旧路由表项。具体来说，如果收到的路由序号大于所存储的序号，则说明收到的信息为最新路由信息，所以选择发送该信息的节点作为下一跳节点，并且将所存储的路由序号更新为所收到的序号；如果收到的路由序号等于所存储的序号，但度量值较少，则该中间节点同样需要更新自己的路由表。

例如，假设节点 A 从节点 B 接收到路由信息，该路由信息涉及到达节点 C 的路由；假设 S(A)代表存储在节点 A 中的节点 C 的目的序号，而 S(B)代表由节点 B 发送到节点 A 的节点 C 的目的序号。DSDV 协议的主要思想就是，如果 S(A)>S(B)，那么节点 A 放弃从节点 B 接收到的路由信息；如果 S(A)=S(B)，并且通过节点 B 的度量值低于节点 A 所存储的路由的度量值，那么节点 A 将节点 B 设为到达节点 C 的下一跳节点；如果 S(A)<S(B)，那么节点 A 将节点 B 设为到达节点 C 的下一跳节点，并且将 S(A)更新为 S(B)。

在移动自组织网络拓扑结构动态变化的情况下，为了使路由表的记载与实际网络状况相符，每个节点会定期向邻居节点传送更新消息。每个节点经过固定的时间间隔后，或者当拓扑结构发生改变时，通过广播或者多播的方式向网络上的其他节点发布路由信息。

节点保存每个特定目的节点最早路由到达时间和最优路由到达时间之间的时间差 t，将路由信息的广播时间延迟长度为 t 的一段时间，从而避免路由表的频繁更新。另外，DSDV 协议给出两种更新消息的格式，一种是完全更新格式，用于传输节点当前路由表的所有表项，仅在节点频繁移动的情况下使用；另一种是增量更新格式，用于传输上一次完全更新消息传送之后发生了变化的表项。

本地计算用于在协议交互的基础上选择合适的路径，因此需要建立选择的标准。本地计算的基本参数选择包括：序号较大（表示该路由信息的有效性高）和量度值较小（表示路由优化好）。因此，本地计算可以优先选择序号较大的路由进行数据转发，当多个路径具有相同序号时，则选择其中具有最低量度值的路径。当协议交互过程探测到链路中断时，该中断链路的量度值被定义为 ∞。当通往下一跳的链路中断时，通过该下一跳的任何路由的量度值被定义为 ∞，并且被指定一个更新的序号。度量值为 ∞ 的表项变化会立即触发增量更新格式的更新消息。

每个节点在完成上述本地计算后，需要将自己所获得的路由信息转发给其他邻居节点。因为各个节点的路由信息广播并不同步，所以可能出现路由表项频繁波动的情况。为了解决该问题，本协议维护两张表：转发表和广播表。广播表具有"平均广播时间间隔"的表项，该表项的值是过去广播时间间隔的加权平均。当需要向邻居节点发送网络信息广播时，节点首先查询广播表的"平均广播时间间隔"表项，如果超过了该表项所对应的时间间隔，则进行转发。

DSDV 协议的优点在于节点通过所维护的路由表，能够高效地转发数据。此外，DSDV 协议在原有距离向量协议的基础上，引入了路由序号，较好地避免了分布式路由中节点不同步而导致的路由回路问题。DSDV 协议的缺点在于算法收敛速度慢，不适用于快速动态变化的移动自组织网络，并且效率较低。

2. 无线路由协议 WRP

由于 DSDV 协议不适用于快速动态变化的移动自组织网络并且效率较低，因此 Shree 等学者提出无线路由协议（Wireless Routing Protocol，WRP）[29]，它是一种基于距离向量的分布式表驱动路由技术。每个移动节点维护以下四个表：距离表、路由表、链路成本表和消息重发表。移动节点使用更新（UPDATE）消息在相邻节点之间通知链路状态，该节点通过接收应答消息或者其他消息确定其邻居节点的存在。如果没有更新消息需要发送，则需要定期发送 HELLO 消息。在通过上述方式得知链路状态之后，移动节点先根据邻居节点的最短路径生成树，生成自己的最短路径生成树，再向邻居节点发送更新信息，从而实现路由选择。WRP 在计算路径时，规定每一节点检查所有相邻节点所发送的路由信息，从而避免无穷计算（count-to-infinity）问题并减少路由环路。

如果在一定时间间隔内，没有接收到邻居节点的任何消息，则可以确定发送消息的节点与该邻居节点之间的链路出现故障，或者两节点的移动导致其间的链路不可用。如果在一定时间间隔内，收到新的邻居节点发送的消息，则能够确定该节点可以与该邻居节点建立链路，并且该节点需要将自己的路由表通知该邻居节点，该邻居节点据此更新自己的路由表。

3. 簇头网关交换路由协议 CGSR

DSDV 协议和 WRP 的缺陷在于仅仅适用于平面网络，网络中每个节点的路由功能完全相同，但随着网络规模的扩大，节点数量增加和节点移动性增强，路由维护过程中需要发送的消息越来越多，增加了各个节点的计算负担和存储负担。为了解决该问题，Chiang 等学者进一步提出基于距离向量的层次路由技术簇头网关交换路由（Cluster-head Gateway Switch Routing，CGSR）协议[30]。

为了解决大规模移动自组织网络中的上述问题，CGSR 协议中提出了分簇的思想，将移动节点划分为多个簇，在每个簇内选出簇头节点。由簇头节点负责簇内节点的管理，这些簇头节点组成更高层次的虚拟骨干网，实现网络的层次化管理。需要指出的是，该思想与互联网的骨干网思想不同，因为互联网的骨干网是静态的，而移动自组织网络的骨干网随着拓扑结构的变化而动态改变，其层次结构不固定。也就是说，移动自组织网络的层次路由需要实现动态分簇和簇头选择，动态地确定连接各个簇的网关节点，并且需要建立适宜的簇头更换机制以避免节点充当簇头的时间过长所导致的能量耗尽。

基于上述思想，CGSR 协议在 DSDV 协议的基础上，增加了分层机制。CGSR 协议的协议交互和本地计算操作与 DSDV 协议的相应操作基本相同，下面主要对 CSGR 协议的特殊之处进行介绍。

节点维护分层成员表和路由表，其路由表的结构与 DSDV 协议路由表的结构基本相同，分层成员表描述了所有移动节点所在层次的簇头。移动节点使用与 DSDV 协议交互机制周期性地与邻居节点交换分层成员表，并且更新分层成员表的内容。

当一个节点需要将消息传送到目的节点时，源节点首先将该消息传送到它所在簇的簇头，簇头将该消息传送到相应的网关节点，该网关节点将该簇头与其他簇头连接，并且将消息传送到下一个簇头，直到将该消息传送到目的节点所在的簇头，该簇头将消息传送到目的节点为止。当两个簇头节点距离较近时，只需要一个簇头节点就可以管理该区域的移动节点；或者当一个节点移动到无法与所有簇头节点通信时，则重新选择簇头。当节点的移动使得分层结构被破坏时，使用分层维护算法重新构造分层结构。该算法将邻居数较多的节点以及该节点的邻居保留在当前簇内，同时对其他节点进行调整。

如图 3-5 所示，当源节点 S 需要向目的节点 D 发送数据包时，它首先将路由消息传送到簇头 A，簇头 A 查找簇成员列表，如果目的节点 D 不在簇成员列表中，则将该消息转送给网关 C，由网关 C 转送给另一个簇头 B，直到传送到目的节点 D 为止。可见，CGSR 协议采用了分层查找机制，在网络规

图 3-5　CGSR 协议示例

模较大时，能够防止大量路由消息的洪泛。但是，该协议的设计实现较为复杂，需要动态地进行簇划分和簇头选取，移动节点也需要定期向簇头发送位置信息。

4. 优化链路状态路由协议 OLSR

为了降低节点之间的通信负担，Clausen 等学者基于多点中继站的思想提出了优化链路状态路由（Optimized Link State Routing，OLSR）协议[31]。与上述基于距离向量的 DSDV 或 CGSR 协议不同，OLSR 协议是一种基于链路状态的表驱动协议。该协议建立在链路状态路由（LSR）协议的基础上。链路状态路由协议能够较好地实现路由选择，但是所采用的洪泛机制增加了节点的计算负担和网络的通信负担。在移动自组织网络中，链路状态的不断变化

而造成的洪泛则进一步加剧了上述问题。

为了避免链路状态在网络中大规模洪泛，特别是相同的链路状态信息被多个节点冗余重复传输的情况，OLSR 协议首先在网络上选取少量的特殊节点（称为多点中继站）。在链路状态洪泛时，OLSR 协议规定只有选择出的多点中继站才能向邻居节点洪泛链路状态信息，其他节点不参与链路状态信息的洪泛，从而大幅度减少了将一条消息洪泛到整个网络所需的转发次数，减轻了传统洪泛机制中所有节点参与消息转发所带来的负担。

节点通过周期性地发送 HELLO 消息实现链路状态的探测，并且从链路探测所交换的消息中获得邻居节点的信息。节点基于从 HELLO 消息中获取的信息选择多点中继站，该多点中继站用于在网络中广播和转发拓扑控制信息。也就是说，协议交互过程借助 HELLO 消息实现如下功能：探测链路、探测相邻节点和选择多点中继站。

在链路探测过程中，每个节点从两个方向探测各个相邻节点之间的各条链路，确定该链路属于对称状态或者非对称状态。对称状态是指相邻节点之间的链路是双向链路，可以从两个方向发送数据。非对称状态是指相邻节点能够接收到该节点发送的数据，但是无法确定该节点是否接收到相邻节点发送的数据。在多点中继站的选择过程中，每个节点在自己的对称一跳相邻区域确定多点中继站集合。

下面以图 3-6 为例进一步说明 OLSR 协议。在该示例中，节点 C 和节点 E 是节点 A 的多点中继站。当节点 A 的链路状态信息发生变化时，节点 B、C、D、E、F 均收到了节点 A 产生的链路状态信息，但只有节点 C 和节点 E 可以作为多点中继站转发从节点 A 接收到的链路状态信息，从而避免了节点 A 的其他邻居节点 B、D、F 进行广播所造成的节点计算负担和网络传送负担。

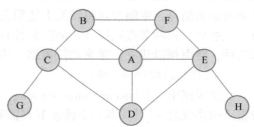

图 3-6　OLSR 协议示例

为了减轻所有节点的计算负担，Ying 等学者进一步提出了分层次的优化链路状态路由协议 HOLSR[32]。该协议充分利用各个节点的不同能力，动态地将节点组织到簇中，并且簇以层次化的方式组织起来，从而减少需要交换的拓扑控制信息。在簇间，使用 OLSR 协议进行路由选择。但是，与 OLSR 协议一样，该协议需要定期更新。

OLSR 协议采用优化的洪泛机制作为消息的传送机制。而且，该协议将所有数据采用统一的分组消息格式封装成一条或者多条消息。多点中继站将消息在网络中的重传次数降低到最低程度。由于 OLSR 协议中只有多点中继站节点参与路由计算，减轻了其他节点的计算负担，因此它适合规模较大、节点密度较高的移动自组织网络。

5. 多信道表驱动路由协议

为了充分利用无线传输的特性来提高移动自组织网络的吞吐量，Unghee 等学者提出了多信道的 DSDV 路由协议 DSDV-MC[33] 和多信道的 OLSR 路由协议 OLSR-MC[34]。其中，信道是指两个系统间发送数据的管道，是不同系统的应用程序和过程之间的逻辑链接。DSDV-MC 和 OLSR-MC 将网络层划分为控制平面与数据平面，节点使用一个控制频道传送路由更新信息，使用一个或者多个数据频道传送数据包，实现了多个消息传送操作的同步进行，降低了网络负担，但是频道资源的管理和协调难度较大，并且节点的计算负担较大。

3.3.3 按需路由协议

上述表驱动路由技术使用路由表维护网络中从一个节点到其他节点的所有路由信息，因此能够实现快速路由。但是，维护路由表不但增加了节点的存储负担，而且在移动性强的网络中需要不断地交互路由信息，大大增加了节点的路由信息交互负担和计算负担。因此，学者们提出了按需路由协议。该类协议在数据分组要发送时才进行具有针对性的路由交互或路由计算。由于节点无须事先维护全局路由信息表，因此这类路由协议也被称为在线计算路由协议。

上文提到过，移动自组织网络具有高度动态性，网络的拓扑结构不断改变，消息传送具有一定困难。较为简单的消息传送方法是洪泛，然而洪泛过程中，很多节点不必要地参加了消息的转发，增加了节点的计算负担和网络的传送负担。特别是对于由大量分组组成的长时间数据流，如果每个分组都采用洪泛的方式传输，将导致网络传输效率很低。

为了解决上述问题，人们提出了控制消息（路由）与数据传输相分离的思想，仅对控制消息采用洪泛的方式，以确定数据传输的路由。在后续的数据传输过程中，则根据已经确定的路由进行数据转发。对于按需路由协议，通常来说，源节点采用洪泛操作向相邻节点发送路由请求消息，中间节点将转发上述消息的全部或者部分，直到目的节点收到该请求消息为止。然后，目的节点选择合适的路径并且反向转发路由应答消息。当源节点接收到应答消息之后，路由得以建立。常见的按需路由协议有 DSR、AODV、TORA、ABR 等。

1. 动态源路由协议 DSR

动态源路由（Dynamic Source Routing，DSR）协议作为一种源路由技术，是最早设计的按需路由协议之一[35]。当一个移动节点需要发送新的数据流时，该节点为该数据流的目的地寻找相应的路径。基于路由过程所找到的路径，在数据分组流传送过程中，每个分组的分组头中都包含从源节点到目的节点的完整路由信息，以便路径当中每个节点根据分组所携带的路由信息转发分组。在 DSR 协议中，由于由源节点获知完整的路径信息并将该信息记录在每个分组的分组头上，网络中间节点不需要维护任何路由信息，因此该协议被称为源路由协议。

该路由过程包括洪泛路由请求（RREQ）报文和回传路由响应（RREP）报文两部分。当节点需要发送数据消息时，首先会动态地广播路由请求 RREQ 消息。该消息包含目的节点、发送节点地址、消息 ID 和路由记录。其中，发送节点地址和消息 ID 共同用于标识 RREQ 消息。当某节点接收到该消息之后，需要判断该消息是否存储在历史 RREQ 消息列表之中，如果存储在其中，则丢弃该消息；如果未存储在其中，则需要判断自己是否为目的节点。如果自己并非目的节点，则将本节点添加到路由记录中，并且将该消息向自己的邻居节点进行广播。

由于路由请求报文 RREQ 在网络中洪泛时，每个节点都将自己的地址增加到数据报文的路由记录中并继续转发该数据报文，因此，当路由请求到达目的节点时，目的节点根据该路由请求报文中的节点列表，就知道了从源节点到达该目的节点的路径。于是，目的节点产生路由响应消息 RREP，并将该消息回送到源节点，从而源节点得到完整的路由信息。

在节点之间的可达性维护上，DSR 协议不再使用周期性广播这种耗费资源的方式，而是通过节点动态监测可用路由的方式实现路由维护。该协议路由维护的方式包括三种：逐跳验证方式、非逐跳验证方式和端到端验证方式。逐跳验证方式是指，借助于相邻节点之间的 MAC 子层验证机制，当链路发生故障时，由 MAC 层发出通告，该节点向前一跳节点发送路由错误消息 RERR，收到该消息的节点从路由表中将该路由删除。非逐跳验证方式是指，当节点 A 将消息转发到下一跳节点 B 时，节点 B 到其邻居节点 C 的消息转发可以被节点 A 监听到，节点 A 根据该监听到的消息进行验证。端对端验证方式有 TCP 下的确认机制等。

为了提高该协议的效率，学术界提出了路由缓冲机制。移动自组织网络节点处于监听状态，节点可以监听邻居节点发出的消息，根据这些消息中记载的路由信息，可以尽量避免每次发送新消息时都启动协议交互过程，从而提高网络的性能。

下面以图 3-7 中节点 S 到节点 D 的路由为例，说明 DSR 协议的工作过程。首先，节点 S 以广播的形式向邻居节点广播路由请求消息 RREQ。该消息包含目的节点、请求发送该消息的节点地址、消息 ID 和路由记录。

节点 S 首先向邻居节点 A、C、F 广播消息，节点在接收到 RREQ 消息时，需要判断该消息是否存储在历史 RREQ 消息列表之中，如果存储在其中，则丢弃该消息，如果未存储在其中并且不是目的节点，则进行消息转发，如节点 A 向节点 J、E 转发该消息，而节点 C 发现该消息已经存储在历史 RREQ 消息列表之中，所以丢弃该消息。如图 3-8 所示，节点 E 接收到该消息之后，进一步以广播的形式进行转发。重复上述操作，直到目的节点收到该消息为止。接着，目的节点 D 生成路由响应消息 RREP，并且将该消息向自己的邻居节点进行广播。当 RREP 消息被传送到源节点 S 时，路由得以建立。

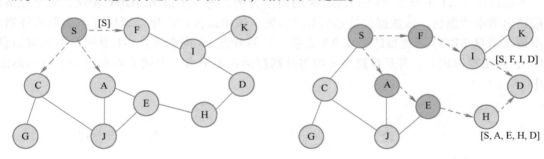

图 3-7　DSR 协议示例 1　　　　　　图 3-8　DSR 协议示例 2

与表驱动路由协议相比，DSR 协议能够较好地适应节点的移动性和网络拓扑结构的动态变化，不需要维护路由表来不断交互路由更新消息，节省了网络资源。然而，DSR 协议使用源路由方式，在网络规模较大时，分组头中所携带的路径信息将引入较大的传输开销。

2. 自组织按需距离向量路由协议 AODV

为了解决 DSR 协议存在的源路由分组头携带路径信息而开销较大的问题，Perkins 等学者在 DSR 协议和 DSDV 协议的基础上提出了自组织按需距离向量路由（Ad hoc On-demand Distance Vector，AODV）协议[36]。AODV 协议采用了 DSR 协议的交互机制，保持了 DSDV 协议的逐跳路由、顺序号和周期性更新等机制。

每个节点维护路由表，该表以目的节点作为关键字，每个表项指出将消息传送到哪个下一跳节点能够到达目的节点。与表驱动路由协议不同，AODV 协议中每个节点仅维护当前使用的路由表项。当源节点需要向目的节点发送数据时，如果源节点发现其路由表中没有到达目的节点的路由，则通过路由协议交互机制建立路径；反之，按照路由表中记载的路由进行数据传输。因此，该协议是节点维护路由表的按需路由协议。

源节点广播 RREQ 消息，该消息的格式如图 3-9 所示。当 RREQ 消息到达中间节点时，中间节点在本地的历史表中查找（源地址、请求 ID），以确定是否处理过该请求。如果处理过该请求，则丢弃该消息。如果没有处理过该请求，则将它写入历史表，并且在接收节点的路由表中查找通向目的节点的路由。

源地址	请求ID	目的地址	源序号	目标序号	跳数

图 3-9　RREQ 消息的格式

如果查到较新的通向目的节点的路径，即路由表中的目标序号大于或等于 RREQ 消息中目的节点的序号，则给源节点返回 RREP 消息。如果没有查到较新的通向目的节点的路径，则增加跳数并且广播 RREQ 消息。目的节点接收到该消息后，向源节点返回 RREP 消息。RREP 消息的格式如图 3-10 所示。该协议路由表项的结构与 DSDV 协议类似，主要包括源地址、目的地址、目标序号、跳数和生命周期。

源地址	目的地址	目标序号	跳数	生命周期

图 3-10　RREP 消息的格式

下面以图 3-11 中节点 N1 到节点 N8 的路由为例，进一步说明 AODV 协议。源节点 N1 广播路由请求数据包，该数据包被邻居节点转发，该协议使用顺序号以保证不会形成环路。路由请求消息 RREQ 到达目的节点 N8 之后，目的节点 N8 向源节点 N1 返回路由响应消息 RREP，路由得以建立，并且该路由表项将分别存储在源节点、中间节点和目的节点的路由表中。

图 3-11　AODV 协议示例

AODV 协议结合了表驱动路由协议和按需路由协议的优点，不但路由维护信息少，而且实现了较高的转发效率。

3. 临时排序路由算法协议 TORA

为了提高路由效率，Park 等学者在有向无环图算法的基础上提出了临时排序路由算法（Temporally Ordered Routing Algorithm，TORA）协议[37]。该协议采用势能值确定朝向目的节点的有向无环图，在路由响应消息回到源节点的过程中使用势能值确定路由。

首先，源节点在网络中广播路由请求消息。此时，每个节点具有一个相对于源节点的"势能值"，源节点的势能值最高，目的节点的势能值最低。其次，根据相邻节点之间的势能值的大小，形成一条或者多条有向路径，方向是从势能大的节点指向势能小的节点。也就是说，当节点需要查找到达特定目的节点的路径时，广播含有目的节点地址的路由请求消息。接收到该消息的节点进一步广播该消息，并且列出其到目的节点的势能值。接收节点将消息传送到势能值更低的节点，从而形成方向性路由。当节点发现链路不可用时，则将其势能值调整为比邻居节点大的值，并发送更新消息。

如图 3-12 所示，节点被设定势能值，图中以节点的纵轴高度表示其势能值，在协议交互过程中，数据消息从高势能的源节点向低势能的目的节点移动。

TORA 协议能够发现到达目的节点的多个可用链路，并且网络的通信负担较轻，无须时刻维护节点之间的链路状态。但是，节点的计算负担较重。

图 3-12　TORA 协议示例

4. 基于关联性的路由协议 ABR

上述路由协议普遍采用跳数作为本地计算的依据，以最短跳数路径作为路由选择的标准。但是，并非最短路径就是消息传送的最优路径。在无线网络中，节点间的通信都采用无线信道，稳定性是路由选择的重要考虑因素，特别是移动自组织网络具有高度动态性，路由的稳定情况经常变化，甚至最短路径也会经常变化。为此，Toh 等学者提出了基于关联性的路由（Associativity-Based Routing，ABR）协议[38]。该协议在路由选择标准方面与上述协议不同，它以路由的生命周期作为路由选择的标准。

该协议引入"关联性"的概念，用于描述移动节点与邻居节点之间空间和时间上的连接关系。所有节点定期发送信标消息 BEACON，以广播该节点的存在性以及该节点的相关信息。所有节点根据邻居节点发来的信标消息 BEACON，衡量邻居节点与自己的关联性。当关联性较小时，表明该邻居节点具有较高的移动性；当关联性较大时，表明该邻居节点具有较低的移动性。关联性较大的节点所在的路由的稳定性较高。ABR 协议将路由的生命周期、中间节点的计算负担和通信负担、链路容量作为路由选择的标准，能够选择适合的路由。

3.3.4　混合路由协议

表驱动路由技术通过维护路由表实现快速路由，但增加了节点的路由交互和计算负担。按需路由技术仅在源节点需要的时候才进行协议交互，节点无须维护路由信息表，但是路由建立的时延较长。可见，在移动自组织网络中，单纯采用表驱动路由协议或按需路由协议都难以实现高效且高速的路由。因此，学者结合上述两种协议的优点，提出了混合路由协议。

1. 区域路由协议 ZRP

区域路由协议（Zone Routing Protocol，ZRP）[39]是最早实现混合式路由技术的协议，所有节点都有一个以自己为中心的重叠虚拟区域，该协议设定以跳数为单位的区域半径，所有距离不超过该区域半径的节点都属于该区域。区域内的节点数与设定的区域半径有关，在区域内使用表驱动路由算法，在区域间则使用按需驱动路由算法进行路由选择。

协议交互过程包括两个部分，区域内协议交互和区域间协议交互。区域内协议交互可以采用基于距离向量的路由或者基于链路状态的路由。不管采用何种路由协议，要求各个节点都能够知道到达区域内部其他节点的路由。区域间协议交互是指某区域的节点与区域外的节点之间的协议交互，类似于 DSR 协议的广播机制，主要采用广播路由请求消息的方式实现。

具体来说，源节点首先检测目的节点是否在自己所在的区域内。如果在该区域内，那么直接获取到达目的节点的路由。如果不在该区域内，那么源节点将路由请求消息传送到其位于该区域边界的边界节点。边界节点检测目的节点是否在该节点的区域范围内，重复上述过程，直到最终找到目的节点，并且回复路由响应消息。

基于相同的思想，Dai 等学者提出先应式路由维护机制[40]，该机制将按需路由协议的协议交互技术和表驱动路由协议的路由维护技术结合，从而实现高速路由。由于该类协议中拓扑结构的更新一般在较小的区域范围内进行，所以有效地减轻了网络的传送负担和节点的计算负担，同时加快了路由选择的计算速度。但是，该协议的性能取决于区域半径。在区域半径过大的情况下，路由表维护的代价较高；在区域半径过小的情况下，路由选择的速度较慢。目前，该协议采用预先设定的固定区域半径，效率较低。如何选择合适的区域半径是值得深入研究的问题。

2. LANMAR 协议

为了解决 ZRP 协议预设区域半径所导致的效率低下的问题，Pei 等学者提出了基于链路状态和距离向量的混合的路标路由（Landmark Routing，LANMAR）协议[41]。该协议按照移动节点的功能和需要，将移动自组织网络划分为多个逻辑子网。由于具有相同功能和需求的节点通常一起移动，因此往往将这些节点划分在一个逻辑子网中。例如战场的移动自组织网络中，将一个班的战士划分为一个逻辑子网。再在每个逻辑子网中选出一个用于在全网范围内进行路由的路标节点。

每个节点维护两个路由：逻辑子网内的链路状态路由和到达所有路标节点的距离向量路由。当源节点向目的节点发送消息时，如果该源节点和目的节点同属于相同的逻辑子网，则根据链路状态信息进行数据转发；如果该源节点和目的节点属于不同的逻辑子网，则根据该源节点存储的距离向量发送消息。

如图 3-13 所示，节点 A、B、C 属于路标为节点 B 的逻辑子网，节点 D、E、F、G 属于路标为节点 G 的逻辑子网。每个节点维护着所有路标节点的距离向量路由。如果节点 A 要向节点 C 发送数据消息，则由于节点 A 和节点 C 属于相同的逻辑子网，因此节点 A 只需要根据可用的链路状态信息确定到达节点 C 的路由。

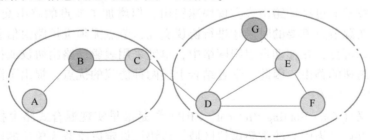

图 3-13　LANMAR 协议示例

如果节点 A 要向节点 F 发送数据消息，那么，由于节点 A 和节点 F 属于不同的逻辑子网，因此节点 A 需要根据它维护的到达路标节点 G 的距离向量路由进行消息传送。当消息到达节点 D 时，由于节点 D 和节点 F 属于相同的逻辑子网，因此节点 D 只需要根据可用的链路状态信息确定到达节点 F 的路由。可见，从源节点 A 到目的节点 F 的路由过程中，开始时，源节点 A 朝着路标节点 G 进行消息转发，最终该消息可能并不通过路标节点 G 就能到达目的节点 F。

LANMAR 协议按照移动节点的功能和需要将移动自组织网络划分为多个逻辑子网，在一定程度上解决了 ZRP 协议预设区域半径所导致的效率低下问题。但是，该协议需要进一步研究路标节点的选择算法和孤立节点的处理算法，因此该协议适用于节点比较密集的移动自组织网络。

3.3.5　基本路由选择算法

路由选择算法是为了实现上述路由功能而设计的计算方法，负责确定所收到的消息分组应当传送的路径。也就是说，路由选择算法是在路由协议交互的基础上进行本地路由计算，选出最优的路径。路由选择算法是网络层的核心部分，该算法的任务在于确定可用路由，然后根据一定的路由选择标准，采用适合的选择策略选择最优路由。

路由选择算法的输入为网络的拓扑结构，输出为最优路由。移动自组织网络路由选择算法的基本功能与互联网路由选择算法相同。但是，移动自组织网络的拓扑结构和节点位置是动态变化的，节点能量有限，不存在路由器等设备，使得其路由选择算法具有特殊性。近年来，国内外学者在这方面进行了深入研究并取得了大量研究成果。

在 DSDV、AODV 等路由协议中，协议交互均采用洪泛机制，往往需要将路由消息进行无谓的多次复制传输，具有较高的时间和带宽代价。为此，Yuval 等学者提出了基于随机最短路径路由技术的"流言"（gossip）机制[42]。该技术是基于扩散理论的，源节点以概率 1 广播一个消息。当一个中间节点第一次接收到该消息时，它以概率 p 将该消息广播到邻居节点，以概率 $1-p$ 丢弃该消息；若中间节点接收到重复的消息，则它丢弃重复的消息。Yuval 等学者认为，通过邻居节点的流言，节点能够获知动态网络的状态信息，从而选择到达目的节点的最短路径。该机制减轻了由洪泛机制导致的数据传送负担，但是滞后性较强。

为了降低"流言"机制的滞后性，Christopher 等学者提出了随机路由技术[43]，即使用基于概率的本地广播传送模型传送消息，并且基于中间节点的反馈进行路由选择。该技术有利于降低"流言"机制的滞后性，但是路由查找的效率较低。

为了提高路由查找的效率，Haas 等学者进一步优化了基于"流言"的 Ad Hoc 路由技术[44]。在对网络动态性要求较低的操作中，"流言"很快被注销，从而很少的节点能够接收到该消息；在对网络动态性要求较高的操作中，"流言"涉及的关键节点接收该消息。上述操作的区分依赖于"流言"可能性和网络的拓扑结构。该技术降低了洪泛机制所造成的时间和带宽代价，但是，由于消息的转发以一定概率进行，因此可能出现转发失效的情况。

在路由选择标准和选择策略方面，DSR 和 AODV 协议中的路由选择均采用跳数作为路由选择的标准，还有学者对其他路由选择的标准进行了研究，如 TORA 协议将势能值作为路由选择的标准，但是该协议主要考虑转送节点的能量，没有考虑路由本身的稳定程度。ABR 协议采用关联性的概念来标识节点以及相应链路在时间和空间上的稳定程度，借助关联性的比较进行路由选择，能够较为准确地反映路由的稳定性。此外，Baruch 等学者提出了基于吞吐量的路由选择算法[45]，该算法将吞吐量作为路由选择的标准，以期实现网络的负载均衡。该算法能够为服务质量保证提供支持，但是时间代价较高。

为了降低时间代价，三菱电子研究所提出简化的路由选择标准[46]。当源节点广播

RREQ 消息时，接收到该消息的邻居节点首先向源节点发送 PING 数据包，借助该数据包，可以验证两个节点之间通信信道的完整性。如果该通信信道的完整性较差，则不选择该路由。该方法实现方便，但加重了节点的通信负担。

在选择策略方面，DSDV 和 AODV 协议等选择的策略过于简单。为了解决该问题，Zhong 等学者提出移动自组织网络的协作优化路由转发协议 Corsac[47]。该协议采用 VCG（Vickrey-Clark-Groves）算法，在加密技术的基础上使得链路的成本由两个节点共同确定，从而加强路由的选择。该协议提供了使用两个节点描述链路成本的思路。

为了进一步描述链路的成本，Du 等学者提出了多类别路由[48]。首先选择能量较高的节点作为骨干节点 B-node，能量较低的节点作为普通节点 G-node，由骨干节点承受较多的路由负担。该技术能够实现快速路由，但是各个节点的负载不均衡。为了综合实现以达到负载均衡，并且降低节点的移动距离，Wu 等学者提出了基于对数的存储—承载—转发路由技术[49]，首先设计节点运动的轨迹和集结点，然后调度消息的传送方式，并且在移动过程中进行节点的重新区分。该技术仍然存在对链路的情况描述不精确的问题。

为了更精确地描述链路状态，日立公司提出了基于链路状态源路由的稳定路由选择算法[50]。该算法根据物理层测定的电波强度、信噪比、误比特率确定链路状态值，然后判断该链路状态值是否超过设定的阈值，从而进行路由选择。西门子公司则提出了将路由向量作为路由选择标准的思路[51]，由节点计算路由向量，当路由向量在阈值范围之外时，放弃该待选路由。上述技术能够较为精确地描述链路状态，但是节点间的计算负担较重，并且路由操作需要使用大量物理层获得的信息。

上述选择策略没有考虑不同移动自组织网络的不同特性。为此，Du 等学者提出了适应性单元延迟路由协议[52]，该协议包括：针对稠密网络的单元延迟路由机制 CR，针对稀疏网络的大单元路由机制 LC，节点稠密程度的变化检测，以及节点稠密程度变化时更改路由策略的机制。CR 机制采用面向能耗的按需路由选择算法，使用能量较高的节点执行路由和包转发操作，并且在选中的单元内以洪泛的形式进行路由选择。在稀疏网络的 LC 机制中，主要考虑如何保证数据包的传送，其次才需要考虑减轻路由负担的问题。当活动节点的数目或者路由的区域改变时，稠密度改变的消息传送到适应性簇头（AH）中，从而适应地改变路由策略。该协议充分考虑了不同移动自组织网络的不同特性，并且区分了稠密网络和稀疏网络，但是稠密度计算的时间代价较高，并且需要大量洪泛操作。

在 Du 等学者研究的基础上，为了降低时间复杂度，Zhao 等学者针对稀疏移动自组织网络提出了基于 Hop ID 的虚拟协作路由技术[53]，从而基于 Hop ID 平均值的大小选择路由。Hop ID 是标识节点与预定路标节点之间相对位置的距离向量，如图 3-14 中某节点的 Hop ID（图中数字）是指该节点分别与路标节点 L1、L2 和 L3 的距离。该技术仅适用于稀疏网络，时间复杂度较低。

由于基于 Hop ID 的虚拟协作路由技术主要针对小规模的稀疏网络，因此，Luke 等学者针对大规模移动自组织网络提出了簇覆盖广播技术[54]。当源节点传送数据时，首先与簇头交互，簇头将路由请求在所有由簇头构成的覆盖网络上广播。该请求首先向一跳邻居节点广播，如果没有收到回复消息，则依次向二跳、三跳邻居节点等广播。虽然该技术降低了计算的时间复杂度和减轻了广播负担，但簇头节点的计算负担和转送负担较大，同时大大增加了路由失败时的延时。

图 3-14　Hop ID 示例

　　为了减轻大规模移动自组织网络的路由计算负担，Jakob 等学者提出了对节点动态编址的方法[55]。该方法基于节点的位置关系对节点动态编码，根据该编码进行下一跳节点的查找。虽然该技术减轻了洪泛造成的负担，但是需要占用节点的存储空间并带来一定的传送延迟。有些特定应用需要尽量降低传送延迟并且提供并发性支持，为此，Mao 等学者针对并发视频会话的要求提出了基于遗传算法的路由技术[56]。该技术针对每条路径进行基因编码，然后进行遗传和变异操作，最终获得适合的路由。该方法中节点的计算负担较重。

　　上述技术没有充分考虑拥塞控制的问题，于是 Tran D. A. 等学者提出了拥塞适应性路由技术[57]。当节点探测到将要发生拥塞时，该节点会通知前一个节点使用其他路由绕过拥塞区域。下面给出连接路由协议（Connected Routing Protocol，CRP）示例。对于图 3-15a，当节点 C 探测到拥塞（见图 3-15b）时，通知其前一个节点 B，由该节点选择通过节点 W 的另外一条路径，分别以概率 p 和 $1-p$ 在上述两条路径上传送数据。当节点 B 发生拥塞时，如图 3-15c 所示，选择通过节点 X 的路径，分别以概率 q 和 $1-q$ 在两条路径上传送。可见，该技术不但可以判断网络的拥塞状态，而且可基于网络的拥塞状态进行自适应改变。该技术适用于具有较重传送负担的大规模传送移动自组织网络，如传送多媒体数据的移动自组织网络，能够降低包丢失率和延迟。但是，需要节点具有拥塞探测能力，计算负担较重。

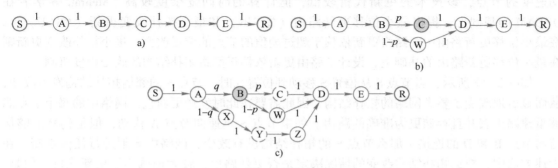

图 3-15　CRP 协议示例

　　综上所述，在移动自组织网络的基本路由选择算法中，协议交互中的洪泛操作带来了较重的数据传送负担和节点计算负担，并且仅仅以跳数作为路由选择的标准无法选择出最优路由。因此，如何降低洪泛操作带来的负担以及如何设计更为全面的路由选择标准，是研究较为集中的领域。此外，区分稀疏网络和稠密网络并分别设计路由选择策略也是一个很好的思路。在洪泛操作的优化方面，"流言"机制与概率模型的结合提供了很好的研究思路，在此基础上，学者提出了基于预测的路由选择算法。

3.3.6　路由更新与预测技术

由于移动自组织网络的动态性很强，路由失效和路由更新非常频繁，因此，路由选择算法的重要问题在于如何提高路由更新性能。学者对路由算法中的路由更新技术做了很多研究。路由更新主要分为全局更新、局部更新、事件驱动更新、基于移动的更新和移动预测更新等。

在全局更新中，每个节点定期与其他节点交换路由表，如 DSDV 协议采用了定期更新技术。显然，全局更新的更新代价非常高。

局部更新技术将路由更新信息的传播局限在一定区域之内。例如，在 Jacquet 等学者提出的 FSR 协议[31]中，以较高的频率更新较近区域中节点的路由表。FSR 协议采用如图 3-16 所示的"鱼眼"范围来定义较近区域。其中，"鱼眼"范围是指从中心节点经过特定跳数能够到达的节点范围。该技术的更新代价较低，但准确性不高。

事件驱动更新技术[58]的主要思想：如果特定事件发生，那么节点传送更新消息。该技术的更新代价非常低，但是具有一定的滞

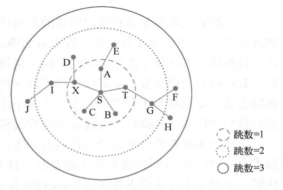

图 3-16　FSR 协议中的"鱼眼"范围示例

后性。移动预测更新主要基于对移动的预测进行路由更新，而采用该更新技术的路由选择算法被称为基于预测的路由选择算法。其更新代价较低，并且具有一定的预测性，因此，近年来学者对它进行了深入研究并取得了大量研究成果。

Basagni 等学者提出了基于移动的更新技术 DREAM[59]，以较高的频率更新具有较高运动速度的节点，该技术的更新代价较低，但计算的时间复杂度较高。Mehran 等学者在 DREAM 的基础上，提出最小位移更新路由（MDUR）和最小拓扑改变更新（MTCU）[60]。在最小位移更新路由中，路由更新依赖于超过阈值的节点的位置改变。最小拓扑改变更新则在最小位移更新路由的基础上，设计了路由更新依赖于网络拓扑结构的改变程度机制。

如图 3-17 所示，当节点 S 从位置 S_i 移动到位置 S_f 时，节点 S 的邻居拓扑结构发生改变，从而显著地改变了整个网络的拓扑结构，因此需要在此时发送更新包，网络中的每个节点能够重建路由表并且存储更为准确的路由。如果节点 S 迅速向节点 A 移动，但是仍然能够保持与节点 B 和 D 的连接，那么节点 S 的拓扑结构没有改变，网络中无须进行任何更新。在上述方法中，根据拓扑结构改变的情况决定是否更新路由，较大地减小了更新代价，但是，它采用阈值判断更新时机，准确性不高。

为了通过更新预测而减少不必要的路由更新并提供更新的准确性，Jiang 等学者提出基于对链路可用性进行预测的可靠路由选择算法[61]。首先，在 T_p 期间保持节点当前速度不变

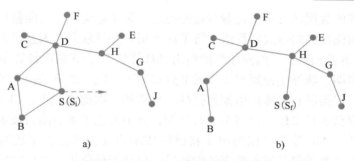

图 3-17　MDUR 中的节点位移示例

的情况下，预测链路可用的时间。其次，分析 t_0（初始时间点）和 t_0+T_p 之间可能的变化，预测该链路保持到时间 t_0+T_p 的概率 $L(T_p)$，其计算公式为

$$L(T_p) \approx (1-\mathrm{e}^{-2\lambda T_p})\left(\frac{1}{2\lambda T_p}+\varepsilon\right)+\frac{\lambda T_p\mathrm{e}^{-2\lambda T_p}}{2} \tag{3-1}$$

式（3-1）中，参数 p 难以确定，为了简化，可以将 p 设定为 0.5，然后确定 ε 和 λ 的值。ε 的值由环境因素决定，如节点稠密度、信号范围和空间大小。上述可靠路由选择算法基于节点速度的变化来预测链路的可用时间，能够显著降低路由选择算法带来的更新代价。但是，节点的计算代价和存储代价较高，并且该算法仅仅考虑了链路的可用性，没有考虑延迟和能耗等因素。

为了进一步提高预测更新的准确度，充分考虑延迟和能耗等因素，Guo 等学者提出，使用双指数平滑方法与基于链路生存期的启发式算法预测延迟和能耗[62]。在每个节点中，路由表基于 Dijkstra 算法做出修改，集成地评估预测值。双指数平滑方法的主要公式为

$$\begin{cases} X_{t+1} \approx S_t = A_t+D_t, & t=1,2,3,\cdots,N \\ A_t = \alpha X_t+(1-\alpha)S_{t-1}, & 0<\alpha\leqslant 1 \\ D_t = \beta(A_t-A_{t-1})+(1-\beta)D_{t-1}, & 0<\beta\leqslant 1 \end{cases} \tag{3-2}$$

S_t 是在时间 $t+1$ 处的评估值，X_t 是在时间 t 处的实际值，α 和 β 是参数。α 和 β 的确定由 Levenberg-Marquardt 算法实现。上述方法的更新代价较低，但是节点计算的时间复杂度较高。

为了进一步提高路由更新的效率，Vinh 等学者经过实验分析得出，路由更新的时间代价主要集中在数据链路层的队列长度和重新连接的限制上，因此提出了通过适应性重新连接限制以加速队列管理[63]。如果重新连接的次数达到重新连接限制，导致具有相同目的 MAC 地址的数据包被丢弃，那么重新连接的限制被增加 1 次，直到每个包被重新传送 1 次为止。该方法降低了节点计算的时间复杂度，但是需要链路层支持，并且会导致资源分配的不公平。

综上所述，学者对基于预测的路由选择算法进行了深入研究，如何降低时间代价并且及时进行路由更新。该问题的关键是建立较好的预测模型，基于节点的历史行为来预测可能的路由变化。移动自组织网络所具有的高动态性使得预测模型的建立存在一定的困难。另外，由于移动自组织网络节点能量有限，因此需要充分考虑预测模型的时间代价和空间代价。

3.3.7　面向能耗的路由选择算法

移动自组织网络中的节点能量有限，路由洪泛和路由迂回都会导致不必要的能量消耗，

而且基于路由选择的数据转发也会耗费节点的能量。为了避免因节点能量耗尽而导致的网络分割，学者对面向能耗的路由选择算法进行了深入研究并且取得了大量研究成果。

Rodoplu 等学者首先提出了面向能耗的路由选择算法[64]，在路由计算中结合能耗的情况来考虑节点生命周期，选择生命周期较长的节点作为下一跳。该算法提高了节点的生命周期并且节省了能量，但是没有具体指出如何提高生命周期。在此基础上，Chang 等学者提出了基于节点当前的存留能量来最大化网络生命周期，其中考虑了贪婪路由技术的规模和效率对能量消耗的影响[65]。Lin 等学者则提出了将链路成本定义为节点存留能量的指数函数[66]。可见，上述研究关注数据包传送所造成的能耗最小化和能量负担均衡化之间的折中，在一定程度上降低了能量消耗。

为了进一步降低大规模移动自组织网络的能耗，Ahmed 提出了移动自组织网络节能事务路由技术 TRANSFER[67]。在该技术中，每个节点使用按需链路状态协议获取 R 跳区域内的节点位置信息，它在无须得知本地信息的情况下按需进行路由选择。如图 3-18 所示，查询节点 Q 通过许多边界节点发送查询请求。每个边界节点 B_i 选择一个联络节点 C_i 作为在 r 跳内进一步传送查询请求的方向，在到达联络点时，联络点与节点 Q 之间最多为 $R+r$ 跳，该图中接触节点的数目、R 和 r 均为 3。该技术可降低大规模移动自组织网络的能耗，但是节点的计算负担较大。

图 3-18　TRANSFER 示例

为了减轻节点的计算负担，Liang 等学者提出了虚拟骨干网路由选择算法[68]。该算法借鉴 ZRP 的基本思路，使用虚拟骨干网络降低协议交互产生的能耗和减轻传送负担。通过分布式数据库覆盖启发式算法 DDCH（Distributed Database Coverage Heuristic）实现骨干网络中节点的选择和维护。该算法减轻了多数节点的计算负担，但是存在骨干节点计算负担较重的问题。

为了减轻骨干节点的计算负担，Zhao 等学者提出了面向能耗的适应性路由技术 EA-GER[69]。该技术根据流量情况将网络划分为单元，单元内的节点预计算地维护单元的拓扑结构，单元间的节点实时地维护单元间的拓扑结构，并且将常用节点和常用路由周围的临近单元形成邻居单元，网络的其他部分则保持节能状态。如图 3-19 所示，阴影部分的单元形成邻居单元，其他单元则处于节能状态。该技术不但可以节省能量，而且能够实现高速路由，但是节点的计算负担较大，并且上述研究没有关注移动自组织网络的空间特性。

为了进一步考虑空间特性，Seung 等学者提出了基于节点空间关系的多路径路由技术 PBM[70]，路由通过空间聚簇的会话完成，同一聚簇中的节点集合被称为"空间足迹"。图 3-20 显示了节点 S 到节点 D 的三条不同路由的创建，每条路由以实线形式显示，并且阴影区域是路由中的节点单元，其中箭头标识的节点是簇头。随着延伸程度的提高，阴影单元中的节点对应于会话的空间足迹，从而网络中的通行模式被看成空间足迹的动态集合。该技术基于节点空间关系进行能耗最小化与能量负担均衡之间的权衡，但是计算的时间复杂度较高。

图 3-19　EAGER 技术下的
单元合并

图 3-20　PBM 技术中的路由建立机制示例

综上所述，由于移动自组织网络节点使用自身带有的电池或者其他易损耗的能源，能量非常有限，因此面向能耗的路由选择算法具有良好的研究前景。该算法的研究重点在于提高节点的生存时间。为此，不仅要考虑路由协议和路由计算本身的能耗，还要重点考虑所选择路径上节点的剩余能量，以及节点在传送单位信息时能量的消耗等因素。

3.3.8　基于位置的路由选择算法

由于移动自组织网络中的节点不断移动，相互的位置关系不断变化，因此获取每个节点的实时位置信息将对了解网络拓扑结构和路由计算提供便利条件。基于位置的路由选择算法通常需要通过全球定位系统（GPS）或者其他定位服务装置获得的节点物理位置信息[71]，然后通过上述节点物理位置信息或者节点相对位置关系进行路由计算。每个节点的路由选择由数据包中包含的目的节点位置和转发节点的邻居节点位置决定。该算法无须存储路由表，也无须发送消息来保持路由表的更新，并且支持特定地理区域的数据包传送。

基于位置的路由选择算法需要解决以下两个主要问题：第一，在数据包传送之前，目的节点位置的确定机制，这主要通过位置服务实现；第二，数据包转发机制，这主要基于数据包的目的节点位置和下一跳邻居节点位置确定，其中下一跳邻居节点位置通常通过一跳广播的方式获得。具体转发方式主要包括"流言"转发、严格方向性洪泛和等级化转发。基于位置的路由选择算法的研究主要集中在数据包转发机制上。

为了解决协议交互中的高速转发问题，Fabian 等学者提出了基于位置的路由选择算法 GOAFR+[72]。每个节点使用"流言"机制向邻居节点转发数据包。如果某个节点没有适合的邻居节点，或者数据包到达了网络边缘，"流言"机制难以进一步传播，则该算法使用反馈技术尽快恢复。该算法具有较高的路由效率。

为了减轻网络中的传送负担，Johnson 等学者提出了将成功接收数据包的概率定义为两个节点之间距离的对数函数和概率函数的方法[73]，在路由计算中计算该概率并将它用于路由选择。该方法减轻了网络传送负担，但节点计算负担较重，在大规模移动自组织网络中尤为明显。为了减轻大规模移动自组织网络的计算负担，Taejoon 等学者将位置更新机制与分布式位置服务相结合[74]，将优化配置定义为基于位置或者基于时间的位置更新阈值，从而将总体路由代价定义为该阈值的凸函数。该方法在一定程度上减轻了节点的计算负担，但是没有考虑丢包率、延迟和能耗等因素。

此外，Lee 等学者提出了高效的位置路由选择算法[75]。该算法使用链路矩阵（NADV）选择邻居节点，并选择负担较轻并且跳数较少的路径，而非仅仅选择最短的路径。它使用 MAC 子层上的无线集成子层扩展（WISE）计算链路成本，如图 3-21 所示。它基于探测消息信噪比、邻居监测、自监测等方法计算丢包率，基于丢包率、延迟和能耗最终选择最优路径。

图 3-21　无线集成子层扩展

上述三种技术充分考虑了移动自组织网络中的数据传送负担，但是计算的时间复杂度较高。与此同时，这些技术需要有类似 GPS 等设备提供的定位信息。为此，一些学者提出了不使用位置信息，而使用节点之间的相对位置关系的方法[76]。

综上所述，基于位置的路由选择算法根据数据包中包含的目的节点位置和转发节点的邻居节点位置进行路由选择，节点通常需要装配 GPS 或者其他定位服务装置。该算法的研究集中在高速转发和路由选取机制的实现上，尤其是选用时间复杂度较低的数学模型来描述路由，然后根据该数学模型的描述进行路由选择。

3.4　无线 Mesh 网络

无线 Mesh 网络是在移动自组织网络和无线传感器网络基础上发展起来的一种新兴无线移动互联网络。相比移动自组织网络，无线 Mesh 网络具有相对稳定的拓扑结构；相比无线传感器网络，无线 Mesh 网络在放宽能耗约束性的同时提出了高带宽的传输需求。无线 Mesh 网络为用户提供高速的无线接入服务。

3.4.1　无线 Mesh 网简介

无线 Mesh 网（Wireless Mesh Network）在 20 世纪 90 年代被提出，起源于美国国防部高级研究计划局资助的分组无线网络研究，最初是为了满足战场生存的需要。20 世纪 90 年代后期，随着一些技术的公开，无线 Mesh 网络成为移动通信领域一个公开的研究热点，其技术已在美国军方得到应用，民用领域的应用亦开始起步。传统的无线网络可分为两类：集中式无线网络和分布式无线网络。集中式无线网络，如无线局域网或蜂窝网，网络内必须有一个中心点（称为 AP 或基站），网络中所有通信都必须经过中心点，即使网络中两个节点距离很近也无法直接通信。除此之外，中心点覆盖区域有限，无法对用户的移动性提供很好的支持。分布式无线网络，如移动自组织网络，节点间可以进行对等通信，扩大了网络覆盖范围，对用户移动性提供了很好的支持，但是，网络拓扑结构变化太快，实现比较困难，一般认为移动自组织网络适合军事通信领域，不太合适民用通信领域。为了将两种传统无线网络技术的优点融合起来，学者们提出了无线 Mesh 网的概念。

1. 无线 Mesh 网基本概念

无线 Mesh 网是一种动态的自组织、自配置、自治愈的无线网络，具有布设方便、开销小、易于维护、易于扩展的特点。其主要目标是在大范围内提供高速的无线接入。无线Mesh 网包括两类节点：Mesh 路由器和 Mesh 客户端。Mesh 路由器间通过互联形成无线 Mesh网，构成整个网络的骨干，大大扩展了无线网络的覆盖范围。无线 Mesh 网结构如图 3-22所示。由于 Mesh 路由器有多个，当其中一部分不能工作时，节点可接入到其他路由器继续工作，因此，无线 Mesh 网具有更好的容错能力。Mesh 路由器的位置一般是固定的，且有电源供应，这样可以形成较为稳定的拓扑结构，可提供更高的网络性能。无线 Mesh 网可被看成有线因特网（Internet）的扩展。部分 Mesh 路由器有网关或网桥功能，可与互联网进行连接，为用户提供高速的网络接入服务。

图 3-22　无线 Mesh 网结构

Mesh 路由器和 Mesh 客户端对软硬件的要求不同。Mesh 路由器除具备传统的路由功能以外，还需要组织、维护无线 Mesh 网连接。Mesh 路由器一般配有多个接口。部分 Mesh 路由器具有网关、网桥功能，可以实现与其他网络的互联。通过这些节点，无线 Mesh 网可接入互联网，也可将其他无线网络整合到一起。Mesh 路由器为 Mesh 客户端提供回程。Mesh客户端也有基本的路由功能，但相比 Mesh 路由器，其软硬件都相对简单，一般只有一个接口，只使用一种无线信号。使用 IEEE 802.11 或 IEEE 802.16 标准的无线客户端可直接接入无线 Mesh 网，如果客户端没有无线网卡，则可通过有线方式直接连接到无线 Mesh 路由器上。从移动的角度来说，Mesh 客户端可分为固定节点和移动节点，其中移动节点依靠电池供电，受能源限制较大。

无线 Mesh 网的连接方式多种多样，从接入方式来划分，可分为有线连接和无线连接；从连接双方的节点角度来划分，通常有用户—无线路由、无线路由—无线路由和无线网关—互联网三种连接，某些网络体系结构中还支持用户—用户连接。用户可通过现有的多种无线接入技术接入无线路由器，如 IEEE 802.11 标准、IEEE 802.16 标准、蓝牙或其他方式，如果没有无线网卡，则可通过有线方式（如以太网或 USB），直接连到 Mesh 路由器上。

Mesh 路由器之间的连接通常采用能提供高速无线连接的 IEEE 802.11、IEEE 802.16 技术，由于无线 Mesh 网的特点，因此一般采用多点到多点的连接方式。这是无线 Mesh 网的关键所在，通常也是瓶颈所在，这种连接通常也被称作回程。网关到互联网的连接多采用有线方式，大大扩展了无线 Mesh 网的资源和使用范围。从流量来划分，可以分为两种，一种是用户和互联网的交互，另一种是用户之间的数据流，前者占绝大部分。

2. 无线 Mesh 网体系结构

无线 Mesh 网体系结构可分为三类：有基础架构的无线 Mesh 网（Infrastructure WMN），客户端无线 Mesh 网（Client WMN）和混合式无线 Mesh 网（Hybrid WMN）[77]。

（1）有基础架构的无线 Mesh 网

在有基础架构的无线 Mesh 网中，Mesh 路由器可以形成网络的骨干，为 Mesh 客户端提供回程，通过有网关功能的路由器接入互联网中。无线 Mesh 网用户通过有线或无线方式接入无线 Mesh 网骨干，因为 Mesh 路由器有网桥功能，所以用户可使用不同的无线或有线技术。相比 WiFi 和 WiMAX，这种体系结构大大扩展了无线网络的覆盖范围。网络间的通信通过无线多跳实现。但用户之间不能直接进行交互，即使两个用户相邻很近，信号可互相覆盖，且使用同种无线信号，他们之间的通信仍需要通过 Mesh 路由器，降低了网络的效率。

（2）客户端无线 Mesh 网

客户端无线 Mesh 网没有 Mesh 路由器，只有 Mesh 客户端，客户端使用同样的无线技术，类似传统的移动自组织网络。相比有基础结构的无线 Mesh 网，这种结构对客户端的要求比较高，客户端不但要有路由功能，而且要组织和维护无线 Mesh 网连接。这种结构布设方便，适合在没有基础架构的情况下快速搭建无线网络平台。但是，它对终端要求比较高，不能接入到互联网。

（3）混合式无线 Mesh 网

混合式无线 Mesh 网是前两种结构的混合体。如图 3-23 所示，Mesh 网可扩大无线覆盖范围，为用户提供接入，同时可将不同的

图 3-23　混合式无线 Mesh 网

网络互联，提供网络间互操作。如果距离和无线技术允许，则用户可以直接进行通信。它大大扩展了无线网络的使用范围，是无线 Mesh 网中非常有前景的一种应用方式，也是能够体现无线 Mesh 网特性的应用方式。

3.4.2　无线 Mesh 网 MAC 协议

现有无线网络 MAC 层协议可分为两类：集中式接入 MAC 协议和分布式接入 MAC 协议。集中式接入 MAC 协议中有一个中心控制点，它将各个节点的接入请求整合起来，然后进行集中调度，如 TDMA 和轮询（polling）。分布式接入 MAC 协议的控制功能分布在各个节点上，每个节点监听信道，当发现信道空闲时，发送信号，如 CSMA/CA。但这些协议在无线 Mesh 网中不适用。集中式接入方式需要网络中有一个中心节点，由于无线 Mesh 网分布式可扩展的系统结构，因此这种方法是不可行的。CSMA/CA 协议提供的方法只适用于一跳的无线网络，在多跳的无线网络中性能并不理想，因此，它也不适用于无线 Mesh 网。

1. 无线 Mesh 网 MAC 协议基础

无线网络中的 MAC 层是不完善的，原因有三个，一是无线链路不稳定；二是由于天线设备的半双工特性，导致它在某一时刻只能进行接收或者发送，无法像有线链路一样"边听边说"；三是 MAC 层协议不能提供可靠的性能，如 CSMA/CA 只是"尽力而为"的协议，不能提供任何保证。在无线 Mesh 网这种多跳环境中，这个问题更加严重。

（1）无线 Mesh 网 MAC 层的问题

无线 Mesh 网 MAC 层面临两个主要问题，即隐藏终端问题和暴露终端问题。暴露终端问题会使节点损失传输机会，导致系统的吞吐量急剧下降。隐藏终端问题会导致发送冲突，进而引起重传，会增加网络的传输负担。在单信道环境中，可通过监听信道来解决隐藏终端问题，如 IEEE 802.11 标准使用 RTS/CTS 虚拟载波检测来避免隐藏终端问题。

除单跳环境中的问题以外，多信道环境下的 MAC 层还面临新的问题。当有多个信道可供使用时，节点经常会更换信道以减少与邻居节点的冲突。但节点监听只局限在一个信道上，它不可能获得其他信道上的收发情况，当协调出现问题时，就可能出现监听时信道空闲而发送时产生冲突的问题，即多信道隐藏终端问题。多信道隐藏终端问题有两种解决方法：一种方法是使用时间同步，所有节点在某一时刻同时使用同一信道来协商之后使用的信道；另一种方法是单独使用一个信道来进行控制。

对于无线 Mesh 网，多跳会给 MAC 层带来新的问题，表现在如下三个方面：第一，在无线环境中，每一跳都需要竞争信道，都会有延时，多跳过程累积的延时可能非常大；第二，在某一跳传输中采用信道 A，但在下一跳中，信道 A 可能忙，信道 B 空闲，有必要切换信道，会导致多跳过程中不停切换信道，增大节点选择信道的开销；第三，当节点移动导致网络拓扑发生变化时，选择下一跳将会是个很大的问题，在多跳环境中，这个问题会更加突出。

（2）无线 Mesh 网 MAC 层协议分类

针对上述问题，学者们对无线 Mesh 网 MAC 协议进行了深入研究。不同的 MAC 层协议建立在不同的物理层假设基础之上，因此，可根据物理层的不同情况将无线 Mesh 网 MAC 协议分为三类：单信道 MAC 协议、多信道单收发器 MAC 协议、多信道多收发器 MAC 协议。其中，单信道 MAC 协议的研究集中在对现有 IEEE 802.11 MAC 协议的改进上，以使它更适应无线多跳环境，从而提高网络容量和减少能耗。但是，单信道的资源太少，冲突比较严重。为了解决上述问题，学者们提出了多信道单收发器 MAC 协议，对于多信道，可充分利用信道间不干扰的特性来开发并发功能，设计出性能更高的 MAC 协议。多信道单收发器

MAC 协议使一根天线可以支持多个信道，当一个信道冲突时，可转换到另一个信道，从而解决冲突问题。但是，同一时间，一根天线只能工作在一个信道上，不能同时进行收发，网络容量仍很有限。为了提高网络容量，进一步的改进是让节点拥有多个收发器，使得不同收发器可工作在不同信道上，这样就可同时进行收发操作。仅依靠 MAC 层信息很难解决多跳导致的问题，可能需要用到网络层的网络拓扑信息，需要使用跨层设计，这部分内容将在3.4.3 节中"无线 Mesh 网中的跨层设计"部分详细介绍。

2. 单信道 MAC 协议

IEEE 802.11 的 DCF（分布式协调功能）使用 4 路握手机制（RTS-CTS-DATA-ACK）进行通信。考虑两个互为邻居的节点同为发送者的情况，如图 3-24 所示，节点 A、B 同为发送者，此时通信是可以同时进行的。同理，当节点 A、B 同为接收者的时候，并发的情况也是允许的，但 IEEE 802.11 的 DCF 会阻止这种情况的发生，这就是暴露终端问题。

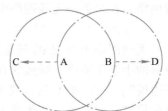

图 3-24 节点 A、B 可同时发送的情况

为了开发这种情况下的并行性，A. Acharya 等人提出了 MACA-P 协议[78]，其关键改进是允许邻居节点同步其接收期，也就是说，邻居节点能改变自己的收发状态。为了实现该方案，MACA-P 协议修改了 DCF，在握手过程中引入了控制空隙，使得另一对节点有机会进行另一次握手，从而增加了并发传输的可能性。

为了使用上述机制，节点必须知道其邻居节点的收发状态以及何时在收发状态间做切换，为此，MACA-P 协议需要对节点做一些改进，即每个节点通过监听 RTS/CTS 信息，维护一个邻居节点状态表，邻居节点状态分为三种：接收、发送和空闲。当一个节点想发送信息时，必须确保邻居节点中没有处于接收状态的节点，同理，当节点想接收信息时，必须确保邻居节点中没有处于发送状态的节点。

下面举例说明，在图 3-24 中，节点 A 想向节点 C 传输数据，节点 B 想向节点 D 传输数据，但节点 B 在节点 A 的传输范围内，MACA-P 协议可以使这两个传输同时进行，其工作流程如图 3-25 所示。

1）节点 A 向节点 C 发送 RTS 信息。

2）经过 SIFS 后，节点 C 向节点 A 回复 CTS 信息。

3）由于 MACA-P 协议引入了控制间隙，因此，在节点 C 和节点 A 协商后的空隙内，节点 B 和节点 D 也可进行一次协商，与节点 A 和节点 C 的协商类似。

4）利用节点 A 与节点 C 协商过程中产生的 RTS 和 CTS 中的时间信息，节点 B、D 可将自己传输 DATA 和 ACK 的时间调节到与节点 A、C 相应传送同步的时刻，当发送 DATA 时，节点 A、B 都是发送者，当接收 ACK 时，二者都是接收者。其中，T_{data} 和 T_{ack} 都以较长的时间为准，所以不会发生冲突。

图 3-25 MACA-P 协议应用示例流程图

3. 多信道单收发器 MAC 协议

IEEE 802.11 标准使用的频率中包含了多个信道，其中，IEEE 802.11a 包括 12 个不重叠的信道，IEEE 802.11b 包括 3 个不重叠的信道。在多信道环境中，利用信道数目的优势，让需要通信的互不干扰的节点工作在同一信道上，可能会互相干扰的节点则工作在不同信道上，这样可以降低冲突，提高网络容量。但是 IEEE 802.11 的 MAC 协议并不支持多信道，为此，研究人员对多信道 MAC 协议做了深入研究。

（1）经典的多信道单收发器 MAC 协议

DBTMA 协议是一种较早支持多信道的协议[79]。它将一个普通信道分成两个子信道：一个控制信道和一个数据信道，控制信道使用忙音来避免隐藏终端问题，但是没有提高网络的吞吐量。HRMA 协议是一种使用慢速跳频扩频（FHSS）机制的多信道协议[80]。节点事先确定一个跳频模式，当两个节点通过 RTS/CTS 握手后，可使用确定的跳频模式来进行通信，多个通信可在不同的跳频模式下同时进行。接收者触发的使用双轮询机制的跳频协议[81]使用了与 HRMA 类似的方法，但是是由接收者来初始化避免冲突的握手机制。这类机制的缺点在于只能用于使用跳频的网络中，不能用于其他网络，如使用直序扩频（DSSS）的网络。在这些研究成果的基础上，研究人员研究了一些较新的多信道 MAC 层协议。

（2）MMAC 协议

为了解决多信道隐藏终端问题，J. So 等人提出了一种多信道 MAC 协议 MMAC[82]，MMAC 协议利用时间同步的方法来解决多信道隐藏终端问题。MMAC 协议将时间分为不同的时间段，以 beacon（信标）帧作为开始，在 beacon 中插入一个时间段，该时间段内的所有节点切换到同一信道来协商传输信道，这样该问题简化为单信道中的协商问题。

在协商过程中，为了避免多节点同时发送 beacon 而产生冲突，MMAC 协议使每个节点随机选择一个后退时间，然后开始发送。为了保证当 beacon 开始时节点切换到统一信道而不会破坏该 beacon 前的数据传输，MMAC 协议设定：如果当前 beacon 所剩时间不够传输数据，则阻止信息的传输。这样能保证所有节点在同一时间切换到统一信道，从而避免了多信道隐藏终端问题。

在信道分配方面，MMAC 协议中的节点都各自维护一个 PCL（Preferable Channel List，优选信道列表），将信道根据使用情况按照偏好程度分为高、中、低三种状态。节点采用类似 IEEE 802.11 节能模式中的 ATIM 信息，采用三路握手机制（ATIM、ATIM—ACK、ATIM—RES）来协商信道。当节点 A 有数据发给节点 B 时，节点 A 向节点 B 发送 ATIM，其中包含节点 A 的 PCL，节点 B 根据自己的 PCL 和节点 A 的 PCL 来寻找一个合适的信道。MMAC 协议中的信道选择算法如图 3-26 所示。

其中，"低"状态中信道 count 值是指邻居节点中使用该信道通信的节点对的数目。因为节点

图 3-26　MMAC 协议中的信道选择算法

在一个 beacon 只能和一个邻居节点通信，所以，如果它需要和多个节点通信，则其他节点必须等到下一 beacon。

MMAC 协议选择信道的机制比较复杂，而且在 beacon 开始时协商好信道后，在后面传送每个数据包时仍需协商，信令开销很大。

（3）SSCH 协议

为了简化协商信道的机制和减少信令开销，Paramvir Bahl 等人提出了一种数据链路层的协议使用时隙种子的信道跳变（Slotted Seeded Channel Hopping, SSCH）[83]。SSCH 是一种分布式协议，可用来协调信道切换。

SSCH 协议使用信道跳变的基本思想来避免冲突，每个节点会选择一个信道跳变计划，并将包调度在不同信道上。每个节点会将自己的信道跳变计划传送给邻居节点，在收到该消息后，邻居节点可根据具体情况更新自己的信道跳变计划。

在信道跳变计划中，SSCH 协议引入（信道，种子）对来描述节点的信道使用情况，其中信道是指节点现在使用的信道，种子是节点自己选的随机值，下一次信道 = 信道 + 种子 mod 可用信道数。设信道和种子对为 (x_i, a_i)，在 IEEE 802.11a 中，有 12 个不重叠的信道，对于节点，x_i 可选 0~11 中的一个值，a_i 可取 1~12 中的任意值。信道变化公式见式（3-3）。

$$x_i = (x_i + a_i) \bmod 12 \tag{3-3}$$

为了进一步增大信道的差异性，SSCH 协议中选取多个（信道，种子）对来控制信道，每次选定信道后占用一个时隙，为了避免节点一直在不同信道工作而造成网络在逻辑上的分离，在一段时间中，会专门加入一个校验时隙，在该时隙节点切换到同一信道并进行通信。

下面举例说明，假设有两个（信道，种子）对，3 个不重叠的信道，奇数时隙的信道由 $(x1, a1)$ 对决定，偶数时隙的信道由 $(x2, a2)$ 对决定，校验时隙使用统一的信道。参考图 3-27，其中 A 和 B 选择在奇数时隙通信，所以二者在奇数时隙采用了统一的（信道，种子）对，而在偶数时隙采用不同的（信道，种子）对，以便与其他节点进行通信。A 在第一个时隙的信道由（信道，种子）对 $(1, 2)$ 决定，在第二个时隙的信道由（信道，种子）对 $(2, 1)$ 决定，第三个时隙的信道仍由 $(1, 2)$ 决定，不过此时信道变为 $(1 + 2) \bmod 3 = 0$。

图 3-27　SSCH 协议中信道选择机制

SSCH 协议可布设在与 IEEE 802.11 兼容的网卡上，具有较好的应用前景。实验证明，在一些多跳、单跳无线环境中，它能显著增加网络容量。但是，SSCH 协议没有给出较好的信道初始分配和种子选取方法，在信道较少的情况下，出现冲突的可能性仍然很大。

单收发器在同一时间只能工作在一个信道，且只能进行收或发的工作，在增大网络容量方面的表现仍然一般。

4. 多信道多收发器 MAC 协议

随着设备制造技术的发展，在一个节点上配置多个天线成为可能，多收发器可工作在不同信道上，同时为节点提供多个传输通道，能更进一步提高网络容量。为此，研究人员又开发了多信道多收发器 MAC 协议。多信道多收发器 MAC 协议一般是在多信道单收发器 MAC 协议基础上进行改进：可利用增加的收发器承担控制功能以减少干扰，也可利用多收发器承担传输功能以增大网络容量。

（1）DCA 协议

Wu 等人提出了动态分配信道（Dynamic Channel Assignment，DCA）协议[84]，使用一个固定信道来传输控制信号，其他信道传输数据，每个节点使用了两个收发器，所以可同时在控制信道和数据信道上监听。在 RTS/CTS 中，通信双方会协商好发送数据使用的信道。因为其中一个天线一直在监听控制信道，所以可避免多信道隐藏终端问题。该协议不需要同步，信令开销较小。但是，控制信令单独占用一个信道，浪费较大。

（2）干扰感知的信道分配机制

为了充分利用多信道优势来增大网络容量，Krishna N. Ramachandran 等人提出了一种动态分配信道的机制[85]。该方法使用一种中心分配的、干扰感知的信道分配算法和相应的信道分配协议来增大网络容量。每个 Mesh 路由器使用一种新的干扰感知机制来测量和邻居节点的干扰程度，并使用多信道干扰模型（Multi-radio Conflict Graph，MCG）。

（3）MIACR 协议

为了减少端到端延时，Joo Ghee Lim 等人提出了多接口改进信道预留（Multiple Interface Advance Channel Reservation，MIACR）协议[86]。

无线 Mesh 网中 MAC 层延时有两个方面，一是当帧在不同接口协议栈上下层间转换时产生的跨层延时；二是竞争产生的延时，包括控制帧花费时间和基于竞争的 MAC 协议的回退时间，以及时间同步导致的开销，而且包在路径的每一跳都需要竞争信道，在多跳中，该延时的累计效应非常大。MIACR 协议使用了标签交换机制来减少跨层延时，使用预约信道机制来减少多跳延时。

3.4.3　无线 Mesh 网路由协议

1. 无线 Mesh 网路由协议基础

无线 Mesh 网路由协议在满足将包进行正确路由的基础上，还必须具有很好的可扩展性，以适应其规模可扩展的特性。由于 Mesh 客户端的移动性，无线 Mesh 网路由需要支持用户的移动，能快速重新发现或恢复路由，为上层协议提供更好的稳定性。无线 Mesh 网要提供多种无线网接入，所以无线 Mesh 网路由还应该有很好的可调节性，应该能自适应异质网络。

根据协议主要目的的不同，可以将无线 Mesh 网路由协议分为基于移动自组织网络的路由协议、控制洪泛的路由协议、利用有利时机的路由协议和考虑公平性的路由协议。基于移动自组织网络的路由协议是指将移动自组织网络中的协议进行修改以使它适应无线 Mesh 网环境；控制洪泛的路由协议可减少路由协议的开销；利用有利时机的路由协议利用了传统路由协议忽略的一些信息来提高路由的效率；考虑公平性的路由协议主要考虑采取多径路由协议来对网络负载进行分流。

2. 无线 Mesh 网路由协议种类

(1) 控制洪泛的路由协议

传统无线多跳路由大多是针对网络拓扑变化频繁的网络（如移动自组织网络）设计的，因此，路由发现和路由维护开销都很大。但在无线 Mesh 网中，网络拓扑基本上是稳定的，只需要在变化路径的局部范围内更新，没有必要频繁地更新全网的路由状态，利用该优势，可以缩小路由更新信息洪泛的范围，减少路由的开销。

1) LOLS 路由协议。

局部按需链路状态（Localized On-demand Link State，LOLS）路由协议[87]是针对固定的无线网络环境提出的路由协议，利用了无线 Mesh 网骨干拓扑不经常变化的特性。LOLS 路由协议引入了两个新的概念：链路的长期开销和短期开销，分别表示链路平常和现在的开销。为了控制开销，短期开销比较频繁地发给邻居节点，而长期开销则要经过较长时间才发送。

在 LOLS 路由协议中，由长期开销形成的拓扑构成了基础拓扑（base topology）。如果短期开销比长期开销大，则该链路被认为是一条差的链路。短期开销只会"告知"给邻居节点，且只有变化时才触发。

LOLS 路由协议中的关键算法是黑名单协助转发（Blacklist-Aided Forwarding，BAF）机制。在 BAF 机制中，每个转发包都会携带一个黑名单，其中包括它经过的差的链路。中间节点根据黑名单中的信息和基础拓扑上的其他信息来计算到目的节点的最优路径。同时，中间节点也会更新黑名单信息，如果最优路径经过一条差的链路，则中间节点会将它加入黑名单。如果在下一跳到目的节点的开销小于该黑名单中包含的到目的节点的最小开销，说明下一跳后黑名单信息对选择路径已没有帮助，则中间节点将黑名单清空。

2) MMRP。

移动 Mesh 路由协议（Mobile Mesh Routing Protocol，MMRP）[88]是由 MITRE 公司提出的无线 Mesh 网路由协议，为每个数据包设置了生存期，类似 OSPF 中的机制。当节点发送一个路由消息后，就减去预计的发送该消息需要的时间。如果生存期已过，则抛弃该包，也不再进行重传。

(2) 利用有利时机的路由协议

在路由算法的传输过程和寻路过程中，往往会产生一些冗余信息，在传统路由算法中，这些信息并没有被加以利用，造成了一定的信息浪费。为了充分利用这些信息，学者们考虑了如何利用这些信息，或通过增加一些小的开销来设计性能更好的路由算法。这类协议被称作利用有利时机的路由协议，其中有代表性的协议有利用有利时机的多跳无线路由协议 ExOR 和利用有利机会路由协议 ROMER（Resilient Opportunistic Mesh Routing）

利用有利时机的多跳无线路由协议 ExOR[89]将路由和 MAC 子层的功能结合起来，提高了多跳无线网络的传输量。ExOR 协议在转发一个包时，首先会广播该包，然后从实际接收到广播包的节点中选择一个合适的节点来转发包。其关键技术在于只有"最好"的接收者能转发包，从而避免了重复包的发送。

ROMER 协议[90]是一种具有恢复能力的利用有利机会的无线 Mesh 网路由协议，将长期的利用路由稳定性和短期的利用有利机会的性能进行了很好的权衡。ROMER 协议会建立一些候选的从源到目的地的路径，但在实际转发每一个包时，允许该包动态地选择具有最好信道质量的路径，可充分利用带宽。另外，为了在链路失效、AP 失效或 AP 受到攻击等情况下恢复能力，ROMER 协议在一定的控制条件下随机地在候选路径上发送若干冗余包。

（3）多径路由协议

在路由协议中，如果只使用最优路径，则会导致该路径负载过重，进而导致丢包，然后可能需要重新寻找另一条最优路径，进而重复上述过程，这种问题称作路由抖动。另外，使用单一路径的传输量有限，可能无法满足某些大数据量传输的需求。利用多条路径同时传输可有效解决这两个问题，为此，学者们在多径路由协议方面做了许多研究。

对于多径路由协议，主要考虑两个关键问题，一是如何发现多条路径并实时对它们进行维护，二是如何在各路径间实现负载均衡。

Wai-Hong Tam 等人提出了一种联合的多信道多径控制（Joint Multi-channel and Multi-path control，JMM）协议[91]。该协议除选取合适的路径以外，还可考虑其他因素来提高网络吞吐量，如利用数据链路层信息。该协议使用了多信道单收发器，将时间分为时隙，然后协调时隙间信道的使用并将调度流通过两条路径来传输，该机制综合利用了时分（时隙）、空分（多径）和频分（多信道）的方法来避免干扰，可实现高的吞吐量。

3. 无线 Mesh 网中的跨层设计

传统互联网已发展多年，取得了很大的成功。优秀的体系结构是传统互联网快速发展的一个重要原因，分层结构使各层协议能单独设计并优化，简化了问题；分层结构使问题分布在不同层次，每层协议能将错综复杂的底层细节屏蔽并为高层提供统一的接口，这样可以将不同网络融合在一起，这使得网络具有很好的可扩展性。但是，在无线 Mesh 网中，由于无线链路的特殊性和无线 Mesh 网的一些特点，使得分层协议无法满足它对性能的要求，为此，学者们提出了一种新的设计思路——跨层设计。

（1）各层协议对跨层设计的需求

跨层设计的主要目的是信息的共享。在跨层设计时，必须合理调节信息在各层间的传递。网络层次有多种模型，典型的有 OSI 参考和 TCP/IP 模型。这里，我们采用 OSI 参考模型的一个变种，即从低到高将网络分为物理层、数据链路层、网络层、传输层和应用层，其中数据链路层包括逻辑链路子层（LLC）和介质访问控制子层（MAC）。在本书中，考虑到重点为 MAC 子层，有时会直接用 MAC 子层来代替数据链路层。

物理层：物理层的作用在于提供信息传输的物理通道。在无线 Mesh 网中，物理层采用不同的无线标准，不同的调制和编码方式可以组合成不同的链路。这些信息可作为上层协议设计的依据。

数据链路层：MAC 子层是数据链路层中非常重要的一部分，其主要功能是为用户分配信道接入和调度机制，也可向其他层提供链路忙或闲信息，以及提供资源预留等功能。数据链路层的关键是传送调度策略，它影响数据包的延迟大小、带宽等，并最终可能导致网络层路由性能的变化。

在跨层设计方面，MAC 子层具有承上启下的作用。向下层看，MAC 子层调度需要根据物理层情况进行调节，如 3.2 节所讲，针对物理层能提供的信道数和天线数，MAC 子层调度算法涉及的因素是完全不同的。

网络层： 网络层是网络中非常重要的一层，它将决定分组如何从源端发送到目的端。网络层拥有整个网络的拓扑信息和传输路径的具体信息。路由协议是网络层的核心技术，路径发现是路由协议中非常重要的一环。

在无线多跳环境中，传统的采用最小跳数作为路径判据的协议不能达到较好的性能，选择路径时必须考虑链路的具体情况，如信道数、信号数、链路质量、链路带宽等。在 3.3 节中，我们可以清晰地看出，每种路由协议都依赖于具体的物理环境，要实现性能较高的路由协议，大多要求物理层提供多信道、多信号，都需要对 MAC 子层信道分配做出一定的假设。例如考虑路由协议的公平性、安全性等要求，就需要底层为它提供更多的信息。

传输层： 传输层的目标是向用户提供高效的、可靠的和性价比合理的服务。传输层主要包括 TCP 和 UDP 两个协议。TCP 是面向连接的可靠的传输协议，在传统互联网中取得了巨大成功，但是在无线环境中，其性能却不是很理想。TCP 假设丢包是网络拥塞导致的，进而减小传输窗口，但在无线多跳环境中，丢包可能是链路不稳定等因素导致的，此时不仅不应降低传输速率，反而应提高传输速率。

为了提高 TCP 的性能，需要区分不同丢包情况，这就需要链路层和物理层提供信息。针对不同情况，TCP 可"告知"物理层通过改变调制编码方式、改变电源功率等方法来调节信道。对于质量太差的链路，TCP 可"告知"网络层，重新启动路由发现机制，寻找一条质量更好的路径。

应用层： 应用层协议根据其具体应用，如数据、音频、在线视频等，对网络的 QoS 会有不同的需求。为了保证 QoS，在网络层进行路由选择时会重点考虑链路跳数、链路稳定性等因素，因为这些参数会对 QoS 产生影响。数据链路层对各个业务流优先级的设置、调度以及信道选择等的策略制订会影响端到端的 QoS。在物理层，选择不同的调制方式和传输功率，会使 QoS 中的误码率、吞吐量、发送速率等发生变化。因此，对应用层的 QoS 保证涉及了每个协议层相应的参数设置。

从跨层设计角度来看，如果可以加强各层之间信息的交互，则必然能使网络性能得到优化。跨层设计框架如图 3-28 所示，从中可以看出，各层间信息可以共享，下层信息对上层决策起指导作用，上层的要求可传到下层，使得下层进行合适的调整。

（2）跨层设计的分类

依据不同的标准，跨层设计可分为不同的类型，如图 3-29 所示。从耦合程度来划分，跨层设计可分为松耦合和紧耦合。松耦合只是将不同层之间的信息进行传递，没有改变层的体系结构，例如，将 MAC 子层丢包率或物理层信道状态信息传给传输层，这样 TCP 就可区分拥塞导致的丢包和链路失效导致

图 3-28　跨层设计框架

的丢包。在紧耦合中，不但有层之间的信息传递，而且不同层要协同优化，不同层的优化算

法被看作一个优化问题来解决。例如，在 TDMA 的无线 Mesh 网中，时隙分配、信道分配和路径选择可由一个算法来决定。紧耦合协议的极端是将多个层合为一层来考虑优化，例如，将 MAC 子层的信道选择和网络层的路径选取放在一个算法中进行决定，这样做虽然能减少层间互操作，但是不能与现有互联网协议层兼容。

图 3-29 跨层设计分类

（3）松耦合跨层技术

松耦合跨两层技术在两层间交换信息，不需要修改每层的协议设计。常见的松耦合跨两层技术包括跨物理层与 MAC 子层设计和跨 MAC 子层与网络层设计。

松耦合跨多层技术是指在多个层间传递信息，常用的有跨物理层/网络层技术和跨物理层/传输层技术。信息可从下层传递到上层，也可从上层传递到下层。一方面，可将物理层信息传输到网络层来协助发现合适的路由，传输到传输层来协助传输层判断丢包的具体原因；另一方面，可将传输层信息传到物理层来帮助物理层调节传输速率。

（4）紧耦合跨层技术

在紧耦合跨两层技术方面，常用的是物理层、MAC 子层和网络层之间的协同优化，因为这三层间的关系非常紧密。

Prasanna Chaporkar 等人将网络编码（NC）技术和 MAC 子层调度结合起来[92]，有效地提高了网络的吞吐量。Randeep Bhatia 等人使用了跨层机制，设计了一个框架，将网络层路由协议、MAC 子层数据调度和物理层流控结合起来，优化解决吞吐量问题[93]。

由于跨层设计破坏了协议层间的透明性，以及现有的体系结构，因此会给协议设计带来一些问题。因此，在跨层设计时，必须遵循一些原则来减小跨层设计的负面影响。

3.5 本章小结

随着 IEEE 802.11 和 IEEE 802.16 等无线接入技术的迅速发展，除无线局域网和无线城域网以外，学术界和产业界提出了支持更多服务的新型无线移动互联网，如移动自组织网络、无线传感器网络和无线 Mesh 网等。本章重点介绍了移动自组织网络，首先给出了移动自组织网络的基本概念、特点和体系结构等，然后讲解了移动自组织网络的信道接入技术与路由机制，最后概述了该网络的应用。

移动自组织网络的 MAC 协议日趋成熟，目前正朝着实用和性能优化的方向不断发展。在优化过程中，MAC 协议的设计与下层硬件（如智能天线）以及上层协议和应用相融合，自适应、智能化、动态预测和支持 QoS 等是 MAC 协议未来的研究方向。

移动自组织网络与传统网络有较大差异，其节点移动性强的特点使得必须开发新的路由协议。3.3节首先介绍了基本路由机制与各种分类方法，接着综述了路由协议和基本路由选择算法，进而从预测模型、能耗模型、位置信息、服务质量控制和安全支持五个角度，深入分析了当前移动自组织网络路由选择算法的最新研究进展。预测模型通过基于历史信息的移动预测，减小了路由选择的时间代价。能耗模型采用适当的数学模型来描述网络能耗情况，在选择路径过程中，实现了分组传送的能耗最小化和能量负担之间的权衡。基于位置的路由选择算法根据节点的地理位置标识目的地，并利用该地理位置信息进行路由选择。服务质量感知的路由的选择算法在本地计算中考虑带宽、延迟、能量和电池生命周期等多重信息，在进行路由选择的同时，还进一步引入了服务质量支持。安全路由选择算法利用适合移动自组织网络的密钥、哈希链、电子签名等对协议交互的消息进行加密，在路由选择中保证网络安全。

在移动自组织网络的基本路由选择算法中，协议交互中的洪泛操作带来了严重的数据传送负担和节点计算负担，与此同时，本地计算中仅仅以跳数作为路由选择的标准无法选择最优路由。因此，如何降低洪泛操作带来的负担以及如何设计更为全面的路由选择标准是研究的热点问题。区分稀疏网络和稠密网络并且分别设计路由选择策略是其中的一种解决方案。在洪泛操作的优化方面，"流言"机制与概率模型的结合提供了很好的研究思路，学者在此基础上提出了基于预测的路由选择算法。路由选择的标准应当是对多个指标综合考虑的结果，因此路由评价需要与跳数、吞吐量、可靠性、拥塞控制和能耗结合在一起。由于移动自组织网络的能量有限性为其应用带来了很大的局限，因此需要将路由评价与能耗相结合，进一步提出面向能耗的路由选择算法。

在基于预测的路由选择算法方面，如何设计时间代价较小并且更新及时的预测路由选择算法是未来值得研究的问题。解决该问题的关键是建立较好的预测模型，基于节点历史行为进行描述和建模，从而对路由的变化进行预测。然而，移动自组织网络具有高度动态性，这使得建立上述预测模型存在一定的困难。与此同时，移动自组织网络节点能量有限，需要充分考虑预测模型的时间代价和空间代价。例如，可以选取人工智能领域中时间代价较小并且空间要求不高的预测模型（如遗传算法等），将它应用在基于预测的路由选择算法中，或者对人工智能领域中的常见预测模型进行改进，使之在面向能耗的前提下支持移动自组织网络的高度动态性。另外，根据移动自组织网络具体应用的要求，可以采用不同的预测模型，比如针对规模大的移动自组织网络，设计分层次的预测模型，针对高度动态性，设计反馈及时的预测模型，针对具有的服务质量要求，设计考虑带宽和延时的预测模型等。

由于移动自组织网络节点使用自身带有的电池或者其他易损耗的能源作为能量提供源，能量非常有限，因此面向能耗的路由选择算法具有良好的研究前景。这项研究的重点在于降低节点能耗。该能耗降低的主要方法是基于节点移动信息的共享和网络流量信息的预测，选择合适的数学模型来描述能耗情况并进行优化。另外，数据包传送所造成的能耗最小化和能量负担之间的权衡，尤其是适用于特定应用的权衡公式值得进一步研究。针对大规模移动自组织网络，可以建立层次化的面向能耗的路由选择算法。

对于服务质量感知的路由选择算法，面向能耗和降低计算负担是研究重点。其中，独立于服务质量感知的路由选择算法的时间复杂度相对较低，并且无须链路层的支持，具有更为广阔的应用前景。如何在保证服务质量的基础上，构建运算负担较轻并且能量消耗较小的独立服务质量感知路由以及相应的路由选择算法，值得深入研究。

安全路由选择算法在进行路由选择的同时实现安全保障。移动节点的计算能力和能量有限，减轻计算负担是移动自组织网络安全路由技术的研究重点。这项研究的关键在于，如何选择计算开销较小的数学模型以满足安全要求。因此，具备高动态性特点的数学模型以及相应的安全路由选择算法值得深入研究。另外，移动自组织网络中节点的存储能力和计算能力有限，如何构建适应移动自组织网络特点的密钥、哈希链、电子签名也值得深入研究。

无线 Mesh 网是一种新兴的无线网络，具备集中式无线网络和分布式无线网络的优点，可扩展无线网络的覆盖范围并增强管理。其中包括两类节点：Mesh 路由器和 Mesh 客户端。Mesh 路由器一般是静止的，且具有稳定的能量供应，一方面可形成基本稳定的骨干网，另一方面可在其上配置复杂的软硬件，这是无线 Mesh 网相比其他无线网络的一个非常大的优势。因此，Mesh 路由器是现在无线 Mesh 网中的研究重点。

习题

1. 移动自组织网络是应用日益广泛的一种无线网络技术。请列举两个移动自组织网络的应用，并结合列举的应用说明什么是移动自组织网络，以及移动自组织网络的特点。

2. 移动自组织网络需要进行数据传送，请结合习题 1 中列举的应用说明什么是节点、源节点和目的节点。

3. 假设一些人每人都有一台带有无线网卡的计算机，在没有基础设施（即 AP）的情况下，他们能否共同参与一个局域网的游戏？采用移动自组织网络能否达到上述目的？相比其他解决方案，采用移动自组织网络解决上述问题有什么优势？

4. 数据链路层的 MAC 协议是移动自组织网络协议栈中的重要组成部分，它既要对无线信道进行划分、分配和能量控制，又要负责向网络层提供统一的服务，屏蔽底层不同的信道控制方法。在简单的情况下，移动自组织网络节点间只使用一个共享信道，请介绍 3 种典型的单信道 MAC 协议。

5. 多信道 MAC 协议采用信道分割技术，把信道分成多个信道。多信道 MAC 协议主要关注两个问题：信道分配和接入控制。请介绍 3 种典型的多信道 MAC 协议。

6. 移动自组织网络采用多种路由协议为网络层数据传输进行路由选择。路由可以分为表驱动路由、按需路由和二者的混合路由。请对比分析表驱动路由和按需路由的基本原理，并说明各自的优缺点和适用范围。

7. 在表驱动路由和按需路由的基础上，混合路由得以提出。什么是混合路由？请说明混合路由协议的运行机制，并请说明该协议适用于何种移动自组织网络。

8. 路由协议还可以分为距离向量路由协议、链路状态路由协议和路径向量路由协议。请说明上述划分方式的划分标准，并从原理和适用范围两个角度比较它们。

9. 根据路由信息存储的位置，可以将移动自组织网络的路径向量路由分为源路由和分布式路由。请说明什么是源路由、分布式路由，并分析各自的优缺点。

10. 根据网络节点是否存在层次结构，可以将移动自组织网络的路径向量路由分为平面路由和层次路由。层次路由协议 CGSR 引入了簇头的概念，请分析簇头的特点，以及簇头节点与其他节点的区别。

11. 移动自组织网络的网络层主要负责将分组消息从源节点沿着网络路径传送到目的节点，也就是路由选择和消息转发。如果没有任何一种路由协议，那么，在多跳传输的网络中，需要采用什么方式才能够将信息从源节点传输到目的节点？与先路由再传输的机制相比，这种方式适用于什么场景？

12. 移动自组织网络的路由协议的目标和互联网的路由协议一致，都是为了实现数据包的高效、快速、准确传送。也就是说，提高传输速率和降低延迟是路由机制优化的重要原则。但是，移动自组织网络所具有的特点对路由机制提出了特殊的优化要求。请结合移动自组织网络的特点，分析移动自组织网络路由优化原则与互联网路由的差异。

13. 路由选择算法的重要问题是如何提高路由更新性能，也就是如何以较小的代价实现拓扑位置信息的更新，为此，人们针对移动自组织网络的特点建立了预测模型。请介绍一种移动自组织网络路由的预测模型，并总结该类算法的思路和特点。

14. 洪泛和路由迂回都会导致不必要的能量消耗，而移动自组织网络中的节点能量有限，因此能耗是移动自组织网络路由选择算法需要关注的重要问题。请介绍一种移动自组织网络路由的能耗模型，并总结该类算法的思路和特点。

15. 为了避免节点移动性给路由选择造成的困难，人们提出了基于位置的路由选择算法。请简单总结移动自组织网络基于位置的路由选择算法，说明该类算法的基本思路和优缺点。

16. DSDV 协议是移动自组织网络的一种重要路由协议。使用 C 或 C++语言编程实现 DSDV 协议，并模拟协议交互和本地计算的过程。

17. OLSR 协议是移动自组织网络的一种重要路由协议。使用 C 或 C++语言编程实现 OLSR 协议，并模拟协议交互和本地计算的过程。

18. DSR 协议是移动自组织网络的一种重要路由协议。使用 C 或 C++语言编程实现 DSR 协议，并模拟协议交互和本地计算的过程。

19. AODV 协议是移动自组织网络的一种重要路由协议。使用 C 或 C++语言编程实现 AODV 协议，并模拟协议交互和本地计算的过程。

20. 在 DSR 协议中，每个分组的分组头中都包含从源节点到目的节点的完整路由信息；在 AODV 协议中，每个节点都维护路由表。根据路由机制的优化原则，结合 DSR 协议和 AODV 协议的思路，请设计一种适合节点数目较少、节点运动速度相对较快的移动自组织网络的路由协议，并分析该协议的优缺点。

21. CSGR 协议中提出了分簇的思想并且在每个簇内选出簇头节点，由簇头节点负责簇内节点的管理。结合 CSGR 协议的分层机制和 AODV 协议的基本机制，请设计一种适合节点数目较多、节点运动速度相对较慢的移动自组织网络的路由协议，并分析该协议的优缺点。

22. OLSR 协议是一种基于链路状态的表驱动协议。结合 OLSR 协议和 HOLSR 协议基本原理的介绍，请设计完成 HOLSR 协议，并分析该算法的时间复杂度、空间复杂度，以及给网络造成的通信负担。

23. 无线 Mesh 网是在移动自组织网络和无线传感器网络的基础上发展起来的，其目的是提供高速的无线接入。请结合你的理解谈一谈什么是无线 Mesh 网。

参考文献

［1］FREEBERSYSER J, LEINER B. A DoD perspective on mobile ad hoc networks ［J］. Ad Hoc Networking. Addison-Wesley, 2001：29-51.

［2］RAMANATHAN R, REDI J. A brief overview of ad hoc networks：challenges and directions ［J］. IEEE Communications Magazine, 2002, 40（5）：20-22.

［3］ESTRIN D, GOVINDAN R, HEIDEMANN J, KUMAR S. Next century challenges：Scalable coordinate in sensor network ［J］. Proceedings of the 5th ACM/IEEE International Conference on Mobile Computing and Networking, IEEE Computer Society, 1999, 263-270.

［4］BRUNO R, CONTI M, GREGORI E. Mesh network：commodity multihop ad hoc mesh networks ［J］. IEEE Communication Magazine, 2005, 3：123-131.

［5］GIORDANO S, BIAGIONI E. Topics in ad hoc and sensor networks ［J］. IEEE Communications Magazine, 2007, 45（4）：68.

［6］KARN P. MACA-A new channel access method for packet radio ［C］. Computer NETWORKING Conference on ARRL/CRRL Amateur Radio. 1990：134-140.

［7］ABRAMSON N. The ALOHA System-Another alternative for computer communications ［C］. In Proceedings of 1970 Fall Joint Computer Conf., AFIPS Press, 1970, 281-285.

［8］KLEINROCK L, TOBAGI F A. Packet Switching in Radio Channels：Part I-Carrier Sense Multiple-access Modes and Their Throughput-delay Characteristics ［J］. IEEE Transaction on Communications.

［9］KARP B, KUNG H T. GPSR：greedy perimeter stateless routing for wireless networks ［C］. International Conference on Mobile Computing and Networking. ACM, 2000：243-254.

［10］BHARGAVAN V, DEMERS A, SHENKER S, et al. MACAW：A Media Access protocol for wireless-lans ［C］. In Proceedings of the ACM SIGCOMM 1994：212-225.

［11］FULLMER C L, GARCIALUNAACEVES J J. Floor Acquisition Multiple Access （FAMA） for packet-radio networks ［J］. 2000, 25（4）：262-273.

［12］GARCIA-LUNA-ACEVESM J J, FULLMER C L. Floor Acquisition Multiple Access （FAMA） in single-channel wireless networks ［J］. Mobile Networks and Applications, 1999, 4（3）：157-174.

［13］ZYGMUNT H J, DENG J. Dual Busy Tone Multiple Access （DBTMA） -a multiple access control scheme for Ad Hoc networks ［J］. IEEE Transactions on Communications, 2002, 50（6）：975-985.

［14］TANG Z Y, GARCIA-LUNA-ACEVES J J. Hop-Reservation Multiple Access （HRMA） for ad-hoc networks ［C］. Eighteenth Annual Joint Conference of the IEEE Computer and Communications Societies （INFOCOM'99）, 1999：194-201.

［15］TZAMALOUKAS A, GARCIA-LUNA-ACEVES J J. A receiver-initiated collision-avoidance protocol for multi-channel networks ［C］. Twentieth Annual Joint Conference of the IEEE Computer and Communications Societies （INFOCOM）. 2001：189-198.

［16］NASIPURI A, DAS S R. Multichannel CSMA with signal power-based channel selection for multi-hop wireless networks ［J］. IEEE Vehicular Technology Conference （VTC）, 2000：211-218.

［17］HUNG W C, LAW K L E, LEON-GARCIA A. A dynamic multi-channel MAC for Ad Hoc LAN ［C］. Proceedings of 21st Biennial Symposium on Communications. Canada：2002：31-35.

［18］SO J, VAIDYA N. Multi-Channel MAC for Ad Hoc Networks：Handling Multi-Channel Hidden Terminals Using A Single Transceiver ［J］. Proceedings of 5th ACM International Symposium on Mobile Ad Hoc

Networking and Computing (MobiHoc). 2004：222-233.

[19] SINGH S, RAGHAVENDRA C S. PAMAS-Power Aware Multi-Access protocol with Signaling for ad hoc networks [J]. ACM Compute Communication, 1998, 28 (3)：5-26.

[20] JUNG E S, VAIDYA N H. A Power Control MAC Protocol for Ad Hoc Networks [J]. ACM/Kluwer Wireless Networks (WINET), 2005, 11 (1-2)：55-66.

[21] MONKS J, BHARGHAVAN V, HWU W. A Power Controlled Multiple Access protocol for wireless packet networks [C]. Proceedings of the IEEE INFOCOM, 2001 (1)：219-228.

[22] HUANG Z H, SHEN C C, SRISATHAPORNPHAT C. A Busy-Tone Based Directional MAC Protocol for Ad Hoc Networks [C]. IEEE MILCOM, 2002 (2)：1233-1238.

[23] CHOUDHURY R R, YANG X, RAMANATHAN R, et al. Using Directional Antennas for Medium Access Control in Ad Hoc Networks [C]. Proc. of the MOBICOM, 2002：59-70.

[24] TANENBAUM A S. 计算机网络 [M]. 潘爱民，译. 4 版. 北京：清华大学出版社，2004.

[25] HUBAUX J P, BUTTYAN L, CAPKUN S. The quest for security in mobile ad hoc networks [J]. IEEE MobiHoc, 2001：146-155.

[26] ROYER E M, TOH C K. A review of current routing protocols for Ad Hoc mobile wireless networks [J]. IEEE Personal Communications, 1999, 6 (2)：46-55.

[27] YU J Y, CHONG P H J. A survey of clustering schemes for mobile ad hoc networks [J]. IEEE Communications Surveys & Tutorials, 2005, 7 (1)：32-48.

[28] PERKINS C E, BHAGWAT P. Highly dynamic Destination-Sequenced Distance-Vector routing (DSDV) for mobile computers [C]. ACM SIGCOMM Computer Communication Review, 1994, 24 (4)：234-244.

[29] MURTHY S, GARCIA-LUNA-ACEVES J J. An efficient routing protocol for wireless networks [J]. ACM Mobile Networks and Applications, 1996, 1 (2)：183-197.

[30] CHIANG C C. Routing in clustered multihop, mobile wireless networks with fading channel [C]. The IEEE Singapore International Conference on Networks, 1997：197-211.

[31] JACQUET P, MUHLETHALER P, CLAUSEN T, et al. Optimized link state routing protocol for ad hoc networks [C]. Proceedings of IEEE International Multi Topic Conference, 2001：62-68.

[32] VILLASENOR-GONZALEZ L, YING G, Lament L. HOLSR: a hierarchical proactive routing mechanism for mobile ad hoc networks [J]. IEEE Communications Magazine, 2005, 43 (7)：118-125.

[33] LEE U, MIDKIFF S F, PARK J S. A proactive routing protocol for multi-channel wireless ad-hoc networks (DSDV-MC) [C]. International Conference on Information Technology: Coding and Computing, 2005, 2 (4-6)：710-715.

[34] LEE U, MIDKIFF S F. OLSR-MC: A proactive routing protocol for multi-channel wireless ad-hoc networks [C]. IEEE Wireless Communications and Networking Conference, 2006, 1：331-336.

[35] JOHNSON D B, MALTZ D A, BROCH J. The Dynamic Source Routing protocol (DSR) for mobile ad hoc networks for IPv4 (RFC 4278) [OL]. http：//www. ietf. org/rfc/rfc4728. txt.

[36] PERKINS C E, ROYER E M. Ad-hoc on-demand distance vector routing [C]. IEEE WMCSA'99, 1999：197-211.

[37] PARK V D, MACKER J P, CORSON M S. Applicability of the temporally-ordered routing algorithm for use in mobile tactical networks [C]. IEEE Military Communications Conference 1998 (Milcom'98), 1998, 2：426-430.

[38] TOH C K. A novel distributed routing protocol to support Ad-Hoc mobile computing [C]. IEEE 15th Annual International Phoenix Conference on Computing and Communications, 1996：480-486.

[39] PEARLMAN M R, HAAS Z J. Determining the optimal configuration for the zone routing protocol [J]. IEEE

Journal on Selected Areas in Communications, Special Issue on Wireless Ad Hoc Networks, 1999, 17 (8): 1395-1431.

[40] DAI F, WU J. Proactive route maintenance in wireless ad hoc networks [C]. IEEE International Conference on Communications, 2005, 2 (16-20): 1236-1240.

[41] GERLA M, HONG X Y, PEI GUANG Y. Landmark routing for large ad hoc wireless networks [C]. IEEE Global Telecommunications Conference, 2000, 3 (27): 1702-1706.

[42] SHAVITT Y, SHAY A. Optimal routing in gossip networks [J]. IEEE Transactions on Vehicular Technology, 2005, 54 (4): 1473-1487.

[43] LOTT C, TENEKETZIS D. Stochastic routing in ad-hoc networks [J]. IEEE Transactions on Automatic Control, 2006, 51 (1): 52-70.

[44] HAAS Z J, HALPERN J Y, LI L. Gossip-based ad hoc routing [J]. IEEE/ACM Transactions on networking, 2006, 14 (3): 479-491.

[45] AWERBUCH B, HOLMER D, RUBENS H, et al. Provably competitive adaptive routing [C]. IEEE INFO-COM 2005, 1 (13-17): 631-641.

[46] BHATTI G. Method for discovering routes in wireless communications networks: US, WO/2007/001286 [P]. 2007.

[47] SHENG Z, LI L (Erran), LIU YB G, YANG Y (Richard). On designing incentive-compatible routing and forwarding protocols in wireless ad-hoc networks [C]. IEEE Mobicom'05, 2005: 117-131.

[48] DU X J, WU D P, LIU W, et al. Multiclass routing and medium access control for heterogeneous mobile ad hoc networks [J]. IEEE Transactions on Vehicular Technology, 2006, 55 (1): 270-277.

[49] WU J, YANG S, DAI F. Logarithmic Store-Carry-Forward Routing in Mobile Ad Hoc Networks [J]. IEEE Transactions on Parallel and Distributed Systems, 2007, 18 (6): 735-748.

[50] 株式会社日立制作所. 自组织网络构筑方法、程序以及无线终端 [P]. 中国: 200710126925, 2007.

[51] Siemens AG. Routing Method [P]. WO: 2007113174, 2007.

[52] DU X J, WU D P. Adaptive cell relay routing protocol for mobile ad hoc networks [J]. IEEE Transactions on Vehicular Technology, 2006, 55 (1): 278-285.

[53] ZHAO Y, CHEN Y, LI B, et al. Hop ID: a virtual coordinate based routing for sparse mobile ad hoc networks [J]. IEEE Transactions on Mobile Computing, 2007, 6 (9): 1075-1089.

[54] RITCHIE L, YANG H S, RICHA A W. Cluster Overlay Broadcast (COB): MANET routing with complexity polynomial in source-destination distance [J]. IEEE Transactions on Mobile Computing, 2006, 5 (6): 653-667.

[55] ERIKSSON J, FALOUTSOS M, KRISHNAMURTHY S V. DART: Dynamic address routing for scalable ad hoc and mesh networks [J]. IEEE/ACM Transactions on Networking, 2007, 15 (1): 119-132.

[56] MAO S W, KOMPELLA S, HOU Y T, et al. Routing for concurrent video sessions in ad hoc networks [J]. IEEE Transactions on Vehicular Technology, 2006, 55 (1): 317-327.

[57] TRAN D A, RAGHAVENDRA H. Congestion adaptive routing in mobile ad hoc networks [J]. IEEE Transactions on Parallel and Distributed Systems, 2006, 17 (11): 1294-1305.

[58] GARCIA-LUNA-ACEVES J J, SPOHN M. Source-tree routing in wireless networks [C]. The 7th IEEE International Conference on Network Protocols (ICNP'99), 1999: 273-282.

[59] BASAGNI S, CHLAMTAC I, SYROTIUK V R, et al. A Distance Routing Effect Algorithm for Mobility (DREAM) [C]. The 4th Annual ACM/IEEE International Conference on Mobile Computing and Networking, 1998: 76-84.

[60] ABOLHASAN M, WYSOCKI T, LIPMAN J. A new strategy to improve proactive route updates in mobile ad

hoc networks ［J］. EURASIP Journal on Wireless Communications and Networking, 2005, 5: 828-837.

［61］ JIANG S M, HE D J, RAO J Q. A prediction-based link availability estimation for routing metrics in MANETs ［J］. IEEE/ACM Transactions on Networking, 2005, 13 (6): 1302-1312.

［62］ GUO Z H, BEHNAM M. Predictive Multiple Metrics in Proactive Mobile Ad Hoc Network Routing ［J］. 32nd IEEE Conference on Local Computer Networks, 2007: 15-18.

［63］ PHAM V, LARSEN E, OVSTHUS K, et al. Rerouting Time and Queueing in Proactive Ad Hoc Networks ［C］. IEEE International Performance, Computing, and Communications Conference, 2007, 160-169.

［64］ RODOPLU V, MENG T. Minimum energy mobile wireless networks ［J］. IEEE Journal of Selected Areas Communications, 1999, 17 (8): 1333-1344.

［65］ TOH C, COBB H, SCOTT D. Performance evaluation of battery-life aware routing schemes for wireless ad hoc networks ［C］. IEEE International Conference on Communications, 2001, 1: 2824-2829.

［66］ LIN L, SHROFF N, SRIKANT R. Asymptotically optimal power-aware routing for multihop wireless networks with renewable energy sources ［C］. Proc. IEEE INFOCOM 2005, 2005, 2: 1262-1272.

［67］ HELMY A. Contact-extended zone-based transactions routing for energy-constrained wireless ad hoc networks ［J］. IEEE Transactions on Vehicular Technology, 2005, 54 (1): 307-319.

［68］ LIANG B, HAAS Z J. Hybrid routing in ad hoc networks with a dynamic virtual backbone ［J］. IEEE Transactions on Wireless Communications, 2006, 5 (6): 1392-1405.

［69］ ZHAO Q, TONG L, COUNSIL D. Energy-aware adaptive routing for large-scale ad hoc networks: protocol and performance analysis ［J］. IEEE Transactions on Mobile Computing, 2007, 6 (9): 1048-1059.

［70］ BAEK S J, VECIANA G D. Spatial energy balancing through proactive multipath routing in wireless multihop networks ［J］. IEEE/ACM Transactions on Networking, 2007, 15 (1): 93-104.

［71］ MAUVE M, WIDMER J, HARTENSTEIN H. A survey on position-based routing in mobile ad hoc networks ［J］. IEEE Network, 2001, 15 (6): 30-39.

［72］ KUHN F, WATTENHOFER R, ZHANG Y, et al. Geometric ad-hoc routing: of theory and practice ［C］. In the Proceedings of the 22nd ACM Symposium on the Principles of Distributed Computing (PODC), 2003: 63-72.

［73］ KURUVILA J, NAYAK A, STOJMENOVIC I. Hop count optimal position-based packet routing algorithms for ad hoc wireless networks with a realistic physical Layer ［J］. IEEE Journal on Selected Areas in Communications, 2005, 23 (6): 1267-1275.

［74］ TAEJOON P, SHIN K G. Optimal tradeoffs for location-based routing in large-scale ad hoc networks ［J］. IEEE/ACM Transactions on Networking, 2005, 13 (2): 398-410.

［75］ LEE S, BHATTACHARJEE B, BANERJEE S. Efficient geographic routing in multihop wireless networks ［C］. ACM Interational Symposium on Mobile Ad Hoc NETWORKING and Computing, 2005: 230-241.

［76］ RAO A, RATNASAMY S, PAPADIMITRIOU C, et al. Geographic routing without location information ［C］. IEEE MobiCom'03, September 2003: 96-108.

［77］ AKYILDIZ I F, WANG X D, WANG W L. Wireless Mesh networks: a survey ［J］. Computer network, 2005. 47 (4): 445-487.

［78］ ACHARYA A, MISRA A, BANSAL S. MACA-P: A MAC for Concurrent Transmissions in Multi-Hop Wireless Networks ［C］. Proceedings of the First IEEE International Conference on Pervasive Computing and Communications, 2003: 505-508.

［79］ DENG J, HAAS Z. Dual Busy Tone Multiple Access (DBTMA): A New Medium Access Control for Packet Radio Networks ［C］. IEEE 1998 International Conference on Universal Personal Communications, 2002 (2): 973-977.

[80] TANG Z, GARCIA-LUNA-ACEVES J J. Hop-Reservation Multiple Access (HRMA) for Ad-Hoc Networks [C]. In Proc. of IEEE INFOCOM, 1999: 194-201.

[81] SARDA B, SAHA D. A survey of tcp enhancements for last-hop wireless networks [J]. IEEE Communications Surveys & Tutorials, 2006, 8 (3): 20-34.

[82] SO J, VAIDYA N H. Multi-Channel MAC for Ad Hoc Networks: Handling Multi-Channel Hidden Terminals Using A Single Transceiver [C]. In Proceedings of the ACM Interational Symposium on Mobile Ad Hoc Networking and Computing (MobiHoc), 2004: 222-233.

[83] BAHL P, CHANDRA R, DUNAGAN J. SSCH: Slotted Seeded Channel Hopping for Capacity Improvement in IEEE 802. 11 Ad - Hoc Wireless Networks [C]. International Conference on Mobile Computing and Networking. ACM, 2004: 216-230.

[84] WU S L, LIN C Y, TSENG Y C, et al. A New Multi-Channel MAC Protocol with On-Demand Channel Assignment for Multi-Hop Mobile Ad Hoc Networks [C]. IEEE Proceedings International Symposium on Parallel Architectures, Algorithms and Networks. 2002: 232.

[85] RAMACHANDRAN K N, BELDING E M, ALMEROTH K C, et al. Interference - Aware Channel Assignment in Multi-Radio Wireless Mesh Networks [C]. INFOCOM 2006. IEEE International Conference on Computer Communications. Proceedings. IEEE, 2006: 1-12.

[86] LIM J G, CHOU C T, NYANDORO A, et al. A Cut-through MAC for Multiple Interface, Multiple Channel Wireless Mesh Networks [C]. WCNC 2007, 2007: 2373-2378.

[87] NELAKUDITI S, LEE S, YU Y, et al. Blacklist-aided forwarding in Static Multihop Wireless Networks [C]. IEEE Communications Society Conference on Sensor and Ad Hoc Communications and Networks, IEEE, 2015: 252-262.

[88] MMRP: Mobile Mesh Routing Protocol [OL].

[89] BISWAS S, MORRIS R. ExOR: Opportunistic Multi-hop Routing for Wireless Networks [J]. ACM SIGCOMM Computer Communication Review, 2005, 35 (4): 133-144.

[90] BISWAS S, MORRIS R. ExOR: Opportunistic Multi-hop Routing for Wireless Networks [C]. Conference on Applications, Technologies, Architectures, and Protocols for Computer Communications. ACM, 2005: 133-144.

[91] TAM W H, TSENG Y C. Jont Multi-Channel Link Layer and Multi-Path Routing Design for Wireless Mesh Networks [C]. IEEE International Conference on Computer Communications, 2007: 2081-2089.

[92] CHAPORKAR P, PROUTIERE A. Adaptive Network Coding and Scheduling for Maximizing Throughput in Wireless Networks [C]. MobiCom2007, 2007: 135-146.

[93] BHATIA R, LI L. Throughput Optimization of Wireless Mesh Networks with MIMO Links [C]. 26th IEEE International Conference on Computer Communications (INFOCOM 2007), 2007: 2326-2330.

第 4 章
无线传感器网络

人通过视觉、听觉、嗅觉等方式感知周围环境，获取物理世界的信息。但是，仅仅依靠对物理世界的本能感知已远远不能满足信息时代的发展要求。传感器作为连接物理世界与电子世界的重要媒介，已经渗透到了人们的日常生活中，如热水器的温控器、电视机的红外遥控接收器、空调的温度和湿度传感器等。可以说，传感器已经被广泛应用到工农业、医疗卫生、军事国防、环境保护等众多领域。

本章内容安排如下，4.1 节介绍无线传感器网络的概念、体系结构以及设计时所需考虑的因素等；4.2 节介绍无线传感器网络常用的操作系统；4.3 节介绍无线传感器网络的组网技术；4.4 节和 4.5 节分别介绍无线传感器网络中的两项支撑技术，即节点定位技术和时间同步算法；4.6 节为本章小结。

> 📖 教学目标
> - 掌握无线传感器网络的概念，了解无线传感器网络和移动自组织网络的区别。
> - 了解无线传感器网络的设计方法。
> - 了解无线传感器网络常用的操作系统。
> - 掌握无线传感器网络的组网技术、节点定位技术、时间同步算法。

4.1 无线传感器网络概述

传感器作为信息获取的重要手段，与通信技术、计算机技术构成了信息技术的三大支柱。传统的无线传感器网络研究起源于 20 世纪 70 年代，美国军方利用震动感应传感器部署了能够长期工作、无人值守的无线传感器网络。之后，其他发达国家和一些企业也投入许多精力来开展无线传感器网络的研究，其研究领域从军事国防领域扩展到环境监测、健康监测、家庭应用等领域。自组织、微型化和对外部世界的感知能力是无线传感器网络具备的三大特点，这些特点决定了无线传感器网络在众多领域都有广阔的应用前景。

4.1.1 无线传感器网络的基本概念

什么是传感器？我国国家标准《传感器通用术语》（GB/T 7665—2005）对传感器的定义为"能够感受规定的被测量并按照一定规律转换成可用输出信息的器件和装置"。传感器一般由敏感元件、转换元件和基本电路组成。无线传感器网络将大量传感器节点密集地布置在一个区域内，通过无线电通信组成一个多跳自组织网络系统，其目的是协作地感知、采集和处理网络覆盖区域里被检测对象的信息，并发送给观察者。

在组网方面，无线传感器网络是从移动自组织网络发展而来的，其配置、管理都是以自组织的方式完成的。无线传感器网络中的节点位置不需要事先确定，允许将节点随机地布设在不可达地区或危险地区。

无线传感器网络和移动自组织网络的不同之处如下。

1）无线传感器网络中的节点布设比较密集。

2）无线传感器网络中的节点布设以后，基本上处于静止状态，具有弱移动性。

3）无线传感器网络中的节点本身结构简单，容易失效。

4）由于无线传感器网络中节点数量很大，而每个传感器网络通常是局部应用的，因此节点没有全局 ID。

5）无线传感器节点通常由电池供电，传感器节点一旦布设后，便很难对它进行能源补给，能耗成为无线传感器网络中至关重要的问题，甚至所有的协议设计都要尽量考虑减小能耗、延长网络生存期等问题。

4.1.2　无线传感器网络设计

根据无线传感器网络的特点，需要考虑的设计因素包括能耗、可扩展性、硬件限制、节点成本、网络拓扑等。虽然近年来在无线传感器网络的研究方面取得了许多研究成果，但是没有出现一种能将上述全部设计因素考虑在内的设计方案。

无线传感器节点通常由电池供电，但电池容量不会太大。在一些应用场景下，为节点充电是不可能的，所以节点生存期取决于电池能量。一旦电池能量耗尽，节点就失去了作用，一方面，节点无法继续采集当地的信息，造成信息的丢失；另一方面，造成网络拓扑的变化，甚至网络被分裂。因此，能量管理是无线传感器网络中的一个热点问题。

无线传感器网络中的节点数量很大，一般有成百上千个，在一些特殊应用中，甚至达到上百万个。在一定区域内，节点从数个到数百个不等，所以网络设计时需要考虑数量带来的影响，需要具有良好的扩展性。

一般情况下，传感器节点在布设后就很难再接触到，不能进行实时维护，而传感器节点容易失效，这就使得维护网络拓扑成为一项关键任务。网络拓扑变化分为三个阶段：预布设、后布设和重布设。预布设是指通过人工、飞机或其他装置将传感器节点布置在一定区域，之后节点通过自组织方式形成网络。后布设是指节点布设后，由于节点失效或节点移动导致网络拓扑变化。重布设是指考虑到替换功能节点或任务的动态变化而重新增加一些节点，导致网络拓扑的重新组织。

因为传感器节点要设计得尽量小且成本尽量低，所以节点的能源、运算能力、存储能力都很有限，设计协议时必须考虑硬件的实际情况。

除上述因素以外，无线传感器网络设计还需要考虑具体的环境因素、应用需求，以及安全性、可靠性等问题。不同的传输频率在干扰、传输速率方面存在不同，在无线传感器网络的设计中也应该予以考虑。

4.2　操作系统

无线传感器网络节点的操作系统是系统的基本软件环境，是应用软件开发的基础。虽然无线传感器网络节点的硬件结构相对简单，但是若不采用操作系统，开发人员直接对硬件进行编程操作，则无线传感器网络的应用开发难度将大大提高。另外，软件的重用性很差。因此，使用操作系统对底层硬件进行抽象化，可以使开发人员将主要时间和精力集中在创造产品的附加价值方面，大大降低开发难度，减少开发时间并降低成本。

对于无线传感器网络节点的操作系统，直接使用现有的嵌入式操作系统，如VxWorks、Windows CE、嵌入式Linux等，会带来很多问题。上述嵌入式操作系统主要面向复杂的应用领域，所实现的功能非常强大，系统代码较大，需要较多的存储和计算等资源。而无线传感器网络的硬件资源有限，功能上又有其独特需求，因此，需要设计专门的操作系统，使它具备高效使用传感器节点的有限内存和低速低功耗的处理器的能力、高效的资源管理和任务调度能力、实时和并发操作能力，以及快速组合软件代码模块能力等，且能够对各种特定的应用提供强力支持。随着无线传感器网络的发展，已经出现了众多应用于无线传感器网络的操作系统，目前流行的有TinyOS[1]、MANTIS OS[2]、MagnetOS[3]等。

TinyOS是加州大学伯克利分校开发的开源操作系统，专为嵌入式无线传感器网络设计，基于构件（component-based）架构的操作系统使得其快速更新成为可能，而这又减小了受传感节点存储器限制的代码长度。TinyOS采用事件驱动模型，CPU不需要主动寻找感兴趣的事件，这样可以在很小的空间中处理高并发事件，并且能够达到节能的目的。目前，TinyOS已经可以运行在很多硬件平台上，在TinyOS网站上公开原理图的硬件平台有Telos（Rev A）、Telos（Rev B）、MICA2DOT、MICA2和MICA。此外，一些商业或非商业组织的硬件平台可运行TinyOS，如MoteIV提供的Tmote Sky、Crossbow公司的MICAz和Imote。

MANTIS OS是由美国科罗拉多大学MANTIS项目组为无线传感器网络开发的开源多线程操作系统。它的内核和API采用标准C语言开发，可采用Linux和Windows开发环境，易于用户使用。MANTIS OS提供抢占式任务调度器，采用节点循环休眠策略来提高能量利用率，目前支持的硬件平台有MICAz和Telos等，它们对RAM的最小需求可到500B，对Flash的需求可小于14 KB。

MagnetOS是一种为移动自组织网络和无线传感器网络设计的分布式操作系统，其目的是提供能量感知的、自适应的、易于开发的网络应用程序。MagnetOS以透明的方式将应用自动分解为若干组件并将它们分布到网络中的各个节点上，从而减少能量消耗，延长网络生存期。

4.3　组网技术

4.3.1　无线传感器网络的物理层

物理层处在OSI协议栈的底层，直接和物理传输介质相联系，是整个网络系统的基础。物理层对下控制数据传输，负责为网络建立、维护和释放一条二进制传输的物理连接，对上提供一个接口，屏蔽物理传输介质的特性，使底层信息对高层保持透明。在无线传感器网络中，物理层传输介质一般选择可见光（激光）、红外线和无线电。无线电应用较为广泛，因此本节主要讨论无线电传播方式。

　　无线传感器网络的物理层涉及传输介质、频段选择、调制技术等内容，同时低能耗是物理层研究的一个主要课题。在无线电频率选择方面，ISM 频段（Industrial Scientific Medical Band，工业、科学、医学频段）是个较好的选择，因为 ISM 频段是无须注册的公用频段，仅仅要求发射功率在 1W 以下，适合无线传感器网络的低功耗、近距离通信。表 4-1 列出了部分 ISM 频段。

表 4-1　部分 ISM 频段及说明

频　段	中心频率	说　明
13.553 MHz~13.567 MHz	13.56 MHz	
26.957 MHz~27.283 MHz	27.12 MHz	
40.66 MHz~40.70 MHz	40.68 MHz	
433 MHz~464 MHz	448 MHz	欧洲标准
902 MHz~928 MHz	915 MHz	美国标准
2.4 GHz~2.5 GHz	2.45 GHz	全球 WPAN/WLAN
5.725 GHz~5.875 GHz	5.8 GHz	全球 WPAN/WLAN
24 GHz~24.25 GHz		

　　在无线传输中，由于无线信号的衰减、散射、反射、衍射等因素的影响，因此通信能耗将随通信距离的增大而急剧增加，当距离为 d 时，最小传输能量为 d^n，其中 $2 \leqslant n < 4$。在典型的无线传感器网络中，一般使用近地信道，n 接近 4，这是由于部分信号被地面反射抵消了。采用多跳传输，可缩小每一跳间的距离，减少信号的损耗，所以，在无线传感器网络中使用多跳传输就成为必然。

　　具体到每一跳中，都涉及两个网络设备，物理层的功能是建立透明的二进制比特流的传输。为了实现该功能，首先需要确定具体的物理介质，然后在其上建立传输规则，也就是传输时使用的调制编码方法。在一些应用中，物理层还需要提供数据的硬件加密和解密功能。另外，物理层需要负责一些管理工作，如信道状态评测、能量检测等。

　　调制编码方法是物理层中的关键技术，调制是指用模拟信号承载数字或模拟数据，编码是指用数字信号承载数字或模拟数据。传统调制方式包括模拟调制和数字调制两种模式，数字调制可分为振幅调制、频率调制和相位调制三种类型。在此基础上，针对无线传感器网络的特点，目前已发展出了多种调制编码方法。

1. 多进制调制方法 M-ary

　　在无线传感器网络中，能量是非常重要的考虑因素。为了减少传输能量，一种解决思路就是减少传输时间，在一个符号中调制多个二进制位，这种方法就是多进制调制方法 M-ary[4]，它是针对传统二进制（binary）调制提出的。M-ary 调制方式利用多进制数字基带信号调制载波信号的振幅、频率和相位，可相应地提供多进制振幅调制、多进制频率调制和多进制相位调制三种基本方法[5]。

2. ACPM 机制

ACPM（Adaptive Code Position Modulation）是一种自适应编码位置调制机制。其中，每个节点有两个信道：数据信道和信令信道。自适应功能体现在两个方面，一方面是功率控制，另一方面是调制方式控制。接收者计算数据的误码率（BER）并将它通过信令信道传给发送者。发送者根据 BER 计算出噪声功率密度 N_0，并根据 N_0 调节下一次的发送功率。在传输过程中，物理层需要周期性地向分组调度层报告本地的噪声功率密度，分组调度层通过 N_0 确定最优化的调制方式，并告知物理层调整其调制方式。此外，发送者还需要将调制方式的信息通过信令信道传给接收者，以保证接收者能正确解调。

3. 超宽带（UWB）通信技术

超宽带无线电技术是指具有很高带宽比的无线电技术。美国联邦通信委员会（FCC）规定，信号带宽大于 500 MHz 或相对带宽大于 0.2 的频带称为超宽带。UWB 信号的编码方式多种多样，目前流行的调制机制有脉冲位置调制（Pulse Position Modulation，PPM）[6]、脉冲幅度调制（Pulse Amplitude Modulation，PAM）[7]、开关键控[8]和二进制相移键控（Binary Phase-Shift Keying，BPSK）[9]等。相比传统调制机制，UWB 具有系统结构相对简单、安全性高、抗衰落性能好和扩频增益比大等优点[10]。

4.3.2　无线传感器网络的 MAC 协议

数据链路层位于处理层之上，将物理层提供的可能出错的物理连接改造成逻辑上无差错的链路，使得对网络层表现为一条无差错的链路。同时，数据链路层还提供一些流控功能，保证慢速接收方不被快速发送方"淹没"。在无线传感器网络中，数据链路层的主要部分是 MAC 协议，其关键作用是解决无线信道合理共享这一问题，对整个网络的性能有直接影响。

由于无线传感器的特有性质，因此，其 MAC 子层除存在移动自组织网络面临的一些问题以外，还面临一些新的问题，如能量要求更加严格，导致传统移动自组织网络数据链路层协议无法直接应用。为此，研究人员开发了一些针对无线传感器网络特点的 MAC 协议。

无线传感器网络 MAC 协议可从不同角度来划分。根据信道分配方式，可分为竞争型 MAC 协议、分配型 MAC 协议和混合型 MAC 协议三类。根据网络中节点是否同步，可分为同步 MAC 协议和异步 MAC 协议，同步 MAC 协议需要网络中节点在时间上进行同步，异步 MAC 协议则没有此要求。根据使用信道数目，可分为单信道 MAC 协议、双信道 MAC 协议和多信道 MAC 协议三种类型，目前主要采用的是单信道 MAC 协议。数据报文传递到接收节点时的通知方式可分为侦听、唤醒和调度三种类型[11]。侦听方式多以连续侦听为主；唤醒方式通常采用低功耗唤醒接收机制实现；调度是指在广播信息中明确指出接收节点何时接入信道，以适时控制节点打开射频模块。

现在使用广泛的分类方式是按信道分配方式进行划分，即将 MAC 协议分为竞争型、分配型和混合型三类。竞争型 MAC 协议采用随机接入方式，具有接入灵活、吞吐量大的优点，但是信道使用过程中存在大量冲突。因此，其主要研究方向是减少冲突导致的能源损耗。分配型 MAC 协议是指各节点在发送前已协商好发送时间，避免了干扰，但是有信道浪费大、吞吐量较小等缺点，其主要研究方向是提高信道利用率。混合型 MAC 协议对上述两种 MAC 协议进行了权衡，整合了它们的优点。这种分类方法更能体现 MAC 协议的研究方向和侧重点。

在竞争型 MAC 协议中，节点共享同一个信道，当需要发送数据时，抢占该信道。但如果多个节点同时抢占信道，则会引起冲突。竞争型 MAC 协议的关键在于，设计一种合理的信道分配方案，使得在干扰范围内，同一时间只有一个节点使用某一信道。在无线传感器网络中，在实现上述功能的同时，还需要注意节能问题。

分配型 MAC 协议使用时分、频分等方法，将信道分为若干子信道，利用中心节点或预先分配的方法将子信道分给各个节点，避免了节点因竞争信道而造成的冲突。其关键在于如何将信道分为子信道以及如何将子信道分给有通信需求的节点。

竞争型 MAC 协议具有自组织的特性，而分配型 MAC 协议更加节能。二者整合后可获得更好的综合性能，为此学者们提出了混合 MAC 协议。ZMAC（Zebra MAC）是一种典型的混合型 MAC 协议[12]，将 TDMA 和 CSMA 的优势进行互补。其主要思想是可以根据竞争情况进行自适应调整，高竞争情况下类似 CSMA，低竞争情况下类似 TDMA，从而充分发挥 CSMA 和 TDMA 的优势。该协议在网络拓扑动态变化和时间同步易失效的情况下，依然能够保持很好的健壮性。Zhou S. 等人提出了 A²-MAC（Application Adaptive MAC，应用自适应 MAC）协议[13]，该协议将应用和感知活动的信息作为 MAC 子层调度的暗示信息，旨在通过高层信息来节能和提高网络性能。A²-MAC 是一种 CSMA 与 TDMA 的混合协议，有一个基于时间的帧结构，可通过随机或固定方式接入。它在节省能量和提高网络吞吐量方面进行了较好的平衡。

无线传感器网络 MAC 协议比较见表 4-2。从表 4-2 中可以看出，无线传感器网络 MAC 协议都是以减少能耗为目的进行设计的。竞争型 MAC 协议的主要目标是动态调节睡眠和监听的时间，使得节点尽量只在自己需要收发信息时才监听信道，其余时间处于休眠状态，一方面降低节点能耗，另一方面减少和其他节点的冲突。分配型 MAC 协议中的协议基本都是基于 TDMA 机制的改进协议，其目的是设计一种高效的时隙分配方案来减少能耗。混合型 MAC 协议综合了前两种协议的优点，其性能更好，但是相对来说，其机制和设计更加复杂。

表 4-2　无线传感器网络 MAC 协议比较

协议名称	类　　型	是否同步	关 键 技 术
SMAC	竞争型	是	周期性监听睡眠
TMAC	竞争型	是	动态调节活动周期
WiseMAC	竞争型	否	CSMA+前导载波监听
Sift	竞争型	是	在不同时隙选择发送概率
SMACS	分配型	否	TDMA+多信道
ASCEMAC	分配型	否	空转+模糊逻辑调度
AI-LMAC	分配型	是	TDMA+位图时隙占用表
DMAC	分配型	是	交错唤醒机制
ZMAC	混合型	局部同步	TDMA+CSMA
A²-MAC	混合型	泊松分布同步	应用自适应

4.3.3　无线传感器网络的路由协议

无线传感器网络是一种无线多跳网络，无线信道的不稳定、信道间干扰、节点移动和失效等导致传统互联网路由协议不再适用于无线传感器网络。虽然移动自组织网络与无线传感器网络类似，但是其路由协议设计没

网络拓扑结构

有充分考虑无线传感器网络中能量的局限性，以及无线传感器网络节点的弱移动等特性，因此，往往不符合无线传感器网络的要求。所以，有必要结合无线传感器网络特点研究设计新的路由协议。

无线传感器网络是在移动自组织网络基础上发展而来的，因此无线传感器网络的路由协议主要参考移动自组织网络的路由协议。但这两种网络的差异还是很大的，无线传感器网络节点不移动或很少移动，而移动自组织网络中的节点频繁移动；无线传感器网络中的节点的通信能耗高，数据计算能耗低，而这种差异在移动自组织网络中并不重要；无线传感器网络一般独立成网，主要提供监测功能，是以数据为中心的网络，移动自组织网络则能为分布式应用提供互连、计算能力；无线传感器网络中的节点可达上千个，远大于移动自组织网络的几十个节点；无线传感器网络流量具有多到一（many to one）和一到多（one to many）的特点；无线传感器网络中的节点合作完成监测任务，与应用高度相关，数据相关性较大；无线传感器网络中的节点一般没有统一编址（在某些应用中，可对节点编址）。无线传感器网络的这些特点给路由协议的设计带来了新的问题，所以必须设计新的路由协议。

1. 路由协议设计涉及的因素

无线传感器网络的路由协议自身的特点决定了传统无线网络的路由协议不再适用于它的应用场景。针对上述特点，在具体设计无线传感器网络的路由协议时，需要考虑以下因素[10]。

- 简单节能。在设计无线传感器网络的路由协议时，需要重点关注能量因素。为了节能，路由协议的设计应尽可能简单，并且能够高效传输信息。
- 减少冗余信息。在无线传感器网络中，临近的节点感知到的信息可能有很多重复。为了尽可能减少数据发送次数，路由协议设计需要考虑通过数据融合来有效减小信息冗余。
- 可扩展性。为了适应网络拓扑的动态变化，路由协议应采用分布式运行方式，使它易于扩展。
- 健壮性。为了保证传感器节点的随时加入或退出不会影响到全局任务的正常执行，路由协议的设计应具备健壮性，有较强的容错能力。
- 负载均衡。灵活的路由策略可使路由选择算法尽可能利用剩余能量较多的路径，从而均衡节点的剩余能量，延长网络的生存期。
- 安全。为了防止监测数据被盗取和获取伪造的监测信息，路由协议应具有良好的安全性能，降低遭受攻击的可能性。

2. 路由协议的分类

由于无线传感器网络与应用高度相关，单一的路由协议不能满足各种应用的需求，因此人们研究了众多的路由协议。为了揭示协议特点，可以根据协议采用的通信模式、路由结构、路由建立时机、状态维护、节点标识和投递方式等策略，运用多种分类方法对它进行分类[10]。无线传感器网络的路由协议与移动自组织网络的路由协议非常类似，所以无线传感器网络的路由协议的分类基本上可参照移动自组织网络的路由协议。按照节点是否有层次结构，可分为平面路由协议和分层路由协议；按照端到端路径数目，可分为单径路由协议和多径路由协议；按照路径是否指定源节点，可分为源路由协议和分布式路由协议；等等。这些分类方法在第 3 章已经进行了讨论，不再赘述。按照节点是否有层次结构的分类方法基本涵盖了所有的路由协议，应用较广，因此，本节主要采用这种分类方法。

无线传感器网络的路由协议还可根据其应用中的特点进行分类。由于相邻节点采集的数据接近，因此可根据数据在传输过程中是否进行聚合处理，将路由协议分为数据聚合的路由协议和非数据聚合的路由协议。另外，在一些具体应用中，还需要考虑地理位置、能量感知、QoS、安全等因素，根据是否利用了这些信息来对路由协议进行分类。这些信息不是路由协议必需的，但它们的使用可以优化路由协议的性能。本节优化的路由协议部分将介绍使用了这些信息的路由协议。

3. 平面路由协议

无线传感器网络中的平面路由协议往往以数据为中心进行路由和传输，在此过程中，节点具有相同的地位和功能，节点间通过协同工作完成感知任务。

（1）洪泛协议和流言协议

洪泛协议和流言协议是两个经典和简单的传统网络路由协议[14]，也可应用到无线传感器网络中。在洪泛（Flooding）协议中，节点产生或收到数据后会向所有邻居节点广播，数据报文直到过期或到达目的地才停止传播。但洪泛协议有下列严重缺陷。

- 内爆：节点几乎同时从邻居节点收到多份相同数据。
- 交叠：节点先后收到监控同一区域的多个节点发送的几乎相同的数据。
- 资源利用盲目：节点不考虑自身资源的限制，在任何情况下都转发数据。

流言（Gossiping）协议是对洪泛协议的改进，节点在发送数据时不再采用广播的形式，而是随机选取一个邻居节点进行转发，有效地避免了内爆问题，但增加了延时。这两个协议不需要维护路由信息，简单易行，但扩展性很差。

（2）基于信息协商的传感器协议 SPIN

基于信息协商的传感器协议（Sensor Protocols for Information via Negotiation，SPIN）是一种经典的以数据为中心的路由协议[15]。该协议引入了元数据（meta-data）的概念，用来描述感知数据，但其大小比原始感知数据小。SPIN 的工作流程如图 4-1 所示，节点产生或收到数据后，为避免盲目传播，用包含元数据的 ADV 消息向邻居节点通告，需要数据的邻居节点用 REQ 消息提出请求，数据通过 DATA 消息发送到请求节点。

SPIN 的优点在于，使用 ADV 消息减轻了内爆问题；通过数据命名解决了交叠问题；节点根据自身资源和应用信息决定是否进行 ADV 通告，避免了盲目利用资源问题。与洪泛和流言协议相比，SPIN 有效地节省了能量。但该协议有一些不可避免的缺点，当产生或收到数据的节点的所有邻居节点都不需要该数据时，将导致数据不能继续转发，以致较远的节点无法得到数据。当网络中大多数节点都是潜在汇聚点时，该问题并不严重，但当汇聚节点较少时，这将成为一个很严重的问题。当某汇聚节点需要任何数据时，其周围节点的能量很容易被耗尽。

（3）DD 协议

为了解决某些汇聚节点无法收到信息的问题，Intanagonwiwat C. 等人提出了定向扩散（Directed Diffusion，DD）协议[16]。DD 协议是一个经典的、基于数据的、查询驱动的路由协议，与 SPIN 协议中信息由源节点向汇聚节点扩散不同，DD 协议中的信息传输过程是由汇聚节点来初始的。DD 协议采用（属性，值）对来命名数据，其工作流程如图 4-2 所示。

a) ADV扩散　　　　　　b) 数据请求　　　　　　c) 数据传送

d) 邻居节点的ADV扩散　　　e) 邻居节点的数据请求　　　f) 邻居节点的数据传送

图 4-1　SPIN 的工作流程

汇聚节点将查询任务封装成兴趣（interest）消息的形式，周期性地将它洪泛到网络中，从本质上来说，这一步的目的是设置一个监测任务。然后，沿途节点按需对兴趣消息进行缓存与合并，建立反向的从源节点到汇聚节点的梯度（gradient）场，从而建立多条指向汇聚节点的路径。兴趣地理区域内的节点则按要求启动监测任务，并周期性地上报数据，途中各节点可对数据进行缓存与聚合。汇聚节点在收到数据后，可从中选择一条最优路径作为强化路径，后续数据将沿这条路径传输。

a) 兴趣扩散　　　　　　b) 梯度建立　　　　　　c) 强化路径

图 4-2　DD 协议的工作流程

DD 协议使用了多路径，因此其健壮性好；使用了数据聚合，可以减少数据通信量；使用查询驱动机制按需建立路由，避免了保存全网信息。但梯度场的建立过程开销很大，因此 DD 协议适合持续性查询的应用，而不适合一次性查询的应用，也不适合环境监测这类查询较少但需要持续传递数据的应用。

（4）谣言协议

针对 DD 协议采用洪泛机制建立路径开销太大的问题，谣言（Rumor）协议做出了一些改进[17]，我们可以把它看作 SPIN 协议和 DD 协议的综合。该协议借鉴了欧氏平面图上任意两条曲线交叉概率很大的思想，当节点监测到事件后，将它保存，并创建称为 Agent 的生命周期较长的包括事件和源节点信息的数据报文，将它沿一条或多条随机路径在网络中转发。收到 Agent 的节点根据事件和源节点信息建立反向路径，然后将 Agent 再次随机发送到邻居节点，并可在再次发送前在 Agent 中增加它已知的事件信息。汇聚节点的查询请求也沿着一条随机路径转发，当 Agent 数据报文的路径和查询请求路径交叉时，则可建立传输路径；如果不交叉，则汇聚节点可洪泛其查询请求。在多汇聚节点、查询请求数目很大、网络事件很少的情况下，谣言协议较为有效。但如果事件非常多，则维护事件表和收发 Agent 带来的开销会很大。

4. 分层路由协议

在分层路由协议中，网络通常被划分为簇（cluster）。簇就是具有某种关联的网络节点集合。每个簇由一个簇头（cluster head）和多个簇内成员（cluster member）组成，低一级网络的簇头是高一级网络中的簇内成员，最高层的簇头负责与基站（Base Station，BS）通信。这类算法将整个网络划分为相连的区域，簇头节点不仅负责簇内信息的收集和融合处理，还负责簇间数据转发，因此簇头节点的能量消耗非常高。为了延长整个网络的生命周期，簇头节点往往需要定期更新。

（1）LEACH 协议

低能耗自适应聚类层次（Low-Energy Adaptive Cluster Hierarchy，LEACH）协议是最早被提出的分层路由协议[18]。为了平衡网络各节点的能耗，簇头周期性按轮随机选举产生，每轮选举方法：每个节点产生一个 $[0,1]$ 区间内的随机数，如果该数小于 $T(n)$，则该节点为簇头。$T(n)$ 按式（4-1）计算。

$$T(n) = \begin{cases} \dfrac{p}{1 - p\left(r \bmod \dfrac{1}{p}\right)} & , n \in G \\ 0 & , 其他 \end{cases} \tag{4-1}$$

式（4-1）中，p 是网络中簇头数与总节点数的百分比，r 是当前的选举轮数，G 是最近 $1/p$ 轮不是簇头的节点集。成为簇头的节点在无线信道中广播这一消息，其余节点选择加入信号最强的簇头。节点使用一跳通信将数据直接传送给簇头，簇头也通过一跳通信将聚合后的数据直接传送给汇聚节点。该协议采用随机选举簇头的方式避免了簇头过分消耗能量，提高了网络生存时间，采用数据聚合有效地减少了通信量。但该协议也存在一些问题：第一，它需要节点支持射频功率自适应和动态调整；第二，协议无法保证簇头节点能遍及整个网络，很可能出现簇头节点集中出现在网络某一区域的现象；第三，簇头的频繁选举引发的通信耗费了许多能量。

为此，学者们在 LEACH 协议的基础上做了一些改进，提出了 LEACH-C（LEACH-centralized）和 LEACH-F（LEACH-fixed）等协议[19]。这两个协议都采用集中式的簇头产生算法，由基站负责挑选簇头，可解决 LEACH 协议中每轮产生的簇头没有确定数量和位置的问题。在 LEACH-C 协议中，每个节点把自身地理位置和当前能量报告给基站，基站根据所有节点的报告计算平均能量来选取簇头，当前能量低于平均能量的节点不能成为候选簇头。从剩余候选节点中选出合适数量和最优地理位置的簇头集合是一个 NP 问题。为此，基站根据所有成员节点到簇头的距离平方和最小的原则，采用模拟退火（simulated annealing）算法解决问题。最后，基站把簇头集合和簇的结构广播出去。在 LEACH-F 协议中，簇的形成与 LEACH-C 协议一样，也是基站采用模拟退火算法生成簇。同时，基站为每个簇生成一个簇头列表，指明簇内节点轮流当选簇头的顺序。一旦簇形成，簇的结构就不再改变，簇内节点根据簇头列表顺序依次成为簇头。与 LEACH 和 LEACH-C 协议相比，LEACH-F 协议的最大优点就是无须每轮循环都要构造簇，减少了构造簇的开销。但是，LEACH-F 协议并不适合真实的网络应用，因为它不能动态处理节点的加入、失败和移动。同时，它还增加了簇间的信号干扰。

（2）PEGASIS 协议

为了避免 LEACH 协议频繁选举簇头的通信开销，Lindsey S. 等人提出了传感器系统中能量有效的汇聚（Power-Efficient Gathering in Sensor Information System，PEGASIS）协议[20]。PEGASIS 协议简化了网络中簇头的选取方式，利用贪心算法从距汇聚节点最远的传感器节点开始，依次连接下一个最近的传感器节点，从而将网络中所有节点连接起来以形成一个簇（称为链）。动态选举簇头的方法很简单，设网络中的 N 个节点都用 $1\sim N$ 的自然数编号，第 j 轮选取的簇头是第 i 个节点，$i=j \bmod N$（j 为 0 时，i 取 N）。其他节点的数据采用多跳方式通过链逐跳传到簇头，簇头与汇聚节点采用一跳通信。在运行 PEGASIS 协议时，每个节点首先利用信号的强度来衡量其所有邻居节点距离的远近，在确定其最近邻居时，调整发送信号的强度，从而只有这个邻居节点能够"听到"。

该协议通过避免 LEACH 协议频繁选举簇头带来的通信开销以及自身有效的链式数据聚合，极大地减少了数据传输次数和通信量，有效地节省了能量，与 LEACH 协议相比，能大幅提高网络生存时间。但 PEGASIS 协议中簇头成为网络的关键点，其失效会导致路由失败。另外，PEGASIS 协议对应用场景有一些限制，它要求节点具有与汇聚节点通信的能力，不适合大范围网络应用；成链算法要求节点利用信号的强度来衡量其他节点的远近位置，开销较大。

（3）TEEN 协议

门值敏感的高效能传感器网络（Threshold-sensitive Energy Efficient sensor Network，TEEN）协议从数据过滤的角度对 LEACH 协议做了一些改进[21]。在某些无线传感器网络的应用场景中，如果环境数据变化不太明显，则采用 LEACH 协议周期性采集数据时会收到许多重复信息。为此，TEEN 协议提出了一种数据过滤方法来减少传输的信息量。TEEN 协议采用与 LEACH 协议相同的聚簇方式，但簇头根据它与汇聚节点距离的不同会形成层次结构。聚簇完成后，汇聚节点通过簇头向全网节点通告两个门限值（分别称为硬门限和软门限）来过滤数据发送。当节点第一次监测到数据超过硬门限时，节点向簇头上报数据，并将当前监测数据保存为监测值（Sensed Value，SV）。此后，只有在监测到的数据比硬门限大且它与 SV 之差的绝对值不小于软门限时，节点才向簇头上报数据，并将当前监测数据保存为新的 SV。该协议利用软、硬门限减少了数据传输量，且层次型簇头结构不要求节点具有大功率通信能力。但由于门限设置阻止了某些数据上报，因此该协议不适合需要周期性上报数据的应用。

APTEEN（Adaptive Periodic TEEN）协议是 TEEN 协议的扩展协议，我们可将它看作 LEACH 和 TEEN 协议的结合，该协议既能周期性地采集数据，又可以对突发事件做出快速反应[22]。APTEEN 协议中节点在发送数据时采用与 TEEN 协议相同的方式，另外增加了节点成功发送报告的最长时间周期（计数时间），如果节点在计数时间内没有发送任何数据，则"强迫"节点向汇聚节点发送数据。在节能方面，APTEEN 协议基于邻居节点监测同一对象的假设，由汇聚节点采用模拟退火算法将簇内节点分成 sleeping 和 idle 节点并形成节点对，sleeping 节点进入睡眠状态以节省能量，idle 节点则负责响应查询，两个节点在簇头轮换时转换角色。

5. 优化的路由协议

无线传感器网络的路由协议与其应用密切相关，在一些具体应用中，底层硬件可能提供节点地理位置信息，从而大幅度简化路由协议的设计。另外，在一些应用中，可能需要感知节点能量、保证 QoS、保证安全等，这也需要对无线传感器网络的路由协议进行专门优化。本节介绍一些常用的优化的路由协议。

（1）基于位置的路由协议

在某些无线传感器网络应用中，需要知道突发事件的地理位置，具体的节点定位机制在4.4 节介绍。在这种具体情况下，路由协议可以设计得更为简单有效。GEAR（Geographical and Energy Aware Routing）协议是一种典型的地理位置路由协议[23]。这种路由机制假设已知事件区域的位置信息，并假设每个节点知道自己的位置信息和剩余能量信息，通过简单的 Hello 消息交换机制获得所有邻居节点的位置信息和剩余能量信息。GEAR 协议适用于向某个特定区域发送"兴趣"消息。

为了扩展路由协议使用范围，Karp B. 等人提出了 GPSR（Greedy Perimeter Stateless Routing）协议，这是一种典型的基于位置的路由协议[24]。在该协议中，各节点利用贪心算法尽量沿直线转发数据。在这种情况下，数据可能会到达没有比该节点更接近目的点的区域，导致数据无法传输，这种问题称为"空洞"问题。GPSR 协议采用右手法则在"空洞"周围传输来解决此问题。该协议避免了在节点中建立、维护、存储路由表，节省了节点的存储空间，使用接近于最短欧氏距离的路由，减少了数据传输延时。GPSR 协议的缺点在于，当网络中汇聚节点和源节点分别集中在两个区域时，通信量不平衡易导致连接两个区域的部分节点失效，从而破坏网络连通性。

TBF（Trajectory Based Forwarding）协议[25]与 GPSR 协议不同，信息不是沿最短路径传播的，而是通过参数在数据报文头中指定一条连续的传输轨道，如指定采用广播方式，或者指定向某一区域发送数据。网络节点根据轨道参数和邻居节点位置并利用贪心算法，将最接近轨道的邻居节点作为下一跳节点。

（2）能量感知路由协议

保证 QoS 的能量感知路由协议可根据能量消耗和满足端到端延时需要来寻找一条从源到网关的最优路径[26]。该协议将流量分为实时数据通信量和非实时数据通信量，它还引入一个队列模型来管理两种流共存的情况。在这个队列模型中，用一个分类器来检查报文的类型，并把不同类型的数据报文放在不同的队列中，用一个调度模块来决定数据报文被传送的顺序。该协议分为两个阶段，首先，在不考虑端到端的延时的情况下，为每一条链路简单计算代价，使用扩展 Dijkstra 算法来计算最小代价路径；其次，在获得候选路径后，根据 QoS 需求检查它们，进一步选择一条能够满足端到端 QoS 要求的路径。如果流量每次都通过最小代价路径，那么这条路径上的节点会由于很快耗尽能量而造成路由失效，甚至可能造成网络被分割为两个部分。

为此，Chang J. 等人提出了最大化生存时间路由协议[27]，该协议考虑了网络的生存时间。该协议中引入了代价函数的概念，将链路代价定义为 $f(e_{ij}, E_i)$，其中 e_{ij} 是节点 i 向节点 j 发送数据消耗的能量，E_i 是节点 i 剩余的能量，代价函数是关于 e_{ij} 的增函数、E_i 的减函数，通过选择代价最小的路径可节省节点能量，最大化网络生存时间。该协议利用网络流建模，采用线性规划方法来解决最大生存时间问题，通过数据流在传输过程中动态改变流向，从而达到最大化网络生存时间的目的。该协议的缺点是需要知道各个节点的数据产生速率。

（3）QoS 相关路由协议

SAR 协议是一种典型的应用在无线传感器网络中的保证 QoS 的路由协议[28]。汇聚节点的所有一跳邻居节点都以自己为根创建生成树，在创建生成树的过程中，需要考虑节点的延时、丢包率、最大数据传输能力等 QoS 参数，从而使各个节点可反向建立到汇聚点的多条具有不同 QoS 参数的路径。在发送数据时，节点根据数据的 QoS 需求选择一条或多条路径进行传输。该协议的缺点是节点中的大量冗余路由信息耗费了存储资源，且路由信息维护、节点 QoS 参数与能耗信息的更新均需较大开销。

同样为提供 QoS 控制，ReInForM 协议采用了与 SAR 协议不同的考虑方式[29]。其中，路由从数据源节点开始，考虑到可靠性要求，将一个报文的多个副本从多条路径发送到目的节点。它先由数据源节点根据传输的可靠性要求计算传输路径数目，再选择若干节点作为下一跳节点，并分配相应的转发路径。以此类推，直到汇聚节点为止。

（4）考虑安全的路由协议

SPINS 协议旨在解决具有有限资源的无线传感器网络的安全通信问题[30]，它引入 SNEP 和 μTESLA 两个安全构件（协议）。SNEP 协议通过在通信双方采用两个同步的计数器，并将它们用于加密和消息认证码（Message Authentication Code，MAC）中，可实现数据机密性（满足语义安全要求）、数据认证、数据完整性和重放保护功能，且通信开销较低（每个报文仅增加 8B）。μTESLA 协议使用对称密钥算法来实现认证广播，适合资源高度受限的无线传感器网络。SPINS 协议具有低计算量、低存储量和低通信开销的优点。该协议仍存在一些安全问题没有解决：①它不能解决隐藏信道的泄密问题；②虽然能保证单个节点的破解不会暴露其他节点的密钥，但没能解决泄密节点的其他问题。

INSENS 协议是一个面向无线传感器网络安全的路由协议[31]。它借鉴了 SPINS 协议的某些思想，利用类似 SNEP 协议的密码 MAC 来验证控制数据包的真实性和完整性，利用 μTESLA 协议中单向哈希函数链所实现的单向认证机制来认证基站发出的所有信息，从而限制各种拒绝服务攻击和 rashing 攻击。另外，该协议还通过每个节点只与基站共享一个密钥、丢弃重复报文、传输速率控制和构建多路径路由等方法，限制了洪泛攻击，并将恶意节点所能造成的破坏限制在局部范围，而不会导致整个网络的失效。除采用对称密钥密码系统和单向哈希函数这些低复杂度的安全机制以外，该协议还将诸如路由表计算等复杂工作从传感节点转移到资源相对丰富的基站上进行，以解决节点资源受限问题。尽管 INSENS 协议将破坏限制在入侵者周围及其下游区域，但是，当一个内部攻击者处在基站附近时，造成的破坏范围仍会很大。

6. 路由协议的比较

表 4-3 比较了上文介绍的无线传感器网络中的典型路由协议。各方面都表现良好的路由协议并不多，大多数协议只在某一方面或特定场景下表现出较好的特性，而整体性能差强人意。所以，尽管这些算法在拓扑管理、数据融合和传输等方面有很多优势，但也存在许多不足。平面路由协议在算法节能方面需要进一步提高；层次化协议的簇头选择开销较大，且簇头容易成为网络瓶颈，制约网络性能，如何将簇头的负担简单有效地均衡分布在网络节点上仍值得继续研究。此外，在一些具体应用中，可能需要对路由协议在某一方面进行优化，这种情况下需要综合考虑其他方面的性能。

表 4-3　无线传感器网络路由协议比较

协议名称	结　　构	数据融合	基于位置	QoS 支持	扩 展 性	节　　能	安全保障
Flooding	平面	没有	不是	没有	不好	不好	没有
Gossiping	平面	没有	不是	没有	不好	不好	没有
SPIN	平面	有	不是	没有	一般	好	没有
DD	平面	有	不是	没有	一般	好	没有
Rumor	平面	有	不是	没有	好	好	没有
LEACH	层次	有	不是	没有	好	很好	没有
PEGASIS	层次	有	不是	没有	好	很好	没有
TEEN	层次	有	不是	没有	好	好	没有
GEAR	平面	没有	是	没有	一般	好	没有
GPSR	平面	没有	是	没有	好	好	没有
TBF	平面	没有	是	没有	好	好	没有
保证 QoS 的能量 感知路由协议	平面	没有	不是	有	一般	好	没有
最大化生存时间 路由协议	平面	没有	不是	没有	一般	很好	没有
SAR	平面	有	不是	有	一般	好	没有
ReInForM	平面	没有	不是	有	好	好	没有
SPINS	平面	没有	不是	没有	不好	不好	有
INSENS	平面	没有	不是	没有	不好	不好	有

4.4　无线传感器网络的节点定位

网络中传感器节点的自身位置是大多数应用的基础。地理环境监测、交通状况监控和工业生产监控等过程中获取的很多信息需要附带相应的位置信息，否则，这些数据就是不确切的，甚至失去意义。一方面，传感器节点只有在明确自身位置后才能详细说明"在什么位置或区域发生了特定事件"，从而实现对外部目标的定位和追踪；另一方面，了解传感器节点的位置分布状况有助于提高网络的路由效率，实现网络的负载均衡和网络拓扑的自动配置等，从而改善整个网络的覆盖质量。更为重要的是，随着无线传感器网络技术的不断进步，会出现更多基于位置信息的协议和应用。基于上述原因，无线传感器网络的定位技术已经成为重要的研究方向。

4.4.1　无线传感器网络节点定位简介

由于无线传感器网络通常需要在无人干预的情况下大规模地随机部署在环境较为恶劣、人类无法或不宜接近的区域，如战场、火山口附近，因此在部署时确定每个节点的位置是不现实的。若在每个节点上都装备 GPS（目前已有单芯片 GPS 解决方案并可将它集成到传感器节点上），那么显然不符合传感器节点廉价且需要大量部署的特点。因此，必须针对无线传感器网络的特点，设计独特的节点定位机制和算法。

1. 节点定位模型

要计算一个点的坐标，需要一些参考点的坐标，下面讨论三种常用的坐标计算方法。

（1）三边测量法

在平面上，想要求一个点的坐标，至少需要知道它与另外三个点的距离，这就是三边测量法（trilateration）的基本原理。如图4-3所示，已知参考点 A、B、C 的坐标分别为 (x_1, y_1)、(x_2, y_2) 和 (x_3, y_3)，它们到目标点 M 的距离分别为 d_1、d_2 和 d_3，可求 M 的坐标 (x, y)。由三条边的长度可列出式（4-2），解该方程组可以得到 M 的坐标。三边测量法的缺点：若测距过程中存在误差，三个圆将无法交于一点，则以存在误差的 d_1、d_2 和 d_3 去解方程组便无法得到正确的解。因此，在实际计算坐标时，一般不采用直接代入法，而是采用极大似然估计法或其他数值解法来处理误差带来的影响。

$$\begin{cases} (x-x_1)^2+(y-y_1)^2=d_1^2 \\ (x-x_2)^2+(y-y_2)^2=d_2^2 \\ (x-x_3)^2+(y-y_3)^2=d_3^2 \end{cases} \tag{4-2}$$

（2）三角测量法

三角测量法（triangulation）如图4-4所示，已知 A、B、C 三个点的坐标分别为 (x_1, y_1)、(x_2, y_2) 和 (x_3, y_3)，目标点 M 相对于点 A、B、C 的角分别为 $\angle AMB$、$\angle AMC$、$\angle BMC$，要求得 M 坐标 (x, y)。做一个过 A、M 和 B 的圆，圆心为 O，根据外接圆性质，有 $\angle AOB = (2\pi - 2\angle AMB)$。设圆心 O 坐标为 (x_0, y_0)，半径为 r_1，可列出式（4-3），解该方程组可求出圆心 O 的坐标和半径 r_1，得出 M 到一个已知点的距离。同理，利用另两个角可求出 M 到另外两个点的距离。最后，依据三边测量法可求出 M 的坐标。三角测量法的缺点是计算太复杂。

$$\begin{cases} (x_1-x_0)^2+(y_1-y_0)^2=r_1^2 \\ (x_2-x_0)^2+(y_2-y_0)^2=r_1^2 \\ (x_1-x_2)^2+(y_1-y_2)^2=2r_1^2-2r_1^2\cos\angle AMB \end{cases} \tag{4-3}$$

图4-3　三边测量法图示

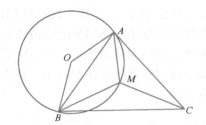

图4-4　三角测量法图示

（3）多边测量的极大似然估计法

多边测量（multilateration）的极大似然估计法是实际求解坐标时常用的一种方法，它是三边测量法的变形。如图4-5所示，已知 $n(n>3)$ 个参考点 $P_1, P_2, \cdots, P_n$ 的坐标分别为 $(x_1, y_1), (x_2, y_2), \cdots, (x_n, y_n)$，到目标点 M 的距离分别为 $d_1, d_2, \cdots, d_n$，可求得 M

的坐标(x, y)。由 n 条边的长度可得出类似式（4-2）的方程组。

该方程组通常采用极大似然估计法（Maximum Likelihood Estimation，MLE）求解，从第一个方程开始，分别减去最后一个方程，得到的线性方程组表示为 $AX = b$，其中 A、X 和 b 如式（4-4）所示，X 表示 M 的坐标，从而进一步得到极大似然解 $\hat{X} = (A^{\mathrm{T}}A)^{-1}A^{\mathrm{T}}b$。此方法在测距存在一定误差的情况下仍能达到相当高的定位精度，然而其缺点在于需要进行较多的浮点运算，其计算开销带来的能量消耗仍不容忽视，故而有必要寻求更为简单的替代算法。

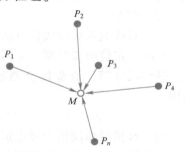

图 4-5　多边测量的极大似然估计法图示

$$A = 2\begin{bmatrix} x_1 - x_n & y_1 - y_n \\ \vdots & \vdots \\ x_{n-1} - x_n & y_{n-1} - y_n \end{bmatrix}, \quad b = \begin{bmatrix} x_1^2 - x_n^2 + y_1^2 - y_n^2 + d_n^2 - d_1^2 \\ \vdots \\ x_{n-1}^2 - x_n^2 + y_{n-1}^2 - y_n^2 + d_n^2 - d_{n-1}^2 \end{bmatrix}, \quad X = \begin{bmatrix} x \\ y \end{bmatrix} \tag{4-4}$$

2. 节点定位算法的考虑因素

由于无线传感器网络的一些特殊性质，因此，在设计定位算法时，需要考虑以下 5 个因素。

（1）定位精度

定位技术的关键评价指标是定位精度。定位精度一般用误差值与节点无线通信半径的比值表示。例如，当锚节点的通信半径为 R 时，定位精度为 $0.2R$ 表示定位误差与 R 的比值为 0.2。部分定位系统将二维网络部署区域划分为网格，其定位结果的精度就是网格的大小，如微软的 RADAR、wireless corporation 的 Radio Camera 等。一般来说，定位精度越高，节点的体积越大，消耗的能量越多，成本越高，因此，在设计算法时，需要在这些方面进行权衡。

（2）锚节点密度

锚节点定位通常通过人工部署或 GPS 实现。人工部署锚节点的方式不仅受网络部署环境的限制，还严重制约了网络和应用的可扩展性。如果使用 GPS 定位，那么锚节点的费用会比普通节点高两个数量级，这意味着即使仅有 10% 的节点是锚节点，整个网络的价格也将增加 10 倍。因此，锚节点密度也是设计节点定位算法时的重要考虑因素。

（3）健壮性

通常，定位系统和算法都需要比较理想的无线通信环境和可靠的网络节点设备，但在真实应用场合中常会有一些问题。例如，外界环境中存在严重的多径传播、衰减、阴影、非视距（Non-Line-Of Sight，NLOS）、通信盲点等问题，造成节点间距离或角度测量误差增大。网络节点也可能因各种情况失效。因此，定位系统和算法的软、硬件必须具有很强的健壮性，能够通过自动调整或重构以纠正错误、适应环境、减小各种误差的影响，提高定位精度。

（4）能耗

能耗是对无线传感器网络的实现影响较大的因素。在保证定位精度的前提下，定位所需的计算量、通信开销、存储开销、系统附加设备等，也都会直接影响系统的能耗。因此，能耗成为节点定位算法设计的关键指标。

（5）代价

定位系统或算法的代价可从几个不同方面来评价。时间代价包括一个系统的安装时间、配置时间、定位所需时间，空间代价包括一个定位系统或算法所需基础设施和网络节点的数量、硬件尺寸等，资金代价则包括实现一种定位系统或算法的基础设施、节点设备的总费用。

3. 无线传感器网络中节点定位算法的分类

对无线传感器网络中节点定位算法的研究已持续多年，成果颇多。这些算法可按照测距技术、计算方式、定位精度等重要的性能指标进行如下分类。

（1）基于测距技术的定位算法和无须测距技术的定位算法

按照定位过程中是否需要测量节点间的实际距离，可分为基于测距技术的定位算法和无须测距技术的定位算法。前者利用测量得到的距离或角度信息来进行位置计算，后者一般利用节点的连通性和多跳路由信息交换等方法来估计节点间的距离或角度，并完成位置估计。

（2）集中式定位算法与分布式定位算法

按照计算定位信息的节点位置，可将节点定位算法分为集中式定位算法与分布式定位算法。集中式定位算法将所需信息传送到某个中心节点，并由该节点进行定位计算。分布式定位算法则依赖节点间的信息交换和协调，由各个节点自行计算。

（3）粗粒度定位算法与细粒度定位算法

从定位计算的粒度来划分，可将节点定位算法分为粗粒度定位算法与细粒度定位算法两类。根据信号强度或时间、信号模式匹配（signal pattern matching）等来度量与参考节点距离的算法，称为细粒度定位算法；根据与参考节点的接近度来度量的算法，称为粗粒度定位算法。

（4）绝对定位算法与相对定位算法

按照定位的结果，可分为绝对定位算法与相对定位算法。绝对定位算法的结果是物理位置，如经纬度；相对定位算法通常是以网络中部分节点为参考，建立整个网络的相对坐标系统。

（5）递增式定位算法和并发式定位算法

根据计算节点位置的先后顺序，可分为递增式定位算法和并发式定位算法。递增式定位算法通常从锚节点开始，锚节点附近的节点首先开始定位，依次向外延伸。其主要缺点是定位过程中累积误差和传播测量误差大。在并发式定位算法中，所有节点同时进行位置计算，能够较好地避免误差累积问题。

（6）基于锚节点的定位算法和无锚节点的定位算法

根据定位过程中是否使用锚节点，可把节点定位算法分为基于锚节点的定位算法和无锚节点的定位算法。在定位过程中，前者以锚节点作为定位中的参考点，各节点定位后产生以锚节点为基点的整体绝对坐标系统。后者只关心节点间的相对位置，在定位过程中无须使用锚节点，各节点先以自身作为参考点，将临近的节点纳入自己定义的坐标系，相邻的坐标系统依次转换合并，最后产生整体相对坐标系统。

4.4.2　基于测距技术的定位算法

在基于测距技术的定位算法中，网络中每个未知节点都需要测量它与各参考节点之间的距离或角度。此算法可得到节点间的相对位置信息，如果要获知节点的绝对位置信息，就要知道某个或某些节点的绝对位置坐标值，如某些锚点借助 GPS 获得的坐标。前面已经介绍过计算节点坐标的模型，下面我们关注如何计算未知节点与已知节点的距离或角度。

1. 信号到达时间（TOA）算法

信号到达时间（Time of Arrival，TOA）算法的主要思想是使用一种速度已知的信号，通过测量信号在两点间的往返时间来计算两点间的距离，其中信号通常使用无线电或超声波。GPS（Global Positioning System，全球定位系统）是一种典型的采用无线电信号的 TOA 技术。由于微小的时间测量误差会带来巨大的测距误差，因此 GPS 对时钟和时间同步的要求非常高，如 GPS 卫星上装有价格昂贵、精确到纳秒级的原子钟，GPS 接收机则采用精度略低的石英钟，并通过不断地与卫星进行时间同步来减小误差[32]。

超声波也可作为信号来测量两点间距离，然而超声波传播距离非常有限，同时易受干扰，需要增加声学发射机与接收机，并且二者需要处于直线可视范围内，易受非视距传播的影响。因为传感器节点在尺寸、成本、功耗上的限制，上述采用无线电或超声波信号的 TOA 测距方法均不适用于无线传感器网络中的节点。

2. 信号到达时间差（TDOA）算法

为了降低对时间同步的要求，学者们提出了信号到达时间差（Time Difference Of Arrival，TDOA）算法。TODA 算法利用两种传播速度已知的信号，通过记录两种不同信号在节点间的传播时间差，计算两节点间的距离[33]。其中信号一般为无线电和超声波信号。发射节点同时发出两种信号，若无线电信号传播速度为 v_1，超声波信号传播速度为 v_2，接收节点收到两信号的时间差为 Δt，则两节点间距离 d 由式（4-5）计算得到。

$$d = \Delta t \frac{v_1 v_2}{v_1 - v_2} \tag{4-5}$$

与 TOA 算法相比，TDOA 算法不需要时间同步，对时间精度的要求较低，然而它同样受超声波传播中非视距传播的限制，所以它只适用于节点部署较为密集、障碍物较少的情况，其使用成本较高[34]。

3. 信号到达角度（AOA）算法

与前两种算法的测距方法不同，信号到达角度（Angel of Arrival，AOA）算法将对距离的测量转换为对角度的测量。未知节点通过天线阵列或其他特殊接收设备，感知参考节点信号的到达方向，计算两节点之间的相对方位角，最后通过三角测量法计算未知节点的坐标[35]。与上述两种算法相比，它同样受外界环境的影响，但它还需要增加额外的测量角度的硬件，而且在硬件尺寸和功耗上都难以令人接受。

4. 接收信号强度（RSSI）算法

上面三种算法都没有考虑信号在传播过程中的衰减问题，在实际情况中，这种衰减是不可避免的。接收信号强度（Received Signal Strength Indicator，RSSI）算法就是一种利用信号衰减规律计算节点间距离的方法。如果已经知道节点的发射信号强度，那么接收节点通过测量接收到该信号的强度，使用信号衰减模型，见式（4-6），可计算出两节点间距离[36]。

$$P(d) = P(d_0) - 10n\log \frac{d}{d_0} - \begin{cases} n_W \times \mathrm{WAF}, & n_W < C \\ C \times \mathrm{WAF}, & n_W \geq C \end{cases} \tag{4-6}$$

式中，d 是收、发节点间的距离，d_0 是参考距离；$P(d)$ 和 $P(d_0)$ 分别表示发送点 d、d_0 处的信号强度，$P(d_0)$ 的典型值为 $P(1)=30\,\mathrm{dB}$；n 为信道衰减指数，表示路径长度和路径损耗之间的比例因子，一般取 $2 \sim 4$；n_W 表示节点和基站间的墙壁个数，C 表示信号穿过墙壁的阈值；WAF 称为路径损耗附加值，表示信号穿过墙壁或障碍物的衰减因子，它依赖于建筑的结构和所使用的材料。

由于传感器节点具备通信能力，通信控制芯片通常会提供测量 RSSI 的方法，在接收参考节点广播自身坐标的同时即可完成 RSSI 的测量，因此该算法是一种低功率、低代价的测距技术。其缺陷主要表现在信号衰减模型无法全面考虑实际传播过程中的复杂环境，如信号反射、多径干扰（multi path interference）、非视距、天线增益等，可能造成信号衰减情况与所用模型不符，从而带来测量误差。因此，基于 RSSI 的测距技术应被视为一种粗糙的测距技术，因为它有可能产生 ±50% 的测距误差，只适用于对误差要求不高的场合。

4.4.3 无须测距的定位机制

无须测距技术的定位算法不用测量节点间距离或角度，其主要思想是根据网络的连通性确定网络中节点之间的跳数，通过参考节点间距离估算出每一跳的距离，并由此估算节点在网络中的位置。无须测距技术的定位算法降低了对节点硬件的要求，但定位的误差也有所增加。目前主要有两类距离无关的定位方法，一类方法是先对未知节点和锚节点之间的距离进行估计，然后利用三边测量法或极大似然估计法进行定位；另一类方法是通过邻居节点和锚节点确定包含未知节点的区域，然后把这个区域的质心作为未知节点的坐标。

1. 质心定位算法

质心定位算法是南加州大学的 Nirupama Bulusu 等人提出的一种仅基于网络连通性的室外定位算法[37]。质心是指多边形的几何中心，该算法的核心思想：参考节点每隔一段时间，向邻居节点广播一个锚信号，信号中包含自身 ID 和位置信息，当未知节点接收到来自不同参考节点的锚信号数量超过某一个预设门限或接收一定时间后，该节点就会确定自身位置为这些参考节点所组成的多边形的质心。假如多边形的顶点坐标分别为 (x_i,y_i)，$i=1,\cdots,n$，其质心坐标为 $(x,y)=(1/n)\left(\sum_{i=1}^{n}x_i,\sum_{i=1}^{n}y_i\right)$。由于质心定位算法完全基于网络连通性，因此无须锚节点和未知节点之间的协调，因此简单、易于实现。

在此算法基础上，学者们又做了一些优化工作。2006 年，陈春玉等人提出了一种降低信噪比的质心定位算法[38]，优化了传统质心算法的定位结果。2007 年，Jan Blumenthal 等人提出了一种加权的质心定位算法[39]，通过在质心定位算法中引入不同权重从而改善定位效果。

2. 基于距离向量和跳数的定位算法 DV-hop

美国路特葛斯大学（Rutgers University）的 Niculescu 等人提出了一种无须测距技术的定位技术——DV-hop 算法[40]。该算法首先使用典型的距离矢量交换协议，使网络中所有节点获得与锚节点之间的跳数。在获得其他锚节点位置和相隔跳数之后，锚节点计算网络平均每跳距离，将它作为一个校正值洪泛至网络中。为了简化操作，一个节点仅接收获得的第一个校正值，而丢弃所有后来者，在大型网络中，可通过为数据包设置 TTL 域来减少通信量。当接收到校正值之后，节点会根据跳数计算与锚节点之间的距离。最后，当未知节点获得与 3 个或更多锚节点的距离时，则可通过三边测量法计算自己的坐标。

下面举例说明，如图 4-6 所示，已知锚节点 L1 与锚节点 L2、L3 之间的距离和跳数。L2 计算得到每跳距离的校正值为（40＋75）/（2＋5）= 16.42。假设节点 A 从 L2 获得校正值，则它与 3 个锚节点之间的距离分别为 l1：3×16.42，l2：2×16.42，l3：3×16.42，然后使用三边测量法确定节点 A 的位置。

DV-hop 算法提出了一种简单的估算节点位置的方法，但其应用有一定局限性，仅在各向同性的密集网络中，校正值才能合理地估算平均每跳距离，所以该算法仍有待进一步优化。

图 4-6　DV-hop 算法示意图

3. 不定型（Amorphous）定位算法

MIT 的 Radhika Nagpal 等人提出了一种称为 Amorphous 的定位算法——不定型定位算法（Amorphous Localization algorithm）。该算法可以被看作 DV-hop 算法的增强版，引入了梯度（gradient）来表示节点与锚节点之间的跳数，一方面通过多边测量的极大似然估计法提高了梯度估计的精确度，另一方面修正了每跳距离的估计方法。

在计算梯度过程中，节点 i 收集邻居节点的梯度，通过式（4-7）修正自己到锚节点的梯度 S_i：

$$S_i = \frac{\sum_{j \in \text{nbrs}(i)} h_j + h_i}{|\text{nbrs}(i)| + 1} - 0.5 \tag{4-7}$$

式中，h_i 表示节点 i 与锚节点之间的跳数，$\text{nbrs}(i)$ 表示节点 i 的邻居节点集合。在计算每跳距离时，考虑到跳数不能代表节点与锚节点之间的直线距离，因此不定型算法采用式（4-8）来修正每跳距离 d。

$$d = r\left(1 + e^{-n_{\text{local}}} - \int_{-1}^{1} e^{-\frac{n_{\text{local}}}{\pi}(\arccos t - t\sqrt{1-t^2})} dt\right) \tag{4-8}$$

式中，r 表示节点通信半径；n_{local} 表示网络平均连通度，即网络中节点的平均邻居节点数。

当获得三个或更多锚节点的梯度后，未知节点 i 使用 S_i×HopSize 计算与每个锚节点的距离，其中 S_i 为未知节点 i 到锚节点的跳数，HopSize 为网络中一跳的平均距离。相关试验显示，当网络平均连通度在 15 以上时，节点无线射程存在 10% 的偏差，定位误差小于 20%。该算法有两个缺点：一是需要预知网络平均连通度；二是需要较高的节点密度。

4. 凸规划定位算法

加州大学伯克利分校的 Doherty 等人提出了一种完全基于网络连通性诱导约束的定位算法，即凸规划定位算法[41]。该算法将节点间点到点的通信连接视为节点位置的几何约束。例如，节点的通信半径为 20 m，两个节点进行通信所蕴含的几何约束就是这两个节点的距离，它必定小于或等于 20 m，这样产生的一系列相邻的约束条件蕴含节点的位置信息。将这些约束条件组合起来，就可以得到此未知节点可能存在的区域。该算法将节点定位问题转化为凸约束优化问题，然后使用线性矩阵不等式、半判定规划或线性规划等方法得到一个全局优化的解决方案，确定节点位置。

同时，该算法也给出了一种计算未知节点有可能存在的矩形空间的方法。根据未知节点与参考节点之间的通信连接和节点无线通信半径，可以估算出节点可能存在的区域，并得到相应矩形区域，然后以矩形的质心作为未知节点的位置。凸规划是一种集中式定位算法，在参考节点比例为 10% 的情况下，定位误差约等于节点的通信半径。为了高效工作，参考节点需要被部署在网络的边缘，否则外围节点的位置估算会向网络中心偏移。

5. 近似三角形内点测试法（APIT）

近似三角形内点测试法（Approximate Point-In-Triangulation test，APIT）是由弗吉尼亚大学的 He 等人提出的[42]，其理论基础是 PIT（perfect Point-In-Triangulation test，最佳三角形内点测试法），如图 4-7 所示，假如存在一个方向，沿着这个方向，M 点会同时远离或接近点 A、B、C，那么点 M 位于 $\triangle ABC$ 外；否则点 M 就位于 $\triangle ABC$ 内。

图 4-7　PIT 理论示意图

APIT 定位包括以下四个步骤。

1）收集信息：未知节点收集邻近锚节点的信息，如位置、标识号、接收到的信号强度等，邻居节点之间交换各自接收到的锚节点的信息。

2）APIT 测试：基于上述邻居节点之间的交互，计算未知节点是否在不同的锚节点组合成的三角形内部。

3）计算重叠区域：统计包含未知节点的三角形，计算所有三角形的重叠区域。

4）计算未知节点位置：计算重叠区域的质心位置，并将它作为未知节点的位置。

相关试验显示，APIT 误差概率相对较小（最坏情况下为 14%）；平均定位误差小于节点通信半径的 40%。在无线信号传播模式不规则和传感器节点随机部署的情况下，APIT 的定位精度较高，性能稳定，但 APIT 对网络的连通性提出了较高的要求。

4.4.4　定位算法的对比分析

对于许多应用，位置是必需的信息，所以节点定位成为无线传感器网络中的一项关键技术。本节根据定位算法的计算方式、定位粒度、定位方式、健壮性、能耗等，对前面介绍的各种定位算法进行比较分析，见表 4-4。

表 4-4　无线传感器网络定位算法比较

算 法 名 称	是否需要测距技术	计 算 方 式	定位粒度	定 位 方 式	定 位 精 度	健 壮 性	能 耗
TOA	基于测距技术	分布式	细	并发式	较高	差（依赖于时间同步）	大
TDOA	基于测距技术	分布式	细	并发式	较高	好	较大
AOA	基于测距技术	分布式	细	并发式	低	差	大
RSSI	基于测距技术	分布式	细	并发式	低	差	小
质心定位算法	无须测距技术	分布式	粗	递增式	低	好	小
DV-hop	无须测距技术	分布式	粗	递增式	良好	好	较大
Amorphous	无须测距技术	分布式	粗	递增式	良好	差	大
凸规划定位算法	无须测距技术	集中式	粗	并发式	高	一般	大
APIT	无须测距技术	分布式	粗	递增式	高	好	一般

基于测距技术的定位算法一般为细粒度，无须测距技术的定位算法一般为粗粒度。在计算方式上，由于无线传感器网络是一种典型的自组织、分布式网络，因此一般采用分布式计算方式。各种定位算法在精度、健壮性、能耗等方面不尽相同，可根据实际应用的需要选择。

4.5　无线传感器网络的时间同步算法

无线传感器网络是典型的分布式系统，大量节点协作才能完成区域内的监控感知工作，而协作的基础是各个节点能够按照某种顺序工作，甚至基于时间同步的传输方式进行通信。因此，对于无线传感器网络，时间同步问题极其重要。

4.5.1　无线传感器网络时间同步简介

在计算机网络中，因各硬件的时钟都不精确，某时刻各节点的本地时钟彼此可能发生偏差，导致观察到的时间或时间间隔可能发生偏移。然而，在无线传感器网络中，对时间同步有很高的要求：第一，传感器节点间需要协调运转和共同合作来完成复杂的传感任务，而成功协作的基本要求是节点间的时间同步；第二，为了在传感器网络中节省能量，节点需要在恰当的时间休眠或关闭某些耗能大的设备，这也需要节点间保持时间同步；第三，在一些应用中，传感器节点所获得的数据必须具有准确的时间和位置信息，否则采集的信息就是不完整的。所以，时间同步成为无线传感器网络中的一项重要支撑技术，具有很高的研究价值。

1. 时间同步模型

大部分计算机设备配置了硬件振荡器来协助计算机计时，硬件振荡器的频率决定了时钟运行的速率。由于多种物理因素的影响，所有时钟都易于发生偏移，硬件振荡器的频率可能发生不可预知的变化。对于无线传感器网络中的节点 i，它的本地时钟可以近似表示为式（4-9）：

$$C_i(t) = a_i(t)t + b_i(t) \tag{4-9}$$

式中，t 表示时间；$a_i(t)$ 表示时钟漂移（drift）值，即时钟速度（频率）的变化率；$b_i(t)$ 是节点 i 的时钟与真实时刻的偏移量。无线传感器网络中节点 1 和节点 2 的时间关系可表示为式（4-10）：

$$C_1(t) = a_{12}C_2(t) + b_{12} \tag{4-10}$$

式中，a_{12} 为相对漂移值，b_{12} 为相对偏移量。如果两个节点的时钟已完全同步，则它们的相对漂移值为 1，表示两个时钟具有相同频率；如果它们的相对偏移量为 0，则表示此刻它们具有相同时间值。

因为各硬件的时钟都不精确，某时刻各节点的本地时钟彼此可能发生偏移，所以需要纠正时钟频率和偏移量，也就是时钟同步的过程。同步可能是全局的，使所有节点的时钟都相等，也可能只是局部的，使某些区域内节点的时钟相同。这些只是时钟瞬间值的相等（纠正偏移量），是达不到真正同步的，之后时钟会发生偏移。因而，在进行时钟同步时，要么使时钟频率和偏移量都相等，要么反复地纠正偏移量来保持时钟同步。

2. 时间同步的考虑因素

时钟同步方法依赖于节点间一些交互的信息。为了同步，一个节点可以产生一个时间戳并发送给另一个节点。然而，网络传输时间的不确定性或物理设备接收时间的不确定性使该时间戳在到达接收端之前面临各种延时。延时使接收端不能准确地比较两个节点的本地时钟，从而不能精确地实现同步。

影响时间同步延时的因素可分为四种：发送延时、访问延时、传输延时和接收延时。发送延时是指发送端将信息转移到网络接口所需的时间；访问延时是指数据包等待 MAC 子层服务花费的时间，如等待信道空闲或 TDMA 中合适的时隙所花费的时间；传输延时是指信息在发送端和接收端之间传输所需的时间；接收延时是指接收端的网络接口接收到信息并将它转移到主机以进行处理所需的时间。

除延时问题以外，无线传感器网络还有节点能量有限、节点数量多、节点容易损坏等问题，所以，在时间同步时，还要考虑下列因素。

- 能量效率：这是无线传感器网络中任何协议和算法都要考虑的因素。
- 可扩展性：许多无线传感器网络应用需要部署大量的传感器节点，同步技术应该有效适应网络中节点数目和密度扩展的特点。
- 精确度：对于不同的应用和同步的目的，精确度的要求有很大的差别。
- 健壮性：即使在部分节点失效的情况下，同步技术在网络的剩余部分也能保持有效。
- 同步范围：时间同步技术可以给网络内所有的节点提供时间，也可给局部区域内的部分节点提供时间。由于可扩展性的问题，因此，在大型无线传感器网络中想要实现全网同步是很困难的，可能需要付出很大的代价（考虑到能量和带宽消耗）。
- 成本和物理尺寸：时间同步技术的使用要充分考虑传感器节点的尺寸、成本问题。
- 及时性：在某些进行紧急情况探测的无线传感器网络应用中（如气体泄漏检测、入侵检测等），需要将发生的事件直接发送到网关，不允许有任何延迟。这就要求节点始终进行预同步，防止因事件发生后才进行同步而造成的延时。

3. 无线传感器网络时间同步算法分类

J. Elson 和 K. Romer 在 2002 年 8 月召开的 HotNets 国际会议上首次提出和阐述了无线传感器网络时间同步机制的研究课题，此后，许多高校、科研机构也纷纷开始这个领域的研究。目前，对无线传感器网络时间同步的研究主要集中在三个方面：一是尽量减少时间同步算法对时间服务器和信道质量的依赖，缩短可能引起同步误差的"关键路径"；二是从能耗的角度，研究节能、高效的时间同步算法；三是从安全的角度，提高时间同步算法的安全性。

根据实现机制的不同，无线传感器网络时间同步算法可分为接收者—接收者同步（Receiver-Receiver Synchronization）、发送者—接收者成对同步（Sender-Receiver Pair-Wise Synchronization）、发送者—接收者单向同步（Sender-Receiver One-Way Synchronization）、仅接收者同步（Receiver-Only Synchronization）。接收者—接收者同步是指根据接收者记录的收到触发包的时间来进行同步。发送者—接收者成对同步基于节点间双向信息交换的传统模型进行收、发节点间的时间同步。发送者—接收者单向同步主要是基准节点定期广播包含当前时钟读数的同步信令。在接收者同步方法中，一部分传感器节点通过监听一对传感器节点所交换的定时信息而进行时间同步，因此这批传感器节点无须发送任何信息就可实现时间同步。大部分现存时间同步协议依赖于其中一种或两种方法。

4.5.2　接收者—接收者同步算法

接收者—接收者同步是根据接收者记录的收到触发包的时间来进行同步，当出现触发事件时，每个节点用本地时间记录触发事件，然后计算相对其他所有节点时钟偏移量的平均值，对本地时钟进行相应调整。

1. RBS 算法

参考广播同步（Reference-Broadcast Synchronization，RBS）算法是由加州大学的 Jeremy Elson 等人在 2002 年提出的[43]。其核心思想是"第三方广播"，即让参考节点利用物理层广播周期性地向网络中其他节点发送参考广播（Reference Broadcast），广播域中的节点用自己的本地时钟记录各自的包接收时间，然后相互交换记录的时间信息，通过这种方式，接收节点能够知道彼此之间的时钟偏移量，然后计算偏移（offset）矩阵 $\boldsymbol{A}$：

$$\forall i \in n, j \in n: \text{offset}(i,j) = \frac{1}{m}\sum_{k=1}^{m}(t_{j,k} - t_{i,k}) \tag{4-11}$$

式中，$t_{i,k}$ 表示接收节点 i 收到参考广播 k 时的时间，n 为接收节点数目，m 为参考广播次数。偏移矩阵中的值为节点间时钟偏移的平均值，可通过它对本地时钟进行相应调整。当每个节点都得到它相对其他所有节点的时钟偏移量的平均值时，所有接收到同一参考广播消息的接收节点便获得了一个相对网络时间。

这种在接收者之间进行同步的方法避免了发送方对同步精度造成的影响，提高了同步精度。但是，RBS 算法要求网络有物理广播信道，可扩展性不好；另外，消息交换开销太大，对于有 n 个节点的网络，需要 $O(n^2)$ 次的消息交换，能耗太大，不适合能量有限的应用场合。

2. RIP

为了解决 RBS 算法中能量浪费的问题，学者提出了参考插值协议（Reference Interpolation Protocol，RIP）[44]。RIP 利用来自参考包发射节点和基站节点的广播信息来进行时间同步。首先，参考节点广播参考包，邻近传感器节点和基站节点接收到参考包后，记录各自的本地时间，参考节点自己也会记录参考包发送时的时间。当基站节点接收到参考包后，将此时自己的时间作为参考值广播出去，这个时间可以是全球统一时间。根据基站的全球统一时间，邻居节点和参考节点修改各自的本地时钟，经过这一处理后，所有节点都与基站达到同步。

下面举例说明，参照图 4-8，节点 A、B、C 为参考节点，节点 2、3 是网关节点，初始

第一组　　　第二组　　　第三组

图 4-8　RIP 多跳时间同步过程

时，节点 1 为基站节点。RIP 方案的时间同步过程如下。

1）节点 1 发送一个消息包来启动同步。

2）节点 A 在收到基站的启动包后，发送参考包（Reference Packet，RP），并记录发送参考包的时间，每个节点收到参考包后记录此时的本地时间。

3）节点 1 广播它收到参考包的时间，每个节点在收到节点 1 发送的信息包后，将它与之前记录的本地时间比较，纠正本地时钟。

4）将节点 2 转变为基站，重复上述过程，直到所有节点实现时间同步为止。

在 RIP 中，每个传感器节点在单跳范围内只需要接收两个数据包，即参考包和基站的带有全球统一时间的同步包，减少了由时钟同步所导致的控制信息包的数量，节省了能量。另外，RIP 用参考包来同步所有的传感器节点，减少了因发送时间和存取时间的不确定性所带来的同步错误。RIP 的一个问题是，它假设节点收发参考包是在同一时间，忽略了传输时间的不确定性。当然，在密集部署的传感器节点间，传输时间是可忽略不计的。RIP 的另一个问题是由多跳时间同步引起的误差累积，而且该协议没有估计时钟的频率偏差，导致时钟保持同步的时间较短。

4.5.3　发送者—接收者成对同步

基于节点间双向信息交换同步的模型，发送者—接收者成对同步相关协议通常采用客户机—服务器的交互架构。基准节点在收到待同步节点所发送的同步请求后，返回包含当前时间的同步报文，待同步节点据此估算延时并校准时钟。

1. TPSN

加州大学网络和嵌入式系统实验室的 Saurabh Ganeriwal 等人提出的传感器网络时间同步协议（Timing-sync Protocol for Sensor Networks，TPSN）是一种典型的双向成对同步协议，其同步过程分为两个阶段：层次发现阶段和同步阶段[45]。

层次发现阶段的目的是在网络中产生一个分层的拓扑结构，并给每个节点都赋予一个层次号。在网络刚建立时，首先选取一个根节点并赋予层次号 0，然后由它广播一个层次发现报文进行初始化，报文中封装有发送者的标识和层次号。当其他节点收到层次发现报文后，先将报文中的层次号加 1 并作为自身的层次号，再广播一个新的层次发现报文，重复这个过程，直至网络中的所有节点都被赋予一个层次号为止。

同步阶段由根节点的 time_sync 报文发起。当接收到这个报文后，第一层的节点发起与根节点的双向消息交换，如图 4-9 所示。为了最小化无线信道冲突概率，每个节点都要等待一个随机时间。节点一旦接收到根节点的回复消息，就可利用双向成对同步公式（见式（4-12））计算它与根节点之间的传播延迟和时间偏移，并调整自身时钟，使之与根节点的时钟同步。第二层节点监听到第一层的一些节点与根节点的通信后，发起与第一层节点的双向消息交换，重复这个过程，最终使所有节点都与根节点同步。在该过程中，下层节点不可避免地会与多个上层节点同步。

图 4-9　第一层的节点 S 和根节点 R 之间的双向消息交换

$$\begin{cases} T_2 - T_1 = \text{delay} + \text{offset} \\ T_4 - T_3 = \text{delay} - \text{offset} \end{cases}$$
$$\begin{cases} \text{delay} = \left[\, (T_2 - T_1) + (T_4 - T_3) \,\right]/2 \\ \text{offset} = \left[\, (T_2 - T_1) - (T_4 - T_3) \,\right]/2 \end{cases} \tag{4-12}$$

　　TPSN 在 MAC 子层为发送节点和接收节点标记时间戳，消除了发送时间、访问时间和接收时间的影响，提高了算法的精度（可达到两倍于 RBS 算法的同步精度）。该协议中任意节点同步误差取决于它与根节点之间的跳数，而与网络中节点总数关系不密切，使 TPSN 同步精度不会随网络节点数目的增加而大幅降低。此外，每个节点同步的能耗以及构造层次树的总能耗在节点数增加时几乎不变，这使得 TPSN 具有较好的扩展性。

　　TPSN 的缺点是，一旦根节点失效，就要重新选择根节点并重新开始上述两个过程，增加了计算和能量开销。该协议要求网络构造层次结构，使得它不适合移动性较大的网络。除此以外，采用洪泛广播方式构造层次树的通信开销较大，而且由于同步误差累积，导致该协议中的节点同步误差依赖于到根节点的跳数。

2. CHTS 算法

　　早期的 RBS、TPSN 都没有考虑多跳网络中同步误差累积的情形。基于簇的分层时间同步（Cluster-based Hierarchical Time Synchronization，CHTS）算法[46]考虑了此问题，并通过缩减基准参考节点到各个节点的平均跳数，达到了减少误差和节省能量的目的。

　　分簇思想是在网络中选择几个传感器节点作为簇头，其余的传感器节点作为簇头的成员，每个成员采集到数据后不是直接发送到基站，而是发送到簇头，簇头把收集到的簇成员的数据经过压缩后，发送到基站。CHTS 算法的时间同步过程分为三步：簇头树的生成、簇成员树的生成，以及时间同步过程。

　　首先是簇头树的生成。整个无线传感器网络中有一个唯一的簇头基准节点（全局时钟），它首先广播簇头发现报文，包含跳数信息。接收到此报文的高性能节点加入簇头，然后将发送该簇头发现报文的节点作为父节点，将收到的跳数加 1 作为自己的跳数并进一步发送广播报文。在此期间，如果簇头收到跳数比父节点低的或者跳数相同但信号比较强的报文，就会改变它们的父节点，当簇头自己的跳数改变后，它们会重新广播发现报文。

　　簇成员树的构造过程类似于簇头树的构造过程，只是簇成员节点在构造过程中不会改变它们的父节点。簇成员可以分为三类：直接可达簇头的节点、在簇头射频范围内但不可直接到达簇头的节点、超出簇头射频范围但仍是该簇头的成员节点。

　　在时间同步过程中，簇头树中的节点利用前面讲到的双向成对同步方式实现同步。在簇头同步后，簇头会先和簇内的一个邻居节点进行同步，利用双向成对机制最终计算出偏移值，簇头广播偏移值和 T_2（此处 T_2 为双向成对同步算法 TPSN 中的 T_2）的值，簇内的节点则进一步通过公式 $\text{offset} = \text{offset}_{\text{chosen}} + T_{2,\text{chosen}} - T_{2,\text{own}}$ 来计算自身的偏移值。

　　分簇思想是分层次进行同步的，缩短了待同步节点与参考节点的距离，减少了同步误差，节约了能量，但簇头承担了较多的工作，可能成为网络的瓶颈。

4.5.4　发送者—接收者单向同步

　　发送者—接收者单向同步的主要思想是选取某一节点充当时间基准点，定期广播包含当前时钟读数的同步信令，其他节点接收到该同步信令后，估算延时等参数并调整自己的逻辑时钟值，以和基准点达成同步。节点在和基准点同步后将会作为新的基准点，逐步向外同步，直至覆盖整个网络为止。

1. FTSP

洪泛时间同步协议（Flooding Time Synchronization Protocol，FTSP）[47]是由范德堡大学的Branislav Kusy 等人在 2004 年提出的，使用单向广播消息实现发送节点与接收节点之间的时间同步，综合考虑了能量感知、可扩展性、鲁棒性、稳定性和收敛性等方面的要求。

FTSP 中的数据传输过程如图 4-10 所示。发送节点在 MAC 子层为同步字节后的每个字节标记时间戳，接收节点在接收同步字节后也做同样的标记，当消息传输完后，接收节点可从中采集八对数据（发送时间与到达时间），在这八对数据上采用线性回归法估计出两个节点间相对的时间偏差和时间速率。

图 4-10　FTSP 中的数据传输过程

FTSP 也提供了多跳时间同步，由于多跳机制采用树的结构，所以根节点就是选中的同步源，级别为 0，根节点广播域内的节点属于级别 1，以此类推。级别 i 的节点同步到级别 $i-1$ 的节点。根节点由下述网络协议选定：如果节点在 ROOT_TIMEOUT 时间内没有监听到同步消息，它就"宣布"自己为新的根节点；为了确保网络中仅有一个根节点，如果一个根节点听到来自于节点号更低的节点的时间同步消息，就放弃自己的根节点状态。

FTSP 通过对收发过程的分析，把延时进一步细分为发送中断处理延时、编码延时、传播延时、解码延时和接收终端处理延时等，进一步降低了延时的不确定性。另外，通过发射多个信令报文，使得接收节点可以利用最小方差线性拟合出自己和发送节点的漂移值和偏移值。该协议设计了良好的根节点选举机制，对根节点失效、新节点加入以及拓扑结构变化等情况进行了优化，使得算法的健壮性很好，适合恶劣环境下的应用。

2. RSP

FTSP 需要在传输过程中增加多个时间戳，开销太大。为此，Jang-Ping Sheu 等人提出了基于比例的时间同步协议（Ratio-based time Synchronization Protocol，RSP）[48]，它只使用两个连续同步消息，并在 MAC 子层加入消息时间戳。

RSP 的同步过程如图 4-11 所示。基准点在 T_1、T_3 时连续发送两个同步消息，所有邻居节点都能在其本地时间 T_2、T_4 收到这两个消息。利用四个时间戳可画出一条直线，它可反映参考节点和待同步节点间的时间关系。根据式（4-13），可由本地时间来估算参考节点上的时间。

$$T_R = T_S(T_3-T_1)/(T_4-T_2)+(T_1 \times T_4-T_2 \times T_3)/(T_4-T_2) \tag{4-13}$$

上述计算没有考虑节点间时钟晶振频率漂移的情况，随着时间的延长，T_3-T_1 或 T_4-T_2 的值可能会变化，为了提高时间同步的准确性，可以设置两个阈值 α 和 β，每一个节点都保留最近的 k 个时间，当 T_3-T_1 或 T_4-T_2 超过 α 时，再重新选一对 T_1 和 T_2。为了减少数值计

图 4-11　RSP 同步过程

算误差，要求新的 T_1、T_2 必须满足 (T_3-T_1) 或 (T_4-T_2) 大于阈值 β。

4.5.5　仅接收者同步

仅接收者同步可以被看作发送者—接收者成对同步的改进方案，在两节点间基于双向成对同步的过程中，其他在它们的通信范围内的节点都能监听到同步消息，这些节点无须进行通信就可校准各自的时钟参数，因此减少了消息传递次数，节省了能量。

成对广播同步（Pairwise Broadcast Synchronization，PBS）[49]是一种典型的仅接收者同步算法。PBS 工作原理如图 4-12 所示，假设节点 P 是参考节点，节点 P 和节点 A 利用双向定时信息交换完成同步。在此过程中，位于节点 P 和 A 共同覆盖范围内的所有节点，如节点 B，都能收到一系列的同步信息，利用这些信息，节点 B 同样能与父节点 P 同步，而无须额外的同步信息的传输。

与 TPSN、RBS、FTSP 等同步协议相比，PBS 中同步信息报文的数量并不依赖于网络中传感器节点的数目，能量消耗小，网络的可扩展性好。在同步精度方面，PBS 可通过与一系列不同组中的节点进行同步，最终实现整个网络的同步，能达到与 RBS 一样的同步精度。

图 4-12　PBS 工作原理

4.5.6　时间同步算法的比较

无线传感器网络在应用环境中表现出来的特点不同，对时间同步的要求也不一样。下面对无线传感器网络时间同步算法的同步方式、复杂度、同步精度、能量效率和可扩展性等进行比较，见表 4-5。

表 4-5　无线传感器网络时间同步算法比较

算法名称	同步方式	漂移同步/偏移量同步	复杂度	同步精度	分层结构	能量效率	可扩展性
RBS	参考广播	都考虑	一般	较高	否	低	差
RIP	参考广播	偏移量	一般	一般	否	高	好
TPSN	广播+双向	偏移量	一般	较高	是	一般	好
CHTS	广播+双向	偏移量	一般	一般	是	低	一般
FTSP	广播+单向	都考虑	高	高	是	一般	一般
RSP	广播+单向	都考虑	高	高	是	一般	一般
PBS	广播+双向+监听	偏移量	低	较高	否	高	好

经过比较，可以发现，许多时间同步算法在同步过程中都用到了分层树结构，这与路由协议中寻找路由的方法类似，因此可以考虑借助路由协议的思想来研究时间同步。针对多种条件下的使用效果进行衡量，我们发现没有一种算法是最优的，对于不同的应用要求，可经多方面权衡后选择合适的算法。每个算法都有其优缺点，可以通过相互借鉴来设计出更好的时间同步算法。

4.6　本章小结

无线传感器网络是在移动自组织网络的基础上发展起来的一种新兴的无线多跳网络，其目的是在某一区域获取用户感兴趣的信息。无线传感器网络作为当今信息领域新的研究热点，涉及多学科的交叉领域，有巨大的应用价值。

在无线传感器网络中，能耗是非常突出的问题。从节点角度来看，通信单元是耗能最大的一个部分，所以，无线传感器网络硬件方面的主要挑战是如何设计高可靠性、低能耗、低成本的传感器节点。在物理层设计方面，现在已提出了 M-ary、ACMP 和 UWB 等技术，但其性能仍无法满足无线传感器网络的要求。

对无线传感器网络 MAC 子层研究的主要目标是设计一种低能耗的分布式共享信道访问协议。现有 MAC 协议主要分为竞争型、分配型和混合型三类。竞争型 MAC 协议是在 SMAC 的基本思路上发展起来的，其主要改进是设计一种合理的睡眠—工作调度方法，使得节点仅在需要收发时才开启通信设备。分配型 MAC 协议基本上是在 TDMA 的基础上进行的改进，其发展方向是设计一种高效、合理的时隙分配方法，在节能的基础上提高网络吞吐量。混合型 MAC 协议将上述两种 MAC 协议的优势结合起来，是高性能、低能耗 MAC 协议的发展趋势之一。

无线传感器网络中的路由协议在加强考虑能耗问题和面向应用的同时，可以进一步细分为两大类：平面路由协议和分层路由协议。在平面路由协议中，为了节省能量，需要限制路由信息洪泛的范围，通常只需要在汇聚节点和感知到信息的源节点间形成传输路径。分层路由协议可以更好地节省能量，因为普通节点只需要通过一跳方式将信息传给簇头，但簇头可能成为网络的瓶颈，其合理选择和更新是这类协议的一个重要研究方向。无线传感器网络的应用极其广泛，在具体应用场景中，会对路由协议提出不同的要求，需要根据实际情况对路由协议进行优化。

节点定位和时间同步是无线传感器网络中的两项重要支撑技术。节点定位算法可以分为基于测距技术的定位算法和无须测距技术的定位算法。前者通过测量未知节点和锚节点之间的距离或角度来计算节点位置，虽然定位精度高，但需要在节点上增加一些设备；后者通过计算多边形质心或估算未知节点与锚节点的距离，从而计算节点位置，对节点硬件要求较低。时间同步技术有多种实现机制，对发送者和接收者有不同的要求，能达到不同的同步粒度和精度，在能耗、可扩展性等方面也不尽相同。总的来说，选择何种技术与具体的应用场景和需求有着密切的关系。

习题

1. 无线传感器网络是在移动自组织网络的基础上发展起来的无线多跳网络，请结合实例谈一下你对无线传感器网络的概念和特点的理解，并比较无线传感器网络与移动自组织网络的相同点和不同点。

2. 无线传感器网络可用来监测环境、采集信息等，而移动自组织网络并不适合这些应用场景。请从应用的角度说明，相比移动自组织网络，无线传感器网络有何不同之处。

3. 无线传感器网络具有节点布设密集、节点结构简单且易于失效、网络拓扑结构变化频繁等特点，这些特点导致它面临着一些特有的问题。请针对这些问题，列举设计中要考虑的至少 4 项因素。

4. 传感器节点是无线传感器网络中的基础组成部分，一般传感器节点需要哪几个模块？它们各有什么作用？如果要将无线传感器网络布设在森林防火系统中，那么需要增加什么模块？

5. 在传感器节点的数据处理单元设计中，可以采用现场可编程门阵列（FPGA）、微控制器或微处理器。这三类设备各有什么优缺点？如果用传感器节点采集温度，那么应选择哪类设备？如果用传感器节点采集图像，那么应选择哪类设备？

6. 因为通过编程直接操作传感器节点上的硬件比较困难，所以学者们专门为传感器节点设计了轻量级操作系统，以屏蔽复杂的硬件设备。现在流行的有 TinyOS、MANTIS OS 和 MagnetOS 三种系统，请结合你的理解说明在设计传感器节点操作系统的过程中需要考虑哪些因素。

7. 无线传感器节点有很大的市场潜力，许多硬件制造商都生产传感器节点，请查阅资料找出至少五种主流的无线传感器节点，比较它们的各个硬件模块和操作系统，说明它们各自的特点和适用环境。

8. 工业、科学、医学（ISM）频段是无须注册的公用频段。请结合前面学过的知识，说明工作在 ISM 频段的无线标准？

9. 调制编码方法是物理层中的关键技术，调制是指用模拟信号承载数字或模拟数据，编码是指用数字信号承载数字或模拟数据。二进制编码和多进制编码是两种使用较广的物理编码方式，二者各有什么优缺点，各适用于什么情况？

10. 相比移动自组织网络，无线传感器网络的 MAC 子层需要将能耗作为主要的考虑因素，结合你的理解列出可能造成能量浪费的原因，并给出避免这些问题的方法。

11. SMAC 协议是一种经典的无线传感器网络协议，其主要目的是减少能量消耗并提供较好的可扩展性，对通信延时和节点间公平性要求较低。该协议通过什么方法来提高节能水平？这种方法有什么优点和缺点？

12. TMAC 协议对 SMAC 协议做了一些改进，可以动态调节调度周期。它通过什么方式来实现睡眠和监听状态，以及相互之间的切换？其中引入了参数 TA 来表示最小空闲侦听时间，对 TA 参数的设置有什么要求？

13. SMACS 是一种典型的分配型 MAC 协议，该协议引入了异步调度通信机制和邻居节点发现机制，能有效地进行信道分配。请说明其中异步调度通信机制。

14. SPIN 和 DD 协议是两种典型的平面路由协议，请说明平面路由协议的基本技术特点以及面临的主要技术问题。

15. 分层路由协议中的一种关键技术是簇头选择算法，LEACH 协议作为最早被提出的分层路由协议，其中专门设计了 $T(n)$ 函数来选择簇头。请分析分层路由协议中簇头选择的目标和难点。

16. TEEN 路由协议使用了硬门限和软门限来过滤传输数据，请简述这两种门限的使用方法，并说明这样做的优势和劣势。

17. 节点定位是无线传感器网络中的重要支撑技术，节点定位算法可以分为基于测距技术的算法和无须测距技术的算法。请说明这两类算法的特点。

18. 基于距离向量和跳数的定位算法 DV-hop 需要使用三边测量法来计算节点坐标。与 TOA 算法相比，它有什么优点？二者在计算精确度和复杂性方面有什么不同？

19. 节点之间的时间同步是无线传感器网络面临的重要技术难题。从实现机制角度来看，无线传感器网络中的同步算法可分为哪些类型？每种类型对同步双方各有什么要求？

20. RIP（参考插值协议）是一种接收者—接收者同步协议，其实现比较简单，精确度较高。在 RIP 中，节点的通信范围对同步精度有较大影响。若通信范围太大或太小，那么分别对该协议有何影响？

21. 大鸭岛海燕行为监测网络是无线传感器网络的典型应用，该项目采用分层的无线传感器网络来监测海燕的行为。请查阅相关资料从组网节点、组网方式、网络协议、网络目的等角度分析该项目。

22. 假设学校图书馆有三个出入口，现在要统计不同时段进出图书馆的学生人数。需要哪些种类的传感器节点？需要如何布设网络？

参考文献

［1］ TinyOS［OL］. http://www.tinyos.net.

［2］ Mantis［OL］. http://mantis.cs.colorado.edu.

［3］ MagnetOS［OL］. http://www.cs.cornell.edu/People/egs/magnetos.

［4］ SHIH E, CHO S, ICKES N, et al. Physical layer driven protocol and algorithm design for energy-efficient wireless sensor networks［OL］. Proceedings of ACM MobiCom'01, 2001: 272-286.

［5］ 王殊, 阎毓杰, 胡富品, 等. 无线传感器网络的理论及应用［M］. 北京：北京航空航天大学出版社, 2007.

［6］ SCHOLTZ R A, WIN M Z. Impulse Radio in Wireless Communications: TDMA vs. CDMA［M］. Kluwer Academic Publishers, 1997.

［7］ HO M, TAYLOR L, AIELLO G R. UWB Architecture for Wireless Video Networking［C］. In Proceeding of IEEE International Conference on Consumer Electonics, 2001: 18-19.

［8］ FORTANA R, AMETI A, RICHLEY E, et al. Recent Advances in Ultra Wideband Communications Systems［C］. In Proceeding of IEEE Conference on UWB Systems and Technologies, 2002: 129-133.

［9］ WELBORN M, MILLER T, LYNCH J, et al. Multi-User Perspectives in UWB Communications Networks

［C］. In Proceeding of IEEE Conference on UWB Systems and Technologies, 2002: 271-275.

［10］ 李晓维, 徐勇军, 任丰原. 无线传感器网络技术 ［M］. 北京: 北京理工大学出版社, 2007.

［11］ 李珂, 马骋, 王凯, 等. 传感器网络节点硬件设计综述 ［C］. 2008 中国仪器仪表与测控技术进展大会论文集 （Ⅲ）, 2008.

［12］ RHEE I, WARRIER A, AIA M, et al. Z-MAC: a hybrid MAC for wireless sensor networks ［C］. In Proceedings of the 3rd international Conference On Embedded Networked Sensor Systems, 90-101.

［13］ ZHOU S, LIU R, EVERITT D, et al. A2-MAC: an application adaptive medium access control protocol for data collections in wireless sensor networks ［C］. International Symposium on Communications and Information Technologies, 2007, 1131-1136.

［14］ HAAS Z J, HALPERN J Y, LI L. Gossip-Based ad hoc routing ［C］. In: Proc. of the IEEE INFO-COM. New York: IEEE Communications Society, 2002: 1707-1716.

［15］ KULIK J, HEINZELMAN W R, BALAKRISHNAN H. Negotiation based protocols for disseminating information in wireless sensor networks ［J］. Wireless Networks, 2002, 8 (2-3): 169-185.

［16］ INTANAGONWIWAT C, GOVINDAN R, ESTRIN D, et al. Directed diffusion for wireless sensor networking ［J］. IEEE/ACM Trans. On Networking, 2003, 11 (1): 2-16.

［17］ BRAGINSKY D, ESTRIN D. Rumor routing algorithm for sensor networks ［C］. In: Proc. of the 1st workshop on sensor networks and applications. Atlanta: ACM Press, 2002, 22-31.

［18］ HEINZELMAN W, CHANDRAKASAN A, BALAKRISHNAN H. Energy efficient communication protocol for wireless microsensor networks ［C］. In: Proc. of the 33rd Annual Hawaii Int'l Conf. on System Sciences. Maui: IEEE Computer Society, 2000: 3005-3014.

［19］ HEINZELMAN W. Application Specific protocol architectures for wireless networks ［D］. Boston: Massachusetts Institute of Technology, 2000.

［20］ LINDSEY S, RAGHAVENDRA C S. PEGASIS: Power efficient gathering in sensor information systems ［J］. IEEE Aerospace and Electronic Systems Society, 2002: 1125-1130.

［21］ MANJESHWAR A, AGRAWAL D P. TEEN: A protocol for enhanced efficiency in wireless sensor networks ［C］. In: Int'l Proc. of the 15th Parallel and Distributed Processing Symp. San Francisco: IEEE Computer Society, 2001: 2009-2015.

［22］ MANJESHWAR A, AGRAWAL D P. APTEEN: A hybrid protocol for efficient routing and comprehensive information retrieval in wireless sensor networks ［C］. In: Proc. of the 2nd Int'l Workshop on Parallel and Distributed Computing Issues in Wireless Networks and Mobile Computing. IEEE Computer Society, 2002: 195-202.

［23］ YU Y, ESTRIN D, GOVINDAN R. Geographical and energy aware routing: A recursive data dissemination protocol for wireless sensor networks ［P］. UCLA CSD TR - 01 - 0023. Los Angeles: University of California, 2001.

［24］ KARP B, KUNG H. GPSR: Greedy perimeter stateless routing for wireless networks ［C］. In: Proc. of the 6th Annual Int'l Conf. on Mobile Computing and Networking. Boston: ACM Press, 2000: 243-254.

［25］ NICULESCU D, NATH B. Trajectory based forwarding and its applications ［C］. In: Proc. of the 9th Annual Int'l Conf. on Mobile Computing and Networking. San Diego: ACM Press, 2003: 260-272.

［26］ AKKAYA K, YOUNIS M. An Energy Aware Qos Routing Protocol for Wireless Sensor Networks ［C］. In the Proc. Of IEEE Workshop on Mobile and Wireless Networks (MWN2003), Providence, Rhode Island, 2003: 710-715.

[27] CHANG J, TASSIULAS L. Maximum lifetime routing in wireless sensor networks [J]. IEEE/ACM Trans. On Networking, 2004, 12（4）：609-619.

[28] SOHRABI K, GAO J, AILAWADHI V, et al. Protocols for self-organization of a wireless sensor network [J]. IEEE Personal Communications, 2000, 7（5）：16-27.

[29] DEB B, BHATNAGAR S, NATH B. ReInforM: Reliable Information Forwarding Using Mutiple Paths in Sensor Networks [C]. In Proc. Of IEEE International Conference on Local Computer Networks, 2003: 406-415.

[30] PERRIG A. SPINS: security protocols for sensor networks [J]. Wireless Networks, 2002, 8（8）：521-534.

[31] DENG J, HAN R, MISHRA S. INSENS: intrusion-tolerant routing in wireless sensor networks [C]. In Proc. of the 2nd IEEE International Workshop on Information Processing in Sensor Networks, 2003: 349-364.

[32] DENG P, FAN P Z. An Efficient Position Based DynamicLocation Algorithm [C]. International Workshop on Autonomous Decentralized Systems, 2000: 36-39.

[33] CONG L, ZHUANG W. Hybrid TDOA/AOA Mobile User Location for Wideband CDMA Cellular Systems [J]. IEEE Transactions on Wireless Communications, 2002. 1（3）：439-447.

[34] GUSTAFSSON F, GUNNARSSON F. Positioning Using Time-Difference of Arrival Measurements [C]. IEEE International Conference on Acoustics, Speech, and Signal Processing, 2003, VI: 553-556.

[35] MAINWARING A, POLASTRE J, SZEWCZYK R, et al. Wireless sensor networks for habitat monitoring [C]. In ACM International Workshop on Wireless Sensor Networks and Applications（WSNA'02）, Atlanta, GA, September 2002: 88-97.

[36] AULT A, ZHONG X, COYLE E J. K Nearest Neighbor Analysis of Received Signal Strength Distance Estimation Across Environments [C]. 1st workshop on Wireless Network Measurements, 2005.

[37] BULUSU N, HEIDEMANN J, ESTRIN D. GPS - less Low Cost Outdoor Localization for very Small Devices [J]. IEEE Personal Communications, 2000, 2（1）：28-34.

[38] CHEN C Y, LIN M L. An Improved Adaptive Centroid Estimation Algorithm [C]. IEEE Region 10 Conference, 2006: 1-4.

[39] BLUMENTHAL J, GROSSMANN R, GOLATOWSKI R, et al. Weighted Centroid Localization in Zigbee based Sensor Networks [C]. IEEE International Symposium on Intelligent Signal Processing, 2007: 1-6.

[40] NICOLESCU D, NATH B. Ad Hoc positioning systems（APS）[C]. In: Proc. of the 2001 IEEE Global Telecommunications Conf. Vol. 5, San Antonio: IEEE Communications Society, 2001: 2926-2931.

[41] DOHERTY L, PISTER K S J, GHAOUI L E. Convex position estimation in wireless sensor networks [C]. IEEE Twentieth Annual Joint Conference of the IEEE Computer and Communications Societies（INFOCOM 2001）, 1655-1663.

[42] HE T, HUANG C D, BLUM B M, et al. Range-Free localization schemes in large scale sensor networks [C]. In: Proc. of the 9th Annual Int'l Conf. on Mobile Computing and Networking, 2003: 81-95.

[43] ELSON J, GIROD L, ESTRIN D. Fine grained network time synchronization using reference broadcasts [C]. Proc. Fifth ACM SIGOPS Operating Syst. Review, Boston, MA, 2002: 147-163.

[44] JO Y, PARK C, LEE J, et al. Energy Effective Time Synchronization in Wireless Sensor Network [C]. International Conference on Computational Science and its Applications, 2007: 547-553.

[45] GANERIWAL S, KUMAR R, SRIVASTAVA M B. Timing sync protocol for sensor networks [C]. First Intl. Conf on Embedded Networked Sensor Syst, ACM Press, 2003: 138-149.

[46] KIM H, KIM D, YOO S E. Cluster based Hierarchical Time Synchronization for Multihop Wireless Sensor Networks [C]. Proceedings of the 20th International Conference on Advanced Information Networking and Applications, 2006, 2: 318-322.

[47] MAROTI M, SIMON G, KUSY B, et al. The flooding time synchronization protocol [C]. Proc. 2nd Intl. Conf on Embedded Networked Sensor Systems, ACM Press, 2004: 39-49.

[48] SHEU J P, HU W K, LIN J C. Ratio based time synchronization protocol in wireless sensor networks [C]. Proceedings of the 46th IEEE Conference on Decision and Control New Orleans, LA, USA, 2008, 39 (1): 25-35.

[49] NOH K L, SERPEDIN E. Pairwise Broadcast Clock Synchronization for Wireless Sensor Networks [C]. IEEE International Symposium on World of Wireless, Mobile and Multimedia Networks, 2007: 1-6.

第5章

移动 IP 技术

随着无线接入技术的快速发展，无线接入已经成为 IP 互联网的一种重要接入类型，并为无线和移动互联网业务的广泛开展奠定了基础。虽然传统 IP 网络能够提供多种业务，但它无法提供对移动性的支持。这一缺陷使得移动节点从一个无线接入网络漫游到另一个无线接入网络时，由于其地址发生变化，从而引起路由失效并导致通信中断。

如图 5-1 所示，当移动节点从接入网络 1 移动到接入网络 2 时，由于移动节点（Mobile Node，MN）所分配到的 IP 地址发生了变化，而通信对端的主机无法获知 MN 的新 IP 地址，因此仍然将报文发送到 MN 原来的 IP 地址，即原来的网络位置，最终导致 MN 在移动后无法正确接收报文，乃至无法被其他主机访问。产生这种问题的根本原因在于，在传统的 IP 网络中，IP 地址不仅标明了主机的身份，也标明了主机的位置。

为了解决这一问题，因特网工程任务组（IETF）提出了移动 IP（Mobile IP，MIP）构架，将它作为 IP 网络支持移动性的扩展协议簇。5.1 节概述移动 IP。5.2 节和 5.3 节分别详细介绍 MIP 在当前 IPv4 互联网和下一代 IPv6 互联网中的基本协议机制：MIPv4[1] 和 MIPv6[2]。5.4 节介绍移动 IP 的切换优化机制。5.5 节介绍移动 IP 技术其他研究热点。

图 5-1　传统 IP 网络无法提供
对移动性的支持缺陷

> 📖 教学目标
> - 了解移动 IPv4 和 IPv6 的工作原理、构成和工作流程。
> - 熟悉移动 IPv4 与移动 IPv6 的工作机制。
> - 掌握移动 IP 的切换优化机制
> - 了解移动 IP 技术其他研究热点。

5.1　移动 IP 概述

为了理解移动 IP 的概念，我们先看一个现实生活中的例子。假设我们有个多年没有联系过的朋友小张，如果我们需要尽快找到他，那么用什么办法呢？这里假设小张的联系方式均已更换。

认识 TCP/IP
网络协议

　　如果我们不能通过小张的联系方式直接找到他，那么自然会考虑通过其他人来找到他。通常情况下，如果我们能联系到小张的父母，那么问题迎刃而解。当然，我们需要联系上小张的父母并且小张的父母知道小张的联系方式。

　　移动 IP 技术正是将现实生活中的这种常用解决问题的方法运用到 IP 网络的移动性上。在移动 IP 网络中，部署了被称为家乡代理的实体。一旦移动用户离开了原来的网络，就必须将其当前位置通知给家乡代理。这样，当任何一台主机想向移动主机发送消息的时候，只需要联系家乡代理，由家乡代理将报文转发到移动主机的当前位置。

　　作为当前 IPv4 互联网和下一代 IPv6 互联网的移动性的扩展技术，移动 IPv4 和移动 IPv6 可使 MN 在不同接入网络之间切换时，通信对端主机无须获知 MN 的当前位置，也能将报文正确地发送给 MN。换句话说，MN 的网络接入点的变化不会影响通信对端主机使用固定的 IP 地址与之通信。

　　移动 IP 是一种独立于物理层和数据链路层的技术，如图 5-2 所示，它可以工作在以太网、令牌环网、无线局域网（WLAN）等网络之上。任何使用移动 IP 的上层应用对用户的移动都应当是无"感知"的，即移动 IP 能够使用户的移动对上层透明。

图 5-2　移动 IP 在协议栈中的位置

　　由于移动 IP 不仅能透明地支持节点移动，还能兼容各种异构的接入技术，因此，该技术成为融合多种无线或有线接入网络的统一平台，如图 5-3 所示。

图 5-3　融合多种异构接入技术的移动 IP 网络

5.2　移动 IPv4

移动 IPv4（MIPv4）在原有 IPv4 的基础上，增加了对节点移动性和数据报文在移动节点间路由的支持。IETF 于 1996 年提出了移动 IP 基本协议之后，公布了一系列 MIPv4 相关协议，包括主机移动性支持协议 RFC 2002、IP-in-IP 封装协议 RFC 2003[3]、最小封装协议 RFC 2004[4]、移动 IP 的应用 RFC 2005 和 IP 移动性支持管理对象的定义 RFC 2006[5] 等，奠定了移动 IPv4 整套技术的基础。2002 年，IETF 颁布了移动 IPv4 的新规范 RFC 3344[1]，取代了 RFC 2002，并对 RFC 2002 中的不完善之处进行了补充和改进。

5.2.1　移动 IPv4 简介

移动 IPv4 使得移动节点在 IPv4 网络中移动时，即使接入网络的位置发生变化，也不会影响它和通信对端的通信，保持业务的连续性，节点的移动和 IP 地址的变化对网络层以上的层完全透明。下面主要参考 RFC 3344 介绍移动 IPv4 的原理。

1. 基本术语

移动 IPv4 中有如下重要术语。

（1）移动节点 MN

移动节点（Mobile Node，MN）是指一台主机或路由器，其物理位置从一个子网或网络切换到另一个子网或网络。移动节点在网络中移动时，可以始终用相同的 IP 地址与网络中的其他节点进行通信。对于移动节点是主机的情况，有时也将移动节点称为移动主机（Mobile Host，MH）。

（2）通信对端节点 CN

通信对端节点（Correspondent Node，CN），也称通信对端，是与移动节点通信的对应节点，它可以是移动的，也可以是静止的。在研究移动节点的移动性时，为了方便考虑，通常假定存在一个或者多个通信对端与移动节点进行通信。

（3）家乡代理 HA

家乡代理（Home Agent，HA）是位于移动节点归属地的网络（家乡网络）的某个特定路由器，其功能是维护移动节点的位置信息，并通过隧道技术向移动到外地网络（Foreign Network）的移动节点转发数据报文。

（4）外地代理 FA

外地代理（Foreign Agent，FA）是移动节点正在访问的网络上的某个特定路由器，它向移动到这个网络上的移动节点提供服务，包括分配转交地址、转发注册信息和路由等。对于移动节点的家乡代理通过隧道技术发来的数据报文，外地代理负责将它解封装后转交给移动节点；对于移动节点发送的数据报文，外地代理相当于默认网关。

（5）家乡地址 HoA

家乡地址（Home Address，HoA）是分配给移动节点的永久地址。无论移动节点是否在家乡网络，移动节点的家乡地址保持不变。因此，家乡地址可被看作移动节点的身份标识。

（6）转交地址 CoA

转交地址（Care of Address，CoA）是移动节点在外地链路上获得的临时 IP 地址，是连接家乡代理和移动节点的隧道的出口。在注册过程中，移动节点向家乡代理注册其转交地址，告知家乡代理自己现在的位置（即转交地址）。因此，转交地址可被看作移动节点的临时位置标识。

（7）家乡链路 HL

家乡链路（Home Link，HL）是指移动节点归属到本地网络（家乡网络）时，移动节点用来接入的链路。家乡链路所在网络与移动节点的家乡地址具有相同的网络前缀。

（8）外地链路 FL

外地链路（Foreign Link，FL）是指，除家乡链路以外，移动节点在移动后所连接的其他链路。外地链路通常处于外地网络中。

2. 移动 IPv4 的基本原理

移动 IPv4 的功能实体和基本工作原理如图 5-4 所示。当移动节点连接到家乡链路时，它与固定节点一样工作，不需要使用移动 IP 的功能。当移动节点离开家乡网络而连接到外地链路时，移动节点通过特定方式获取转交地址，之后向家乡代理注册该转交地址。注册完成后，家乡代理会负责维护移动节点的转交地址和家乡地址的绑定（即对应关系），并建立一条到转交地址的双向隧道。在双向隧道建立之后，通信对端节点就可以和移动节点进行通信了。

图 5-4　移动 IPv4 的功能实体和基本工作原理

当通信对端节点向移动节点发送数据时，它发送的数据报文首先会被路由到移动节点的家乡网络。家乡代理截获此报文后，通过查找注册绑定信息找到移动节点的当前转交地址，进而使用隧道技术将报文封装后发往转交地址。拥有转交地址的实体（外地代理或移动节点本身）将报文解封装，然后交给移动节点。反之，移动节点直接将报文发送给通信对端节点。

从移动 IPv4 的基本工作原理可以看出，其关键在于移动节点、家乡代理和外地代理三者的信息交互，其中涉及代理发现、移动节点注册、数据传输等技术，下面我们介绍这些技术的细节。

5.2.2　代理发现

　　一个移动节点进入某个网络后，采用代理发现技术确定它是处于家乡网络，还是处于外地网络。代理发现的途径主要有两种：代理通告和代理请求。家乡代理和外地代理都会周期性地广播包含自身信息的报文，这一报文称为代理通告。代理通告是在 ICMP 路由通告基础上扩展形成的，扩展部分格式如图 5-5 所示。每个代理通告可以携带多个可供移动节点使用的转交地址。移动 IP 规定，当移动节点连续 3 次收不到来自移动代理的代理通告时，就认为该代理对于它已经失效。当移动节点接收到代理通告时，它就可以确定自己目前连接到网络的位置。

图 5-5　代理通告相对 ICMP 路由通告的扩展部分格式

　　当一个移动节点没有接收到代理通告，或者该移动节点不能通过数据链路层协议或其他方式确定其转交地址时，它需要通过发送代理请求的方式来进行代理发现。代理请求报文的格式与 ICMP 的路由请求报文一样，但其 TTL（Time to Live）域必须设置为 1。

　　如果一个移动节点收到的代理通告中的 H 位（表示家乡，即 Home）被置为 1，那么移动节点可以得知自己现在处于家乡网络中。处于家乡网络中的移动节点无须使用移动 IP 服务。如果一个节点刚从其他网络回到家乡网络，则它应当与家乡代理解除注册关系。如果代理通告中的 F 位被置为 1，那么移动节点可以判断出自己现在处于外地网络中，此时它需要获得一个转交地址。

　　转交地址标识了移动节点当前的物理连接位置，其网络前缀必须与移动节点当前所在外地网络的前缀相同。具体来说，转交地址分为两类。第一类是以外地代理自身的 IP 地址作为转交地址，可从外地代理的代理通告中获得，称为外地代理转交地址（foreign agent care-of address）。由于同一个外地代理可以同时为多个移动节点服务，因此多个移动节点可能会同时使用同一个外地代理转交地址。此时，外地代理则依靠数据链路层地址（如 MAC 地址）来识别不同的移动节点。这类转交地址值得特别注意，因为该 IP 地址配置方式与通常网络中的 IP 地址不同，外地代理转交地址并非为每个移动节点配置一个唯一（即使是外地网络中唯一）的 IP 地址，而是多个移动节点共同使用同一个配置在外地代理某个接口上的 IP 地址。第二类是移动节点某个端口从外地网络直接获得的 IP 地址，如采用 DHCP 方式获得的转交地址，称为配置转交地址（co-located care-of address），与通常的 IP 地址配置方式相同。在这种情况下，不同的移动节点需要使用不同的配置转交地址。

5.2.3 移动节点注册

在移动节点获得转交地址后，移动节点接下来就要向家乡代理注册。注册是指移动节点将自己当前的信息（如转交地址）通告给它的家乡代理，以便家乡代理能够建立转发服务机制。注册过程涉及移动节点、外地代理和家乡代理三方，其目的是在一个移动节点的家乡代理处建立该移动节点的家乡地址和其转交地址之间的有时限的绑定关系。这样，家乡代理可以把发往移动节点的报文转发到其转交地址处。

注册有两种不同的方式：一种是移动节点通过外地代理向家乡代理注册，另一种是移动节点直接向家乡代理注册。两种方式分别对应上述两种不同的转交地址。如果移动节点采用外地代理转交地址，则必须采用前一种方式注册。当一个移动节点采用配置转交地址时，若它收到了来自所在链路的外地代理的代理通告且其中 R 位被设置为 1，则它必须通过该外地代理向家乡代理注册，否则它可以直接向家乡代理注册。利用 R 位强制移动节点通过外地代理进行注册，是为了某些对安全性要求较高或者需要计费的网络服务等，因为在这些情况下，外地代理需要监控移动节点的注册过程。

移动节点采用外地代理转交地址时，通过外地代理向家乡代理注册主要有四个步骤，如图 5-6 所示。

图 5-6 移动节点采用外地代理转交地址时的注册流程

1）移动节点向外地代理发送注册请求。

2）外地代理对注册请求进行处理并转发给家乡代理。

3）家乡代理处理注册请求并向外地代理发送注册应答，其中包含接受注册或拒绝注册的信息。

4）外地代理对注册应答进行处理并将结果告知移动节点。

移动节点直接向家乡代理注册主要有两个步骤：首先，移动节点直接向家乡代理发出注册请求；其次，家乡代理向移动节点发送注册应答：接受或拒绝注册请求。为了加快注册过程，注册请求和注册应答两种消息都封装在 UDP 分组中发送，而不采用基于三次握手建立连接后才能进行数据收发的 TCP。

5.2.4　数据传输

在 IP 网络中，数据传输必须发生在两个有确定 IP 地址的节点间，数据沿着路由算法选定的路径从源节点传输到目的节点。在移动 IP 环境中，通信对端节点只知道移动节点的家乡地址（即永久地址），而移动节点用来表示位置信息的转交地址可能在不断发生变化，这会导致以家乡地址为目的地的单纯路由机制失效。要在移动 IP 环境中实现数据传输，必须考虑移动节点、外地代理和家乡代理之间的协议交互，以及在该协议交互的基础上进行的数据传输。

当移动节点位于家乡网络时，按照传统的方式实现数据传输。当移动节点位于外地网络时，需要将当前转交地址向家乡代理进行注册，家乡代理同意注册请求后，会维护一个移动节点的家乡地址和转交地址的映射关系，并建立一条从家乡代理到转交地址的双向隧道。

通信对端节点向移动节点发送报文的过程如图 5-7 所示。因为报文的目的地址是移动节点的家乡地址，所以报文首先被网络转发到移动节点的家乡网络。家乡代理在家乡网络中为移动节点服务，监听所有到来的报文，如果发现其目的地址和某个注册的移动节点的家乡地址相同，则家乡代理截获该报文。然后，家乡代理使用 IP 隧道技术，将原始 IP 数据报文封装在一个新的 IP 数据包中，作为该数据包的有效载荷，并将新 IP 数据包报文头中的目的地址置为移动节点的转交地址，从而将原始数据包转发到处于隧道终点的转交地址处。

图 5-7　通信对端节点向移动节点发送报文的过程

RFC 2003[3] 和 RFC 2004[4] 中分别定义了两种隧道封装技术。RFC 2003 定义了 IP-in-IP 封装，这种封装在报文原先的 IP 头外增加了一个完整的 IP 头。报文内层 IP 头的源地址是通信对端节点的地址，目的地址是移动节点的家乡地址；而外层 IP 头的源地址为家乡代理的地址，目的地址为移动节点的转交地址。针对 IP-in-IP 封装下两个 IP 头有不少冗余字段的问题，RFC 2004 进行了优化并定义了 IP 最小封装，删除了内层 IP 头中重复出现的 Ver、HL、TOS 等字段，从而对报文头进行了压缩，如图 5-8 所示。在 IP 最小封装中，内外层源地址和目的地址的填写方法与 IP-in-IP 封装相同。

图 5-8　IP 最小封装

当报文到达转交地址后，针对两种转交地址，各有处理方法。如果转交地址为外地代理转交地址，当外地代理从隧道收到某个以它为目的地址的封装报文后，则外地代理首先对该报文解封装，然而检查所维护的访问列表（所有以它为代理的移动节点的列表），并将所收到报文的内层目的地址与访问列表中移动节点的家乡地址进行比较。如果找到匹配的地址，则将解封装后的原始报文转发给相应的移动节点，否则丢弃该报文。此时的转发工作主要依靠数据链路层 MAC 地址进行，而不是网络层的 IP 地址。如果转交地址是配置转交地址，即转交地址为移动节点自身的某网卡接口地址，那么移动节点本身就是隧道的终点，它可以自己完成解除隧道并取出原始报文的工作。

对于广播和组播报文，一般情况下家乡代理不会将信息发送给移动节点，除非移动节点提出明确的要求。对于广播，移动节点可在注册的时候通过将注册请求报文的 "B" 位置 1 来提出接收广播报文的请求。对于组播，移动节点可通过加入家乡网络的组播组来提出接收请求。转发广播报文和组播报文的过程与单播类似。

当移动节点向通信对端节点发送数据时，该过程和通常的 IP 网络中的情况类似，如图 5-9 所示。在外地链路中，移动节点一般选择外地代理作为默认路由器，移动节点将需要发送的数据报文直接交给外地代理，由外地代理负责将报文路由到相应的目的地，无须使用隧道技术。

图 5-9　移动节点向通信对端节点发送报文的过程

5.2.5　数据链路层地址解析

局域网内的报文收发在不同层次上有不同的地址类型。例如，网络层有 IP 地址，每个报文的 IP 头中含有目的 IP 地址和源 IP 地址；而数据链路层上有 MAC 地址，每个帧的帧头中则含有目的 MAC 地址和源 MAC 地址。若需要一台计算机能够接收一个报文，则必须在报文外面的数据链路层帧头中填写该计算机的 MAC 地址，将它作为目的地址，而将该报文的网络层 IP 头中的目的 IP 地址填写为该计算机的 IP 地址。

在数据传输过程中，需要考虑以下问题：家乡代理的 IP 地址并不是移动节点的家乡地址，那么它如何截获发往移动节点的数据包呢？这就需要用到地址解析协议（Address Resolution Protocol，ARP）。ARP 的目的是将 IP 地址与 MAC 地址对应起来。移动 IP 为了使家乡代理能够监听到目的地为家乡代理的数据包，在通常 ARP 使用方法的基础上引进 ARP 的两种特殊使用方法：代理 ARP（Proxy ARP，PARP）和免费 ARP（Gratuitous ARP，GARP），后者有时也称为无为 ARP。

代理 ARP 是指当某个被请求节点不能或不愿对 ARP 请求做出应答时，由代理节点代为发出 ARP 回复的机制。代理节点将其 MAC 地址填在回复报文中，从而使得收到回复的节点将这个 MAC 地址和它最初请求的 IP 地址关联起来。这样，该节点此后就会将发往这个 IP 地址的报文，在数据链路层以这个 MAC 地址为目的地址，传送到代理节点处。

当一个移动节点在外地网络注册时，其家乡代理可以使用代理 ARP 来回复它收到的关于该移动节点的 MAC 地址请求，如图 5-10 所示。当家乡代理监听一个 ARP 请求时，如果家乡代理确认该请求的 IP 地址是在它上面注册的已经移动到外地的移动节点的地址，那么它会使用代理 ARP 技术将自己的 MAC 地址回应给这一请求，使得发送 ARP 请求的节点得知请求的 IP 地址对应于家乡代理的 MAC 地址，从而将信息发给家乡代理，即数据链路层目的地址为家乡代理的 MAC 地址，而网络层目的 IP 地址仍然为移动节点的家乡地址。

图 5-10　家乡代理发送代理 ARP 更新 MAC 地址缓存

代理 ARP 是家乡代理在收到 ARP 请求时才发送的，而能加强家乡代理截获发往移动节点报文的方法是免费 ARP。与使用代理 ARP 时家乡代理只能被动等待 ARP 请求不同，家乡代理可以使用免费 ARP 来主动更新其他节点 ARP 缓存中的记录。一个免费 ARP 报文可以是 ARP 请求，也可以是 ARP 回复报文。无论是哪种情况，均需要将报文中的源地址和目的地址两个域设为缓存中要更新的地址，并且 ARP 发送者的硬件地址设置为更新后的 MAC 地址。任何收到免费 ARP 报文的节点都需要对其 ARP 缓存做出指定的更新。

当移动节点到达外地网络并向家乡代理注册后，家乡代理使用免费 ARP 更新家乡网络中各个节点的 ARP 缓存，如图 5-11 所示。该 ARP 报文的 IP 地址为移动节点的家乡地址，MAC 地址为家乡代理的 MAC 地址。家乡网络中其他节点收到该报文后，将移动节点的 IP 地址和家乡代理的 MAC 地址关联起来。需要注意的是，如果该移动节点在家乡代理处是第一次建立绑定，那么这个免费 ARP 报文是必须发送的。当移动节点回到其家乡网络时，家乡代理需要再次利用免费 ARP，使得家乡网络中的各个节点重新将移动节点的 IP 地址与移动节点自己的 MAC 地址关联起来。免费 ARP 报文必须在家乡代理所在的网络中以广播的形式发送，为了保证该报文的可靠性，免费 ARP 报文必须广播数次。

图 5-11　家乡代理发送免费 ARP 更新 MAC 地址缓存

5.2.6　路由优化

在移动 IPv4 方案中，存在着"三角路由"问题。通信对端节点向处于外地链路的移动节点发送数据时，数据先被发送到移动节点的家乡代理，再通过家乡代理与外地代理构成的隧道被传送到外地代理，最后外地代理将它转交给移动节点。然而，移动节点给通信对端节点发送数据时，却可以直接发送。因此，移动节点与通信对端节点的来回数据通路形成了一个三角形的路由路径，称为三角路由问题，如图 5-12 所示。

图 5-12　移动 IPv4 的三角路由问题

显然，这种路由通常不是最优的，不但因为其间出现了"绕路"现象，而且造成了路由不对称等问题。特别是，当移动节点与它所在外地链路上的主机通信时，性能较差。为了解决这个问题，在移动 IP 的基础上发展出了路由优化方案，允许通信对端节点通过某种方式直接与外地代理或移动节点进行通信。这里简要介绍两种路由优化机制：通信对端节点路由优化方案[6]和通信代理路由优化方案[7]。

在通信对端节点路由优化方案中，每个通信对端节点都维护一个移动绑定缓存，每个绑定项是有关移动节点家乡地址与转交地址的映射，且有一定的生存时间，超过生存期的绑定将被从缓冲区中删除。通信对端节点只有在收到并认证了移动节点的移动绑定时，缓存才能被创建或更新。通信对端节点向移动节点发送数据包时，如果有目的移动节点的绑定，那么通信对端节点可以使用绑定的转交地址将数据包进行隧道封装，直接通过隧道将数据包传送给移动节点的转交地址。如果没有该移动节点的绑定项，那么数据包仍然发到移动节点的家乡代理处，家乡代理收到数据包后，将数据包通过隧道传送给移动节点的转交地址，同时向通信对端节点发送一个绑定更新消息，使得通信对端节点能够建立绑定缓存。

为了避免更新主机协议栈负担过重，人们提出了网络侧的解决方案，即通信代理路由优化方案，由网络侧的路由器来负责隧道的建立和报文封装转发等工作。该方案在路由体系中引入一种新的通信代理（CA）。CA 是通信对端节点所在网络上的一个代理，负责管理通信对端节点与移动主机通信时的寻址、隧道建立、数据传输等工作。该方案的工作流程：CA 像家乡代理和外地代理一样发送代理通告，将 CA 自身的存在情况告知管辖范围内的节点。当通信对端节点向移动节点发送数据时，它并不知道移动节点已移动，仍向移动节点所在的家乡网络发数据包。当家乡代理截获数据包后，一方面将该数据包转发到外地代理；另一方面向通信对端节点发送一条消息，其中包括移动节点目前的状态，如转交地址等。通信对端节点收到家乡代理发来的消息后，得知移动节点已移动，则向 CA 进行登记，告知关于移动节点的转交地址信息，请求建立 CA 至外地代理的通道。此后，通信对端节点就可以把发往移动节点的数据包发给 CA，由 CA 截获后通过隧道直接发往外地代理，进而由外地代理转发给用户，从而优化了路由。

可以看出，通过采用这类路由优化机制，可以有效减少报文在各个节点和移动代理之间转发的次数，从而提高路由效率。

5.2.7　安全问题

移动 IP 技术中需要移动节点注册和代理节点转发等机制，使得移动 IP 中存在较为严重的安全隐患。根据移动 IP 的工作原理，若网络中存在恶意攻击者，则它能够在家乡链路、移动节点所在的外地链路、通信对端节点所在链路或移动节点与通信对端节点间的任何地点发动攻击。具体的攻击形式包括以下 3 种。

（1）拒绝服务攻击（DoS）

攻击者冒充移动主机，向家乡链路上的家乡代理告知它已回到本地，于是绑定的转交地址被取消，家乡代理终止向漫游到外地的移动主机提供服务，产生拒绝服务攻击。拒绝服务攻击工具泛滥，以及它所针对的协议层缺陷在短时间内无法改变的事实，使得拒绝服务攻击成为流传较广、较难防范的攻击方式。

（2）中途攻击

中途攻击是针对路由优化方案进行的攻击。攻击者与移动主机同在家乡链路，它先冒充通信对端节点，告诉移动节点它是移动的并恰好与移动节点同在一个链路上，获得移动节点的信息后，再冒充移动节点向真正的通信对端节点发送绑定更新消息，注册自己的地址为转交地址，这样攻击者将自己置于移动节点和通信对端节点之间，产生中途攻击。

（3）路由优化取消

路由优化取消也是针对路由优化方案进行的攻击。攻击者向通信对端节点发送移动节点不可到达消息，于是通信对端节点删除绑定更新，取消与通信对端节点的直接路由，报文改为经由家乡代理发往移动节点，路由优化被取消。

以上出现的种种安全威胁，归根结底是由通信对端节点、移动节点、代理服务器间缺乏充分"信任"造成的。因此，在它们之间建立较强安全关联和安全信任机制，是消除上述种种安全威胁的关键。目前与移动 IP 安全体系相关的技术包括公钥基础设施（PKI）、互联网密钥交换（IKE）、IP 安全协议（IPSec）、新的 AAA 协议 Diameter（直径协议）等。PKI 和 IKE 主要作为通信各方互相认证的机制；IPSec 可以防止报文在传输过程中被篡改或窃听，主要用于隧道机制。Diameter 协议是 IETF 提出的一种新的 AAA 协议[8]，使用的是对等实体（Peer-to-Peer）通信模型，它并不单独使用，通过在其上增加各种命令或属性可为各种应用提供服务。

5.3　移动 IPv6

由于 IPv4 地址日益紧缺以及 IPv6 的优越性，因此 IPv6 已经被业界当成下一代互联网的基本协议。在 IPv6 的基础上，2002 年，IETF 提出了移动 IPv6 标准的草案 *Mobility Support in IPv6*。2004 年，IETF 颁布了移动 IPv6 协议 RFC 3775[2]，进一步规范了移动 IPv6。

本节首先分析移动 IPv4 存在的问题，然后通过移动 IPv6 规定的几个基本操作来说明移动 IPv6 的工作机制，最后对移动 IPv4 和移动 IPv6 进行了比较。

5.3.1　移动 IPv6 简介

移动 IPv6 在 IPv6 的基础上增加了移动性支持[9]。与移动 IPv4 类似，当移动节点离开其家乡网络时，传递到移动节点家乡地址的 IPv6 数据包需要被路由到该节点的转交地址。移动 IPv6 要求通信对端节点能够缓存移动节点家乡地址以及它与转交地址的绑定关系，从而可以将数据包直接发送到该移动节点的转交地址。为了支持这项操作，移动 IPv6 定义了一份新的 IPv6 和一个新的目的地址可选项。所有的 IPv6 节点，无论是移动的还是静止的，都能够和移动节点进行通信。

移动 IPv6 支持节点穿过同构网络的移动，也支持节点穿过异构网络的移动。例如，移动 IPv6 支持节点在以太网的不同网段间移动，也支持节点从以太网到 WLAN 的移动，在移动过程中，移动节点的 IP 地址保持不变。移动 IPv6 关注的一个关键点是网络层的移动性管理。对于其他一些移动性管理的应用，如在一个无线局域网范围内的多个无线 AP 之间的切换问题，已能够用数据链路层技术得以解决，不需要使用移动 IP。

1. 移动 IPv4 存在的问题
虽然移动 IPv4 能实现 IPv4 网络的移动性支持，但它还存在如下问题。

（1）三角路由问题

在移动 IPv4 中，所有发送到移动节点的数据包都通过其家乡代理来路由，导致家乡网络负载增加，数据包的传送延时较长。

（2）部署问题

移动 IPv4 要求每个外地网络都有外地代理。如果没有外地代理，那么移动节点需要从外地网络中获得一个全球可路由的 IPv4 地址。然而，目前 IPv4 地址缺乏，这一点很难得到保证。

（3）入口过滤（Ingress-Filtering）问题

ISP（因特网服务提供方）的边际路由器可能会将源 IP 地址不正确的数据包丢弃。在移动 IPv4 中，当移动节点离开家乡网络并且连接到外地的 ISP 时，如将自己的家乡地址作为源 IP 地址来发送数据包，入口过滤机制可能会将这些数据包丢弃。

（4）认证和授权问题

IPSec 在 IPv4 中是可选项，而且移动 IPv4 中只是利用这一机制进行移动 IPv4 节点的认证，因此移动 IPv4 的认证和授权机制较差。

2. 术语解释

在移动 IPv6 中，因为 IPv6 具有邻居发现机制，所以无须部署外地代理实体。但是，在移动 IPv6 中，依然存在移动节点、家乡代理、家乡链路、外地链路、转交地址、绑定等概念，由于其定义与移动 IPv4 相同，因此这里不再赘述。下面介绍 4 个在移动 IPv6 中比较重要的新增术语。

（1）绑定更新

绑定更新（Binding Update，BU）是移动节点"告诉"通信对端节点或移动节点的家乡代理自己当前的绑定。绑定更新把移动节点的转交地址发送给家乡代理来完成注册，其地址可选项可以放在一个单独的 IPv6 报文中，也可以放在一个其他 IPv6 报文中捎带传输。

（2）绑定应答

如果绑定更新要求一个答复，则家乡代理或通信对端节点将向移动节点发送一个绑定应答（Binding Acknowledgement，BA），以表明它们成功收到了移动节点的绑定更新。与绑定更新一样，绑定应答可以在单独的 IPv6 报文中发送，也可以与别的数据一起在 IPv6 报文中捎带发送。向移动节点发送绑定应答的方法与向移动节点发送其他数据包一样。

（3）绑定更新请求

绑定更新请求（Binding Refresh Request，BRR）被通信对端节点用于请求移动节点建立绑定关系，一般是在绑定生存时间接近过期时使用。

（4）绑定错误

通信对端节点使用绑定错误（Binding Error，BE）消息把一些和移动性相关的错误信息传达给移动节点。

3. 移动 IPv6 基本工作原理

无论移动节点是否连接在家乡链路，通信对端节点总是希望通过家乡地址寻址。因此，可以分两种情况分析移动 IPv6 的基本工作原理。当移动节点在家乡网络时，发送到家乡地址的数据包使用传统的互联网路由机制转发至移动节点的家乡链路，其工作方式与固定的主机和路由器的工作方式相同。

移动 IPv6 基本工作流程如图 5-13 所示。当移动节点连接到外地链路时，采用由 IPv6 定义的地址自动配置方法得到外地链路上移动节点的转交地址，然后移动节点通过注册过程把自己的转交地址通知给家乡网络中的家乡代理。移动节点的转交地址和家乡地址的这种关联称为"绑定"。

图 5-13　移动 IPv6 基本工作流程

如果通信对端节点不知道移动节点的转交地址，则它发出的数据包的路由方式与移动 IPv4 路由机制相同。数据包先被路由到移动节点的家乡网络，家乡代理再将数据包通过隧道转发到移动节点的转交地址。与移动 IPv4 的不同之处在于，家乡代理在转发数据包时，可以采用绑定更新将移动节点当前的转交地址告知通信对端节点。在后续的通信过程中，通信对端节点可以将报文直接发送给漫游在外地的移动节点。换句话说，如果通信对端节点已经知道移动节点的转交地址，则它可以利用 IPv6 报头并经过隧道封装，从而把数据包直接发送给移动节点。

在相反方向，与移动 IPv4 类似，移动节点发出的数据包经过反向隧道直接发送给通信对端节点而不经过家乡代理。当网络使用入口过滤技术时，移动节点可以先将数据包经由隧道发送给它的家乡代理，再由家乡代理把数据包发送给通信对端节点。此外，在有些情况下，如果可以保证操作时的安全性，则移动节点也可将它的转交地址告知通信对端节点。

5.3.2　移动节点注册

与移动 IPv4 不同的是，移动 IPv6 中的注册并不需要外地代理。移动节点的注册过程包括以下两步。

1. 确定移动节点的位置

在移动 IPv6 中，移动节点通过 ICMPv6 路由搜索[10]来确定自己的位置，该方法与移动 IPv4 中的代理搜索相似，二者的主要区别：移动 IPv6 利用 ICMPv6 路由搜索来确定自己的位置，移动 IPv4 则用代理搜索的方式判断移动节点是否在外地链路上。IPv6 邻居节点搜索中定义的路由器搜索包括两条消息：路由器通告（Router Advertisements，RA）和路由器请求（Router Solicitation，RS）。路由器通告消息是家乡代理和路由器在连接链路上周期性地进行广播的消息；路由器请求消息是在没有足够时间等待下一个到达的路由器通告消息时，移动节点所发出的请求消息。路由搜索消息不需要认证。

当移动节点连接到外地链路时，可以采用被动地址自动配置或者主动地址自动配置来获得转交地址。在被动地址自动配置中，移动节点只是向服务器申请一个地址，并将这个地址当成自己的转交地址。与 IPv4 的情况相对应，IPv6 中的"被动"地址分配协议是 DHCPv6（动态主机配置协议）。另外，PPP（点对点协议）的 IPv6 配置协议也提供了一种服务器向移动节点提供转交地址的方法。

主动地址自动配置是 IPv6 中新增加的功能，移动节点首先会生成一个与链路有关的接口标记，该标记用来标识移动节点上与外地链路相连的接口。移动节点检查路由广播消息中的前缀信息，以决定当前链路上有效的网络前缀。移动节点将该有效网络前缀和接口标记关联以形成自己的转交地址。

2. 将转交地址通知给其他节点

移动 IPv6 采用通告方式将转交地址通知给其他节点，与移动 IPv4 一样，家乡代理可以将转交地址作为隧道出口，以将数据包转发给连接到外地链路的移动节点。另外，通信对端节点也可以利用转交地址将数据包直接发送给移动节点，而不需要将数据包路由到家乡代理处。当移动节点回到家乡链路时，也必须通知家乡代理。移动 IPv6 通告使用了绑定更新、绑定应答、绑定更新请求三条消息，它们都是在移动 IPv6 的基础上进行扩展而实现的。下面介绍移动 IPv6 报头及上述三种消息的格式[2,9]。

（1）移动 IPv6 报头

移动 IPv6 报头是一种新的 IPv6 扩展报头，它的主要作用是承载移动节点、通信对端节点、家乡代理在绑定建立和管理过程中使用的移动 IP 信息。移动 IPv6 报头的格式如图 5-14 所示，其中，Payload Proto 为有效载荷协议，用来区分后面所接消息的类型。

图 5-14　移动 IPv6 报头的格式

（2）绑定更新消息

移动节点用绑定更新消息告知其他节点其新的转交地址。对于含有绑定更新消息的报文，其源地址是移动节点的转交地址，目的地址是通信对端节点的地址。绑定更新消息的格式如图 5-15 所示，其中一些重要标志位的含义如下。

图 5-15 移动 IPv6 绑定更新消息

- A（Acknowledge）：如果被设置，则表示移动节点请求家乡代理或通信对端节点对绑定更新进行确认。
- H（Home Registration）：如果被设置，则表示移动节点请求接收者提供家乡代理服务，数据包目的地址与移动节点的家乡地址应该采用相同的子网前缀。
- L（Link-Local Address Compatibility）：如果被设置，则表示移动节点报告的家乡地址与其本地链路地址有相同的接口标识符。
- K（Key Management Mobility Capability）：如果该位被清除，则移动节点和家乡代理之间的 IPSec 将不再存在。如果使用手动的 IPSec 配置，则该位必须被清除。只有在发送给家乡代理的绑定更新中，该位才有效，且在其他的绑定更新中须清除该位，通信对端节点可以忽略该位。
- Sequence #：顺序号，16 位，被家乡代理用于标识绑定更新，也可用于匹配绑定确认和绑定更新。
- Lifetime：生存时间，16 位，表示绑定过期前剩余的时间单位数。
- Mobility Options：移动选项，长度可变，包含 0 个或多个 TLV（类型-长度-值）编码移动选项。

（3）绑定应答消息

绑定应答消息用于对收到的绑定更新消息进行确认，该消息中一些重要标志位的含义如下。

- Status（状态）：8 位，表示绑定更新的接受状态。
- K（Key Management Mobility Capability）：如果该位被清除，则在移动节点和家乡代理之间不再使用 IPSec 进行通信。此时，对应的通信对端节点的 K 位值为 0。
- Sequence #（顺序号）：绑定应答中顺序号的值从绑定更新中顺序号字段复制而来，表示对相应绑定更新的确认，从而被移动节点用来匹配绑定应答和绑定更新。
- Lifetime（生存时间）：该字段的值以 4 s 为单位，表示相应表项在绑定缓存中的保留时间。

（4）绑定更新请求消息

当通信对端节点所保存的绑定信息快要过期时，通信对端节点将向移动节点发送绑定更新请求消息，以请求移动节点更新它的移动性绑定。接收到绑定刷新请求报文的移动节点应该向通信对端节点发送绑定更新报文，以使通信对端节点更新它所持有的绑定信息。

5.3.3　数据传输

如果通信对端节点已经与移动节点建立了绑定关系，且通信对端节点知道移动节点的转交地址，那么该通信对端节点可以利用 IPv6 路由扩展报头直接将数据包发送给移动节点。这些数据包不需要经过移动节点的家乡代理，它们直接经过从源节点到移动节点的优化路由得以传送。

如果通信对端节点尚未与移动节点建立绑定关系，且通信对端节点不知道移动节点的转交地址，那么，通信对端节点将移动节点的家乡地址放到目的 IPv6 地址域中，并将它自己的地址放到源 IPv6 地址域中，然后将数据包发到合适的下一跳节点上。与移动 IPv4 的思路相同，采用上述方式发送的数据包将被送到移动节点的家乡链路。在家乡链路上，家乡代理截获这个数据包，并将它通过隧道送往移动节点的转交地址。移动节点将数据包拆封，并将内层数据包交给高层协议处理。

在相反方向上，移动节点可以直接向通信对端节点发送数据包。对于移动节点在外地网络时所发送的数据包，在发送时，若将移动节点的家乡地址作为源地址，则需要移动 IP 进行加入家乡地址选项的处理。当存在入口过滤时，移动节点可以采用类似移动 IPv4 的解决办法，先将数据包经由隧道发送给家乡代理，隧道的源地址为移动节点的转交地址，家乡代理再把数据包发送给通信对端节点。此外，移动 IPv6 还可以利用 IPv6 扩展头的优势，在 IPv6 报头中将转交地址作为源地址，而在家乡地址选项中使用移动节点的家乡地址，这样数据包就能安全地通过任何实现了入口过滤的路由器。

5.3.4　移动 IPv6 与移动 IPv4 的比较

移动 IPv6 机制与移动 IPv4 机制基本相同，为 IPv6 互联网提供了移动性支持。移动 IPv6 在移动 IPv4 的基础上，结合 IPv6 的优势，对移动 IPv4 做出多项改进，主要体现在以下 6 个方面[1,2-14]。

（1）充分利用 IPv6 地址空间

IPv4 的地址空间为 32 位，而 IPv6 的地址空间为 128 位，因此 IPv6 有巨大的地址空间。移动 IPv4 机制采用外地代理以及外地代理转交地址，从而可以使用单一转交地址同时为多个移动节点服务。移动 IPv6 则充分利用了 IPv6 地址空间大的优势，直接采用配置转交地址的方式，不再需要网络地址"翻译"机制和外地代理，从而使移动 IPv6 的部署更加简单和直接。

（2）解决三角路由问题

基本的移动 IPv4 机制存在三角路由问题。为了避免三角路由造成的带宽浪费，移动 IPv6 包含了路由优化机制。路由优化机制是移动 IPv6 的一个基本部分，而不是对一些非标准的扩充。

（3）提供层次结构

移动 IPv6 不但能够提供大量的 IP 地址以满足移动通信的飞速发展，而且可以根据地区注册机构的政策来定义移动 IPv6 地址的层次结构，从而减小路由表的大小并加快注册和切换过程。层次移动 IPv6 将在 5.5.1 节中讨论。

（4）内嵌的安全机制

虽然两种移动 IP 标准都支持 IPSec，而且目前的 IPv4 网络中已经使用了 IPSec，但是 IPSec 安全机制只是移动 IPv4 标准的可选部分，而在移动 IPv6 标准中则成为一个重要的组成部分。IPv6 中的 IPSec 可以对网络层上的通信提供加密或授权功能。

（5）地址自动配置

IPv6 中主机地址的配置方法要比 IPv4 中多，任何主机 IPv6 的地址配置都可以采用被动地址自动配置和主动地址自动配置。这意味着 IPv6 环境中的编址方式能够实现更加有效的自我管理，使得节点在移动过程中的地址分配、增加和更改易于实现，并且降低了网络管理的成本。

（6）服务质量保证

服务质量保证涉及多方面的因素，需要综合考量。从协议的角度来说，与移动 IPv4 相比，移动 IPv6 的优点是提供区分服务。IPv6 的报头中增加了一个长度为 20 位的流标记域，该流标记域使中间节点能够确定数据流的服务等级。尽管目前流标记的确切使用方法尚未标准化，但可以肯定的是，它可以用来支持未来基于服务水平和其他标准的新的计费系统等。移动 IPv6 还通过另外几种方法改善服务质量，主要有提供永久连接、防止服务中断和提高网络性能等。

5.4　移动 IP 的切换优化机制

移动 IP 技术使移动节点可以使用一个"永久"IP 地址在网络中移动，实现随时随地的接入并被其他用户访问。但在移动过程中，当移动节点从一个接入点移动到另一个接入点，或者从一个子网移动到另一个子网时，存在一定的切换延时，同时可能发生数据包的丢失问题，这些都会对某些对延时要求高的上层业务产生影响。这一问题就需要通过一种低延时、平滑的切换技术来解决，因此，切换优化是移动 IP 技术中的一个重要研究课题。

5.4.1　移动 IP 的切换优化机制简介

在移动 IP 中，移动节点在移动到另一个接入点或网络时，需要获得新的转交地址，并通过向家乡代理重新注册以便将最新的转交地址告知家乡代理，这一过程称为切换。在切换过程中，移动节点无法被通信对端节点访问。整个切换过程可以分为两个阶段：移动检测阶段和重新注册阶段。影响移动 IP 切换延时的因素主要有 3 个：移动检测延时、重新注册延时、恢复由于切换引起丢包的延时。各种切换优化技术的目的是减少切换的延时和丢包率。

根据切换发起方来分，切换可以分为两种：网络控制和移动节点控制。前者由网络中的接入路由器来决定移动节点的连接点，并与移动节点建立连接。后者由移动节点决定新的连接点，并且在新连接点处建立连接。移动节点由一个网络接入点切换到另一个接入点时，会马上进行数据链路层切换（即二层切换），也称为硬切换。二层切换过程是由各个子网使用的底层通信技术决定的。如果跨越 IP 子网，则还需要进行网络层切换（即三层切换），也称为软切换。三层切换可以由子网间的二层切换触发。

为了满足广泛的适用性，在移动 IP 的设计中，网络层（三层）与数据链路层（二层）是相互独立的，这就导致了下列固有延时的产生：只有在和新外地代理的二层完成切换后，才能开始网络层的移动 IP 注册过程，且注册过程持续时间非零。由于切换过程中家乡代理不知道移动节点的最新转交地址，通过隧道发送到原先外地网络的 IP 包就会被丢弃，因此就产生了丢包问题。通常来说，由通信的端系统（如 TCP 发送端）恢复丢失的数据包，会造成很大的延时。此外，当切换频繁或者移动节点距离家乡代理很远时，影响更大。

切换优化机制有两个研究方向，一个方向是利用二层切换触发三层切换，通过加快切换过程来降低延时；另一个方向是利用隧道转发机制，使得移动节点能够继续通过切换前的旧代理收发数据，从而减少丢包。

下面介绍 3 种典型的移动 IP 快速切换和切换优化技术：①移动 IPv4 低延时切换技术，包括预先注册切换和过后注册切换等方法；②移动 IP 平滑切换技术；③移动 IPv6 快速切换技术，包括预先切换和基于隧道的切换两种技术。

5.4.2　移动 IPv4 低延时切换技术

在移动 IPv4 中，当移动节点离开一个网络后，并不会触发移动 IP 网络层的切换和重新注册。只有移动节点在一段时间（通常为外地代理发送代理公告周期的三倍）后，仍未收到原来外地代理发来的代理公告，才认为移动节点本身已经离开原来外地代理管辖的网络，进而才会向新的代理发起网络层的切换操作。

减少切换延时的一个直观方法是提高发送代理公告的频率，但这样做会导致更多的网络资源被代理公告占用，从而降低了带宽的利用率。因此，IETF 工作组提出了二层触发（L2 Trigger）方案[11]，即二层发生切换时，由二层立即通知三层正在发生的切换，使三层提前做好准备，以减少额外的开销，降低延时。

造成切换延时的主要原因还有两个：①移动节点只能和直接相连的外地代理通信，因此移动节点只有在完成了二层切换后，才能向新外地代理发起注册过程；②注册过程需要花费时间，在这一时间段内，移动节点不能收发数据包。想要解决这两个问题，可以分别使用如下方法：①允许移动节点在仍然连接在旧外地代理上时，就能与新外地代理通信，这就是预先注册切换；②在完成注册之前，由旧外地代理向移动节点提供数据转发功能，这就是过后注册切换。

1. 二层触发

二层触发是指在二层切换的过程中，发送一些二层事件消息（event notification），并引发三层的相应动作。当移动节点离开旧的接入点，或者连接到新的接入点时，都会产生这样的二层事件消息。

在移动切换过程中，涉及的实体包括移动节点、旧外地代理（移动节点原来连接的外地代理）和新外地代理（移动节点将要连接的新外地代理）。某些二层信息可以向网络提供预先触发信息，而另外一些二层信息可以向移动节点提供预先触发信息。根据二层触发的触发器的不同，可将它分为移动触发、源触发、目的触发、链路启用触发和链路停用触发等。事件消息的接收者可以是移动节点，也可以是旧外地代理或新外地代理。同时，可以向上层提供的参数和信息也随触发器的不同而有所不同，但一般来说，需要包括移动节点的 IP 地址、旧外地代理或新外地代理的 IP 地址，以及以上实体的 MAC 地址等[15]。

2. 预先注册切换

预先注册切换允许移动主机发起提前切换，移动节点在网络的辅助之下可以在二层切换完成之前执行三层切换[11]。这个三层切换可以由网络发起，也可以由移动节点发起。相应地，移动节点和外地代理利用二层触发器触发特定的三层切换事件。实际上，预先注册切换可以使移动节点在二层切换前利用原有旧外地代理提前进行注册。

预先注册的操作过程如图 5-16 所示。在三层的注册切换之前，旧外地代理向新外地代理发送路由请求通告消息（RtSol），新外地代理发送路由广播消息（RtAdv）以答复旧外地代理。然后，旧外地代理用新外地代理的相关信息向移动节点发送代理路由广播（ProxyRtAdv）消息。当移动节点收到代理路由广播消息之后，就能在二层切换完成之前，通过旧外地代理向新外地代理发起注册。这样，当二层切换完成之后，移动节点不必再进行三层切换，马上就可以通过新外地代理收发数据了。

图 5-16　预先注册的操作过程

上述三层切换可以由网络发起，也可以由移动节点发起。在网络发起切换的情况下，预先注册切换可以由旧外地代理通过二层的源触发发起，也可以由新外地代理通过二层的目的触发发起。此时，外地代理可以从二层触发消息中获得移动节点的 IP 地址和新（旧）外地代理的 IP 地址，从而发起切换过程。在移动节点发起切换的情况下，由移动节点通过接收二层消息并确认自己已移动，进而启动切换过程。预先注册切换的方法除在移动切换情况下对代理请求消息进行了一定扩展以外，没有引入新的消息，与原有的移动 IPv4 是完全兼容的。

3. 过后注册切换

过后注册切换对移动 IPv4 进行了扩展，允许旧外地代理和新外地代理利用二层触发建立二者间的双向隧道，使得移动节点在新外地代理的子网下可以继续使用旧外地代理[11]。这可以降低丢包率，最小化切换对实时应用造成的影响。移动节点在新外地代理上的三层注册过程可以根据需要被推迟。

过后注册的数据转发路径如图 5-17 所示。移动节点在新外地代理上的注册没完成之前，它可以继续使用旧外地代理的转交地址。新旧外地代理之间可以利用二层触发器建立一条双向隧道，发往移动节点的报文先到达旧外地代理，再通过隧道传给新外地代理，进而转发给移动节点，这样可以减少通信中断时间。在这个过程中，旧外地代理变成移动节点的移动性锚点，称之为锚外地代理（anchor FA，aFA）。这种方法尤其适用于移动节点快速移动的情况，即移动节点在向新外地代理注册之前又向第 3 个外地代理移动，第 3 个外地代理通知锚外地代理，把双向隧道的一端从新外地代理移向第 3 个外地代理，另一端仍连接接到锚外地代理，直到移动节点完成移动 IP 的注册过程为止。

图 5-17　过后注册的数据转发路径

4. 联合切换

联合切换是对预先注册切换和过后注册切换的综合。如果预先注册切换可以在二层切换完成之前进行，那么联合切换实际上就是预先注册切换。如果预先注册切换不能在二层切换完成之前进行，那么旧外地代理就会为移动节点启动转发通信的服务，就像过后注册切换中规定的那样。

可以看出，联合切换的实质是，当一个预先注册切换不能保证在二层切换完成之前完成时，将过后注册切换作为一种有效的备用机制。

5.4.3　移动 IP 平滑切换技术

平滑切换是指能够保证尽量低的丢包率的切换。随着 VoIP 等实时应用的出现，切换的平滑性变得格外重要，这时必须考虑最小化丢包率，进行平滑切换。

缓存机制是一种常用的平滑切换方法。Kuang Yeh Wang 等人提出了一种缓存机制[16]，由移动节点要求当前子网的路由器缓存发向它的数据包，直到移动节点完成向新子网内路由器的注册为止。这就保证了在切换和注册完成之前，发向旧地址的数据包也不会丢失。一旦注册完成，移动节点在新网络中就有了合法的转交地址，此时，可以在新旧路由器之间建立隧道，将缓存的数据包从先前的路由器转发过来。这一方案降低了移动过程中数据包丢失的可能性。但采用缓存方法解决切换平滑性问题也存在不足之处。例如，缓存大小的设置就是一个需要仔细考虑的问题，过大的缓存会浪费存储资源，也会在转发缓存数据时占用过多宝贵的无线网络带宽，过小的缓存则仍有可能导致数据包的丢失。

对于实时应用，在切换过程中，要考虑状态信息转移问题。当网络带宽有限时，如无线蜂窝网络，可能采用压缩 IP 报头和传输报头，充分利用可用带宽。这时，报头压缩上下文需要从一个 IP 访问点（如路由器）重新定位到另一个 IP 访问点，平滑切换可以通过移动 IPv6 的"绑定更新"消息来获得这种携带转移的状态信息。

IETF 提出了一种基于 IPv6 的平滑切换框架[13-14]，使得切换可以实现低延时、低报文丢失和最小化移动主机通信中断可能性。移动节点连接到一个新接入点时，与它相关的一些状态信息可能需要发送给新的移动代理。切换可以分为 NCMA（Network-Controlled Mobile-Assisted，网络控制移动协助）和 MCNA（Mobile-Controlled Network-Assisted，移动控制网络协助）两种。在 NCMA 中，网络知道移动节点将要切换到哪个新移动代理，因此，当移动节点的新接入链路被建立后，其原先的移动代理能和新移动代理取得联系，并传送状态信息。

在 MCNA 中，移动主机为了进行状态传输，需要发送一些必要的消息。按照移动 IPv6 的规定，移动节点在配置了新转交地址之后，需要向新移动代理发送绑定更新消息。在 IPv6 平滑切换框架中，绑定更新消息需要附加一个平滑切换初始化（Smooth Handover Initiate，SHIN）选项。图 5-18 展示了这种绑定更新消息的结构：SHIN 被放在了绑定更新请求之前，并且整个消息封装了一个新的 IPv6 头部。SHIN 包括以下 4 个子选项：SHIN 目的地选项头、新移动代理子选项、新旧移动代理同时使用的子选项和旧移动代理使用的子选项。

当新的移动代理收到带有 SHIN 的绑定更新消息后，它可以对其中的各个子选项进行识别，并向移动节点的旧移动代理发送一个平滑切换请求（Smooth Handover REQuest，

| IPv6 Header | SHIN Option | IPv6 Header | Binding Update |

图 5-18　带有平滑切换初始化选项的绑定更新消息结构

SHREQ）消息。当旧的移动代理收到这一消息时，它首先会对新的移动代理进行认证，以确保它是一个被移动节点授权的代理。随后，它会发送一个平滑切换回复（Smooth Handover REPly，SHREP）消息，该消息中包含适当的结构，用于进行上下文状态信息的传输。虽然旧的移动代理通过 SHREP 将状态信息发给了新的移动代理，但这些信息在旧代理处不应当马上被销毁。这是因为一旦发生了 SHREP 消息的丢失，旧代理就需要重新构造一个 SHREP，并将它再次发送给移动节点的新的移动代理。

5.4.4　移动 IPv6 快速切换技术

移动 IPv6 对移动 IPv4 存在的种种不足之处进行了改进，如采用可靠的路由器发现和地址配置功能，取代了代理发现过程和外地代理配置的转交地址，避免了三角路由问题等。但移动 IPv6 中同样存在切换延时和丢包的问题，需要进行切换优化。移动 IPv6 的快速切换技术可分为快速切换和基于隧道的切换[17]。

1. 快速切换

IETF 基于预先切换的思想提出了 FMIPv6（Fast handovers for MIPv6）[12]。FMIPv6 的快速切换机制的原理与移动 IPv4 基本相同，都是让移动节点在和旧的接入路由器还保持着二层连接时，就发起三层切换，并通过在新旧接入路由器间建立隧道来维持到移动节点的报文转发。但二者在信令设计和交互方面有所不同，在移动 IPv6 的快速切换技术中，旧的接入路由器被称为 PAR（Previous Access Router），新的接入路由器被称为 NAR（New Access Router）。此外，引入了元组（AP-ID，AR-Info）来描述接入路由器信息，其中 AP-ID 表示接入点（AP）标识，AR-Info 表示该接入点接入的路由器接口信息，包括路由器 IP 地址、MAC 地址和网络前缀。

根据切换过程中切换预测信息的接收方，预先切换可以分为网络发起切换和移动节点发起切换两类。在网络发起切换的情况下，当移动节点和 PAR 还保持二层连接时，如果 PAR 预测到移动节点将进行切换，则将启动移动节点和新的 AR（NAR）之间的三层信令交互。在这种情况下，PAR 将主动发送代理路由公告 PrRtAdv，而不是由移动节点发送代理路由公告请求 RtSolPr。

在移动节点发起切换的情况下，移动节点会根据接收到的二层消息预测自己将会移动到新的网络中，并且启动与 PAR 的信令交互来实现三层的切换。首先，移动节点向 PAR 发送路由公告请求 RtSolPr，请求将接入点的 ID 解析为特定子网的信息。PAR 回复 PrRtAdv，其中包含一个或多个（AP-ID，AR-Info）这样的元组。通过 PrRtAdv 消息提供的新 AP 所对应的子网信息，移动节点可以知道它的新的转交地址（NCoA）。随后，当数据链路层的切换事件发生时，移动节点会向 PAR 发送快速绑定更新报文（Fast Binding Update，FBU），使得 PAR 将 PCoA 和 NCoA 绑定起来，以便使后面到达 PAR 的数据包能够通过隧道到达移动节点的 NAR，避免切换过程中丢包。

根据移动节点是否在原先的链路上收到 PAR 对 FBU 的回复 FBack，可将这类预先切换分为两类：如果移动节点在原来的链路上收到 FBU 和 FBack，则这种切换被称为先验式（Preactive）快速切换；如果移动节点在新链路上收到 FBack，则这种切换被称为反应式（Reactive）快速切换。

先验式快速切换的交互流程如图 5-19 所示，在移动节点向 PAR 发送了 FBU 之后，PAR 可以通过交互切换初始报文（Handover Initiate，HI）和切换应答报文 HACK 来确定 NAR 是否接受了 NCoA。移动节点在 FBU 中给出的 NCoA 会携带在 HI 中，NAR 可以同意这一 NCoA，或者自己为移动节点分配 NCoA 并写在 HACK 中，随后 PAR 可以通过 FBack 将这一 NCoA 返回给移动节点。在这种情况下，移动节点必须使用 NAR 分配的 NCoA，而不是它最初在 FBU 中指出的 NCoA。如果移动节点能够在原先的链路上收到 FBack，就意味着当移动节点在切换到 NAR 时，数据包的隧道传输已经开始了，此时移动节点应当立即向 NAR 发送快速邻居公告（Fast Neighbor Advertisement，FNA），使得到达并缓存在 NAR 的数据包能够立即转发给移动节点。

图 5-19　先验式快速切换的交互过程

反应式快速切换的交互流程如图 5-20 所示，如果移动节点没有在原先的链路上收到 FBack，则可能是由于移动节点还没有发送 FBU，或者移动节点在发送 FBU 之后，收到 FBack 之前，已经离开了原先的链路。为了使 NAR 能够立即开始转发数据包，以及让 NAR 确认 NCoA 是否可用，移动节点应当把 FBU 封装在 FNA 中并向 NAR 发送。如果 NAR 检测到 NCoA 已经被其他节点使用，则它会丢弃 FNA 内层的 FBU，并且发送一个带有邻居广播回复选项的路由器通告（RA），向移动节点提供一个可用的 NCoA，这对于避免地址冲突是非常必要的。在这种情况下，移动节点无法确定 PAR 是否成功处理了 FBU。因此，当移动节点连接到 NAR 时，NAR 会立即重新向 PAR 发送 FBU。注意，此时 FBU 不是由移动节点来转发，而是由 NAR 转发给 PAR，PAR 回复 FBack 以完成隧道的建立。反应式快速切换的其余流程与先验式快速切换类似，不再赘述。

图 5-20　反应式快速切换的交互过程

2. 基于隧道的切换

基于隧道的切换是指在移动节点与新接入路由器的二层连接建立后，不通过启动三层切换来获得新的转交地址，而是在两个网络的接入路由器之间建立隧道，移动节点通过隧道从前一个网络接收数据。这种做法减少了获得新转交地址的时间开销，对实时数据传输有很大的意义。这是因为，移动节点在切换过程中转交地址没有改变，这就大大降低了丢包的可能性。特别是当移动节点在多个不同的子网之间进行快速移动和切换时，基于隧道的切换的优势更加明显。

基于隧道的切换的过程如图 5-21 所示，旧接入路由器和新接入路由器都需要二层触发器[8]。这里的两个基本触发器分别是 L2-ST（L2 Source Trigger）和 L2-TT（L2 Target Trigger）。与此同时，在旧接入路由器上，需要增加一个 L2-LD（L2 Link Down）触发器来触发连接断开，在新的接入路由器和移动节点上，需要增加一个 L2-LU（L2 Link Up）触发器来表示二层切换的完成。基于隧道的切换的信令及流程与快速切换非常类似，不再赘述。

图 5-21　基于隧道的切换的过程

5.5　移动 IP 技术其他研究热点

5.5.1　微移动管理协议

　　移动 IP 作为 IP 关于移动管理的扩展协议，虽然可以使用户在移动过程中无须更换 IP 地址就能实现不间断通信，但它不支持主机的高速移动，因为移动 IP 规定：一旦移动节点发生切换，移动节点必须向家乡代理进行注册。在这样的规定下，主机移动速度越快，移动节点发生切换的频率越高，将导致移动节点频繁向家乡代理进行注册，对于移动节点，这会增加切换延时，导致用户获得的 QoS 下降；对于系统，这会增加冗余信令，且信令的冗余会随着网络规模的扩大以及主机与家乡代理距离的增加而增加。

　　为了解决上述问题，学者们在移动 IP 的基础上提出了一些移动管理的扩展协议。这些协议的主要思想是将网络分区，使整个网络由若干区域组成。移动节点在区域内的移动被称为域内移动，也被称为微移动；移动节点在区域间的移动被称为域间移动，也被称为宏移动。当微移动发生时，使用扩展的移动管理协议来进行移动管理；当宏移动发生时，使用移动 IP 来进行移动管理。由于作用范围不同，因此移动 IP 又被称为宏移动管理协议，扩展的移动管理协议又被称为微移动管理协议。

　　目前存在多种微移动管理协议，如蜂窝 IP[15]、蜂窝 IPv6[18]、切换优化的无线 Internet 架构（HAWAII）[19]、层次移动 IPv6[20]、移动 IPv4 区域注册[21]、移动 IPv6 区域注册[22]、区域移动 IPv6[23]、电信移动 IP（TeleMIP）[24]和域内移动主机协议（IDMP）[25]等。根据主机定位方式的不同，可以把众多的微移动管理协议分为两大类：基于主机路由的微移动管理协议和基于隧道的微移动管理协议[26]，如图 5-22 所示。

图 5-22　微移动管理协议的分类

　　本节首先对基于主机路由的微移动管理协议和基于隧道的微移动管理协议进行分析，然后对 5 种微移动管理协议进行比较。

　　1. 基于主机路由的微移动管理协议

　　基于主机路由的微移动管理协议[17-19]的基本实现机制如图 5-23 所示。该类协议为区域中的每个移动节点分配一个 IP 地址作为标识，与移动 IP 中获得转交地址的方法类似，该地址可能是网关（网关通常作为代理）的地址[17-18]，也可能是网关采用类似动态主机配置协议（DHCP）为移动节点分配的地址。移动节点在获得该地址后，将它作为转交地址并向家乡代理注册。当移动节点在区域内移动时，该地址保持不变，可作为移动节点的标识。

图 5-23　基于主机路由的微移动管理协议的基本实现机制

由于移动节点在区域内的标识转交地址不变，因此该类协议更适合 IETF 目前提出的一些 QoS 模型，如资源预留协议（RSVP）和多协议标签交换（Multiprotocol Label Switching，MPLS）[27] 等。这些 QoS 模型在设计时均 "认为" 主机的标识是不变的。然而，不变的标识要求网络在定位主机时需要采用主机路由方式。这种方式要求区域内从网关到移动节点的沿途路由器都要记录与移动节点相关的路由信息。

为了达到这一目的，移动节点需要隐式（如发送探测报文）或显式地发送信令至网关，使网关和移动节点之间的路由器可以记录能路由至移动节点的下一跳信息。为了使该信息准确地反映到达移动主机的路由，基于主机路由的微移动管理协议要求移动节点周期性地发送隐式或显式信令，以更新网络节点中与移动节点相关的路由信息。

这样，当移动节点切换到另一个接入点时，无效的路由信息会因为没有被及时更新而被相应的路由器删除，这实际上是一种 "软状态" 的位置信息保存方式。"软状态" 方式增加了网络中的信令冗余，并且使网络的可扩展性变差，因为位置信息的查找复杂度会随着网络内主机数量的增加而急剧增加。

2. 基于隧道的微移动管理协议

基于隧道的微移动管理协议[20-25] 的基本实现机制如图 5-24 所示。该类协议为区域中的每个移动节点分配两个地址：一个作为区域内的身份标识，另一个作为区域内的位置标识。为了将这两个地址绑定，基于隧道的微移动管理协议将在区域内引入区域移动管理实体（Regional Mobility Entity，RME）来代替家乡代理管理移动节点在区域内的移动。

当移动节点发生微移动时，移动节点仅需向 RME 进行区域注册，向 RME 告知自己的当前位置。只有当移动节点发生域间移动时，移动节点才需要向家乡代理进行家乡注册，向家乡代理告知自己的当前区域。这样，无论移动节点在域内如何移动，RME 都能获知移动节点在区域内的确切位置，从而能将报文正确地通过隧道方式转发给移动节点，以实现移动节点的域内移动对家乡代理的透明。由于位置信息仅保存在本区域的 RME 中，且位置信息的保存不需要移动节点使用周期性的信令或报文进行更新，因此，基于隧道的微移动管理协议的可扩展性较好。

图 5-24　基于隧道的微移动管理协议的基本实现机制

　　表 5-1 对比了 5 种微移动管理协议的主要性能，包括切换管理机制、是否使用寻呼机制、是否使用隧道机制、是否支持主机的空闲状态等。

表 5-1　5 种微移动管理协议的对比

协　　议	切换管理机制	是否使用寻呼机制	是否使用隧道机制	是否支持主机的空闲状态
蜂窝 IP	硬切换	是	否	支持
	半软切换			
HAWAII	基于转发的切换机制	是	否	不支持
	基于非转发的切换机制			
层次移动 IPv6	不支持平滑、快速切换	否	是	不支持
电信移动 IP	支持快速切换	是	是	支持
IDMP	支持快速切换	是	是	支持

5.5.2　代理移动 IP 技术

　　移动 IP 支持节点在网络中的自由移动，保证节点在移动过程中不改变上层应用使用的 IP 地址，从而不会中断正在进行的网络通信及上层应用业务。但是，移动 IP 需要移动节点通过自身的扩展以支持上述功能，特别是需要修改移动节点的协议栈。然而，移动节点的数量很多，其扩展的开销是非常大的，而且在实际应用中，甚至很难确定某节点将来是否移动而需要支持移动 IP。为了使移动节点无须任何修改就能随时接入网络并被通信对端节点联系，从而享受类似于移动 IP 的服务，IETF 的 NETLMM（NETwork-based Localized Mobility Management）工作组对移动 IP 进行了进一步改进，提出了代理移动 IP。

　　代理移动 IP（Proxy Mobile IP，PMIP）技术是一种移动管理方案。与移动 IP 相比，代理移动 IP 的最大优点在于，将移动 IP 中移动节点需要处理的移动管理工作转移到网络中，也就是由网络来实现这些功能。这使得客户端无须任何修改，就可在网络中自由移动，而且移动节点地址始终保持不变，节点对移动完全无感知。

类似移动 IP，代理移动 IP 也有两个版本：代理移动 IPv6（PMIPv6）和代理移动 IPv4（PMIPv4）。代理移动 IPv6 是最早被提出的代理移动 IP，之后，在其基础上，扩展出了代理移动 IPv4，支持移动节点运行 IPv4 和通信网络为 IPv4 网络的场景。二者的原理基本相同，这里我们将根据代理移动 IPv6 来讲述代理移动 IP 的基本原理。

代理移动 IP 使得主机在无须参与任何与移动相关的报文交互的情况下，也能够实现在网络中的自由移动，从而避免了移动 IP 中所需要的移动主机协议栈更新。在代理移动 IP 中，网络代替主机并负责 IP 移动管理，网络中的移动管理实体负责跟踪主机的移动和收发所需的移动管理报文等。

在代理移动 IP 体系结构中，核心功能实体是本地移动锚点（LMA）和移动接入网关（MAG），它们共同管理本地域内的移动节点。如图 5-25 所示，本地移动锚点是本地移动管理域内的一个路由器，负责维护移动节点的可达性状态，控制本地域内的移动节点，同时它是移动节点网络前缀的拓扑锚点。移动接入网关位于移动节点接入网络上，它能够代替移动节点进行移动管理并监测移动节点在接入链路上的移动，同时将初始化后的相应的绑定注册信息发送到移动节点的本地移动锚点处。移动接入网关可向移动节点转发来自本地移动锚点的数据包，也可向本地移动锚点转发来自移动节点的数据包。

图 5-25　代理移动 IP 的基本原理

在代理移动 IP 中，当节点连接到 MAG 后，MAG 会代替移动节点并与其 LMA 联系，以获得节点家乡网络信息，MAG 进而广播 LMA 所在网络的网络前缀，使得移动节点连接到 MAG 时，仍会认为自己在家乡网络上，从而保持 IP 地址不变。当通信对端节点通过 LMA 与移动节点进行通信时，LMA 将移动节点的位置映射到连接移动节点的 MAG 地址上，并管理该 MAG 和 LMA 之间的双向隧道，利用该隧道向 MAG 转发通信对端节点发往移动节点的数据包。MAG 收到上述数据包后，则直接发给链路上的移动节点。

目前，业界已达成一种共识：从 IPv4 到 IPv6 是一个共存和过渡的过程，也是一个漫长的过程，所以从 IPv4 到 IPv6 的过渡问题备受关注。现在主要有三种机制来解决从 IPv4 到 IPv6 的过渡问题：双栈机制、隧道技术以及网络地址和协议转换技术。

双栈机制通过在主机上配置 IPv4 和 IPv6 协议栈来提供对两种模式的完整支持，但这样会增加网络的复杂度；隧道技术在 IPv6 的数据包外添加 IPv4 头，通过封装使 IPv6 的数据包可以在 IPv4 网络中进行传输；网络地址和协议转换技术是指在 IPv4 和 IPv6 的"交界"处进行地址和协议转换，以解决过渡问题。

在代理移动 IP 中，通常要求通信双方的协议实现在同样的网络基础架构中，然而隧道和双栈技术的使用为从 IPv4 到 IPv6 的过渡以及二者的共存提供了可能。例如，一个在代理移动 IPv6 域的移动节点，可以运行在 IPv4、IPv6 或双栈模式下。同样，当 LMA 与 MAG 之间采用 IPv4 网络连接时，即形成代理移动 IPv4 域，此时移动节点也可使用 IPv4、IPv6 或双栈模式。图 5-26 展示了 IPv6 节点使用代理移动 IPv4 域的场景。

图 5-26　IPv6 节点使用代理移动 IPv4 域的场景

5.5.3　网络移动性

当我们在火车、飞机上使用无线接入设备时，许多设备会随着承载平台的移动而一起移动。在这种情况下，移动 IP 设备数量较多，如果为每一个设备分别提供移动 IP 支持，就需要每个设备都支持移动 IP，而且移动性检测、注册等协议的开销很大。因此，人们提出了整个 IP 网络（如整列火车上的网络）对移动性提供支持的方案 NEMO（NEtwork MObility，网络移动性），它主要研究子网作为一个整体在互联网范围内移动时所引起的网络可达性、效率和安全等方面的问题[28]。本节介绍 NEMO 基本协议以及 NEMO 网络的应用模型，在此基础上，给出了网络移动性的未来研究方向。

NEMO 基本协议是对 MIPv6 的扩展，支持网络移动性，且向后与 MIPv6 兼容[29]。NEMO 和移动 IP 的最大不同之处在于，它将移动支持功能从移动节点上转移到移动网络中的路由器上，路由器可以改变连接到互联网的接入点并保持网络移动对其他节点的透明性。NEMO 基本协议保证，当移动路由器改变它在互联网中的连接点或者整个网络移动时，移动网络中所有节点的任务仍能保持连续性。

NEMO 移动网络中的路由器扮演了双重角色：相对于移动网络外部，它是一个普通的支持移动 IP 的节点；对于移动网络内部，它作为整个网络移动的管理节点，负责网络内其他节点的网络接入。

当移动路由器（Mobile Router，MR）离开家乡网络，到达外地网络后，它会从外地网络获得一个转交地址，并以该转交地址向其家乡代理进行注册，家乡代理和移动路由器间建立双向隧道，这一过程类似移动 IP。但其通信过程与移动 IP 略有不同，移动节点与通信对端节点通过 NEMO 转发数据包的路径如图 5-27 所示。来自通信对端节点的 IP 数据包基于传统的路由方法被送到 MR 的家乡代理，通过隧道到达 MR，由 MR 解封装后转发到移动网络中的节点。

特别值得注意的是，NEMO 与移动 IP 不同，反向的数据包通过同样的路径发往通信对

图 5-27　移动节点与通信对端节点通过 NEMO 转发数据包的路径

端节点，即移动节点发送的数据包经移动路由器封装后通过隧道发送至节点的家乡代理，家乡代理通过传统路由方法转发至通信对端节点。

5.5.4　移动 IP 组播技术

互联网作为一个被广泛应用的通信平台，人们不仅需要使用其文件下载、消息发布、发送电子邮件等服务，还希望它能提供一些新型服务，如移动电视、多媒体远程教育和网络间协同工作等。这些服务要求网络能够提供更大的带宽、更好的实时性等。在这种情况下，组播体现出了强大的性能优势。它提供的点到多点、多点到多点的通信方式能够有效地提高网络的利用率，节省发送者自身的资源，同时使应用具有良好的可扩展性。

随着便携式移动终端支持多媒体业务能力以及无线接入高速数据传输能力的提升，移动用户也希望能获得上述新型业务，这使得移动组播成为当前的研究热点。

组播最早由 S. Deering[30] 提出，它是一种将报文从一个源节点向网络的多个终端节点发送的技术。在组播中，报文仅在路由树的分叉处进行复制和转发，而不需要源节点多次重复发送同样的数据。图 5-28 给出了组播的通信过程，其中 S 是源节点，当它想向 D1 和 D2 发送报文时，S 只将相同的数据发送一次。如果需要，则在中间节点进行报文复制，每条链路中最多只出现一次相同的报文。

图 5-28　组播的通信过程

在组播技术中，把需要接收相同数据的主机组成一个集合，称为一个组播组，每个组播组有一个组播地址。在发送方发出的数据包中，将该组的组播地址作为目的地址，路由器根据组播组中的组播地址自动复制数据并发送给接收方。组播中的主机可以在同一个物理网络中，也可以来自不同的物理网络。组播有以下三个特征[31]。

- 兼容 IP 服务：使用 UDP[32] 发送数据报文，提供尽力发送（best-effort）服务。
- 开放：组播源节点不需要知道组播组成员的信息。
- 组结构动态变化：任意节点可以随时加入或离开组播组。

图 5-29 给出了组播的体系结构，当主机希望加入或者退出某个组播组时，需要使用 Internet 组管理协议[33]（Internet Group Management Protocol，IGMP），或者 IPv6 中的 MLD（Multicast Listener Discovery，多播接收方发现）协议[34]。通过 IGMP 和 MLD 协议，本地组播路由器可以对组成员的状态进行管理。

组播路由器使用组播路由协议建立和维护组播转发树[35]。常见的域内组播路由协议有

DVMRP[36]（Distance Vector Multicast Routing Protocol）、CBT[37]（Core Based Tree）、MOSPF[38]（Multicast extensions to OSPF）、PIM–SM[39]（Protocol Independent Multicast–Sparse Mode）和 PIM–DM（Protocol Independent Multicast–Dense Mode）[40]等，常见的域间组播路由协议有 BGMP[41]（Border Gateway Multicast Protocol）等。

主机-路由器协议（IGMP/MLD）

组播路由协议

图 5-29　组播的体系结构

在移动互联网络中，组播不仅要处理动态的组成员关系，还需要解决成员位置动态变化方面的问题，这给移动组播带来了一系列新的挑战。目前互联网中使用的组播协议在建立组播树时，通常都假设其成员是静态的，没有考虑成员位置的动态变化。如果成员节点每次移动后就重新建立组播树，那么将带来很大的开销，影响组播树的稳定性；如果不改变组播树，则会带来路由冗余，甚至导致错误转发。另外，节点的移动除带来切换延时以外，还会引入组播转发树的更新延时，这些都会导致部分组播报文接收的中断。图 5-30 对移动组播所面临的问题进行了总结[13-16]。

图 5-30　移动组播面临的问题

5.5.5　网络接入检测

当 IPv6 节点监测到或"猜测"数据链路层连接发生改变时，它需要检测 IP 层地址或路由是否仍然有效以及是否需要改变。如果网络层的连接（即接入路由器）发生改变，则节点需要重新进行网络层配置和移动注册等，如重新发送绑定更新信息。如图 5-31 所示，移动节点将其接入点由 AP1 改为 AP2，链路发生了改变，需要进行移动注册；如果将接入点由 AP2 改为 AP3，但二者仍在同一链路上，那么无须重配置和初始化移动过程。如何快速、有效地检测网络层接入位置和接入路由器的变化？需要引入网络接入检测（Detecting Network Attachment，DNA）。

DNA 机制通过检测当前接入链路的 ID 来确定现有 IP 配置的有效性，从而确定链路是否发生改变而需要初始化新的配置。该过程需要最大限度地减少因检测当前接入链路的 ID 而带来的延时，以免上层服务崩溃。DNA 机制应尽量利用现有信令机制，特别是本地链路范围内的信令，且应当与其他机制兼容，如支持 DNA 机制的节点应该能与不支持 DNA 机制的节点兼容。

图 5-31　移动检测

相比有线链路环境，无线链路环境更加多变，因为无线链路没有明确的界限，主机可能同时处于多个接入点覆盖的区域。无线链路的连接非常不稳定，对链路 ID 的检测非常困难。比如要花费很多时间来检测链路改变。所以，在无线链路环境下，DNA 机制应可以感知路由器在不同链路上的可达性。此外，DNA 机制还应当考虑主机接入多个链路的情况。

DNA 工作组定义了一系列网络接入检测的目标，描述了现有的问题和可能的解决方案[42]。IPv6 中的 DNA 需要三套功能支持：①在未修改路由器的环境下，主机要能快速检测链路改变；②主机要能通过查询路由器来确认链路 ID；③路由器要能持续且快速地响应上述查询。相关研究成果包括主机检测链路广播前缀以进行链路识别的机制，以及需要DNAv6 路由器支持的更为有效的链路识别机制。

通常来说，可以通过 IP 层或其他层的链路检测提示信息来触发初始化网络层以检测连接是否改变。各种网络接入技术可以向 IP 层提供数据链路层的各种状态信息，如数据链路层的事件消息可以协助 IP 层对网络配置的变化进行快速检测[43]。此外，针对接入网的数据链路层频繁而快速的变化，主机需要进行快速、有效的 IP 配置检测过程。一种研究思路是IPv6 主机使用"邻居"发现机制及其扩展进行网络接入检测，另一种研究思路则是通过现有网络配置来支持 IPv6 网络中主机的网络接入检测[44-45]。

5.5.6　移动 IPv4 动态家乡代理分配

在移动 IPv4 中，移动节点通过注册请求报文向某个家乡代理进行注册，但对于该移动节点，该家乡代理可能不是一个最优选择，这里的最优可以是基于地理位置远近的考虑，也可以是基于家乡代理的负载均衡或者其他方面的考虑。这就需要为移动节点动态地分配家乡代理，在分配时，需要考虑家乡代理的优化问题。

IETF 的 mip4 工作组在 RFC 4433 中定义了一种消息机制，该机制可以用于家乡代理的动态分配和重定向，从而能让移动节点选择一个最优的家乡代理[46]。当移动节点要求进行动态家乡代理分配时，它必须使用移动 IP 的网络接入标识（Network Access Identifier，NAI）

进行扩展。它可以在初始的注册请求中将家乡代理域设为 ALL-ZERO-ONE-ADDR。如果该请求被接受，家乡代理会回复一个注册成功的消息，其中包含了该家乡代理的地址。另外，被请求的家乡代理可以选择向移动节点建议使用另一个家乡代理，在这种情况下，它会发送一个拒绝注册的回复，并且在一个家乡代理重定向扩展中写明它推荐的家乡代理地址。此外，该机制定义了一种家乡代理请求扩展，使移动节点指定它所偏好的家乡代理。该消息机制使得移动节点可以请求和接受一个动态分配的家乡代理，但对网络如何为移动节点选择家乡代理并没有做出明确规定。

5.5.7　移动 IPv4 区域性注册

在移动 IPv4 中，一个移动节点在每次改变转交地址时都要向其家乡代理注册。如果它访问的网络和其家乡网络相距很远，注册信令交互的延时就会很大。如果将移动节点向家乡代理的注册改为向移动节点所访问的子网中的某个本地节点进行注册，就可以在很大程度上解决这一问题。移动 IPv4 区域性注册是基于这一思想提出的。

IETF 的 MIP4 工作组在 RFC 4857 中提出了一种区域性注册的解决方案，使得移动节点可以在它所在的区域内进行注册[47]。该方案是 MIPv4 的一个可选扩展，其中引入一种新的网络节点：网关外地代理（Gateway Foreign Agent，GFA），如图 5-32 所示。GFA 的地址通过外地代理在访问域内进行广播，当一个移动节点第一次到达这个域时，它会向其家乡代理进行注册，在这次注册过程中，它将 GFA 的地址作为其转交地址向家乡代理注册。当它在这个域的不同外地代理之间进行移动时，移动节点只需要向 GFA 进行区域性注册，不需要再向家乡代理进行注册。

图 5-32　区域性注册示意图

在简单的情况下，区域性注册对家乡代理是透明的。在节点的支持下，区域性注册还可以提供 GFA 的动态分配。虽然该方案关注的是在所访问的外地网络内的区域性注册，但区域性注册在家乡网络中也可以实现。

5.6　本章小结

移动 IP 是由 IETF 提出的一种在网络层支持用户漫游和切换的重要解决方案。作为独立于物理层和数据链路层的技术，移动 IP 兼容各类异构的接入协议，并使得用户移动对上层应用保持透明。本章详细介绍了移动 IP 的原理、关键技术和改进措施。

移动 IP 的基本协议有两个版本：移动 IPv4 和移动 IPv6。移动 IP 能保证节点在移动过程中不改变自己的 IP 地址。这样，即使接入网络的位置发生变化，也不会影响它和通信对端节点的通信，可保持业务的连续性。由于移动 IP 具有切换延时长、切换报文丢失率高等缺陷，因此学者们提出了两种解决方案：一种是对移动 IP 的切换过程进行优化，如使用二层信息触发三层切换来减少延时，在新旧外地代理间建立隧道来减少丢包等措施；另一种使用网络分区的方法，如移动管理分层，使得用户的微移动对外部网络透明，从而减少注册延时和切换延时。

在移动 IP 的基础上，针对不同的应用场景，又发展出了其他的移动管理协议。考虑到移动 IP 需要修改客户端，在现实应用中代价太大，学者们提出了代理移动 IP，无须修改客户端，由网络来管理移动节点的移动，而无须移动节点感知并处理移动事件，因此移动节点不需要升级协议栈。在一些应用场景中（如火车或飞机上），当载体移动时，众多的节点会同时发生移动，且随着网络接入点的移动，整个网络都会发生移动，此时，为单个移动节点提供移动 IP 服务的开销太大。在这种需求的推动下，产生了 NEMO 协议，它可用来管理整个网络移动时用户的接入。

随着移动 IP 技术的发展，人们对其性能及其支持的传输模式提出了更多要求。组播作为一种点到多点的通信方式，能够有效提高网络的利用率，节省发送者自身的资源，同时使得应用具有良好的可扩展性，在通信带宽严重受限的无线移动场景下，这种需求更为迫切。这使得移动 IP 组播技术成为当今的一个研究热点。移动组播在移动 IP 技术的基础上，对家乡代理和外地代理的功能进行了针对组播的补充，而在路由效率、切换延时、报文丢失率、协议处理开销方面，移动 IP 组播技术还有待进一步改进。

移动 IP 从诞生到现在已经有二十多年历史。随着人们对移动性的要求不断提高，移动 IP 在实际应用中还有很多尚待解决的问题，如如何加快网络切换的检测、如何为节点合理选择家乡代理和外地代理、如何利用多连接提高移动节点的稳定性和性能、异构网络中的移动管理等问题，仍值得我们进一步研究。

习题

1. 本章着重讲解了移动 IP 及其主要实体、信令交互等方面的内容。移动 IPv4 是一种移动管理协议，请简述移动 IPv4 的基本原理。与传统的基于有线连接的网络管理协议相比，它有什么显著的不同和优点？

2. 在移动管理中，各个实体之间会通过一系列的信令交互来互通消息，触发各种操作的执行。移动 IPv4 涉及移动节点、家乡代理和外地代理三个实体的一系列信令交互。请简述移动 IPv4 中的信令交互流程以及信令交互过程中各实体进行的操作，并说明每个信令的作用。

3. 当移动节点从家乡网络漫游到外地网络上时，在移动 IPv4 框架下，移动节点需要向家乡代理进行注册。注册报文是采用 UDP 封装还是采用 TCP 封装进行传输？为什么？

4. 在移动 IP 框架下，移动节点移动到外地网络时，不但具有家乡地址，而且会获得转交地址。这两个地址的作用分别是什么？这两个地址的分配方式有哪些？

5. 移动 IPv4 节点在外地链路上时，可以通过代理发现机制得到转交地址。在不同的网络环境下，转交地址可为配置转交地址或者外地代理转交地址。请分析这两种转交地址的差异及其适用的网络环境。

6. 尽管移动 IPv4 针对安全问题进行了一些优化，但仍然存在一些安全隐患。加强移动 IPv4 的安全性是移动 IPv4 研究中的重要课题。移动 IPv4 中存在哪些潜在的安全隐患？请针对每一种安全隐患举一个具体的例子进行说明，并提出一种可能的解决方案。

7. 改进和优化路由性能是移动 IP 领域的研究热点，因为路由优化对提高网络性能有重要意义。移动 IPv4 中存在三角路由问题。请说明三角路由问题的含义，并给出一种解决该问题的路由优化方案。

8. 移动 IP 研究中的一个重要问题是其部署与应用，即如何将移动 IP 技术在不同的网络环境和不同的二层接入技术下进行部署，并满足上层各类应用的需求。请举例说明移动 IP 的三种应用场景，并说明在这些具体的场景中移动 IPv4 所解决的主要问题。

9. 现有多种公开发布的移动 IPv4 源代码，运行这些代码对深入理解移动 IPv4 技术很有意义。请搜寻一套公开发布的移动 IPv4 源代码，并尝试运行它。建议三个人组成一个小组，进一步搭建一个移动 IPv4 系统，并测试其功能。

10. 移动 IPv6 采用通告的方式将移动节点的转交地址告知家乡代理和通信对端节点。移动 IPv6 通告使用了绑定更新、绑定应答和绑定刷新请求三条消息。这三条消息各有什么作用？请举例说明。

11. IPv6 已经成为下一代互联网的重要基础，为此人们提出了移动 IPv6。试比较移动 IPv6 和移动 IPv4 的工作原理，说明移动 IPv6 是如何解决移动 IPv4 中三角路由问题的。

12. 为了在 IPv4 的互联网中支持移动性，移动 IPv4 增加了外地代理和家乡代理，修改了移动节点协议栈；而为了在 IPv6 的互联网中支持移动性，移动 IPv6 则增加了家乡代理，并通过修改通信对端节点协议栈来进行路由优化。试分析移动 IPv4 和移动 IPv6 定义的实体不同的原因，并比较二者的可实施性。

13. 移动 IPv6 节点在确定它正连接在外地链路上时，它得到转交地址的方法有两种，分别为被动地址自动配置和主动地址自动配置。请介绍这两种地址配置方式，并分析它们的区别以及适用场合。

14. 有人认为：既然已经提出了移动 IPv6，而且它比移动 IPv4 更具优势，那么，现在移动 IPv4 就没有存在的必要了。请谈谈你对这种观点的看法。

15. 微移动管理协议是移动 IP 的扩展协议，这类协议的提出是为了减少移动 IP 的切换延时，在任何情况下，是否微移动管理协议的表现都能比基本的移动 IP 好？如果不是，那么如何确定二者的适用范围？

16. 微移动管理协议可以分为两大类：基于主机路由的微移动管理协议和基于隧道的微移动管理协议。这两大类微移动管理协议的基本特征分别是什么？各自有什么优点和缺点。

17. 移动组播面临很多挑战，它不仅要处理动态的组成员关系，还要处理动态的节点位置关系。移动组播需要具体解决哪些方面的问题？解决这几方面的问题所面临的主要困难是什么？

18. 通过本章的例子，我们可以看出，网络移动性支持具有广泛的应用前景。网络移动性支持的主要研究方向是什么？试举一个实际应用场景来结合说明。

19. 移动 IP 工作组已经提出了 Mobile IPv4 和 Mobile IPv6 两个协议，并将它们作为主机移动性支持的基本方案。请结合 IPv4 和 IPv6 网络的特点，分析 NEMO 在 IPv4 和 IPv6 上的差异，以及差异存在的原因。

20. IETF 通过扩展移动 IPv6，提出了网络移动性基本支持协议，从而在网络发生移动时，实现了移动网络中每个节点的可达性和会话的连续性。网络移动性基本支持协议定义了两种运行模式：隐式方式和显式方式。请结合具体情况来描述这两种模式的特点。

21. 网络移动性支持是对当前移动 IP 的扩展，使得一个路由器作为移动代理来保持整个网络中 IP 设备的移动性。请结合网络移动性的特点，分析网络移动中实现路由优化时面临的主要问题，然后结合移动 IP 中的现有方案，分析移植到网络移动中的可行性。

22. 代理移动 IP 技术是一种新的无线移动互联网移动管理方案。请结合移动 IP 存在的问题介绍代理移动 IP 的主要特点。

23. 目前，关于代理移动 IP 的工作流程的描述主要基于 IPv6 网络，而在 IPv4 网络中，不存在路由广播和路由请求这一对消息。请结合 IPv4 网络的情况来描述代理移动 IP 的具体工作流程。

24. 移动 IP 实现中的一个主要问题是对移动节点的接入检测。结合不同的链路情况，请设计并编程实现无线网络环境和以太网环境下对移动节点的接入检测功能。

参考文献

［1］ PERKINS C. IP mobility support for IPv4 ［S］. RFC 3344, 2002.
［2］ JHONSON D, PERKINS C, ARKKO J. Mobility Support in IPv6 ［S］. RFC 3775, 2004.
［3］ PERKINS C. IP Encapsulation within IP ［S］. RFC 2003, 1996.
［4］ PERKINS C. Minimal Encapsulation within IP ［S］. RFC 2004, 1996.
［5］ CONG D, HAMLEN M, PERKINS C. The Definitions of Managed Objects for IP Mobility Support using SMIv2 ［S］. RFC 2006, 1996.
［6］ PERKINS C E, JOHNSON D B. Route Optimization in Mobile IP ［S］. Draft – ietf – mobile – optim – 08. txt, 1999.
［7］ CALHOUN P, LOUGHNEY J, GUTTMAN E, et al. Diameter Base Protocol ［S］. RFC 3588, 2003.
［8］ 孙利民, 等. 移动 IP 技术 ［M］. 北京：电子工业出版社, 2003.
［9］ JOHNSON D B, PERKINS C E, ARKKO J. Mobility Support in IPv6 ［S］. Internet draft, 2002.
［10］ SIMPSON W. Neighbor Discovery for IP Version 6 (IPv6) ［S］. RFC 1970, 1996.
［11］ MALKI E. Low Latency Handoffs in Mobile IPv4 ［S］. RFC 4881, 2007.
［12］ KOODLI R. Fast Handovers for Mobile IPv6 ［S］. RFC 4068, 2005.
［13］ KOODLI R, PERKINS C E. A Framework for Smooth Handovers with Mobile IPv6 ［S］. draft-koodli- mobil-eip-smoothv6-00, 2000.

[14] KRISHNAMURTHI G. Buffer Management for Smooth Handovers in IPv6 [S]. draft-krishnamurthi-mobileip-buffer6-01, 2001.

[15] CAMPBELL A, GOMEZ J, KIM S, et al. Design, implementation, and evaluation of cellular IP [J]. IEEE Personal Communications, 2000, 7 (4): 42-49.

[16] PERKINS C E, WANG K Y. Optimized Smooth Handoffs in Mobile IP [C]. IEEE International Symposium on computers and Communications. IEEE, 1999: 340-346.

[17] 汪存富, 蔚承建. 无线局域网中移动 IP 快速切换技术研究 [J]. 计算机世界, 2005, 2: 10-11.

[18] ZACH D, DIONISIOS G, ANDREW C. Cellular IPv6 [OL].

[19] RAMJEE R, VARADHAN K, SALGARELLI L, et al. HAWAII: a domain-based approach for supporting mobility in wide-area wireless networks [J]. IEEE/ACM Transactions on Networking, 2002, 10 (3): 396-410.

[20] SOLIMAN H, CASTELLUCCIA C, MALKI KE, et al. Hierarchical Mobile IPv6 Mobility Management (HMIPv6) [S]. RFC 4140, 2005.

[21] GUSTAFSSON E, JONSSON A, PERKINS C. Mobile IPv4 regional registration [S]. Internet Draft, IETF, 2004.

[22] PERKINS C. Mobile IPv6 Regional Registrations [S]. draft-malinen-mobileip-regreg6-00. txt, Internet Draft, IETF, 2000.

[23] KYUNGJOO S. Regional mobile IPv6 mobility management [S]. 2003.

[24] DAS S, MISRA A, AGRAWAL P. TeleMIP: Telecommunications-Enhanced Mobile IP Architecture for Fast Intra-domain Mobility [J]. IEEE Personal Communications, 2000, 7 (4): 50-58.

[25] DAS S, MISRA A, CHAKRABORTY K, et al. IDMP: An intradomain mobility mangement protocol for next generation wireless networks [J]. IEEE wireless Communications, 2002, 40 (6): 38-45.

[26] CAMPBELL A T, GOMEZ J, KIM S. Comparison of IP micromobility protocols [J]. IEEE wireless communications, 2002, 9 (1): 72-82.

[27] ROSEN E, VISWANATHAN A, CALLON R. Multiprotocol Label Switching Architecture [S]. RFC 3031, 2001.

[28] ERNST T. Network Mobility Support Goals and Requirements [S]. RFC 4886, 2007.

[29] DEVARAPALLI V, WAKIKAWA R, PETRESCU A, et al. Network Mobility (NEMO) Basic Support Protocol [S]. RFC 3963, 2005.

[30] DEERING S, HINDEN R. Internet Protocol, Version 6 (IPv6) Specification [S]. RFC 2460, 1998.

[31] DIOT C, LEVINE B N, LYLES B, et al. Deployment issues for the IP multicast service and architecture [J]. IEEE Network, 2000, 14 (1): 78-88.

[32] POSTEL J. User datagram protocol [S]. RFC 768, 1980.

[33] FENNER W. Internet Group Management Protocol, Version 2 [S]. RFC 2236, 1997.

[34] VIDA R, COSTA L. Multicast Listener Discovery Version 2 (MLDv2) for IPv6 [S]. RFC 3810, 2004.

[35] SAHASRABUDDHE L H, MUKHERJEE B. Multicast routing algorithms and protocols: A tutorial [J]. IEEE Network, 2000, 14 (1): 90-102.

[36] WAITZMAN D, PARTRIDGE C, DEERING S. Distance Vector Multicast Routing Protocol (DVMRP) [S]. RFC 1075, 1988.

[37] BALLARDIE A. Core Based Trees (CBT) Multicast Routing Architecture [S]. RFC 2201, 1997.

[38] MOY J. Multicast Extensions to OSPF [S]. RFC 1584, 1994.

[39] ESTRIN D. Protocol Independent Multicast-Sparse Mode (PIM-SM): Protocol Specification [S]. RFC 2362, 1998.

［40］ ADAMS A, NICHOLAS J, SIADAK W. Protocol Independent Multicast-Dense Mode（PIM-DM）：Protocol Specification（Revised）［S］. RFC 3973, 2005.

［41］ THALER D. Border Gateway Multicast Protocol（BGMP）：Protocol Specification［S］. RFC 3913, 2004.

［42］ CHOI J H, DALEY G. Goals of Detecting Network Attachment in IPv6［S］. RFC 4135, 2005.

［43］ KRISHNAN S, MONTAVONT N, NJEDJOU E, et al. Link-Layer Event Notifications for Detecting Network Attachments［S］. RFC 4957, 2007.

［44］ NARAYANAN S, DALEY G, MONTAVONT N. Detecting Network Attachment in IPv6［S］. Best Current Practices for routers DNA Working Group, 2005.

［45］ NARAYANAN S, DALEY G, MONTAVONT N. Detecting Network Attachment in IPv6［S］. Best Current Practices for hosts DNA Working Group, 2006.

［46］ KULKARNI M, PATEL A, LEUNG K. Mobile IPv4 Dynamic Home Agent（HA）Assignment［S］. RFC 4433, 2006.

［47］ FOGELSTROEME, JONSSON A, PERKINS C. Mobile IPv4 Regional Registration［S］. RFC 4857, 2007.

第6章 移动互联网传输机制

无线链路具有高度不可靠性，传统的 TCP 传输机制在移动互联网上无法被直接应用，无线 TCP 传输机制面临着数据包随机丢失、延时较大、频繁切换与链路中断等挑战。为了实现服务质量保证，学术界和产业界对移动互联网的传输机制进行了深入研究，以解决传统 TCP 无法适用于无线移动环境的问题。

6.1 节是传统传输技术概述，包括 TCP 的基本机制、无线 TCP 传输机制面临的挑战、单跳和多跳无线 TCP 传输机制。6.2 节介绍新兴传输层协议 QUIC。6.3 节介绍无线环境下的其他传输机制。6.4 节对本章进行总结。

> 📖 教学目标
> - 掌握无线 TCP 传输机制。
> - 熟悉新兴传输层协议 QUIC 的工作机制。
> - 了解移动互联网其他传输机制。

6.1 传统 TCP 传输机制

当前的网络协议栈是基于 TCP/IP 架构实现的，IP 进行 IP 数据包的分割和组装，该协议并不保证数据包能够顺利发送到接收节点；TCP 则是建立在 IP 之上的面向连接的、可靠的传输层协议，虽然 TCP 基于字节流，但它采用滑动窗口机制来完成数据包的有序收发[1]。无线环境的特性为传统 TCP 传输机制带来了诸多挑战，其中包括单跳和多跳无线 TCP 传输机制，需要学术界和产业界进行深入研究。

6.1.1 TCP 的基本机制

TCP 包括传输连接的建立、维护与释放机制[2]，以及拥塞控制机制[3]等。TCP 使用三次握手机制实现传输连接的建立，如图 6-1 所示。在介绍三次握手机制之前，首先介绍原语的概念。原语是由若干机器指令构成的完成某种特定功能的一段程序，具有不可分割性。原语的执行必须是连续的，在执行过程中不允许被中断。常见的网络传输服务原语包括 LISTEN、CONNECT、SEND、RECEIVE 和 DISCONNECT。

源节点执行 CONNECT 原语，同时指定需要连接的 IP 地址和端口、最大 TCP 分段长度以及可选的用户数据（如用户密码）等，CONNECT 原语发送一个序号为 x 并且确认号为 0

图 6-1　TCP 的连接建立过程

的 SYN 数据报文，然后等待应答。目的节点接收到该 SYN 报文时，查看本节点上是否有进程在指定端口上进行监听，如果没有，那么向源节点返回拒绝连接请求的消息；如果某个进程正在监听该端口，就由该进程接收此 TCP 数据段，然后向源节点回送序号为 y 并且确认号为 $x+1$ 的确认 SYN ACK 报文。源节点接收到该报文之后，发送一个序号为 $x+1$ 并且确认号为 $y+1$ 的 ACK 报文进行确认，从而建立 TCP 连接。

TCP 连接建立之后，采用滑动窗口机制传输数据，如图 6-2 所示。该图中滑动窗口的大小是 9，如果源节点收到对前两个字节的确认消息，则将滑动窗口向右滑动两个字节，循环执行该步骤，就可以完成数据的传输。在该阶段，如果出现数据包的丢失，那么发送窗口缩小为原来的一半，同时将超时重传的时间间隔扩大一倍，从而保证数据传输的可靠性和流量的可控性。

图 6-2　滑动窗口机制

源节点和目的节点都可以发送 FIN 数据段来请求释放连接，当 FIN 数据段被确认时，来自 FIN 数据段发送端的数据传送停止；当两个方向上的数据传送都停止时，连接得以释放，如图 6-3 所示。为了释放一个连接，通常需要 4 个 TCP 数据段：每个方向上的一个 FIN 和一个 ACK。但是，当第一个 ACK 和第二个 FIN 包含在同一个数据段中时，数据段的数量可以降为 3 个。

当计算机网络的负载超过网络的处理能力时，会发生拥塞，从而导致计算机网络传输数据的丢失，因此学术界设计了 TCP 拥塞控制机制[4]。发送节点需要维护两个窗口：反映接收方允许接收数据量的流控窗口和反映网络拥塞程度的拥塞窗口。发送节点一次可以传送的最大字节数量是两个窗口的最小值。在建立连接之后，发送节点将拥塞窗口的大小初始化为

图 6-3 TCP 的连接释放过程

该连接上当前使用的最大数据段长度，然后发送具有该长度的数据段。如果该数据段在一定时间内得以确认，那么拥塞窗口的长度将变成最大数据段长度的两倍。循环执行上述过程，直到发生超时或者达到接收方允许的窗口长度为止，这就是慢启动算法，如图 6-4 所示。另外，为了使拥塞窗口的长度线性增长，拥塞控制机制进一步使用阈值参数。当超时发生时，阈值被设置为当前拥塞窗口长度的一半。也就是说，将拥塞窗口长度减少一半，然后从这个点开始慢慢增长。

图 6-4 慢启动算法

6.1.2 无线 TCP 传输机制面临的挑战

无线环境具有的节点移动性、拓扑结构动态性和能耗限制，尤其是无线链路具有的高度不可靠性，使得传统的 TCP 传输机制在移动互联网上无法被直接应用。无线 TCP 传输机制面临着严峻的挑战，存在很多问题需要深入研究。

（1）数据包的随机丢失

移动互联网信道之间的相互干扰、节点的移动、多径衰落等原因，导致误码率较高。相关实验证明，有线网络的误码率为 $10^{-9} \sim 10^{-6}$，而移动互联网的误码率则高达 $10^{-2} \sim 10^{-1}$，差别非常大[5]。移动互联网在采用传统 TCP 传输机制时会将数据包丢失的原因判定为网络拥塞，并启动相应的拥塞控制机制，从而导致发送节点的拥塞窗口保持一个很小的数值，仅仅发送少量的数据，移动互联网吞吐量下降，而此时的正确做法应当是增大吞吐量以加快重传速度。

（2）延时较大

移动互联网带宽较低以及信道接入的不对称性和不公平性等原因，导致移动互联网的延时较大并且改变频繁，进而可能引发数据包重传，导致网络性能急剧下降。

（3）低能耗

当移动节点的电池耗竭时，移动节点可在没有任何警告的情况下中断链路。链路中断期间的数据传送行为将导致大量数据包丢失，传统 TCP 传输机制会将数据包丢失的原因判定为网络拥塞，从而导致移动互联网的性能下降。

由于传统的 TCP 传输机制缺乏有效的错误检测机制，因此它只能检测出数据包丢失的发生，而不能检测出数据包丢失的原因，并且没有有效的错误恢复机制。互联网的误码率较低，将数据包的丢失作为拥塞的结果处理。但是，对于移动互联网，存在许多与拥塞无关的数据包丢失的原因，需要根据不同的原因做出不同的处理，因此上述情况成为无线 TCP 传输机制面临的重要挑战。

6.1.3　单跳无线 TCP 传输机制

单跳无线网络如图 6-5 所示，是有线网络的固定节点（Fixed Host，FH）与无线节点（Wireless Host，WH）之间的网络，二者之间通常通过基站或者访问点来连接。单跳无线 TCP 传输机制面临的主要挑战包括数据包的随机丢失、频繁切换等。

图 6-5　单跳无线网络

根据单跳无线 TCP 传输机制所要解决的问题，可以将它分为丢包恢复和连接管理，前者主要用于解决数据包随机丢失和延迟的恢复问题，采用的方法包括数据链路层丢包恢复机制和丢包原因通知机制；后者主要用于解决切换和链路中断等问题，采用的方法包括分离链路机制和端到端连接机制，如图 6-6 所示[6]。

图 6-6　单跳无线 TCP 传输机制

1. 数据链路层丢包恢复机制

数据链路层丢包恢复机制的主要实现思路是在数据链路层上通过数据包重传机制或者错

误纠正机制屏蔽无线链路造成的影响。该机制的优点是，不需要改动移动节点的传输层工作机制，独立于高层协议实现数据传输的可靠性保证。该机制的缺点是数据链路层的计算负担较高。

传统的数据链路层丢包恢复机制是前向纠错（Forward Error Correction，FEC）机制和自动重传请求（Automatic Repeat reQuest，ARQ）机制[7]。在前向纠错机制中，源节点给所发送的消息增加冗余比特，目的节点可以使用该冗余比特对错误进行纠正，以恢复受损的数据包。该机制不会与 TCP 本身的数据包重传机制相冲突，但是需要额外的存储空间，并且因为需要发送冗余比特，所以信道利用率不高，适用于如 VoIP 等对延时敏感的无线移动互联网业务。

在自动重传请求机制中，源节点给所发送的消息增加的冗余比特仅仅用于校验，当校验不成功时，请求重传该数据包。可见，该机制冗余比特较少，但是自动重传请求机制可能会与 TCP 本身的数据包重传机制相冲突，并且增加了数据传输的延时，适用于对延时不敏感并且丢包不频繁的无线移动互联网。为了解决前向纠错机制存在的冗余问题和自动重传请求机制存在的重传冲突问题，学术界提出了混合自动重传请求机制，在使用自动重传机制的同时，利用前向纠错机制降低分组丢失所造成的重传的概率。

Ayanoglu 等学者提出了数据链路层的非对称可靠移动访问 AIRMAIL（AsymmetrIc Reliable Mobile Access In Link-layer）机制[8]，该机制采用上述混合自动重传请求机制。另外，目的节点根据无线链路的情况，向源节点发送建议采用的纠错级别，如比特级纠错、字节级纠错和数据包级纠错，从而实现数据的稳定传送。该机制同时考虑到源节点和目的节点的数据处理能力的差异和数据链路的不对称性，自适应地由数据处理能力较强的节点承担较多的计算负担。该机制的时间代价较高，并且节点需要维护较多的缓冲区。

为了减小移动节点所需要维护的缓冲区，Balakrishnan 等学者提出了监听 TCP 机制（Snoop TCP）[9-10]。该机制在基站上增加监听代理（snooping agent），监控从基站发给移动主机的 TCP 数据段以及从移动主机返回的确认消息，并且将该消息缓存起来。如果监听代理发现发给移动主机的 TCP 数据段，在一段时间内未产生相应的确认消息，那么该监听代理重新发送该数据段，如图 6-7 所示。

为了降低基站的负担，Parsa 等学者提出了传输层无感知的链路改进协议（Transport Unaware Link Improvement Protocol，TULIP）[11]，其实现思路与监听 TCP 机制类似，但是该协议中移动主机直接将数据包缓存并且按序传递给下一跳。为了进一步优化链路连接中断时的应对机制，减小链路连接中断对数据传输的影响，Seok 等学者在监听 TCP 机制的基础上进一步优化[12]，提出当基站与移动节点之间的链路连接中断时，基站向源节点发送零窗口通知，源节点收到零窗口控制之后冻结计时器并暂停数据包的发送，从而避免源节点进入慢启动过程而将 TCP 拥塞窗口减半。

在监听 TCP 机制及上述其他优化机制中，数据链路层的丢包恢复机制对网络层、传输层和应用层都是透明的，但如果无线链路的丢包率很高，那么源节点可能在等待确认时会发生超时并且调用拥塞控制算法。

为了提高监听 TCP 机制在丢包率较高时的性能，Vangala 等学者提出基于 TCP 选择确认机制的监听协议[13]。目的节点有选择地告知发送节点哪些数据段没有收到，源节点精确地重传这些遗漏的数据组，而不是重传拥塞窗口中的所有数据包，从而减少不必要的重传带来

图 6-7 监听 TCP 机制

的负担，在分组损坏率较高时能够大幅度提高性能。为了进一步提高监听和重传的准确度，Sun 等学者提出了基于新的选择确认机制的监听协议 SNACK-NS（New Snoop）[14]。该协议将监听 TCP 机制的监听代理分为两个组件：SNACK 代理和 SNACK-TCP，前者部署在基站上，后者部署在移动节点上，从而能够获得无线链路上数据包丢失的精确信息，提高丢包恢复的性能。

综上所述，数据链路层丢包恢复机制主要通过无线链路本地重传丢失的数据包，从而实现独立于上层协议的数据链路层丢包恢复，并且降低无线链路的高误码率造成的影响；但是，在长时间链路断开的情况下，该机制无法防止发送节点启动拥塞控制算法。典型的数据链路层丢包恢复机制是监听 TCP 机制，而基于 TCP 选择确认机制的监听协议和基于新的选择确认机制的监听协议则进一步提高了监听 TCP 机制的性能。

2. 丢包原因通知机制

丢包原因通知机制的主要实现思路是目的节点根据中间节点发送的数据包丢失的相关信息，精确地判断数据包丢失的原因并且通知发送节点，通过区分拥塞造成的数据包丢失和无线链路断开造成的数据包丢失，从而使发送节点能够采取正确的应对措施，防止丢包后不加区分地立即启动拥塞控制算法。该机制要求移动节点能够获得数据包丢失的相关信息。

Bakshi 等学者提出精确显示错误状态机制（Explicit Bad State Notification，EBSN）[15]，以区分拥塞造成的数据包丢失和无线链路质量波动造成的数据包丢失。在该机制下，当基站发现无线链路的通信质量不好时，马上向发送节点发送消息，调整数据包大小并更新超时时间，避免不必要的超时。相关实验表明，显式链路状态报告机制对无线局域网有约 50% 的性能提升。该机制要求基站能够探测无线链路的通信质量，加重了基站的负担。

3. 分离链路机制

分离链路机制的基本实现思路是把有线链路和无线链路分离，将源节点与目的节点之间的 TCP 连接分为如图 6-8 所示的两个单独的连接：源节点与基站之间的连接，以及基站与移动节点之间的连接。基站只是简单地在两个方向上为两个连接复制分组。两个连接都应用 TCP，但流量控制机制、错误控制机制、数据包大小和消息的失效时间可以完全不同。这种方案的优点是把有线网络和无线网络的流量与拥塞控制分开，使得基站能处理更多的工作，减轻了移动节点的负担。其缺点是在一定程度上违反了 TCP 端到端传输语义。

图 6-8　分离链路机制

基站和管理节点需要缓冲发送给移动节点的数据包，因此，在无线链路的吞吐量较低并且移动节点较多时，基站和管理节点很容易用尽缓冲区空间。移动节点传输协议需要通知发送节点可用的缓冲区空间，并且移动节点传输协议和间接的 TCP 机制都违背了 TCP 语义，没有维护端到端的特性，而移动 TCP 机制则保持了端到端的特性。在频繁短路并且具有较低切换延时的情况下，移动 TCP 机制具有较好的应用前景。

Bakre 和 Badrinath 提出的间接 TCP（Indirect-TCP，I-TCP）机制是最早采用分离链路思想的无线 TCP 传输机制[16]。源节点和移动节点之间的连接被分离成为两部分：源节点和支持移动的路由节点（Mobility Support Router，MSR）之间的连接，以及 MSR 和移动节点之间的连接。发往移动节点的数据包首先被 MSR 接收，MSR 向源节点发送确认消息，然后将该数据包转发到移动节点。该机制的缺点在于，不能维护 TCP 的端到端语义，并且降低了整体网络的性能。

为了提高网络性能，Brown 等人提出了移动 TCP（M-TCP）机制[17]。TCP 连接在管理节点（Supervisory Host，SH）处被分离，固定节点用传统的 TCP 机制发送数据到管理节点，而管理节点用 M-TCP 机制发送数据到移动节点，如图 6-9 所示。M-TCP 机制中规定，只有在收到来自移动节点的确认消息时，才发送确认消息到固定节点，从而该机制维持了端到端的特性。该机制的缺点在于，移动节点和管理节点的计算负担较重。

图 6-9　M-TCP 机制

为了降低移动节点的计算负担，Wang 等学者提出了移动节点传输协议（Mobile-End Transport Protocol，METP）[18]。该协议在固定节点和基站之间使用传统的 TCP，而在无线链路上采用较传统网络更为简单的协议，该协议使用更小的头部，并且只处理无线链路是最后一跳的情况。

4. 端到端连接机制

端到端连接机制的主要实现思路是通过修改实际协议，使得无需中间节点就能够实现连接管理。该机制要求源节点和目的节点采用特定机制处理由于拥塞导致的丢包和由于高误码率导致的丢包，并需要判断高误码率是否为节点的移动所造成的。该机制维持了 TCP 的端到端语义，与原有协议的兼容性比较好，并且该机制可以应用于不同的网络环境，但是需要对源节点和目的节点的 TCP 算法进行修改。

Goff 等学者提出 Freeze-TCP 机制以解决频繁断路和切换引起的连接问题[19]。由于移动节点可能检测到无线信号的强度，并且能够预测可能的切换，有些情况下甚至能够预测到暂时的链路中断，因此可以由移动节点负责连接信号的挂起。当移动节点发现连接可能丢失时，可以提前把发送端的发送窗口设置为零，同时保持拥塞窗口不变。该机制不需要在基站上做任何修改，也不需要在发送节点或者中间节点上做任何的修改，修改仅仅局限于移动节点，因此和已有体系结构的兼容性也很好。但是，该机制要求移动节点能够预测断路，否则其性能会大大降低，所以该机制的准确度不高，适用范围有限。

为了提高移动节点判断链路中断的准确性，Fu 等学者提出了 TCP-Veno 机制[20]。移动节点监测网络拥塞的级别，根据检测到的网络拥塞级别来调整慢启动算法的阈值，并判断丢包的原因是拥塞还是链路错误。TCP-Veno 机制有效地提高了无线移动互联网的网络利用率，但是在断路和切换频繁时性能较差。

为了提高断路和切换频繁时的性能，Wu 等学者提出了基于抖动的 TCP（Jitter based TCP，JTCP）机制[21]。该机制使用抖动率区分拥塞和断路，抖动率是一定时间间隔内由于抖动产生的丢包数量。JTCP 通过连续的应答消息到达时间的差异计算抖动率，然后区分因拥塞造成的丢包和其他原因引起的丢包。

综上所述，端到端连接机制对现有协议做出的改变较小，保留了 TCP 的端到端语义，不依赖于中间节点，具有良好的应用前景。但是，该机制需要对一些节点的 TCP 算法进行修改，如何减少上述修改值得深入研究。

6.1.4 多跳无线 TCP 传输机制

多跳无线 TCP 传输机制面临的主要挑战包括难以区分无线传输失败的原因、频繁路由失败、传输信道的竞争等。多跳无线 TCP 传输机制可以分为区分无线传输损失与拥塞、减少路由失败的损失和降低信道竞争强度三种类型。

1. 多跳无线 TCP 传输机制面临的挑战

相比单跳无线 TCP 传输机制，多跳无线 TCP 传输机制由于其多跳特性而面临着一些新的挑战。

（1）无线传输错误

相比有线信道，无线传输信道有更高的误码率，该特性会对多跳 TCP 造成严重的影响。其直接后果就是造成了无线传输信道的可靠性比有线信道低，不够可靠的底层传输信道会产生意外的丢包。但是，从有线链接发展起来的 TCP 将所有丢包现象都认定为由拥塞引起。这样，无线环境下的 TCP 会经常不必要地激发拥塞控制机制，造成流量降低和链路利用不足, 大大降低了网络性能[22]。不仅如此, 由于多跳无线网络的多跳特性, 因此各跳的传输错误造成的影响会被累积。

（2）路由失败和网络分割

无线移动互联网的节点具有移动性。当两个相邻节点之间产生相对移动而导致其中一个移出另一个的传输范围时, 链接断开, 造成路由失败。与传输错误相同, 对于节点的移动性原因产生的丢包, TCP 也不能将它和因拥塞而产生的丢包区分开[23]。一般情况下, 发现一条新的路径所需的时间比 TCP 发送节点的重传超时长很多。如果在超时前没能发现新路径, 则 TCP 发送节点将会开启拥塞控制机制。这就造成已经被减少的 TCP 传输量会进一步被缩减。

更糟糕的是, 由于节点的移动, 网络可能被分割成非连通图[24]。而当发送节点和接收节点处于不同子图时, TCP 会开启指数退避（exponential backoff）机制, 即每当发生重传超时, 就将下一次传输的重传超时翻倍。在这种情况下, 即使发送节点和接收节点之间的链路得以恢复, 倍数增长的重传超时也将会使链路处于非活动状态长达 $1 \sim 2 \, \mathrm{min}$。

（3）传输媒介竞争与不公平性

在无线移动互联网中, 传输节点可能要依靠物理层的载波检测（carrier-sensing）机制来检测哪条信道空闲[25], 在 IEEE 802.11 D、C、F 中即是如此。但是, 这一探测机制存在着隐藏终端和暴露终端问题。在无线多跳网络中, 隐藏终端和暴露终端问题在某个节点的整个传输范围内都存在。传输范围是指对于某一个正在传输数据的节点, 一个被发出的数据包可以被成功接收的范围。

图 6-10 是隐藏终端问题示意图。节点 A 和 C 都有一帧数据要传给节点 B。节点 A 不能探测到节点 C, 因为节点 A 在节点 C 的传输范围外。这样, 我们可以认为节点 C（或 A）对于节点 A（或 C）来说是隐藏的。因为节点 A 和 C 的传输范围并不互斥, 所以在节点 B 处就产生了包冲突[26]。这种冲突会使得节点 A 和 C 对于节点 B 的传输产生问题。

由上面的分析我们可以看出, 在无线多跳网络中, 竞争不再是对链路的竞争, 而是对传输范围的竞争。

图 6-11 是暴露终端问题示意图。暴露终端是指当发送节点的传输范围内有其他两个节点的传输时, 发送节点的传输可能会被延误。假设节点 A 和节点 C 都在节点 B 的传输范围内, 节点 A 在节点 C 的传输范围之外。假设当节点 C 有帧要发给节点 D 时, 节点 B 正在和节点 A 进行传输。由于载波探测机制, 因此节点 C 因节点 B 的传输而探测到信道忙, 这样

图 6-10　隐藏终端问题示意图

图 6-11　暴露终端问题示意图

节点 C 对节点 D 的传输将会被阻止。但实际上，节点 C 对节点 D 的传输是完全可以的，并不会影响节点 A、B 间的通信。这一问题会大大降低信道的利用率。

所以，无线多跳网络中的竞争不再仅仅是对单条线路或某个节点的竞争，而是产生在一个范围内，如果这个范围内有多个节点，那么它们都将受到影响。

同时，TCP 的指数退避机制总是对最后成功的传输者有利，于是就会产生媒介利用的不公平。后来的传输者可能长时间处于等待然后重试的状态中，一直无法与它邻近的节点通信。如果几次重试之后通信仍不成功，则该节点将会进入新路径发现进程，在一条新的传输路径被发现之前将会一个包也发不出去。并且，这种不公平会随着传输路径的增多而被放大。

上面从成因的角度分析了无线网络中 TCP 面临的种种问题，下面我们按照上述问题对多跳无线 TCP 传输机制进行分类，分别介绍无线环境中对 TCP 的改进措施。

2. 区分无线传输损失与拥塞

无线网络与有线网络的最大区别在于，丢包的原因不仅仅在于拥塞，还有可能来自无线传输错误或者路径的暂时断开。于是，将无线传输损失造成的丢包与由于拥塞而产生的丢包区别对待成为直接的一类 TCP 改进方法。

（1）TCP-反馈机制

Chandran 等人提出的 TCP-反馈（TCP-Feedback，TCP-F）机制[27]是最早用于处理无线移动互联网中的拥塞控制问题的方法之一。该机制禁用 TCP 拥塞控制机制以防止网络引起的非拥塞相关的丢包和路由失败导致的超时事件。在路由失败发生时，中间接点通过路由失败通知（RFN）通知 TCP 数据包的发送节点；在发现新路由时，中间节点通过路由重新建立通知（RRN）通知 TCP 数据包的发送节点。

图 6-12 是引入 TCP-反馈机制后，发送节点对 TCP 状态机的扩展部分。在这一机制中，发送节点在建立连接状态时新增了一个打盹（Snooze）状态。TCP-反馈机制依靠传输经过的中间节点的网络层来判断当前的路径是否可用。当中间节点探测到线路上的一个连接失败时，中间节点会产生一个 RFN 信息，并将其向上传递给发送节点。发送节点收到一个 RFN 信息后，进入"打盹"状态。在这个状态下，发送节点停止传输，停止所有计时器，冻结 TCP 状态，如拥塞窗口、重传超时等。如果一个之前产生或者转发过一个 RFN 的节点又得知一个可以到达目的节点的新路径，那么它会产生一个 RRN 信息并将该信息传送到发送节点。当发送节点收到了一个 RRN 时，它的 TCP 会话存有之前冻结状态的值，恢复到链接建立状态继续传输。为了避免一个 TCP-F 会话因 RRN 信息丢失而不确定地保持在"打盹"状

图 6-12　发送节点对 TCP 状态机的扩展部分

态，我们添加一个额外的计时器，即当一个节点长时间处于"打盹"状态时，计时器超时，则离开"打盹"状态，进入正常 TCP 流程。

（2）显示链路故障通知

显示链路故障通知（Explicit Link Failure Notification，ELFN）[28]使用来自相对更低的层的反馈，准确地通知 TCP 是处于连接中还是路由失败。万一出现链路失败，发送节点进入待命模式（standby mode），该模式相当于 TCP-F 的"打盹"状态。但是，与 TCP-F 不同的是，ELFN 没有用到链路重新建立时的通知机制。ELFN 发送节点在待命模式下定期发送探查包（probing packet）。探查包并不是特殊控制包，而仅仅是发送队列中的第一个数据包。一旦探查包被目的节点承认接收，发送节点就会立即离开待命模式。

对于路由失败通知，ELFN 中也没有引入特殊控制包，要么将通知信息捎带在路由协议发送的路由失败信息中（如实际应用中的 DSR），要么用一个 ICMP 主机为该目的发送不可达信息。ELFN 受到了广泛关注，学术界和产业界对它做出了许多改进。

1）TCP-再计算。

TCP-再计算（TCP-ReComputation，TCP-RC）[29]特别关注在路径重建后路由属性变化的问题。作为 ELFN 机制的扩展，TCP-RC 建议基于新路由的属性来重新计算 TCP 拥塞窗口 cwnd（congestion window）大小和慢启动阈值参数 ssthresh（slow start threshold）。在 TCP-RC 中，用路径属性路径长度和往返时间来确定新的 cwnd 与 ssthresh。通过对 ns-2 模拟测试，我们发现，在性能上，TCP-RC 比普通 TCP 有一定的提升，但是由于实验中没有考虑 ELFN 机制本身带来的性能提高，实验结果并不精确。

2）跨层信息感知。

ELFN 存在这样一个问题：在状态冻结之前，仍然有一定数量的数据包和 ACK 丢失了。这样，在状态被恢复时，就会产生副作用：丢包或者 ACK 会造成超时或者多次确认。

跨层信息感知（cross-layer information awareness）[30]是通过广泛应用来自 DSR 路由协议缓存的路由信息这一方法来解决上述问题的，它是对 ELFN 的一个改进。它引入了两种机制：早期数据包丢失通知（Early Packet Loss Notification，EPLN）和尽力而为的 ACK 交付（Best-Effort ACK Delivery，BEAD）。EPLN 通知 TCP 发送节点们无法被补救的丢包的序列号。发送节点就可以禁用重传计时器，一旦通路建好，便重传各自的信息包。BEAD 在中间节点产生 ACK 丢失通知，并将它送到 TCP 接收节点。这样可避免 ACK 的永久丢失。转发这一丢失通知的节点有可能会给 TCP 发送节点发送带有最大受影响包的序列号的 ACK。否则，当一条新路径可用时，TCP 接收节点会重发带有最大序列号的 ACK。

3）ELFN 类措施的共同缺陷。

Monks 等人指出，尽管 ELFN 确实改善了 TCP 的性能，但是也会出现性能严重退化的情形，在有许多活动的连接存在的场合下，这一点尤为突出，因为类似 ELFN 的机制会把 TCP 行为变得更具侵略性[31]，在网络上会有更多的数据包。因此，对 MAC 子层的争夺通常会变得更加激烈。这就会导致更多的冲突，更高的 MAC 子层丢包率最终导致错误的连接断开探测；于是发出错误的路由失败通知，启动不必要的路径发现程序。在实际的无线移动互联网中，这一现象普遍存在，我们应该对此进行充分考虑。

（3）移动自组织网络 TCP

移动自组织网络 TCP（Ad hoc TCP）[32]的实现思想是在网络层和传输层间增加名为

ATCP 的中间层，以确保在出现高传输错误率时甚至路由失败时采取正确的行为。这里 TCP 发送节点可以进入保持、拥塞控制或者重传的状态，它们分别对应着产生路径断开、真正拥塞控制和高传输错误率三个事件的发生。发送节点通过应用明确拥塞通知信息（ECN）和 ICMP 的目标不可达信息来得知该进入哪一个状态。图 6-13 是 ATCP 发送节点的状态机示意图。

图 6-13　ATCP 发送节点的状态机示意图

在发送节点收到目标不可达信息时，发送节点进入保持状态。TCP 在发送节点被冻结，而且在新的路径被发现之前将不会有新的数据包被发出，因此不会引发拥塞控制。当收到 ECN 时，拥塞控制直接被引发，无须等待超时事件。如果产生丢包而且 ECN 并没有被标志，ATCP 就假设这次丢包只是简单的传输错误，只是简单地重传丢失的包。

该机制尽量保持与标准 TCP 的兼容性。ATCP 被实施在传输层以下的一个额外的层次上，将与 TCP 的交互缩减到最少。

（4）带有缓冲能力和序列信息的 TCP

在带有缓冲能力和序列信息的 TCP（TCP with Buffering capability and Sequence information，TCP-BuS）中[33]，仍然采用网络层准确通知机制并对它做进一步优化。

在 TCP-BuS 中，一旦路由失败，中间节点对信息包进行缓存而不是丢弃，这是为了不重新发送所有这些信息包。为了避免出现被缓存了的包在线路重新建好后成功发送，但是在信息源处已经超时的现象，这些包的超时时间会被加倍。因为重传超时时间翻倍，从源节点到断开节点间的包在这一加倍的超时耗尽之前不会被重传，但是这其中可能存在丢包，所以引入选择性重传请求机制，即目的节点可以请求有选择地重发丢失包。由于无须等待超时，因此被缓存包会比因丢失而被重传的包更快地到达目的节点，这样，目的节点可能提出重复的确认信息。为此，TCP-BuS 不发送这些快速重传包的请求，重复问题得到了避免。

同时，TCP-BuS 使用明确通知机制：应用两种控制信息分别通知源路径失败与路径重新建立。这两种信息被称为明确路由断开通知（Explicit Route Disconnection Notification，ERDN）和明确路由成功通知（Explicit Route Successful Notification，ERSN）。为了发现一条重新建立的路径，明确通知和探测包，即 TCP-F 和 ELFN 发现新路径的方法，都会被 TCP-

BuS 应用。

（5）增强的中间层通信和控制机制

增强的中间层通信和控制（Enhanced Inter-layer Communication and control，ENIC）机制[34]将与 ELFN 类似的路由失败处理机制、TCP SACK 和 DACK 机制结合在一起。与 TCP-BuS 相比，ENIC 对中间节点的协助要求更少。就像在 ELFN 中，而不同于 TCP-F，一旦出现路由失败或者一条路径恢复，ENIC 不会单独特别发送通知信息，而是重用路由协议的通知以替代。ELFN 不在中间节点缓存信息包，当路径断开时，队列中待发送的包将被丢弃。在 ENIC 中，不仅是发送节点，接收节点同样会被通知路由失败。和发送节点一样，接收节点冻结自己的状态，尤其是 DACK 机制。当路径断开时，确认数据包无论如何也无法到达源节点。

在 ENIC 中，当路径改变后，发送节点会启发式地计算新的重传超时时间。这一计算基于新旧路径的跳数。这种计算在之前的改进措施中都不进行，因此可以说 ENIC 是第一个考虑路径重建后路由性质的潜在变化的方案。

（6）固定重传超时

固定重传超时（Fixed RTO）是一种基于发送节点的无须依赖网络反馈的技术[35]，使用启发式的算法来区分路由失败与拥塞。当发送节点连续两次遇到重传超时事件时，在第二次重传超时前，若没有收到前面已经丢掉包的 ACK，则发送节点即认为发生了路由失败事件。这时重发带有确认数据包，但是并不会将重传超时加倍。我们可以将不断重发最后一个未确认数据包这一机制理解成以固定间隔的发送探测包来探测路径是否重新建立。这是与标准 TCP 中的指数下降机制相左的。RTO 将会被固定，直到路径被重新建立为止，即收到重传包的 ACK。

Dyer 等人对 Fixed RTO 的性能做了评估。他们的报告指出，应用 Fixed RTO 可以带来显著的性能提升。然而，这一技术只能限定在无线网络中使用，不能与有线网络通信，这就给它的应用带来了很大的限制。同时，仍然需要证明在拥塞现象发生时两个连续的重传超时是路由失败的充分必要条件。

（7）带有异常检测和回应的 TCP

由于跨层的解决方法的部署和维护过于复杂，因此 Wang 和 Zhang 提出了与前面描述过的大多数方法不同的单纯的端到端的机制，即带有异常检测和回应的 TCP[36]（TCP with Detection of Out-of-Order and Response，TCP DOOR）。

TCP DOOR 利用数据包和/或异常传递的 ACK 来表示路由变更而不用明确的反馈。接收节点可以通知发送节点有异常数据包，发送节点可以发现抵达的 ACK 异常。两种机制可以对异常事件进行回应。当异常包被收到时，发送节点可以暂时禁用 TCP 拥塞控制机制以保持它的状态变量为常数。此外，它可能回滚到之前的某个状态。因此，拥塞控制机制可能已经造成的影响被抵消。另一机制被称为立即恢复（instant recovery）。其效果与冻结类似，在被错误改变的 TCP 参数恢复以后，像没有发生路由变化一样继续保持节点间的连接。

相关仿真实验发现，无论是从发送节点还是从接收节点来探测异常事件，都是完全足够的。两种探测的结合并不会带来显著的、更好的结果。通过结合暂时禁用拥塞控制和立即恢复这两种机制，获得最优传输性能。该机制主要在混合 Ad Hoc 和有线网络场景中使用，因为在这些场景中采用基于反馈的方法格外困难。当采用反馈方法可行时，仍然建议采用反馈的手段。

3. 降低路由失败的损失

当无线移动互联网经常发生路由失败的情况时，仅仅防止错误地激发拥塞控制机制显得有些不足，于是学术界提出了尽量减少甚至消除路由失败对传输性能带来的影响的方案。

（1）先占路由

Goff 等学者提出了路由失败的早期发现方案[37]。抢占式路由（preemptive routing）的思想是在路由失败真正发生之前预见到路由的失败，并且尽早初始化新的路径发现进程。这样做可以避免或者减少断开连接的时间。尤其对于 TCP，由于断开时间会对它的性能产生很大的副作用，因此这会大大改进 TCP 的性能。

当收到一个信息包时，路径上的每一个节点都会检查收到包的信号强度。如果它在一个给定的阈值之下，则发送给源节点一个警告。为了减轻比如小范围衰退造成的短期影响，Goff 等学者提出利用指数平均算法或者在路径上发送小的"乒乓"报文的方法来进行路由可达性的确认。相关仿真实验结果说明，若采用先占路由，TCP 性能会得到极大提高。

（2）基于信号强度的链路管理

Klemm 等学者提出的基于信号强度的链路管理（signal strength-based link management）是一种预测路由失败的方法[38]。IEEE 802.11 的 MAC 子层在出现拥塞时不能准确地判断链路是否断开。两个节点移出传播范围和出现拥塞的区域将导致无法成功发送 RTS，但这两种情况不能很快地被分辨出来。

为了解决上述问题，每一个节点保存与它相隔一跳的邻居节点的信号强度的历史记录，使路由协议得以预先推测出即将发生断路事件。如果一个正在使用的连接即将断开，那么节点通知路由协议，提早开始新路径的搜索。除基于信号强度的链路管理以外，该方案的新颖之处还在于它的反应式链路管理机制（reactive link management mechanism），即暂时增大发送功率以便重新建立一条刚刚断开的链路。一旦出现拥塞，阻止数据的发送，在包被丢弃之前，RTS/CTS 的重试数目会增加。这样，传输路径上的其他节点在收到增加的 RTS/CTS 后就可以知道这时产生了拥塞而不是链路断开。

（3）备份路径路由

备份路径路由（backup path routing）[39] 的目标是利用多路径的路由来提高 TCP 链接的可用性。由于无线网络中平均往返时间测量准确性低以及包传递的无序性，加之数据包的分组发送以及到达后的处理乱序等问题会带来更大的开销，因此传统的多路径路由（multipath routing）会使 TCP 性能降低。Lim H. 等人提出了多路径路由的变种方案，即后备路径路由。后备路径路由协议为源节点到目的节点的连接维护多条线路，但是每次只使用其中的一条。当使用中的路径断开时，该协议能够很快地切换到另一条。通过仿真，我们可以发现，为每一个目的节点维护一条优先路径和一条替代路径能够得到较好的 TCP 性能。

（4）Atra 框架

Atra 框架（Atra framework）是 Anantharaman 等学者提出的针对 DSR 路由协议的解决方案[40]，主要目标是将路由失败损失降到最低，主要机制包括预测机制以及一旦出现路由失败就对源节点进行快速通知的通知机制，分别为对称路由销（symmetric route pinning）、路由失败预测（route failure prediction）和前摄路由错误（proactive route errors）。

对称路由销机制"强迫"TCP 确认包使用与它相应的数据包相同的路径。通常，在

DSR 中，可以用不同的路径。用不同的路径有增加路由失败的可能，即使在多条路径条件下，任何一条路径失效都会导致整体路径失败。因此，使用多条路径导致总体路由失败的概率是它采用的各条路径失败概率的叠加，大于它采用的任何一条路径失败的概率。

在 Atra 框架中，路由失败预测机制与先占路由方案相似：路径上的每一个节点估计收到信号的强度趋势。一旦预测到路由失败，就采用前摄路由错误机制通知所有连接着的源节点，告知它们正在用断开的链路。这与标准的 ELFN 机制是不同的，在 ELFN 中，只有在不能把信息包传递给 MAC 子层的源节点时，才会被通知，这意味着公用这一断开链路的链接需要分别发现自己出现的问题。

4. 降低信道竞争强度与增强公平性

TCP 的公平问题是互联网 TCP 传输机制的研究重点，而无线 TCP 又增加了隐藏终端问题和暴露终端问题，所以公平问题值得深入研究。

（1）基于竞争的路径选择协议

基于竞争的路径选择协议（the Contention-based Path Selection Proposal，COPAS）[41] 致力于解决无线链路中由于竞争而产生的 TCP 性能下降问题。该协议将前向路由和反向路由分离，也就是为 TCP 数据和 TCP ACK 消息选择不同的路径；其次是动态竞争平衡，主要由动态更新不相邻路由组成。当某一路径的竞争超过了某一阈值时，该阈值称为下降阈值（backoff threshold），一条新的低竞争的路径会被选择用来代替高竞争的路径。在该协议中，无线路径中竞争的程度通过一定时间间隔内某一节点开启指数下降策略的次数来度量。同样，每当一条链路断开时，除初始化路径重建过程以外，COPAS 会重新指定 TCP 用备选路径。

通过比较 COPAS 和 DSR 可以发现，COPAS 在 TCP 传输量和路由开销方面比 DSR 做得好。TCP 传输量增加了 90% 以上。但是用户也提出 COPAS 更适用于网络环境相对稳定的情况。当节点移动非常迅速时，使用不相邻前向和反向路由会增大路由失败的概率。

（2）链路随机提早探测

链路随机提早探测（Link Random Early Detection，Link RED）[42] 的目标是通过在数据链路层监测重传的平均次数来降低无线信道中的竞争程度。当重传平均次数比给定的阈值大时，根据 RED 算法计算丢弃或标记的概率[43]。因为该算法在包上做标记，所以 Link RED 可以和 ECN 耦合使用来通知 TCP 发送节点的拥塞程度。不过，与单纯的 ENC 通知不同的是，Link RED 使用 MAC 子层的计时器，对定时器超时时长采取指数下降机制，增加超时时间。

（3）邻居随机提早探测算法

因为无线网络中的拥塞并不是发生在单个节点上，而是在邻近的多个节点组成的一个区域内，所以单一节点上的本地包队列并不能完整地反映网络的拥塞状态。因此，Xu 等学者定义了一个新的分布式的队列，称为邻居队列[44]。在某一节点处，邻居队列应包括所有能够影响该节点传输的数据包。但如果不引入相当大的通信开销，那么这一信息是很难得到的。在实际应用中，Xu 等学者引入了一个简化的邻居队列，它将某一节点的本地队列和该节点的邻居节点的传入传出队列聚合在一起。这样，邻居随机提早探测（neighborhood RED）算法就可以基于邻居队列的平均长度进行计算。该算法使用分布式算法来计算平均队列大小。在这个算法中，时间被分成离散的时隙。在每一个时隙中，测量信道的闲置时间。应用这一测量结果，节点估计出信道利用率和平均邻居队列大小。用时隙的大小来控制这一估计的准确性。

6.2　新兴传输层协议 QUIC

如今的互联网面临着多种挑战，如低延时通信、用户隐私数据的安全，以及新的传输层技术的部署问题。QUIC（Quick UDP Internet Connection，快速 UDP 互联网连接）是一个为了解决上述问题而开发的新兴传输层协议。QUIC 的第一次工作组会议于 2016 年 11 月召开，受到了业界的广泛关注，这意味着 QUIC 开始了它的标准化过程。

6.2.1　QUIC 协议简介

随着用户对网络安全、低延时以及处理更多网络连接的需求的不断增加，在很多情况下，上层应用会受到传输层 TCP 的限制。在不使用 TCP Fast Open[45]扩展的情况下，TCP 的握手过程伴随着一个 Round-Trip Time（RTT）的延时。TCP 的丢包重传机制会影响同一连接上的数据传输速率。

为了解决上述问题，新的传输层协议 QUIC 被提出。QUIC 协议融合了 TCP、TLS、HTTP/2 等协议的特性，但基于 UDP 传输。QUIC 协议的一个主要目标就是减少连接延时，在理想的情况下可以直接发送数据（即 "0-RTT" 机制）。QUIC 协议在提供多路复用功能的同时，避免了队头阻塞（head-of-line blocking），并且为丢包恢复提供了更多的反馈信息。QUIC 协议基于 UDP，运行在用户域而不是系统内核，使得该协议可以快速进行更新和部署。

IETF 的 QUIC 工作组正在负责 QUIC 协议的标准化进程。IETF 社群对 QUIC 协议的标准化工作表现出了很高的兴趣。初步的 QUIC 协议版本被使用在谷歌的服务以及 Chrome 浏览器当中，并且被少数第三方开发者部署。需要注意的是，QUIC 协议的标准化工作完全开放，IETF 社群中的每个人都可以提出自己的建议，最终确定一个最优方案。所以，最后的标准化协议与现在使用的版本可能会存在较大的不同。

QUIC 在协议栈中的位置如图 6-14 所示。QUIC 协议使用了类似于 TCP 的拥塞控制和丢包恢复机制，同时提供了更多的信息反馈。此外，QUIC 协议融合了 TLS 1.3 的握手机制，

图 6-14　QUIC 在协议栈中的位置

要求所有连接必须加密。强制加密所有连接是为了保证隐私数据的安全，也是为了防止中间盒（middle box）设备对数据包信息进行更改，以避免妨碍 QUIC 协议在未来的升级。此外，QUIC 协议还使用了 HTTP/2 的多路复用功能，避免了 TCP 带来的队头阻塞问题，因为 TCP 需要同一连接上不同流的数据都按序传输。

6.2.2　建立连接

如今，很多服务都需要安全和可靠的网络连接，而 TCP+TLS 经常被用于实现这个目的。TCP+TLS 1.2 需要至少两个 RTT 才能建立一个安全、可靠的连接，会造成一定的延时。QUIC 改进了连接建立的过程，将 TLS 1.3 的握手与传输层握手结合，在绝大多数情况下使用零 RTT 建立一个安全、可靠的连接。当客户端与同一个服务器再次通信时，载荷数据可以在第一个数据包中直接被发送。

（1）第一次建立连接

在成功进行版本协商的情况下，客户端与服务器第一次建立连接时只需要一个 RTT。如图 6-15a 所示，QUIC 的第一次连接建立过程比 TCP+TLS 1.2 少了两个 RTT 的延时，比 TCP+TLS 1.3 少了一个 RTT 的延时。QUIC 将传输握手与 TLS 握手相结合，在握手数据包中携带了 TLS 的密钥和证书协商信息，以及 QUIC 的相关初始化参数。

当 QUIC 客户端第一次和服务器建立连接的时候，客户端发送一个 Client Hello 消息给服务器，以进行密钥协商和请求 QUIC 传输参数，该消息中包含了一些基本的 QUIC 选项和参数，如连接标识符（connection identifier）、建议的协议版本（version number）等。客户端根据自己建议的 QUIC 协议版本对握手数据包进行封装。如果服务器不支持客户端建议的协议版本，那么它会触发客户端进行额外的版本协商过程。否则，服务器回复 Server Hello 消息、证书，以及可以让客户端下次与服务器建立连接而使用的配置信息。这个握手过程需要一个 RTT 的时间完成。

客户端与服务器第一次建立连接时协商的配置参数以及客户端的 IP 地址被包含在一个加密的 source-address token 中，并存储于客户端。当客户端再次与同一服务器建立连接时可以通过它认证客户端的身份。客户端同时会把与服务器第一次建立连接时协商的 TLS 参数以及服务器的 Diffie-Hellman 密钥值包含在 server config 中，当客户端再次与同一服务器建立连接时，可以通过它计算出客户端和服务器共享的密钥。这些信息是 QUIC 实现 0-RTT 连接建立的基础。

（2）0-RTT 连接建立

在实际网络场景中，很多连接都是在之前通信过的客户端与服务器之间建立的。如果服务器可以识别出之前通信过的客户端，那么可以减少连接建立延时。QUIC 利用缓存信息避免了传输握手和密钥协商的过程，让客户端可以直接将加密消息发送给与它通信过的服务器，如图 6-15b 所示。这样，在同一对客户端与服务器建立连接时，可避免传统 TCP+TLS 协议的握手延时，这也是 QUIC 可以降低连接延时的主要原因。

想要恢复一个加密的连接，客户端将第一次与该服务器建立连接时缓存的 source-address token 和 sever-config 发送给服务器，同时直接发送加密的请求消息。服务器通过 source-address token 中包含的信息认证客户端的身份，并通过 server-config 中包含的 Diffie-Hellman 密钥值计算出它们的共享密钥。然后，服务器可以利用共享密钥解密客户端发送的

图 6-15　几种安全传输协议连接建立过程的流程对比
a）第一次建立连接　b）再次建立连接

请求消息，并立刻发送加密的回复消息给客户端。这使得 QUIC 协议在大多数情况下能实现以 0-RTT 建立安全、可靠的连接。

6.2.3　多路复用

多路复用是一种可以让多个数据流在一个传输连接上发送的技术。浏览器通常会在访问一个网站时打开多个 TCP 连接，因为 HTTP/1.1 只能一次请求一个资源，如图 6-16a 所示，客户端与服务器之间会经常建立多个很短的 TCP 连接来传输数据。这不仅会带来额外的延时，还会带来管理多个连接的额外开销。

HTTP/2 通过将多个数据流（stream）放在一个 TCP 连接上来进行多路复用，每个流是一个资源的请求—响应交互，避免了建立多个 TCP 连接的问题。虽然每个流的有效载荷数据是独立的，但是同一个 TCP 连接上的数据需要按序传输给上层应用，当一个流的数据发生丢失问题时，其他流的数据都需要等待，从而造成队头阻塞，如图 6-16b 所示。

QUIC 协议支持多个 HTTP 数据流在一个连接上的多路复用，但不需要在一个连接上按序传输数据。QUIC 协议保证了每个流的数据都是按序传输的，而且一个流发生的数据丢失问题不会对同一连接上的其他流造成影响，避免了队头阻塞问题，如图 6-16c 所示。

QUIC 协议采用了类似于 HTTP/2 over TCP 的两层流控机制。基于连接的流控，让接收端可以根据实际网络情况调整它愿意为连接上所有数据流而分配的聚合缓冲区大小。基于数据流的流控，让接收端可以调整每个流上它愿意接收数据的大小，避免一个流占据所有的缓冲区资源，从而影响其他流的传输。

图 6-16　多路复用对比

6.2.4　拥塞控制和丢包恢复机制

　　QUIC 协议提供了一个可嵌套的拥塞控制接口，可以对不同的拥塞控制算法进行试验和部署。IETF 的 QUIC 工作组开始将 NewReno[46] 和 CUBIC[47] 作为 QUIC 协议的默认拥塞控制机制。这样做是为了避免新拥塞控制协议带来的复杂性，同时对已有 TCP 更加公平。CUBIC 是一个被广泛使用的 TCP 拥塞控制机制，并且是 IETF 的 TCPM 工作组正在标准化的一项机制。

　　相对于 TCP，QUIC 协议为拥塞控制提供了一个不一样的环境。它融合了很多已有 TCP 丢包恢复机制的研究成果，包括 F-RTO[48] 和 Early Retransmit[49]。此外，它提供的更详细的反馈信息可用于丢包检测。例如，QUIC 协议利用单调递增的数据报文编号，这让它可以区分重传的数据和最初发送的数据，避免了 TCP 的重传二义性问题，它的这个特性与 TCP RACK[50] 的思想类似。数据报文被接收到的时刻与 ACK 发送时刻之间的延时会被记录在 QUIC 协议的 ACK 消息中。这个信息可以用来更准确地计算传输路径的 RTT 值。QUIC 协议继承了 TCP 的选择确认机制（selective acknowledgements）[51] 机制，并支持多达 255 个 ACK 范围，远多于传统的 TCP 选择确认机制，这使 QUIC 协议有着更强的丢包恢复能力。

6.2.5　面临的挑战与未来发展方向

　　有关 QUIC 协议的第一次工作组会议在 IETF-97 会议期间举行，并且初步的工作组文稿在随后被接受。目前，QUIC 协议的主要文稿聚焦于 QUIC 传输协议本身的设计[52]，拥塞控制和丢包恢复机制[53]，利用 TLS 1.3 进行密钥协商[54]，以及 QUIC 对 HTTP/2 的映射[55]。QUIC 协议工作组章程中计划在完成当前任务的基础上，下一步将多径（multipath）和选择性的前向纠错编码加入到 QUIC 协议当中。QUIC 协议工作组人员集中讨论了如何制定一个关于 QUIC 的管理和适用性文档，平行于实际的 QUIC 协议。除此之外，QUIC 协议工作组还提供了其他一些潜在的研究方向。

（1）特殊网络场景下的拥塞控制

传输协议的拥塞控制机制需要适应不同的场景和不同的网络特性。对拥塞控制研究的挑战之一就是无线网络场景。传统的 TCP 拥塞控制机制将丢包判定为网络拥塞的发生。对于无线网络，丢包很多时候是由于传输出现错误，尤其是对于移动用户的场景。QUIC 协议提供的更加细粒度的信息可以用于区分其他的丢包场景和网络拥塞场景，从而可以在非拥塞相关的高丢包场景下大幅提高性能。

具有短流低延时特性的数据中心[56]、对用户认知延时要求极高的虚拟现实应用等其他特定的网络场景都可以从 QUIC 协议提供的更准确的反馈信息和低延时连接中受益。此外，利用 QUIC 协议的用户域特性，可以针对不同网络场景定制不同的 QUIC 协议版本。QUIC 协议提供了一个平台，让人们可以快速地试验和部署新的功能，并对协议进行扩展。

（2）前向纠错

丢包会导致拥塞控制窗口的减小从而降低吞吐量，无论丢包是否是由网络拥塞造成的。然而，即使网络拥塞发生并且发送频率合理减少了，丢包仍然会因为基于重复确认或重传超时的缓慢恢复机制而带来额外的延时。前向纠错编码技术是将冗余信息和数据报文一起发送，从而恢复丢失的数据报文信息，避免了重传带来的延时。

前向纠错的代价之一是编码与解码带来的额外的时间开销，这有悖于 QUIC 协议的低延时设计原则。此外，冗余信息的量级会影响前向纠错的数据恢复能力，所以冗余信息的恢复能力需要与它造成的带宽消耗进行权衡。前向纠错可用于在高丢包场景下提高性能，如无线网络场景，但是它同时会造成更高的能耗，对于功率受限的移动终端，这是一个关键问题。虽然前向纠错技术已在数据链路层广泛部署，但是如何将它应用于像 QUIC 和 TCP[57]这样的传输层协议仍有待研究。

（3）基于应用的优化

IETF 的 QUIC 工作组正在集中解决如何将 HTTP/2 映射到 QUIC 协议上，虽然这是 QUIC 协议与应用层协议结合的第一步，但 QUIC 协议在未来肯定会承载更多的应用。QUIC 协议的未来版本会结合前向纠错技术，并且可以应用于实时通信、流媒体等允许丢包却对延时敏感的服务。QUIC 协议的性能可以基于上层应用的需求进行优化，这需要提供一个接口让上层应用进行配置，如内容类型和丢包允许程度等。

（4）优先级

网站内容通常隐含网页对象之间的依赖关系，在一定程度上会影响性能[58]。例如，一个 JavaScript 文件可能用于触发另一个网页对象的加载，需要提前运行。由于 QUIC 协议可以提供多个独立数据流用于访问网页对象，因此它可以针对依赖关系设置不同数据流的优先级。设置优先级需要考虑众多因素，包括动态的对象加载时间和实时的网络状态，这是未来的一个研究方向。

（5）安全与隐私

QUIC 协议通过集成 TLS 的安全机制，强制加密所有连接，提供安全的数据传输。然而，如同 TLS 1.3 协议，QUIC 协议的 0-RTT 恢复机制同样会带来新的安全威胁。一类典型的安全问题是重放攻击或篡改之前连接握手的数据报文。这类攻击会强制客户端与服务器进行完整的握手过程，消耗计算资源和存储空间，这会成为潜在的拒绝服务攻击途径[59]。这个方向值得进一步的分析和研究。

QUIC 协议未加密的信息（如连接标识符）可能会带来潜在的检测攻击（pervasive moni-toring attack）威胁。然而，为了支持防火墙、负载均衡器、NAT 穿透等常用技术，并实现经济上可行的网络管理，有些信息是必要的。为了在保护隐私的同时实现 IP 地址迁移等功能，有些人提议 QUIC 协议针对每个连接使用新的标识以防止出现可关联性[60]。这个提议是 QUIC 协议工作组的一个讨论话题，在多路径功能加入 QUIC 协议之后，这会成为一个更为关键的问题。

6.3　其他传输机制

无线环境的很多特点使得 TCP 端到端的拥塞控制机制效率低下[45]。因此，一些学者并不试图通过对协议的局部调整使得 TCP 的性能变好，而是提出新的可靠的无线传输协议[46]。这些方案性能较高，但是牺牲了 TCP 的兼容性，甚至有些方案只能在没有任何其他传输层协议的环境下使用。然而，多跳无线网络通常都是一个相对小且封闭的环境，在有些应用环境下，上述限制要求可以得到满足。

6.3.1　基于速度的显式流控制

基于速度的显式流控制（EXplicit rAte-based flow ConTrol，EXACT）[47,48]是非常有代表性的非 TCP 解决方案。EXACT 属于显式流控制协议，依据传输速率调节传输流量。它依靠网络组件（如路由器）来检测网络拥塞状态并且用显式控制信息通知传输终端。

每一个分组的 IP 包头里带有准确的拥塞信息，并且可以被中间路由器修改，用以表示允许的数据传输速率。每一个中间节点对每一个经过它们的流都有专门的变量记录它们的状态。所有节点决定当前与邻居节点的带宽，并且为每一个流计算公平的本地带宽。中间节点在所有传输中的包内插入准确的传输速率信息，以传递到接收节点流向上的瓶颈处的最小带宽。每个节点检查它能够提供给这个流的传输速率是否比当前包头中指定的传输速率低。如果低，则在转发包之前，将包头中的传输速率替换成这一较低的值。这样，瓶颈处的传输速率被报告给终点。在包到达终点后，这一瓶颈处的传输速率会被复制到反馈给数据传输起点的确认包中，进而通知起点。

这一可以被修改的 IP 包头被称为流控制包头，它有两个区域含传输速率信息：准确速率（Explicit Rate，ER）和当前速率（Current Rate，CR）。ER 记录一个流被允许的最大传输速率，它在发送节点处设定，随后，在经过每一个中间节点时，被修改为它当前被允许的数据传输速率。CR 是在发送节点处被初始化为当前传输速率，并且在传输过程中被中间节点修改用来通知可能的传输速率降低。每一个中间节点保存当前流的 CR 来计算它应该被分到的带宽。这一机制的作用：一方面，有了这个机制，中间路由器不会向一个流提供多余的、不需要的带宽；另一方面，当发送节点被允许把它的传输速率提高到当前水平以上时，它会被通知。

在 EXACT 中，尽管发送节点通过来自接收节点的反馈来调整发送速率，但是，当反馈丢失时（如路由失败时），发送节点还是有可能对网络造成超载。于是，EXACT 在传输层部署了安全窗口机制。简而言之，发送节点发送的包必须都在安全窗口内，发送节点不允许发出比安全窗口多的未被答复的包。但是，这一安全窗口与 TCP 的滑动窗口有着本质的不同，它只是对包的传输进行限制，减少当反馈丢失时发送节点可能带来的无谓流量，它并没有类似 TCP 的重传机制。

EXACT 可以有可靠（TCP-EXACT）和不可靠（UDP-EXACT）两种使用形式。它没有重传计时器，取而代之的是一个具有严格的单调增序列号的 SACK 设计：当一个未被接受者回复的分组序列号与最大的已答复分组的序列号距离过大时，它将被重传。

该协议会导致额外的复杂度以及在传输的中间节点上的额外开销，如存储流状态信息、传输速率分配计算，以及对分组进行标记等。当某一节点上有非常多的高速流通过时，这一开销是非常可观的。因此，EXACT 的适用范围有一定的限制，它不适用于大范围的广域网，仅适用于小范围的无线移动互联网。

6.3.2　移动自组织网络传输协议

移动自组织网络传输协议（Ad hoc Transport Protocol，ATP）[49]是一个提供与 EXACT 类似性质的协议。该协议不使用重传超时，而使用具有严格标准的拥塞控制机制以区分拥塞与断路，只需要来自接收节点的有限的反馈。与 EXACT 不同的是，ATP 的中间节点不需要任何特定流的状态变量。所有节点会计算通过它们的所有包的延时的指数平均数。这一延时由一个包在节点本地队列中的等待时间和在传输前的等待时间两部分组成。这些值与这些包所在的流无关。

与 EXACT 中的传输速率信息相似，在 ATP 中，如果当前延时比包头中的延时大，那么它将由转发的数据包向前捎带。这样，包的路径上的最大延时就被传递给了接收节点。接收节点在综合这一信息后将它反馈给发送节点。基于这一信息，发送节点可以调整它的传输速率。为了在一个新的连接建立初期找到一个合理的传输速率，发送节点发送一个探测包并沿着路径从中间节点处收集网络当前的状态信息。

ATP 具有一个可选的确认机制设计。它并不是为每一个数据包都提供反馈包，而是通过周期性地发送反馈包来表明链路的可靠性。每一个反馈包都表示一大块数据包的传输成功，因此需要的反馈包数目相对较少。

6.3.3　无线显式拥塞控制协议

无线显式拥塞控制协议（Wireless eXplicit Congestion control Protocol，WXCP）不是一个完全的重新设计，而是对有线网络 XCP（显式拥塞控制协议）的优化[50]。尽管 XCP 与 TCP 在一些基本概念上存在共同点，但 XCP 仍然与标准 TCP 不兼容。该协议使用明确的反馈和多重拥塞标记[51]。为了避免对最高可用带宽的探测，它在中间节点中计算这些反馈信息。

每个启用了 WXCP 的网络节点使用的拥塞标记有本地可用带宽、本地队列长度和平均数据链路层重传次数。最后一个标记特别用于帮助探测一个流对它自己的干扰，即属于同一个流的包在同一冲突域中竞争传输媒介。综合的反馈是这三个标记函数将它们各自的影响作为权重。拥塞控制即基于这一综合反馈来进行。

在 WXCP 中，公平控制是与拥塞控制分开处理的。拥塞控制按照上述综合反馈的指示进行，而公平控制基于包头中包含的数据流信息进行。因为不同连接的流量需求不同，所以 WXCP 中的公平控制试图达到时间公平而不是流量公平。

WXCP 在使用基于窗口的方法的同时又整合了一些基于传输速率的元素。当网络较差时，发送节点可以由默认的基于窗口的控制机制转换成较慢的基于传输速率的控制机制，如果不切换，那么基于窗口控制机制的发送节点可能会不允许更进一步进行包发送——因为出现小的拥塞窗口、丢失 ACK 或者重复的 ACK 事件。这被称为发现状态（discovery state）。允许发送节点不断地检测当前的丢包形势。

基于窗口的传输管理可能带来的问题是，当瞬间收到很多确认包时，相应的发送节点会进入一个发送爆发期，即一下子有大量的包被允许发送。为了解决这一问题，WXCP 的基于速率的机制引入了一种节拍方法，即 WXCP 设定了一个最大允许的发送阈值，记为 B 个包。假设当下的拥塞窗口大小为 W，当 $W<B$ 时，照常按照窗口机制发送；当 $W>B$ 时，进入节拍发送阶段（pacing phase），取上一次测到的往返时间（RTT），以均匀速率（W/RTT）发送；当收到被如此处理的包的确认信息时，节拍发送阶段停止，其他包开始继续按照窗口模式发送。

6.4 本章小结

本章主要讨论了传统 TCP 传输机制、新兴传输层协议 QUIC 和其他传输机制。针对拥塞导致的丢包和非拥塞导致的丢包，可在传输层采取不同的应对措施。为了使移动互联网的 TCP 性能与互联网的 TCP 性能接近，学术界和产业界提出了许多方案。单跳无线 TCP 传输机制中存在无线传输错误、路由失败等问题。相对于单跳无线 TCP 传输机制，多跳无线 TCP 机制面临更多的挑战，如网络分割、传输媒介竞争与不公平性等。

TCP 传输机制的公平问题值得进一步研究[52,53]。在无线移动互联网上，TCP 的不公平性显著。对于具有多个数据流的无线移动互联网，各个具有竞争性的数据流上的吞吐量显著不同，尤其是较短路径的数据流和较长路径的数据流之间的吞吐量差异更大。与提高端到端吞吐量相比，公平性更加值得关注。相对于有线链路的带宽，因为无线链路的带宽有限，所以每个数据流公平地分享带宽非常重要。

与互联网的兼容性也是需要进一步研究的问题。为了与有线互联网连接从而实现普适计算，移动互联网的 TCP 传输机制应当与互联网完全兼容。就这一点而言，非 TCP 传输机制具有很大的局限性，仅仅在特定应用环境中才能使用。兼容性具体体现在以下两个方面：保持 TCP 的端到端语义；当有线互联网和无线移动互联网连接时，TCP 的性能得到提高。另外，无线 TCP 技术性能的测试指标和测试机制采用各自的标准，缺乏统一的标准。

QUIC 是一个新兴的传输层协议，结合了现有众多协议的研究成果，部署于用户域，方便协议快速升级与部署，为传输协议的研究提供了新的可能性。还有一些非 TCP 传输技术，如基于速度的显式流控制、移动自组织网络传输协议和无线显式拥塞控制协议，这些方案虽然性能较高，但是牺牲了 TCP 的兼容性。

本章重点讨论了移动互联网传输机制。多数无线 TCP 技术旨在提高吞吐量，有些无线 TCP 技术则进一步考虑能耗的降低和与现有结构的兼容。不改变 TCP 的端到端语义的、降低能耗的无线 TCP 技术是该领域的未来研究方向。

习题

1. TCP/IP 协议栈构成了互联网的基础，而 TCP 传输连接的建立、维护与释放机制构成了 TCP 的基础。请画出 TCP 传输连接的建立、维护与释放机制的示意图，并结合示意图谈一下你的理解，尤其是三次握手机制、滑动窗口机制、连接与释放机制和 TCP 拥塞控制机制。介绍一下慢启动算法的基本思路。

2. 请阐述无线环境具有的特点，并结合这些特点阐述 TCP 传输机制在无线环境下直接使用所面临的问题。

3. 数据链路层丢包恢复机制不需要改动移动节点的传输层工作机制，独立于高层协议来实现数据传输的可靠性保证。请介绍数据链路层丢包恢复机制的基本实现思路以及优缺点。数据链路层丢包恢复机制包括前向纠错机制（FEC）、自动重传请求机制（ARQ）和混合自动重传请求机制，请介绍这三种机制的基本实现思路。

4. 数据链路层的非对称性移动访问机制（AIRMAIL）是一种典型的混合自动重传请求机制，请阐述该机制的基本实现思路。基于 TCP 选择确认机制的监听协议能够减少不必要的重传带来的负担，请阐述该协议的基本实现思路。

5. 监听 TCP 机制在基站上增加监听代理，借助该监听代理实现无线 TCP 传输的优化。请结合图 6-7 阐述该机制的基本实现思路。为了降低基站的负担，以及降低链路连接中断对数据传输的影响，一些监听 TCP 机制的优化机制得以提出，请介绍一下这些优化机制。

6. 丢包原因通知机制要求中间节点能够获得数据包丢失的相关信息，借助一定机制防止"一旦发生数据包丢失，马上启动拥塞避免算法"所带来的负担。请介绍该机制的基本实现思路，并阐述该机制的优缺点。

7. 精确的故障基站通知机制 EBSN 和精确的拥塞通知机制是两种典型的丢包原因通知机制。在这两种机制中，基站或者节点需要对无线链路的通信质量和拥塞的出现进行探测。请介绍这两种机制的基本实现思路，并阐述它们的优缺点。

8. 分离链路机制把有线网络和无线网络的流量控制与拥塞控制分开，使得基站能处理更多的工作，减少了移动主机的负担，但是在一定程度上违反了 TCP 的语义。请结合图 6-8 介绍分离链路机制的基本实现思路。

9. 间接的 TCP 机制和移动 TCP 机制是两种典型的分离链路机制，它们都是将源节点与目的节点之间的 TCP 连接分为两个单独的连接。请介绍这两种机制的基本实现思路，并阐述它们的优缺点。

10. 端到端连接机制维持了 TCP 的端到端语义，与原有协议的兼容性比较好，并且该机制可以应用于不同的网络环境，需要对源节点和目的节点的 TCP 算法进行修改。请介绍该机制的基本实现思路。

11. Freeze-TCP 机制、TCP-Veno 机制和基于抖动的 TCP 机制是三种典型的端到端连接机制，在这三种机制中，移动节点需要承担链路中断的判断功能。请介绍这三种机制的基本实现思路，并阐述它们的优缺点。

12. 由于多跳无线传输的特性，因此，相比单跳无线 TCP 传输机制，多跳无线 TCP 传输机制将面临新的挑战。请结合多跳无线传输的特性，介绍多跳无线 TCP 传输机制面临的主要问题及其解决思路。

13. TCP-反馈机制禁用 TCP 拥塞控制机制，以防止网络引起的非拥塞相关的丢包以及路由失败导致的超时事件，是最早用于处理无线移动互联网中的拥塞控制问题的方法之一。请结合图 6-12 介绍该机制的基本实现思路。

14. 明确链路故障通知（ELFN）使用来自相对更低的层的反馈，准确地通知 TCP 是处于连接中还是已经路由失败，并采取相应的应对措施。ELFN 受到了广泛关注，学术界和产业界对它做出了许多改进。请介绍该机制的基本实现思路，并介绍该机制的两种改进方案。

15. 移动自组织网络 TCP 在网络层和传输层间增加名为 ATCP 的中间层，以确保在高传输错误率甚至路由失败时采取正确的行为，TCP 数据包的发送节点可以采用不同状态应对不同事件。请结合图 6-13 介绍该机制的基本实现思路。

16. QUIC 协议融合了诸多现有协议的研究成果，并在它们的基础上提供了新的功能。请列举 QUIC 协议融合的协议，并指出 QUIC 协议相对于融合协议的主要改进。

17. TCP 的公平问题是互联网 TCP 传输机制的研究重点。基于竞争的路径选择协议（COPAS）是一种增强公平性的机制，致力于解决无线链路中由于竞争而产生的 TCP 性能下降问题。请介绍该机制的基本实现思路。

18. 链路随机提早探测和邻居随机提早探测是两种典型的 TCP 公平机制，这两种机制通过提前预测来降低无线信道中的竞争。请介绍链路随机提早探测和邻居随机提早探测的基本实现思路并对它们进行比较。

19. 无线环境的很多特点使得 TCP 端到端的拥塞控制机制效率低下，可以提出新的可靠的无线传输协议以解决无线移动互联网的 TCP 性能问题。请介绍两种典型的非 TCP 传输机制，并结合这些非 TCP 传输机制的特点，阐述非 TCP 传输机制的优点、缺点以及适用范围。

参考文献

[1] RICHARD W S. TCP/IP Illustrated Volume 1：The Protocols ［M］. Addison Wesley Longman，1994：303-305.

[2] Internet Engineering Task Force（IETF）. RFC 793：Transmission Control Protocol ［S/OL］. ftp：//ftp. rfc-editor. org/in-notes/rfc793. txt.

[3] Internet Engineering Task Force（IETF）. RFC 2581：TCP Congestion Control ［S/OL］. ftp：//ftp. rfc-editor. org/in-notes/rfc2581. txt.

[4] TANENBAUM A S. 计算机网络 ［M］. 潘爱民，译 . 4 版 . 北京：清华大学出版社，2004.

[5] BALAKRISHNAN H，SESHAN S，AMIR E，et al. Improving TCP/IP performance over wireless networks ［C］. Proceedings of ACM MOBICOM，1995：2-11.

[6] SARDAR B，SAHA D. A survey of TCP enhancements for last-hop wireless networks ［J］. IEEE Communications Surveys & Tutorials，2006，8（3）：20-34.

[7] CHOCKALIGAM A，ZORI M，TRAILI V. Wireless TCP performance with link layer FEC/ARQ ［C］. 1999 IEEE International Conference on Communications 1999（ICC '99），1999，2（6-10）：1212-1216.

[8] AYANOGLU E，PAUL S，LAPORTA T F，et al. AIRMAIL：a link-layer protocol for wireless networks ［J］. ACM Wireless Networks，1995，1（1）：47-60.

[9] BALAKRISHNAN H，SESHAN S，KATZ R H. Improving reliable transport and handoff performance over cel-

lular wireless networks ［J］. ACM Wireless Networks, 1995, 1 (4): 469-481.

［10］ BALAKRISHNAN H, KATZ R H. Explicit loss notification and wireless web performance ［C］. IEEE GLOLE-COM, 1998: 1-5.

［11］ PARSA C, GARCIA-LUNA-ACEVES J J. TULIP: a link-level protocol for improving TCP over wireless link ［C］. IEEE WCNC, 1999, 3: 1253-1257.

［12］ SEOK S J, JOO S B. A-TCP: a mechanism for improving TCP performance in wireless environments ［C］. IEEE Broadband Wireless Summit, 2001.

［13］ VANGALA S, LABRADOR M. The TCP SACK-aware-snoop protocol for TCP over wireless networks ［C］. IEEE VTC, 2003, 4: 262-283.

［14］ SUN F, SOUNG V L, LIEW C. Design of SNACK mechanism for wireless TCP with new snoop ［C］. IEEE WCNC, 2004, 5 (1): 1046-1051.

［15］ BAKSHI B S, et al. Improving performance of TCP over wireless networks ［C］. IEEE ICDCS 1997: 365-373.

［16］ BAKRE A, BADRINATH B R. I-TCP: indirect TCP for mobile hosts ［C］. Proceedings of the 15th International Conference on Distributed Computing Systems, 1995: 136-143.

［17］ BROWN K, SINGH S. M-TCP: TCP for mobile cellular networks ［C］. ACM SIGCOMM Computer Communication Review, 1997, 27 (5): 19-43.

［18］ WANG K Y, TRIPATHI S K. Mobile-end transport protocol: an alternative to TCP/IP over wireless links ［C］. IEEE INFOCOM, 1998, 3: 1046-1053.

［19］ GOFF T, et al. Freeze-TCP: a true end-to-end TCP enhancement mechanism for mobile environments ［C］. IEEE INFOCOM, 2000 (3): 1537-1545.

［20］ FU C P, LIEW S C. TCP Veno: TCP enhancement for transmission over wireless access networks ［J］. IEEE JSAC, 2003, 21 (2): 216-228.

［21］ WU E H K, CHEN M Z. JTCP: jitter-based TCP for heterogeneous wireless networks ［J］. IEEE JSAC, 2004, 22 (4): 757-766.

［22］ CHEN X, ZHAI H Q, WANG J F, et al. TCP performance over mobile ad hoc networks ［J］. Canadian Journal of Electrical and Computer Engineering 2004, 29 (1): 129-134.

［23］ LOCHERT C, SCHEUERMANN B, MAUVE M. A survey on congestion control for mobile ad hoc networks ［J］. Wireless Communications and Mobile Computing 2007, 7: 655-676.

［24］ WANG F, ZHANG Y G. A survey on TCP over mobile ad-hoc networks ［OL］.

［25］ HANBALI A A, ALTMAN E, NAIN P. A Survey of TCP over Mobile Ad Hoc Networks ［J］. IEEE Communications Surveys 2005, 7 (1-4): 22-36.

［26］ HANBALI A A, ALTMAN E, NAIN P. A survey of TCP over mobile ad hoc networks ［D］. Inria, 2004.

［27］ CHANDRAN K, RAGHUNATHAN S, VENKATESAN S, et al. A feedback-based scheme for improving TCP performance in ad hoc wireless networks ［J］. IEEE Personal Communications Magazine, 2001, 8 (1): 34-39.

［28］ HOLLAND G, VAIDYA N. Analysis of TCP performance over mobile ad hoc networks ［C］. In Proceedings of ACM MOBICOM '99, Seattle, Washington, Aug, 1999.

［29］ ZHOU J, SHI B, ZOU L. Improve TCP performance in ad hoc network by TCP-RC ［C］. In PIMRC'03: Proceedings of the 14th IEEE International Symposium on Personal, Indoor and Mobile Radio Communications, September 2003, 1: 216-220.

［30］ YU X. Improving TCP performance over mobile ad hoc networks by exploiting cross-layer information awareness ［C］. In MobiCom'04: Proceedings of the 10th annual international conference on Mobile computing and networking，New York：ACM Press，2004：231−244.

[31] MONKS J P，SINHA P，BHARGHAVAN V. Limitations of TCP − ELFN for ad hoc networks ［C］. In MoMuC'00：Proceedings of the 7th IEEE International Workshop on Mobile Multimedia Communications，2000.

[32] LIU J，SINGH S. ATCP：TCP for mobile ad hoc networks ［J］. IEEE Journal on Selected Areas in Communications，2001，19（7）：1300−1315.

[33] KIM D，TOH C K，CHOI Y. TCP−Bus：improving TCP performance in wireless ad−hoc networks ［C］. In ICC'00：Proceedings of the IEEE International Conference on Communications，2000，3：1707−1713.

[34] SUN D，MAN H. ENIC：an improved reliable transport scheme for mobile ad hoc networks ［C］. In GLOBECOM'01：Proceedings of the IEEE Global Telecommunications Conference，2001，5：2852−2856.

[35] DYER T，BOPPANA R. A Comparison of TCP Performance over Three Routing Protocols for Mobile Ad Hoc Networks ［C］. In Proc. ACM MOBIHOC，2001：56−66.

[36] WANG F，ZHANG Y. Improving TCP performance over mobile ad−hoc networks with out−of−order detection and response ［C］. In MobiHoc'02：Proceedings of the 3rd ACM International Symposium on Mobile Ad Hoc Networking & Computing，2002：217−225.

[37] GOFF T，ABU−GHAZALEH N B，PHATAK D S，et al. Preemptive routing in ad hoc networks ［J］. In Elsevier Journal of Parallel and Distributed Computing 2003：63（2）：123−140.

[38] KLEMM F，YE Z，KRISHNAMURTHY S V，et al. Improving TCP performance in ad hoc networks using signal strength based link management ［C］. In Elsevier Ad Hoc Networks 2005：3（2）：175−191.

[39] LIM H，XU K，GERLA M. TCP performance over multipath routing in mobile ad hoc networks ［C］. In ICC'03：Proceedings of the IEEE International Conference on Communications，2003，2：1064−1068.

[40] ANANTHARAMAN V，PARK S J，SUNDARESAN K，et al. TCP performance over mobile ad − hoc networks：a quantitative study ［J］. Wireless Communications and Mobile Computing，2004，4（2）：203−222.

[41] CORDEIRO C，DAS S，AGRAWAL D. COPAS：Dynamic Contention−Balancing to Enhance the Performance of TCP over Multi−Hop Wireless Networks ［C］. In Proc. IC3N，2003：382−387.

[42] FLOYD S，JACOBSON V. Random Early Detection Gateways for Congestion Avoidance ［J］. IEEE Transactions on Networks. 1993，1（4）：397−413.

[43] FU Z，ZERFOS P，LUO H，et al. The impact of multihop wireless channel on TCP throughput and loss ［C］. In INFOCOM'03：Proceedings of the 22nd Annual Joint Conference of the IEEE Computer and Communications Societies，2003，3：1744−1753.

[44] XU K，GERLA M，QI L，et al. TCP unfairness in ad hoc wireless networks and a neighborhood RED solution ［J］. Wireless Networks，2005，11（4）：383−399.

[45] Internet Engineering Task Force（IETF）. RFC 7413：TCP Fast Open ［S/OL］. ftp：//ftp. rfc−editor. org/in−notes/rfc7413. txt.

[46] Internet Engineering Task Force（IETF）. RFC 6582：The NewReno Modification to TCP's Fast Recovery Algorithm ［S/OL］. ftp：//ftp. rfc−editor. org/in−notes/rfc6582. txt.

[47] Internet Engineering Task Force（IETF）. draft−ietf−tcpm−cubic−02：CUBIC for Fast Long−Distance Networks. ［S/OL］. https：//tools. ietf. org/id/draft−ietf−tcpm−cubic−02. txt.

[48] Internet Engineering Task Force（IETF）. RFC 4138：Forward RTO−Recovery（F−RTO）：An Algorithm for Detecting Spurious Retransmission Timeouts with TCP and the Stream Control Transmission Protocol（SCTP）［S/OL］. ftp：//ftp. rfc−editor. org/in−notes/rfc4138. txt.

[49] Internet Engineering Task Force（IETF）. RFC 5827：Early Retransmit for TCP and Stream Control Transmis-

sion Protocol（SCTP）［S/OL］. ftp：//ftp. rfc-editor. org/in-notes/rfc5827. txt.

［50］ Internet Engineering Task Force （IETF）. draft-cheng-tcpm-rack-00：RACK：a time-based fast loss detection algorithm for TCP ［S/OL］. https：//tools. ietf. org/html/draft-cheng-tcpm-rack-00.

［51］ Internet Engineering Task Force （IETF）. RFC 2018：TCP Selective Acknowledgment Options ［S/OL］. ftp：//ftp. rfc-editor. org/in-notes/rfc2018. txt.

［52］ Internet Engineering Task Force （IETF）. draft-hamilton-quic-transport-protocol-01：QUIC：A UDP-Based Multiplexed and Secure Transport ［S/OL］. https：//www. ietf. org/archive/id/draft-hamilton-quic-transport-protocol-01. txt.

［53］ Internet Engineering Task Force （IETF）. draft-iyengar-quic-loss-recovery-01：QUIC Congestion Control And Loss Recovery ［S/OL］. https：//tools. ietf. org/id/draft-iyengar-quic-loss-recovery-01. txt.

［54］ Internet Engineering Task Force （IETF）. draft-thomson-quic-tls-01：Using Transport Layer Security （TLS） to Secure QUIC ［S/OL］. https：//tools. ietf. org/id/draft-thomson-quic-tls-01. txt.

［55］ Internet Engineering Task Force （IETF）. draft-ietf-quic-http-00：Hypertext Transfer Protocol （HTTP） over QUIC. ［S/OL］. https：//tools. ietf. org/id/draft-ietf-quic-http-00. txt.

［56］ Alizadeh, Mohammad, et al. Data center tcp （dctcp） ［C］. In SIGCOMM'10：Proceedings of the 2010 Conference on Applications, Technologies, Architectures, and Protocols for Computer Communications, New Delhi, Delhi, India, ACM Press, 2010：63-74.

［57］ CUI Y, et al. End-to-end coding for TCP ［J］. IEEE Network. 2016, 30 （2）：68-73.

［58］ WANG X S, et al. How speedy is SPDY? ［C］. In NSDI'14：11th USENIX Symposium on Networked Systems Design and Implementation, 2014：387-399.

［59］ LYCHEV R, et al. How secure and quick is QUIC? Provable security and performance analyses ［C］. In S&P'15：IEEE Symposium on Security and Privacy, 2015：214-231.

［60］ PETULLO, W M, et al. MinimaLT：minimal-latency networking through better security ［C］. In CCS'13：Proceedings of the 2013 ACM SIGSAC conference on Computer & communications security, 2013：425-438.

第 7 章
移动云计算

　　移动云计算作为移动互联网和云计算结合的产物，近年来得到了快速发展，催生出众多新的信息服务和应用模式，得到了学术界和工业界的广泛关注。移动云计算为解决移动终端资源受限问题提供了一种有效方式，但在用户动态移动、终端电量有限、数据中心网络性能受限的情况下，仍然面临诸多研究挑战，研究者围绕移动云计算关键技术、数据中心网络展开研究。

　　7.1 节对移动云计算进行概述，包括移动云计算的主要目标和体系架构。7.2 节重点介绍移动云计算的关键技术，包括计算迁移技术、基于移动云的位置服务以及移动终端节能技术。7.3 节围绕数据中心网络展开介绍，包括数据中心简介、数据中心网络架构、无线数据中心网络架构以及无线数据中心网络性能优化。7.4 节分析了移动云计算的发展趋势，并展望其未来的发展方向。7.5 节为本章小结。

> 📖 教学目标
> ● 掌握移动云计算的概念、关键技术。
> ● 熟悉数据中心网络的特点和架构。
> ● 了解移动云计算的发展趋势。

7.1　移动云计算概述

　　近年来，随着云计算的快速发展和智能移动终端的普及，二者逐渐融合于一个新的快速增长的移动云计算领域。移动云计算的主要目标是利用云端的计算、存储等资源优势，突破移动终端的资源限制，为移动用户提供更加丰富的利用以及更好的用户体验。其定义一般可以概括为移动终端通过无线网络，以按需、易扩展的方式从云端获得所需的基础设施、平台、软件等资源或信息服务的使用与交付模式。

　　作为云计算在移动互联网中的应用，移动云计算能够满足移动终端用户随时随地从云端获取资源和计算能力的需求，不受本地物理资源的限制。移动云计算的体系架构如图 7-1 所示。移动用户通过基站等无线网络接入方式连接到互联网上的公有云。公有云的数据中心部署在不同的地方，为用户提供可扩展的计算、存储等服务。互联网内容提供商可以将视频、游戏和新闻等资源部署在适当的数据中心上，为用户提供更加丰富、高效的内容服务。对安全性、网络延时和能耗等方面要求更高的用户，可以通过局域网连接本地微云，获得具备一定可扩展性的云服务。本地微云可以通过互联网连接公有云，以进一步扩展其计算、存储能力，为移动用户提供更加丰富的资源。

图7-1　移动云计算的体系架构图

移动云计算由云计算发展而来，继承了云计算的应用动态部署、资源可扩展、多用户共享以及多服务整合等优势。另外，移动云计算还具有终端资源有限性、用户移动性、接入网异构性以及无线网络的安全脆弱性等特有属性。

7.2　移动云计算关键技术

随着移动云计算的发展，移动云计算的关键技术应运而生，如计算迁移技术、基于移动云的位置服务、移动终端节能技术等。上述技术推动了移动云计算的发展，本节将围绕上述关键技术展开介绍，包括技术概念、技术特点和技术细节等相关内容。

7.2.1　计算迁移技术

计算迁移技术的出现最早可以追溯到 Cyber foraging 概念的提出，该技术通过将移动终端的计算、存储等任务迁移到附近资源丰富的服务器执行，减少移动终端对计算、存储和能量等资源的需求。随着云计算的发展，计算迁移开始应用于云环境，成为移动云计算的重要支撑技术。计算迁移的主要目标包括扩展 CPU 处理能力、节省移动终端能耗、减少服务延时和节约处理成本等。

计算迁移可以分为代理发现、环境感知、任务划分、任务调度和执行控制等步骤。然而，并不是所有计算迁移方案都包含全部的步骤。其中，核心的执行控制主要涉及如何连接到一个可靠的远程代理、传递执行所需的信息、远程执行并返回计算结果，其具体计算迁移步骤如图7-2所示。

图7-2　执行控制具体计算迁移步骤图

当移动应用程序需要迁移时，应用程序会向操作系统类库发送暂停请求并保存当前运行时状态；系统类库向本地代理发送通知信息；本地代理读取此状态，并将代码或者虚拟机（Virtual Machine，VM）迁移至远端代理；远端代理创建新的实例，复制应用程序并运行，然后将处理结果返回至移动终端。

计算迁移方案一般按照划分粒度进行分类，主要包括基于进程、功能函数的细粒度计算迁移，以及基于应用程序、虚拟机的粗粒度计算迁移等，如图 7-3 所示。

图 7-3　移动云计算中的计算迁移方案

细粒度计算迁移方案将应用程序中计算密集型的部分代码或函数以进程的形式迁移到云端执行。这类方案需要程序员通过标注修改代码的方式对程序进行预先划分。程序运行时，依据迁移策略，只对那些依靠远程执行节约资源的部分执行计算迁移。粗粒度计算迁移将全部程序，甚至整个程序的运行环境，以虚拟机的形式迁移到代理上运行。这类迁移方式不需要预先对应用程序的代码进行标注修改，减少了程序员的负担。然而，这类方案的使用具有一定的局限性[1]，如与用户频繁交互的程序就无法应用此类方案。

1. 细粒度计算迁移

细粒度计算迁移需要对程序进行预先划分标注，只迁移计算密集型代码部分，以实现尽可能少的数据传输。依据迁移策略，细粒度计算迁移一般可以分为静态划分和动态划分两类方案。在程序运行过程中，静态划分方案依据程序员的预先标注策略实施迁移；动态划分方案则可以根据系统负载、网络带宽等状态的变化，动态调整划分迁移区域，提高迁移效率和可靠性。

（1）静态划分方案

早期的计算迁移技术大多采用静态划分方案，依靠程序员的修改和标注，将应用程序静态地分成两个部分，一部分在移动终端执行，另一部分在远程服务器执行。在 Protium[2] 中，程序员将应用程序分成显示部分和服务部分，显示部分在移动终端运行，服务部分在存储能力和 CPU 计算资源丰富的代理服务器上运行。两部分通过应用程序定义的协议进行"交流"。如果程序包含复杂的交叉状态和显示管理，那么程序需要被改写，这给程序员造成了很大的负担。另外，由于程序员不可能精确掌握程序在 CPU 和内存上的能量消耗，而且网络状态（带宽、RTT）是动态变化的，因此这种静态标注的划分方法并不能保证程序执行的能量消耗最小化。

为了确保迁移决策的有效性，Li 等人[3] 提出了基于能耗（包括通信能量和计算能量）

预测的划分方法。通信能量消耗取决于传输数据的大小和网络带宽，计算能量消耗取决于程序的指令数。基于计算和通信消耗，得到最优化的程序划分方案。对于一个给定的程序，通过分析计算时间和数据传输能耗来构造一个消耗图，将程序静态地分为服务器任务和用户端任务。消耗图通过基于分支定界的任务映射算法获得，以最小化计算和传输的总能量。该算法通过修剪搜索空间以获得最优解决方案。他们的模型用到了任务开始、任务终止、数据发送和数据请求四种信息。原始程序代码中需要进行迁移调用的部分会依据这些信息修改。远程管理也需要根据这些信息进行上下文的状态迁移。

Yang 等人[4]提出的方案综合考虑了多种资源的利用情况，包括 CPU、内存和通信代价（如带宽资源），将移动终端上的一些任务无缝地卸载到附近资源比较丰富的个人计算机（称为代理）上。这种用户–服务器的业务卸载系统架构主要包括资源监控、卸载引擎、类翻译块。资源监控模块主要监控内存使用情况、CPU 的利用率和目前的无线带宽。卸载引擎将应用分成一个本地分区和多个远程分区。类翻译方法模块则负责将本机任务转换为一个可以远程执行的任务。该方案将应用程序分成 $k+1$ 个分区，其中包括 1 个不可以迁移的分区和 k 个不相交可迁移分区，并将这些分区组织成一个有向图，顶点集表示 Java 类，边集表示类之间的相互作用（调用和数据访问）。他们提出的算法可以根据该有向图给出接近最优解的迁移方案。

Misco[5]实现了集群式服务，支持将数据分发到网络上多个节点以并行处理应用数据，从而进一步提高了计算迁移的执行效率。主服务器是一个集中式监视器，负责 MapReduce 的实现。应用程序被静态地切分成映射（Map）和归约（Reduce）两个部分。映射函数对输入的数据进行处理，生成中间的键值对<key,value>，并将所有生成的键值对归类，组成相应数据块节点。所有数据块节点通过归约函数产生最后结果，并返回给主服务器。映射和归约函数在应用开发过程中通过开发者确认，为移动应用提供分布式平台。

静态划分方案大多假设通信开销和计算时间可以在处理之前通过预测、统计等方法获得。划分方案一旦确定，在任务处理过程中将保持不变。然而，由于移动终端的差异性和无线网络状态的复杂性，因此很难准确预知计算、通信等开销。

（2）动态划分方案

为了弥补静态划分方案无法适应环境动态变化的不足，动态划分方案可以根据连接状态的变化调整迁移划分区域，及时适应环境变化，充分利用可用资源。动态迁移决策的基本原理如图 7-4 所示，a、b、c 为应用程序输入，r 为应用程序输出，应用程序运行过程中会经历 X_1、X_2、X_3 和 X_4 四个计算节点，默认 X_1 和 X_2 在移动终端执行，X_3 和 X_4 在云端执行。根据策略设置，在网络带宽比较好的时候，系统可以把 X_2 动态迁移至云端执行。

Chun 等人[6]提出的解决方案综合考虑了移动终端电量、网络连接状态和实时带宽三种因素的变化，针对这三种环境的不同变化情况分别给出了解决方案，并针对迁移决策问题设计了具有普适性的形式化模型，但并没有给出详细的系统设计与实现。在此之后，学术界又相继提出了一系列针对特定应用的计算

图 7-4　动态迁移决策的基本原理

迁移系统。例如，针对图像识别和语音识别应用的 Cogniserve[7]、针对环境感知应用的 Odessa[8]、针对社交应用的 SociableSense[9] 以及针对云游戏的 Kahawai[10] 等。

MAUI[1] 的提出旨在提供一个通用的动态迁移方案并尽量减轻开发人员的负担。程序员只需要将应用程序划分为本地方法和远端方法，而无须为每个程序制定迁移决策逻辑。在程序运行过程中，MAUI 事件分析器基于收集的网络状态等信息来动态决策哪些远端方法需要迁移至云端执行。代理执行模块按照决策执行相应的控制和数据传输工作。该系统通过向服务器发送 10 KB 数据的简单方法评估网络的平均吞吐量，对于变化剧烈的无线网络，其预测的准确性有待提高。Thinkair[11] 是一个线程级的动态迁移方案。与 MAUI 相比，该系统重点对服务端进行了增强，可以为迁移任务动态分配服务内存等资源，提高了系统运行的可靠性。Comet[12] 则在 MAUI 和 Thinkair 的基础上，利用分布式内存共享技术和虚拟机同步技术支持多线程的并行迁移，进一步提高了计算迁移的性能。Zhou 等人[13] 设计的计算迁移系统，可以在程序运行时基于无线信道、云端资源等上下文环境进行动态决策，在微云、公有云等多个云端动态选择服务者，实现代码级的细粒度计算迁移。

需要注意的是，细粒度计算迁移导致了额外的划分决策的消耗，因此划分算法的优劣直接影响了迁移效率，而且并不总是能获得最优解。另外，无论是依赖于程序员修改应用程序源代码的方案，还是利用远程执行系统资源管理来计算近似划分的方案，都会引入额外的开销，导致消耗更多的 CPU 能量或增加程序员的负担。

2. 粗粒度计算迁移

粗粒度计算迁移将整个应用程序封装在 VM 实例中并发送到云端服务器执行，以此减少细粒度计算迁移带来的程序划分、迁移决策等额外开销。Cyber foraging 将附近计算能力较强的计算机作为代理服务器，为移动终端提供计算迁移服务。在执行应用程序时，移动终端首先向服务搜索服务器发送迁移请求。服务搜索服务器向移动终端返回可用的代理服务器的 IP 地址和端口号。移动终端继而可以向相应的代理服务申请计算迁移服务。每个代理服务器运行多个独立的虚拟服务，保证为每个应用程序提供独立的虚拟服务空间。Cyber foraging 利用局域网低延时、高带宽的特性为移动终端提供高效的计算迁移服务。然而，基于代理发现和 VM 模板的部署方法的时间开销与资源开销都比较大。

针对广域网传输延时过长的问题，Satyanarayanan 等人[14] 最先提出微云（Cloudlet）的概念，把微云定义为一种可信任的、资源丰富的计算设备或一批计算设备向附近的移动终端提供计算资源。Cloudlet 模式可以解决广域网延时问题，通过局域网提供低延时、高带宽的实时交互式服务。Cloudlet 模式可以细分为固定微云模式和移动微云模式，如图 7-5 所示。固定微云模式由计算能力较强的台式计算机提供云计算服务，这种连接方式通常能够提供较大的带宽和较多的计算资源。移动微云模式通过移动终端组建微云，旨在随时随地提供接入服务。

与 Cyber foraging 依赖服务搜索服务器进行代理发现的机制不同，Cloudlet[14] 将移动终端上运行的应用程序以 VM 的形式直接映射迁移至附近指定服务器执行，简化了移动终端功能。服务器通过互联网与云端数据中心相连，可以将复杂的计算任务和延时要求不高的任务迁移到云端执行，进一步提高计算迁移的处理能力。此框架的难点在于，将移动终端运行环境整体复制到服务器，对服务器的资源管理能力和硬件水平都提出了更高的要求。

虚拟执行环境（Virtualized Execution Environment）[15] 不再依赖专用的服务器，而是利用

图7-5　Cloudlet模式分类

VM技术直接在云端为移动终端建立运行环境。云端为每个应用创建新的虚拟机实例，将迁移的VM复制至虚拟机实例中执行。该方案通过在移动终端的操作系统和硬件间设置中间件，以支持运行时负载迁移，以及移动终端和云服务器中虚拟机实例的同步，并支持传输状态的暂停和恢复机制。然而，中间件及同步机制也给移动终端带来了计算与流量的额外开销。

CloneCloud[17]同样采用VM技术直接在云端建立运行环境，不需要对操作系统和应用程序进行任何额外的改动。CloneCloud还针对不同类型的应用设计了三种不同的迁移算法来进一步提升计算迁移效率。除将语音识别、图像处理等计算密集型的任务迁移到云端以外，还可将安全性检测迁移至云端服务器，以便进一步减轻终端负担。然而，基于应用程序多样性的迁移策略增加了移动终端的开销，单线程的部署方式增加了系统运行时的抖动。为了解决无线网络不稳定等弊端，Tango[18]通过部署多副本的方式，在服务器与移动终端同时执行计算任务，将最快返回的执行结果作为输出，进一步提高了系统的可靠性。

表7-1对上述计算迁移方案进行了对比分析。

表7-1　各计算迁移方案对比分析

系统框架	操作平台	决策	针对目标	粒度	划分	迁移支持	管理模式
Misco[5]	移动云节点	代理	延时	方法级	静态	程序级	集中式
MAUI[1]	云服务器	代理/移动终端	能耗	方法级	动态	程序级	集中式
Thinkair[11]	云服务器	移动端	延时/能耗	线程级	动态	系统级	集中式
Comet[12]	云服务器		延时	多线程	动态	系统级	集中式
Cogniserve[7]	云服务器		性能/能耗	应用程序	—	程序级	集中式
Cyber foraging[16]	本地分布式节点	代理	延时	应用程序	—	系统级	集中式
Cloudlet[14]	本地服务器	—	延时	应用程序	—	系统级	分布式
CloneCloud[17]	云服务器		性能/能耗	VM	动态	系统级	集中式
Virtualized Execution Environment[15]	云服务器	—	—	应用程序	—	系统级	集中式

7.2.2　基于移动云的位置服务

位置服务作为移动云计算不可或缺的一项支撑技术，一直受到学术界的广泛关注。Zhou 等人[19]围绕位置服务的体系架构，对主流定位技术、位置索引及查询处理等技术进行了总结，帮助我们全面深入认识了位置服务。基于 GPS 等传统定位技术的位置服务覆盖范围大，技术成熟，已经在军事、交通等诸多领域得到了广泛应用。然而，由于它存在穿透力弱、定位能耗大等问题，因此无法完全满足精确室内定位、用户动作识别等新的移动应用的需求。例如，购物中心的自动导购指引服务、智能家居中的病人监护等。移动云计算模式已经被用来构建新型位置服务以解决上述问题，并已成为重要的支撑技术。

1. 室内轨迹追踪与导航

虽然室内空间小，但对导航的精度要求更高。建筑物内部的空间结构、拓扑关系比室外复杂得多，这对室内导航技术提出了更高的要求。当前，针对室内轨迹追踪与导航的研究主要集中在通过群智的方式收集移动用户沿途拍摄的照片[20,21]、手机信号强度[22]，并与加速、惯性等手机传感器数据融合，追踪用户行动轨迹，绘制建筑物内部平面图，进而实现实时的定位导航。对这些历史信息的收集、存储和运算处理，需要耗费大量的存储与计算资源，这是普通移动终端无法胜任的。因此，大多数解决方案都是基于公有云或者通过构建微云模式服务器设计实现的。

针对构造室内地图需要进行现场勘测且耗费大量人力和物力的问题，LiFS[22]通过收集用户移动过程中的手机信号强度，构造高维信号强度指纹空间，将此映射为室内平面图。Jigsaw[23]、iMoon[21]等系统则通过从移动用户处收集照片构建 3D 点云，并以此为基础在云端服务器上构造建筑物内部地图。iMoon 还允许用户拍照后上传到云端，与云端存储的地图进行匹配，以实现实时定位。Dong 等人[24]利用基于密度的冲突检测技术对 iMoon 进行改进，进一步提高了系统在障碍物位置的信息完善程度，以及群智建立初始阶段的定位性能。Travi-Navi[20]、FOLLOWME[25]等系统通过收集用户上传的照片、手机 WiFi 信号强度指纹，实现用户行动轨迹记录，并采用加速、惯性等手机传感器数据进行校正。然后，基于这些轨迹信息绘制室内平面图，实现室内高精度的导航服务。

2. 室内精确定位与动作识别

智能家居、体感游戏等新型应用不仅对目标物体的定位精度提出了更高要求，还需要对用户的特定动作进行识别。当前，针对室内精确定位与动作识别的研究主要集中在以移动终端的无线信号强度（Received Signal Strength Indicator, RSSI）[26]、信号抵达时间（Time of Arrival, TOA）和信号抵达角度（Angle of Arrival, AOA）[27,28]等数据作为输入，通过数学模型求解位置坐标。这些数据的存储、处理以及复杂的求解运算一般都需要在云端完成。

（1）室内精确定位

Lim 等人[26]将定位的 WiFi 接入点（AP）增加到三个，将收集到的 RSSI 和 AOA 信息发送到云端服务器，执行三角测量算法进行实时跟踪定位，将定位精度提高到 0.5~0.75 m。ArrayTrack[27]基于 AOA 实现移动终端的室内定位和实时跟踪，并通过 MIMO 技术和多路径抑制算法来减少室内多路径反射的影响，将定位精度进一步提高到几十厘米级，同时将延时控制在 100 ms 左右。为了提高 TOA 在有限的无线信道中的分辨率，ToneTrack[29]利用捷变频技术提高带宽利用率。AP 在相邻信道获得 3 个数据包的情况下，就可以达到 90 cm 的定位精度。SpotFi[30]利用超分辨率算法和估算技术计算多径分量的 AOA，在普通 AP 上实现了 40 cm 的定位精度。WiTrack2.0[31]基于人体反射的无线电信号，在服务器端执行傅里叶变换，实现了同时对 5 个人的定位，定位精度达到 11.7 cm。

（2）动作识别

基于 WiFi 的人体动作识别是学术界研究的热点之一。WiHear[32]通过专门的定向天线获取由唇形变化带来的信道状态信息（Channel State Information，CSI）变化，在云端服务器上，运行机器学习算法，根据人体发音时唇形的不同来辨别发出的单词，并基于上下文进行纠错。由于没有有效地消除噪声，因此该系统需要通过定向天线来得到更高的精度。WiDeo[33]基于目标物体动作对 WiFi 信号的反向散射，实现对目标物体的定位及动作识别，在多人同时做动作的场景下，能达到 7 cm 的识别精度。E-eyes[34]利用不同运动动作带来的CSI 振幅不同来辨别洗澡、走路、洗碗等 9 种用户日常行为，但基本是以位置为导向的判断方法。CRAME[35]除可以像 E-eyes 一样识别人的日常行为动作以外，还可通过 CSI-speed 和隐式马尔可夫模型推测用户的移动速度与动作的幅度。在对 CRAME 研究的基础上，Ali K.等人又提出了识别键盘敲击动作的方案 WiKey[36]，其识别准确率达到 93.5%。还有一些学者基于 RFID、VLC 甚至声音实现人体动作识别、位置标记等。Yang 等人[37]提出了 Tadar 系统，它通过 RFID 识别墙体另一侧的人体动作变化。Luxapose[38]、PIXEL[39]等系统则尝试利用移动设备内置的照相机捕捉 LED 灯光的高频闪烁实现定位。基于 VLC 的 LiSense 系统[40]，利用遮挡二维阴影信息重新构造人体的三维骨架图。EchoTag[41]则是通过由手机扬声器主动发出声音信号，并由麦克风感测回声的方式，实现精度为 1 cm 的室内位置标记。

3. 海量位置信息管理

在移动云计算环境中，一方面，定位技术不断发展，为移动应用提供越来越精准的位置信息；另一方面，随着用户数量的增长和移动应用的丰富，用户位置、轨迹等数据量爆发式增长，查询请求剧增，查询空间变得更广，位置服务系统越来越依赖云平台进行用户位置轨迹等数据的存储、计算、索引和查询等管理，从而减轻移动端的存储和计算负担。

面对庞大的用户位置和运动轨迹等历史数据，学者们基于云平台的分布式处理方法，提出高效的索引查询方案，旨在向用户提供快速的查询响应。Ma 等人[42]将 MapReduce 架构用在大规模历史轨迹数据处理方面，该方案把时间和空间轨迹数据存储在不同节点上。在处理查询时，先在不同的节点分别执行查询操作，再合并输出查询结果。Eldawy 等人[43]对 Hadoop 上的 MapReduce 架构进行改进，设计了用于分布式处理空间数据的 SpatialHadoop 系统。SHAHED[44]将现有的 SpatialHadoop 系统用于卫星数据处理，将卫星的数据按时间、空间存储在不同的节点上，在索引端建立多重 Quad-tree 时空索引结构，查询时可返回时空卫星数据的热点图。

另外，用户对这些海量位置数据的信息查询需求越来越旺盛。而随着查询数据库变多、查询空间变得更加广阔，移动终端的计算能力和电池能耗已无法满足大数据下的查询服务。针对位置频繁变化的移动终端，有些研究致力于索引技术的改进，提出了基于 R-tree[45]、B+-tree[46]、Quad-tree[47]等索引结构，综合利用历史轨迹、当前位置等信息查询索引，旨在提高查询的性能。Cong 等人[48]提出的算法，综合考虑空间相似度和标注信息相关度，通过倒排表和 R-tree 索引，返回相关程度排在前 k 名的空间对象。Zhang 等人[49]提出 m 最近关键字查询，用于找到 m 个空间最近且满足 m 个用户给定的关键字的空间对象。还有一些研究则希望通过将信息查询与推荐相结合，以进一步提高用户体验水平。Shi 等人[50]挖掘社交网络中群体用户潜在行为和喜好的相似性，设计群体行为挖掘和推荐模型 LGM。

7.2.3　移动终端节能技术

移动终端电池容量增长速度缓慢，迅速丰富的移动应用与移动终端有限的电量的矛盾愈发突出。移动终端电量已成为良好用户体验的瓶颈，也受到了学术界的广泛关注。为了深入理解移动终端能耗管理的研究内容，本节从数据传输节能、定位服务节能两个方面对节能方案进行梳理。

1. 数据传输节能

随着移动云计算的推广及应用，移动终端无线传输的数据量也在快速增长。无线数据传输能耗占移动终端能耗的比例越来越大。Cellular 和 WiFi 网络是目前应用较为广泛的两种无线传输技术，因此对网络的传输节能的研究大多基于这两类网络开展。

（1）Cellular 网络传输节能

移动终端通过 Cellular 网络传输数据通常采用无线资源控制（Radio Resource Control，RRC）协议。针对 RRC 协议全过程的移动终端能耗测量显示，移动终端网络接口在完成数据传输后，会从高能耗状态转移到中间能耗状态，即尾能耗状态，其功率约为高能耗状态的50%[51]。尾能耗状态结束后才会进入低能耗状态，其功率约为高能耗状态的1%[51]。尾能耗状态的设计是为了减少状态转换的延时和开销，然而，数据传输过程中存在的过多尾能耗状态却大大降低了移动终端的能耗利用率。

目前，针对尾能耗状态节能的研究主要集中在两个方面，一是通过改变尾能耗时间阈值来减少跳至尾能耗状态的次数及时间，二是通过传输调度来减少尾能耗。Labiod 等人[52]通过实验数据获得最优静态快速休眠时间阈值，然而，这没有在真正意义上消除尾能耗，且不准确的估算会造成额外的开销。Tailtheft 机制[53]通过虚拟收尾机制和双队列调度算法进行预取数据与延时传输的传输调度，以消除尾能耗。与调整时间阈值相比，此方法减少了错误估算造成的跳转延时和开销，但此方法并不适用于小数据传输。TailEnder 协议[54]通过对应用实现延时或预取策略，合并数据发送状态，减少传输过程中尾时间，达到节能目的。Zhao 等人[54]提出了基于 GBRT 的预测算法来预测用户下载网页后的浏览时间，当浏览时间大于一定阈值时，设备状态将从尾能耗状态跳至低能耗状态。Cui 等人[55]设计了自适应在线调度算法 PerES 来最小化尾能耗和传输能耗，使能耗趋近于最优调度解决方案。

（2）WiFi 网络传输节能

移动终端在 WiFi 网络中的能耗主要是 CSMA 机制中空闲监听（IL）状态下的能耗。移动终端在 IL 状态下的功耗和数据传输时的功耗相当，是 Cellular 网络 IDLE 状态功耗的 40 倍左右[56]。目前，对于 WiFi 的能耗优化，主要基于 IEEE 802.11 节电模式（PSM），即通过"睡眠"调度算法减少 IL 状态的时间来达到节能目的。根据 Zhang 等人[57]的测量，PSM 通过捆绑下行数据包来减少网络层延时，减少了不必要的 IL 时间。然而，由于载波感测和竞争使用的存在，PSM 本身不能够减少 IL 时间。他们发现，在 IL 状态下，即使使用 PSM 策略，仍然消耗较大，在繁忙的网络中，IL 消耗的能量达到 80%，在网络接近空闲的状态下，消耗的能量也达到 60%。

另外，一些学者针对具体应用提出了相应的节能方案。Bui 等人[58]重点针对网页载入的能耗问题，通过感知网络状态而动态调整下载策略和画面渲染的方式，在保证用户体验的前提下，实现了节能 24.4% 的效果。Zhang 等人[59]则通过减少视频尾流量和动态分配信道的方式，将 WiFi 条件下的视频传输能耗减少了 29%~61%。

（3）Cellular 与 WiFi 切换节能

由于 WiFi 网络的有效传输速率大于 Cellular 网络，一些学者基于这一事实，研究 Cellular 与 WiFi 的切换节能[60,61]，目标是将负载从 Cellular 网络迁移至 WiFi 网络，从而减少数据传输的总体能耗。

Rahmati 等人[60]利用 Cellular 网络和 WiFi 网络的互补优势，基于对网络状况的估计，智能地选择节能方式来传输数据。为了避免周期性扫描 WiFi 带来不必要的能耗，设计了内容感知算法，估算 WiFi 网络分布和信号强度，只有在 WiFi 信号强度较强时，才进行扫描，减少了 35% 的能耗。Yetim 等人[61]比较了四种调度算法，旨在最小化 Cellular 网络的使用，从而减少数据传输能耗，并在真实的系统上进行了实现。相关实验结果显示，基于 MILP 调度策略，通过预测数据请求，在传输调度时检测 WiFi 的可用性和吞吐量，决策是否需要进行切换，最大限度地节省开销和能量。值得指出的是，Cellular 与 WiFi 切换的主要开销包括切换过程中的时间开销、数据流的迁移开销以及移动终端从多个 WiFi 接入点中选择接入点的计算开销。在对 Cellular 与 WiFi 切换节能的研究过程中，必须将这些开销考虑在内。

2. 定位服务节能

在移动云计算环境中，越来越多的应用程序提供了位置服务。然而，定位过程中实时通信和计算的能量消耗较大。定位服务的节能也就成为节能研究的一个重要方向。定位节能研究主要分为基于移动终端的能耗优化和基于云端的能耗优化两类。基于移动终端的能耗优化主要通过预测或改变移动终端选择数据源的方式实现节能；基于云端的能耗优化则主要通过将定位计算迁移到云端或获取云端共享定位数据达到节能效果。

（1）基于移动终端的能耗优化

基于移动终端的能耗优化主要有两类方法，一类是动态预测（Dynamic Prediction，DP），另一类是动态选择（Dynamic Selection，DS）。这两类方法都是通过能耗较小的传感器实现定位，从而降低高能耗 GPS 的使用率。DP 通过能耗较少的传感器（如指南针、加速度传感器等）估算当前位置的不确定度。当不确定度超过误差阈值时，将触发 GPS 重新进行定位。DS 根据当前定位技术的覆盖程度和精度的需求动态地选择使用 GPS 定位、WiFi 定位和 GSM 定位。

Leonhardi 等人[62]最先提出基于时间和距离的追踪。在后续的研究[63,64]中，正式地提出了动态追踪技术，该技术主要用于节能和 GPS 定位。Farrell 等人[63]在通信延时和目标速度恒定不变的前提下，结合查询和报告协议，给出特定环境最优参数值。在定位精确度和延时、定位目标速度以及用于判断定位目标移动的加速度都是恒定不变的前提下，You 等人[64]提出的追踪定位方法将定位精度提高了 56.34%，能耗减少了 68.92%。动态追踪技术进一步发展，分成了现在的动态预测和动态选择技术[65]。

EnTracked[66]架构作为主要的动态预测方案，首先由移动终端通过 GPS 获得初始位置，然后关闭 GPS。当用户移动时，由感应器探测用户移动状态，并通过速度和精确度评估模块估算用户的速度。当估算的误差超过预设的误差阈值时，再次开启 GPS 进行定位。EnTracked 的问题在于，加速度传感器在定位过程中一直处于工作状态，这在某些场景下可能会比开启 GPS 定位的能耗更大。另外，此方法只能检测用户的突然移动，而手机的持续高速移动可能导致定位失败。

　　Kjærgaard 等人针对 EnTracked 的不足，提出了轨迹追踪的概念，且在 EnTracked 的基础上改进并提出了 EnTracked 2[67]。EnTracked 2 通过前进感知策略得到一系列连续位置来确定当前的位置，如图 7-6 所示。它通过指南针检测用户前进方向和方向变化，根据速度和方向计算用户现在位置与原来位置的距离。同时，根据指南针给出的初始走向计算用户的移动距离。当用户运动方向发生变化时，上述两种计算方法得到的位置会产生偏差。当偏差大于误差阈值时，GPS 会更新用户的位置。相比 EnTracked，EnTracked 2 大大提高了 GPS 开启的间隔；基于占空比（duty-cycle）策略，提高了传感器和指南针的使用效率；基于速度阈值策略，支持对不同移动方式的检测；简化的移动轨迹算法减少了信息的发送，降低了通信开销。然而，当请求的误差阈值比较小时，EnTracked 2 的错误率较高。

图 7-6　EnTracked 2 策略图

　　在城市环境中，由于建筑物等干扰，因此 GPS 定位不是非常精确，甚至难以获得。RAPS（Rate-Adaptive Positioning System）[65]同时使用 DP 和 DS 策略，在 GPS 不可用的情况下，实现了基于手机基站的定位服务。RAPS 记录当前手机基站 ID 和 RSSI 信息，基于历史速度信息估算用户当前位置。RAPS 还提出了多移动用户间位置信息共享机制。RAPS 的不足在于，它专门为市区行人制定策略，并不适用于其他场景，且 RSSI 列表服务需要在云端数据中心的支持下才能有效工作。Nodari 等人[68]则基于运行轨迹建模以减少终端与定位服务器通信的方式实现节能。

　　（2）基于云端的能耗优化

　　除上述在移动终端上实现的能耗优化策略以外，学者们又提出了借助云端来减少移动终端能耗的方案，主要包括基于历史轨迹信息的定位节能、基于计算迁移的定位节能和基于共享位置信息的定位节能。

　　1）基于历史轨迹信息的定位节能。

　　近年来，电子地图发展迅速，用户位置和轨迹信息通常被收集并存储在云端。通过适当利用云端的信息，用户可以以比较节能的方式获取位置信息。用户的移动通常是指在同一时间段内移动到某个区域，具有时空一致性。这意味着我们可以高效地在部分区域进行定位。基于历史轨迹信息的定位通过云端存储的大量历史位置和轨迹信息，结合用户移动性进行定位。

　　路线图最先用于提高车辆追踪的精度。VTrack[69]将路线图匹配和 WiFi 定位结合，以提高定位精度和降低能耗。CTrack[70]扩展了 VTrack 的功能，通过历史数据库匹配一系列 GSM 信号塔进行定位。CTrack 将地理位置分为同一大小的方格，每个方格拥有周围 GSM 和信号强度的列表。CTrack 还进一步利用能耗较低的传感器（如指南针、感应器）来增加定位精度。这些通过地理位置"描绘"用户信息的方法能够自动建立并更新数据集，随着定位的持续进行，用户的数据集规模越来越大，冗余越来越严重。

　　2）基于计算迁移的定位节能。

　　将定位服务的信号解码和计算处理迁移至云端服务器也是定位节能的一类重要方法。

A-GPS[71,72]在原始 GPS 基础上降低了接收信号的多普勒频移和码相移的不确定性，支持了更大的覆盖范围。A-GPS 通过迁移能耗密集型部分不仅节省了能量，还为后期节能提供了空间。LEAP[73]将先前跟踪得到的码相位与 CTN[72]结合，在无须解码和定位计算的前提下产生新的码相位，以节省能量。CO-GPS（Cloud-Offloaded GPS）[74]对 LEAP 进行扩展，将原始 GPS 信号传输至云端进行处理。相关实验表明，传输 2 ms 的数据足以用于定位，传输 10 ms 的数据（约 40 KB）可以使定位精度达到 35 m。更高精确度的需求需要更多数据的传输，这必将带来更多的传输能耗和服务器存储能耗。用户可以根据精度需求权衡能耗和定位精度。

3）基于共享位置信息的定位节能。

共享其他设备的位置信息以减少自身的定位开销是定位节能的一种重要方式。Dhondge 等人[75]提出了 ECOPS 系统，移动终端通过 WiFi 建立虚拟移动自组织网络以共享位置信息。移动终端分为两种模式：位置广播者（PB）和位置接受者（PR）。当移动终端拥有足够的电池电量和最新的位置信息时，它就可以成为 PB，否则就是 PR。系统通过权衡位置精确度和能耗来定义位置信息的有效时间。PB 通过 WiFi 热点向 PR 提供最新的位置信息，PR 尽可能地搜集 GPS 坐标和信号强度（RSSI），并在相应范围内搜集最近的三个 PB，通过三点测量法进行定位。当搜集的 PB 只有一个或两个时，PR 就将 PB 的位置或两 PB 的交集作为定位点。

7.3　数据中心网络

数据中心是近年来新兴的云计算中提供业务支持的重要基础平台。数据中心网络（Data Center Network，DCN）作为数据中心的重要组成部分，对保证和提升数据中心服务性能至关重要。近年来，无线通信技术的快速发展推动了无线数据中心网络的发展，围绕无线数据中心网络的性能优化成为当前的研究热点。本节将围绕数据中心网络架构、无线数据中心网络架构以及网络性能优化展开介绍。

7.3.1　数据中心概述

作为云计算和移动云计算的核心基础设施，数据中心在近年来受到了学术界和工业界的关注。数据中心在数量和大小上正在呈几何级数增长，以适应不断增加的用户和应用的需求。现在，雅虎、微软和谷歌的数据中心已经托管了成千上万台服务器，拥有大量的存储资源和网络资源。

近年来，数据中心已经在众多领域的应用中被广泛采用，如科学应用、医疗保健、电子商务、智能电网和核科学等。云计算已经成为一个执行科学应用程序等的平台。例如，气象预报需要从卫星和地面仪器中读取数据流，雷达和气象站数据被送到云端来计算蒸散系数（ET）；卡门电子科学项目介绍了大脑的工作机制，并允许神经科学家通过云平台来共享和分析数据；安装在收割机上的带有 GPS 的产量监测传感器在农业领域产生了大量密集的数据，在云平台上采用启发式算法可以确定棉田中的关键管理区。在卫生保健领域，数据中心为医院和诊所提供服务。许多电子商务应用程序使用数据中心，并通过访问数据来为客户提供支持。

数据中心网络作为通信骨干，是数据中心设计中的重要因素。数据中心网络的基础设施在确定数据中心性能和初始投资方面发挥着重要的作用。随着越来越多的应用和数据迁移至云端，云端数据中心通信呈现爆炸式增长，给数据中心网络带来巨大的挑战，包括可扩展性、容错能力、能源效率和横截面带宽等方面。学术界正在付出巨大的努力来应对数据中心网络所面临的挑战。数据中心网络研究分类如图 7-7 所示。

图 7-7　数据中心网络研究分类

7.3.2　数据中心网络架构

数据中心网络架构决定了数据中心内的通信基础设施，在数据中心可扩展性和性能边界上起关键作用，端到端的总带宽是影响数据中心网络性能的重大瓶颈。传统数据中心网络普遍采用树形拓扑方案。典型的拓扑由三层交换机互连构成，分别是接入层交换机、汇聚层交换机和核心层交换机。但实践证明，这种拓扑方案已经不能很好地满足当前云计算数据中心的业务需求。随着数据中心业务量的提升，传统属性拓扑方案对交换机的性能需求越来越高，设备造价和设备功耗成为限制数据中心发展的重要因素。为了满足数据中心通信不断增长的需求和处理传统数据中心网络面临的问题，研究者们需要设计新型数据中心网络架构。

网络架构是进行性能优化的基础，如果底层结构存在严重的缺陷，那么上层的优化就难以发挥效果。2008 年以来，工业界和学术界针对数据中心网络架构展开了大量研究，基于商用交换机设备，设计出了性能良好的新型数据中心网络架构。当前提出的新型数据中心网络拓扑方案可以分为两类，分别是以交换机为核心的拓扑方案和以服务器为核心的拓扑方案。其中，在以交换机为核心的拓扑中，网络连接和路由功能主要由交换机完成。这类新型拓扑结构要么采用更多交换机互连，要么融合光交换机进行网络互联，因此需要升级交换机的软件或硬件，但不用升级服务器的软硬件。在以服务器为核心的拓扑中，主要的互联和路由功能放在服务器上，交换机只提供简单的纵横式（crossbar）交换功能。在此类方案中，服务器往往通过多个接口接入网络，为更好地支持各种流量模式提供了物理条件，因此需要对服务器进行硬件和软件升级，但不用升级交换机。

1. 以交换机为核心的拓扑方案

Fat-tree[76]是一种典型的基于树状拓扑的数据中心网络解决方案，采用三层拓扑结构进行交换机级联，如图 7-8 所示，其中每台交换机配备 4 个端口。与传统树形结构不同的是，接入层交换机和汇聚层交换机被划分为不同的网络基本单元块（pod）。在每个单元块的内部，每个汇聚层的交换机都与接入层的交换机进行连接，构成一个完全二分图，形成一个高度连通的结构；而块之间通过核心层交换机相连，互通流量。每个汇聚交换机与某一部分核心层交换机连接，使得每个集群与任何一个核心层交换机都相连。Fat-tree 结构中提供足够多的核心层交换机以保证网络超额订购率（oversubscription ratio）为 1.0，提供服务器之间的无阻塞通信。这种结构的一个重要优点是块结构带来的局部高连通度，在服务器发送的上行流量经过块下层的接入层交换机时，它可以通过任意一个与之相连的汇聚层交换机进行转发，从而通往核心层。这样一来，块内的交换机之间可以分摊负载，尽可能地避免出现负载过重而被迫丢包的交换机。

图 7-8 Fat-tree 拓扑结构

VL2[77]也是具有代表性的树状拓扑。与 Fat-tree 一样，VL2 也通过三层级联的交换机拓扑结构为服务器之间的通信提供无阻塞网络交换，如图 7-8 所示。它在拓扑上的特点是在汇聚层和核心层的交换机之间应用 CLOS 网络结构以改善网络连通性，在任意两个汇聚层交换机之间提供大量非耦合的传输路径以提高网络容量。除此之外，它还利用了当前数据中心以太网的性质：交换机之间的链路的带宽要高于交换机与服务器之间的链路的带宽。因此，为了满足下层服务器产生的流量的传输需求，所需的上层交换机链路数量大大减少，因此上层的 CLOS 网络结构可以简化，相应的负载均衡任务更简便。在 VL2 方案中，若干台（通常是 20 台）服务器连接到一个接入层交换机，每台接入层交换机与两台汇聚层交换机相连。每台汇聚层交换机与所有核心层交换机相连，构成一个完全二分图，保证了足够高的网络容量。

Helios[78]是一种两层的多根树结构，主要应用于集装箱规模的数据中心网络，其拓扑图如图 7-9 所示。Helios 将所有服务器划分为若干集群，每个集群中的服务器连接到接入层交换机。接入层交换机同时还与顶层的分组交换机和光交换机相连。该拓扑保证了服务器之间的通信可使用分组链路，也可使用光纤链路。一个集中式的拓扑管理程序可以实时地对网络中各个服务器之间的流量进行监测，并对未来流量需求进行估算。拓扑管理程序会根据估算结果对网络资源进行动态配置，使流量大的数据流通过光纤链路进行传输，而流量小的数据流仍然通过分组链路传输，从而实现网络资源的优化利用。

这些基于树状拓扑的解决方案的基本特征为通过层级的交换机汇聚连接海量的服务器，因此，也称为以交换机为中心的结构。这类方案的优势在于依托现有数据中心结构，便于部

分组交换机	Mux	多路复用器	----20Gbit/s光纤链路
光纤交换机	T	收发器	——10Gbit/s光纤链路

图 7-9　Helios 拓扑结构

署，并且所涉及的技术大多数都在现网中验证过，具有较好的可行性。它们的缺点来自于树状拓扑的局限性，作为汇聚者的交换机，尤其是汇聚层和核心层的交换机，很可能会成为性能的瓶颈。

2. 以服务器为核心的拓扑方案

由于树状拓扑的局限性，因此微软亚洲研究院的研究者们提出了一种全新的拓扑结构——DCell[79]。DCell 是一个基于递归思想构建的拓扑，基础单元 DCell0 由一个交换机连接若干服务器构成；在构造上一层结构的时候，会利用多个下层单元按照完全图的方式进行连接，而不同下层单元之间的连接是通过服务器之间的直连链路实现的；随着递归级数不断增长，网络规模（服务器数量）呈指数级扩张，如图 7-10 所示。通过利用服务器之间的直接链路，网络的连通度得到了极大的改善，任意两个节点之间都有多条非耦合的传输路径，因而，能够有效地缓解端到端的突发高流量带来的拥塞问题。

基于 DCell 的设计，Li 等人[80] 提出了一种更具可部署性的结构——FiConn。DCell 网络规模的每次扩张都需要为端服务器增加接口，但 FiConn 是一种完全基于现有的具备两个接口（主接口与备用接口）的服务器的可扩张的结构。它的基础构造方式类似于 DCell，不同之处在于，在构造高一级的 FiConn 结构时，低一级 FiConn 单元之间并不是利用所有剩余空闲接口构成一个完全图，而是只利用其中的一半接口进行连接。高层次的 FiConn 网络是由若干低层次的 FiConn 网络构成的一个完全图。该拓扑方案的优点是不需要对服务器和交换机的硬件做任何修改。以损失连通度为代价，FiConn 实现

图 7-10　DCell 拓扑结构

了能够基于两个接口服务器无限扩张网络规模的特性。

　　BCube[81] 是一种基于递归思想逐级构建的拓扑结构，如图 7-11 所示。它的基本构造方法类似于 DCell：由一个交换机与若干服务器连接构成基础单元 BCube0；多个低级单元相互链接从而构造高级单元。它们的不同之处在于，在构造高级单元的过程中，BCube 并不是利用不同低级单元的服务器之间的直连链路，而是通过额外的交换机汇聚多个低级单元的服务器。因此，低级单元之间的连通度更大，也能够避免 DCell 中不同级别链路的流量不均衡的问题。BCube 的优势是链路资源非常丰富，采用集装箱构造有利于解决布线问题。

图 7-11　BCube 拓扑结构

　　上述新型拓扑与树状结构的最大区别在于，服务器不再只是端节点，而是会扮演数据转发的角色，因此，也称为以服务器为中心（server-centric）的结构。这类方案很好地避免了树状级联的瓶颈问题。但这类方案也有潜在的问题，首先是可部署性问题，由于它完全打破了传统数据中心级联构建的方法，因此需要完全重新部署，而且需要对服务器进行升级，尤其是在需要配备新的接口以支持更大规模的网络方面；此外，由于服务器也作为传输路径的中间节点，因此它的软件转发（相对于交换机的硬件转发）效率能否满足数据中心网络所要求的高吞吐量存在疑问。

7.3.3　无线数据中心网络架构

　　近年来，无线通信技术取得长足发展，很多新型无线技术具备良好的通信特性。结合数据中心架构设计和新型无线技术，为数据中心的发展提供了新的机会。数据中心网络可以通过增加无线链路来增强。无线技术应该支持 Gbit 级别的数据中心网络的吞吐量。其中一个重要的技术就是极高频（EHF）频段的使用。极高频通常是指 30 GHz～600 GHz 范围内的频段和 60 GHz 左右（57 GHz～64 GHz）的频段。60 GHz 频域有一些独有的特征。它可以支持 Gbit 级别传输需要的高带宽频道，并且有固有的方向性特征，因为它的信号具有很短的波长和很高的频率重用。由于氧气的吸收，60 GHz 信号在空气中的衰减很快，并且它的有效信号范围不超过 10 m。然而，10 m 覆盖范围的无线传输技术几乎可以作为短距离室内无线通信的辅助技术。因此，随着具有方向性的、定向组织的、以高带宽（4 Gbit/s～15 Gbit/s）和短距离为特征的 60 GHz 射频通信信道的出现，人们建立了新的数据中心网络的结构。

　　基于标准的 90 nm CMOS 技术的 60 GHz 信号收发器实现了低成本和高能量效率的信道。

这些射频设备应用了定向的短距离的波束来支持大量的发送器同时和多个接收器在紧窄的空间内通信。无线网络自身很难满足所有的要求，比如，无线链路的容量经常受限于干扰和高传输负载。因此，无线网络不能用于完全取代以太网。

Cui 等人[82]提出了一个将无线通信作为辅助技术的混合结构。在数据中心网络中，使用无线通信的前提之一是在服务器上配备射频设备。一个直接的做法是在每个服务器上安装射频设备。然而，这样会导致射频设备的数量巨大、高昂的成本和无线设备的浪费，因为无线信道的限制导致只能部分无线设备同时通信。因此，更合理的做法是给每一组服务器分配无线设备。在下文中，将采用无线传输单元来表示被相同射频设备支持的一组服务器。

事实上，数据中心主要由用以太网连接的服务器机架构成。因此，可以合理地将每个机架看成一个无线数据单元，如图 7-12 所示。需要注意的是，由于射频设备被安装在机架顶端，因此机架不能遮挡阻断视距（Line-of-Sight，LOS）传输。所以，在不同拓扑的数据中心网络中，可以在不重新布置服务器的情况下对无线设备进行增加或补充。

无线传输单元　　无线传输单元　　　　　　　　无线传输单元　　无线传输单元

图 7-12　混合数据中心网络结构

1. 有线和无线混合数据中心网络

60 GHz 无线链路受限于视距，甚至可以被小障碍遮挡阻断。此外，基于波束的链路有信号泄露问题，造成的干扰严重地限制了密集数据中心中的同时传输。为了解决该问题，Zhou 等人[83]提出了 3D 波束成形结构。结合无线信号的反射特性，在该架构中，60 GHz 信号在数据中心所在房屋的天花板上反射以连通不同的机架。在 2D 波束成形中，发送者和接收者只能在视距范围内直接传输，而在 3D 波束成形结构中，一个传输器可以将它的信号在所在房屋的天花板上反射并用这种方式和接收器通信（见图 7-13），通过避开障碍和减少台面干扰间接实现了发送者和接收者之间的视距通路。在对准它的传输天线时，发送机只需要知道接收机的物理位置并且对准两个机架之间的天花板位置。

这个新颖的设计使得数据中心中的任意两个机架可以间接地进行视距传输。在 3D 波束成形中，一个机架顶端的天线通过在天花板上反射一个汇聚的波束到接收机来形成一个无线链路。3D 波束成形相对于之前的 2D 波束成形有一些独特的优势：第一，在天花板上反射波束就避开了障碍物，允许链路扩展射频信号的范围；第二，波束的三维方向极大地减少了干扰范围，允许更多附近的流量同时传输；第三，被减少的干扰扩展了每个链路的有效范围，允许数据中心网络中的任意两个机架单跳连接，减少了对多跳连接的需求。3D波束成形结构突破了信号阻塞和信号泄露导致的信号干扰对60GHz波束成形的限制。3D波束成形极大地扩展了60GHz链路的范围和容量，使它成为有限线缆的一个灵活的可重构的可行的替代手段。

图7-13　3D波束成形通信示意图

Cui等人[84]提出了一种混合数据中心网络结构——Diamond。Diamond为每台服务器配备无线信号收发装置。在Diamond结构中，所有服务器间的链路均为无线链路，服务器和机架顶端交换机之间用有线链路进行连接。不同于传统数据中心采用的行列式的机架摆放方式，Diamond结构采用同心正多边形的方式组织服务器机架，对于每一个正多边形，称之为环。服务器机架摆放在同心正多边形的顶点位置，双面反射板置于同心正多边形边的位置，将60GHz无线信号发射器和接收器置于服务器机架顶端，用于服务器之间的无线通信，对数据中心进行行列划分，同行或同列的服务器机架连接到一个交换机上。对于同一个环上的服务器，可借助无线反射实现通信（见图7-14），而对于环间通信，需要借助有线拓扑。

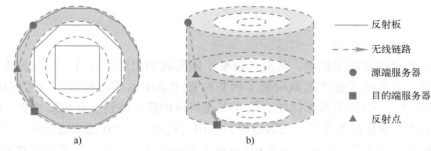

——	反射板
--→	无线链路
●	源端服务器
■	目的端服务器
▲	反射点

a)　　　　　　　　　　b)

图7-14　Diamond无线反射实现通信
a）俯视图　b）侧视图

2. 完全无线数据中心网络

基于出现的60GHz射频技术，Shin等人[85]提出了一种完全无线的数据中心网络架构——Cayley。该架构对机架进行了重新设计，并且构造了基于Cayley图的网络拓扑，以发挥Cayley图能够提供密集连接的优势。

　　为了使无线信号能够在一个机架内或多个机架间进行通信，Shin 等人提出了在棱柱容器中存储服务器的圆柱形机架（见图 7-15）。这种棱柱机架把数据中心分成了两部分：机架内的空间和机架之间的自由空间（见图 7-15a）。其中服务器被放置在机架上，每个服务器拥有两个无线发射/接收机，使得它的一个发射/接收机连接机架内部，而另一个发射/接收机连接机架之间的空间（见图 7-15b）。

发射/接收机

　　　a)　　　　　　　　　　　　　　b)　　　　　　　　　　　　　　c)

图 7-15　Cayley 数据中心网络结构

a) 服务器机架（三维视图）　b) 服务器机架（二维视图）　c) 服务器内部构造

　　尽管完全使用无线技术来满足数据中心网络的全部需求仍面临巨大的挑战，但 Cayley 数据中心架构从一个新的角度思考了数据中心的设计和实现，并在这个方向迈出了极具建设性的一步。

7.3.4　无线数据中心网络性能优化

1. 无线数据中心网络的信道分配

　　在混合数据中心网络的设计中，将面临一些挑战。首先，无线链路必须被合理设置以提升性能，其中很多因素和无线链路的调度有关。例如，设置无线链路时必须解决热点服务器的拥塞问题。信道应该被合理分配以避免无线链路之间的干扰。此外，无线链路的调度应该和以太网传输相协调。换句话说，无线网络的性能（一般由吞吐量来衡量）和有线传输的性能应该被同时考虑。

　　为了应对这些挑战，Cui 等人[84,86]提出了无线传输的中心调度机制。他们采用了流行的能让中心控制器在接收信息时从数据中心网络的全部服务器中聚集流量数据的 Open Flow 管理模型。Open Flow 可以帮助实现大型数据中心的低负载的有效的中心调度。通过使用 Open Flow 协议，数据中心网络中的交换机可以从流量中获取数据并向中心控制器开启安全信道。因此，新的数据流的插入和一次传输的完成可以被检测并向中心控制器发送，并且最新的流量分布也可以被估计并向中心控制器发送。然后，一个周期性的或基于触发的调度机制可以被用于处理拥塞问题。他们提出的框架可以在新热点被发现时触发调度，因为它主要关注热点的分布（如一个点的总流量超过了一个阈值）。周期性的调度可以以一个固定的时间间隔平衡数据中心网络中的工作负载，而基于热点的触发可以更有效地适应工作负载的动态情况。他们设计的调度主要由两个步骤组成：第一步是基于流量信息建立无线传输的图，第二步是在无线传输的图上进行信道分配。他们的工作已经通过无线传输在吞吐量和工作完成时间上极大地提升了全局性能。

2. 无线数据中心网络的链路调度

　　除信道分配问题以外，还要提供一个可行的无线数据中心网络，因为还有大量问题需要解决。第一，在设计网络结构时，应该考虑可扩展性和网络流量要求；第二，数据中心网络的以太网基础设施和在其上加载的无线网络必须协调良好；第三，决定何时何地建立无线链路的无线调度问题是一个关键问题。

为了解决这些问题，Cui 等人[87] 提出了数据中心网络的无线链路调度（WLSDCN）机制。WLSDCN 综合考虑了流量分布、网络拓扑和干扰等诸多因素。第一，他们设计了一种整合现有基于以太网的数据中心网络和无线网络的混合结构，利用以太网的高容量和无线网络的高灵活性来实现高效链路（见图 7-16）。第二，他们提出一种能让无线链路适应服务器的动态的流量需求的分布式无线调度机制，介绍了一种能组织服务器有效交换流量信息的新方法。第三，他们设想了两个基于不同优化目标的无线调度问题。流量分布和无线资源冲突都被他们考虑到了。此外，他们分析了复杂度并设计了每个优化问题的解。他们提出的结构方法将无线连接应用于数据中心网络中的链路调度。他们设计的网络结构和调度机制都被用于提供有效的无线数据中心网络。

图 7-16　无线数据中心网络架构示意图

3. 无线数据中心网络的多播传输优化

在现代数据中心网络中，一对多的组通信很常见。例如，分布式文件系统（如 Hadoop）可以产生大量的一对多流量。多播是已知的支持一对多传输的最有效的方式。

Guo 等人[81] 提出了一个基于服务器的多播树构造数据中心网络拓扑的方法，Vigfusson 等人[88] 提出了一个称为 Dr. Multicast 的数据中心多播机制。基于硬件设施的容量，一些组支持组播，剩下的组使用单播通信。Li[89] 等人提出了一个多播框架，通过利用数据中心网络的特点和分组内 Bloom 过滤器来实现可扩展性。然而，这些机制都基于对拥塞敏感的有线的多播传输。进一步地，通常很大的数据中心网络的多播组成员的数量使得多播树的建造很困难。有限的多播地址为在数据中心中支持 IP 多播增加了额外的挑战。

基于有线/无线混合的数据中心网络架构，Liao 等人提出了一个无线数据中心网络的多播（MWDCN）机制，这个机制利用无线链路来高效地进行一对多的传输，尤其是当数据中心网络中的有线传输因大流量而遭遇拥塞的时候。该机制把路由器作为无线网络基础传输单元，路由至连接到同一个架顶路由器的不同服务器的数据被认为传输同一目的地。通常，每个架顶路由器会连接几十个服务器，这些架顶路由器数量远小于服务器数量，通过将架顶路由器选择为无线网络基础传输单元，多播成员将极大减少，这也将减少可能的无线干扰。因为无线数据中心网络是相对好管理的网络，Liao 等人也设计了中心模块（Centralized Module，CM）（见图 7-17）以便实现提出的 MWDCN 框架。每个无线网络基础传输单元将会通过有线连接周期地更新中心模块，发送基于过去的传输数据的无线网络基础传输单元和它的邻居之间的链路的状态。因为所有架顶路由器有固定的位置，所以数据中心网络中的信道状况相对稳定。中心模块根据包交付概率、传输范围和干扰范围决定由哪个无线网络基础传输单元来广播数据以及对应的数据传输速率。考虑到估计和实际传输中的损失率可能存在差异，一些额外的分组会被传输。中心模块将基于传输的状况更新这种调度。以这种中心模块结构为基础，他们也提出了一个基于方向的框架来基于组成员的位置分配中继节点的广播时长。

图 7-17　MWDCN 框架图

4. 无线数据中心网络的冗余消除

数据中心网络的冗余流量源于应用程序、软件框架和一些相关联的协议。相关研究显示，HTTP/HTTPS 通信中的重复内容高达 50%；MapReduce 应用的通信中产生超过 30% 的重复内容。虽然出于健壮性、安全性等方面的考虑，一些通信过程中的重复内容是必要的，但是它们中的大部分冗余是可以被消除的。数据中心网络中的数据冗余传输大大降低了其网络的效率，因为在数据中心，特别是各种网络搜索等在线服务以及数据挖掘、分布式文件系统等计算服务的大型数据中心里，大量的数据被存储在两个或者两个以上的服务器中，当数据请求到来的时候，数据中心网络传输的数据中存在大量相同或者相似的数据，这些传输的数据在某种程度上是存在冗余的。

为了去除网络传输中的数据冗余，研究者做了很多工作。去除网络传输数据冗余的一个有效方式是使用代理服务器在距离用户较近的地方存储或缓存需要大量访问的对象，如图片、视频等。然而，这种冗余消除机制无法应用到数据中心网络。因为数据中心网络高度集中，并且导致大量的通信负载用来收集流量矩阵和其他一些需要的信息，所以它无法利用以不同的中间节点来缓存重复数据的优势，尤其是缓存容量相较于数据中心网络的大流量来说比较小的情况。数据中心网络没有考虑不同服务器交叉发送的冗余数据。在现有的工作中，服务器保存了其发送的数据的缓存状态，但是不知道别的服务器发送的数据。而且，数据中心网络并没有解决一些内容的访问热度会随时间变化的问题，如搜索服务。

为了解决数据中心网络中的热点问题，Kandula 等人[90]提出了通过服务器之间的无线链路来消除数据中心网络的流量的热点问题，以缩短数据中心网络的数据传输时间。Cui 等人[91]提出了一种新的流量冗余消除方案 TREDaCeN 来调度信道以优化无线数据中心网络的性能。每个路由器和服务器都有无线网络接口卡和缓存。路由器缓存了流经本设备的流量数据，服务器监视每个路由器缓存的内容。因此，服务器将下游路由器预先缓存的数据编码并转发，缓存数据路径上的最后一个路由器解码并发往目的地，如图 7-18 所示。

图 7-18　TREDaCeN 结构图

TREDaCeN 方案用于选择节点来缓存特定的数据以最小化网络侧流量。TREDaCeN 选择在剩余的容量中缓存在路由器有最大缓存利用率的数据单元，如图 7-19 所示。服务器和路由器可以通过一个确定了优先顺序的调度在一个无线传输中更新 TREDaCeN 的状态。

图 7-19　冗余消除方案

7.4　移动云计算发展趋势与展望

当前，移动云计算已经发展成为互联网的重要应用模式，并在生产、生活等方面发挥重要的作用。本节将围绕移动云计算的发展趋势展开介绍，并从移动云计算的功能增强、移动云计算的服务质量保障两个方面进行展望。

7.4.1　移动云计算的功能增强

1. 计算迁移中高效的环境感知与决策

随着移动云计算应用的普及，学者们针对不同应用场景提出了一系列计算迁移方案。然而，计算迁移技术要得到更广泛的应用，需要进一步研究下列几个方面。一是对本地执行和远程执行代价（移动终端能耗、传输流量和执行时间等）的准确预估。二是对系统状态和环境信息（终端电量、系统负载和网络带宽等）的高效收集。以上两点都是做出有效迁移决策的基础。三是用户数据的安全与隐私保护，这是计算迁移技术推广应用的基础。另外，还需要对统一的体系架构、规范的 API 等进行进一步研究。

2. 基于精准定位与动作识别的移动云计算服务增强

室内定位技术作为近些年学术界的研究热点，其定位精度、系统性能等都有大幅提高。近年来，随着室内定位技术研究的不断深入，学者们已经从单纯地追求定位精度的优化，进一步扩展到对目标物体的移动轨迹、动作识别等的研究。如何针对多样的用户需求、复杂的室内和室外场景，基于用户的位置与行为特征，为用户提供个性化的、高效便捷的云服务将是未来需要重点研究的问题。

3. 基于新型通信技术与网络架构的移动云计算服务增强

5G 通信技术不但提供了更高的网络接入速度，而且对微基站、终端到终端（Device to Device，D2D）直连通信和室内定位等提供了更好的支持。如何将 5G 提供的新特性应用于移动云环境，为用户提供更加多样、高效的服务，将是学术界未来研究的一个重要方向。如何将软件定义网络（Software-Define Networking，SDN）与 5G 网络相结合，为移动云计算提供智能高效的网络管理、灵活健壮的网络服务也将是未来需要进一步重点研究的方向。

7.4.2　移动云计算的服务质量保障

1. 适应异构无线网络的移动云计算高效持续服务

目前，正在推广应用的通信技术已经可以为移动用户提供高达百兆每秒的传输速率，为用户享受丰富的移动云计算服务奠定了基础。然而，爆炸式增长的移动流量与有限的带宽资源、空口资源之间的矛盾依然突出。认知无线电技术有望成为提高带宽利用率的有效方法。另外，将 Cellular 网络流量有效迁移到 WiFi 网络是解决空口资源紧张问题的重要突破口。移动用户的连续移动以及在多种无线网络间的频繁切换，是用户稳定、持续地接入云端数据中心，享受互操作性服务时面临的又一阻碍。因此，适应接入网络异构性的自适应协议，尤其是对传输速率自适应和拥塞控制机制的支持，将是提高移动云计算性能的一个重点研究方向。

2. 高效的端-云数据一致性保障

在复杂的无线环境下，保证用户终端与云端数据的一致性，是保证移动云计算服务质量时面临的重要挑战。最近的一些研究成果，多采用多副本发送、冗余备份的方式实现终端数据的有效发送，以及多终端与云端间的数据一致性。然而，这种机制在无形中增加了移动终端的流量和能耗开销。特别是针对终端能耗的受限，如何将数据一致性保护机制与能耗优化的传输机制相结合，实现更好的传输性能与能耗的协调折中，也是在使用移动云计算应用时必须研究的。

7.5　本章小结

随着无线数据通信和移动互联网的广泛应用，移动云计算技术得到了迅速发展，受到了相关学者的广泛关注。本章对一些相关研究成果进行了系统总结和分析，进一步指出了未来的一些研究方向，并在计算迁移、基于移动云的位置服务、终端节能以及数据的安全与隐私保护等方面开展了深入研究，取得了一系列重要研究成果。

作为移动云计算的基础设施平台，数据中心的建设面临一系列挑战，其中数据中心网络的性能瓶颈一般源于其固定结构。幸运的是，无线网络作为以太网的一种补充，能够增强数据中心网络拓扑的灵活性，为突破数据中心的性能瓶颈提供一种可行手段。基于无线技术，研究者们创新地设计出了多种无线数据中心网络架构，并在此基础上，对无线数据中心网络在信道分配、链路调度、数据多播和冗余消除等方面进行了探索与优化，大大提高了无线数据中心网络的性能，从而有力地推动了无线数据中心的发展。

随着虚拟现实、智能家居等新型应用的不断涌现，以及移动应用向医疗、教育、金融等领域的进一步渗透，移动云计算在高效性、可靠性和安全性等方面还面临着许多新的技术挑战，一系列新的研究课题还需要进一步深入探索和研究。

习题

1. 作为云计算在移动互联网中的应用，移动云计算满足移动终端用户随时随地从云端获取资源和计算能力的需求，不受本地物理资源的限制。请举例说明实际生活中与移动云计算相关的场景。

2. 将移动终端的计算、存储等任务迁移到附近资源丰富的服务器上执行，以减少移动终端对计算、存储和能量等资源的需求，称之为计算迁移。请对比分析细粒度计算迁移和粗粒度计算迁移的优劣。

3. 受限于移动智能终端的电池电量，通过优化数据传输来改善手机电池的续航能力是有必要的。对于移动终端，哪些方法可以实现数据传输节能？

4. Cellular 和 WiFi 作为两种主要的数据传输载体，请简述二者在移动终端节能方面的区别和联系，以及各自的优势和劣势。

5. 定位服务节能是移动终端节能中的一个重要研究方向。定位服务节能包括基于移动终端的能耗优化和基于云端的能耗优化，它们分别通过哪些方式实现节能效果？

6. 作为云计算和移动云计算的核心基础设施，数据中心在近年来受到了学术界和工业界的关注，请举例说明数据中心网络当前面临的挑战。

7. 对比传统树形架构和 Fat-tree 架构，说明 Fat-tree 架构的优势。

8. 近年来，无线数据中心成为数据中心发展的新方向，请简述无线数据中心当前存在的优势和待解决的问题。

9. 为什么基于代理服务器的冗余消除机制无法应用到数据中心网络中？TREDaCeN 有

哪些优势和劣势？

参考文献

[1] CUERVO E, BALASUBRAMANIAN A, CHO D K, et al. MAUI: Making smartphones last longer with code offload [C]. Proceedings of the ACM international conference on Mobile systems, applications, and services (MobiSys). San Francisco, USA, 2010: 49-62.

[2] YOUNG C, LAKSHMAN Y, SZYMANSKI T, et al. Protium, an infrastructure for partitioned applications [C]. Proceedings of the IEEE Workshop on Hot Topics in Operating Systems (HotOS). Elmau, Germany, 2001: 47-52.

[3] LI Z, WANG C, XU R. Computation offloading to save energy on handheld devices: a partition scheme [C]. Proceedings of the ACM international conference on Compilers, architecture, and synthesis for embedded systems (CASES). Atlanta, USA, 2001: 238-246.

[4] YANG K, OU S, CHEN H. On effective offloading services for resource-constrained mobile devices running heavier mobile internet applications [J]. IEEE Communications Magazine, 2008, 46 (1): 56-63.

[5] DOU A, KALOGERAKI V, GUNOPULOS D, et al. Misco: a mapreduce framework for mobile systems [C]. Proceedings of the ACM International Conference on PErvasive Technologies Related to Assistive Environments (PETRA). Samos, Greece, 2010: 32-39.

[6] CHUN B, MANIATIS P. Dynamically partitioning applications between weak devices and clouds [C]. Proceedings of the ACM Workshop on Mobile Cloud Computing and Services (MCS). San Francisco, USA, 2010: 1-5.

[7] IYER R, SRINIVASAN S, TICKOO O, et al. Cogniserve: Heterogeneous serve architecture for large-scale recognition [J]. IEEE Micro, 2011, 31 (3): 20-31.

[8] RA M R, SHETH A, MUMMERT L, et al. Odessa: Enabling Interactive Perception Applications on Mobile Devices [C]. Proceedings of the ACM international conference on Mobile systems, applications and services (Mobisys). Washington, USA, 2011: 43-56.

[9] RACHURI K K, MASCOLO C, MUSOLESI M, et al. SociableSense: Exploring the trade-offs of adaptive sampling and computation offloading for social sensing [C]. Proceedings of the ACM Annual International Conference on Mobile Computing and Networking (Mobicom). Las Vegas, USA, 2011: 73-84.

[10] CUERVO E, WOLMAN A, COX L P, et al. Kahawai: High-quality mobile gaming using gpu offload [C]. Proceedings of the ACM international conference on Mobile systems, applications and services (Mobisys). Florence, Italy, 2015: 121-135.

[11] KOSTA S, AUCINAS A, HUI P, et al. Thinkair: Dynamic resource allocation and parallel execution in the cloud for mobile code offloading [C]. Proceedings of the IEEE International Conference on Computer Communications (INFOCOM). Orlando, USA, 2012: 945-953.

[12] GORDON M S, JAMSHIDI D A, MAHLKE S, et al. Comet: code offload by migrating execution transparently [C]. Proceedings of the USENIX conference on Operating systems design and implementation (OSDI). Hollywood, USA, 2012: 93-106.

[13] ZHOU B, DASTJERDI A V, CALHEIROS R N, et al. A context sensitive offloading scheme for mobile cloud computing service [C]. Proceedings of the IEEE International Conference on Cloud Computing (CLOUD). New York, USA, 2015: 869-876.

[14] SATYANARAYANAN M, BAHL P, CACERES R, et al. The case for vm-based cloudlets in mobile compu-

ting ［J］. IEEE Pervasive Computing, 2009, 8 (4): 14-23.

［15］ HUNG S, KUO T, SHIH C, et al. A cloud-based virtualized execution environment for mobile applications ［J］. ZTE Communications, 2011, 9 (1): 15-21.

［16］ SATYANARAYANAN M. Pervasive computing: Vision and challenges ［J］. IEEE Personal Communications, 2001, 8 (4): 10-17.

［17］ CHUN B, MANIATIS P. Augmented smartphone applications through clone cloud execution ［C］. Proceedings of the Workshop on Hot Topics in Operating Systems (HotOS). Monte Verita, Switzerland, 2009: 8-11.

［18］ GORDON M S, HONG D K, CHEN P M, et al. Accelerating Mobile Applications through Flip-Flop Replication ［C］. Proceedings of the ACM 13th Annual International Conference on Mobile Systems, Applications, and Services (Mobisys). Florence, Italy, 2015: 137-150.

［19］ ZHOU A Y, YANG B, JIN C Q, et al. Location-based services: Architecture and progress ［J］. Chinese Journal of Computers, 2011, 34 (7): 1155-1171.

［20］ ZHENG Y, SHEN G, LI L, et al. Travi-navi: Self-deployable indoor navigation system ［C］. Proceedings of the ACM Annual International Conference on Mobile Computing and Networking (Mobicom). Maui, USA, 2014: 471-482.

［21］ DONG J, XIAO Y, NOREIKIS M, et al. Antti. iMoon: Using Smartphones for Image-based Indoor Navigation ［C］. Proceedings of the 13th ACM Conference on Embedded Networked Sensor Systems (SenSys). Seoul, Republic of Korea, 2015: 85-97.

［22］ WU C, YANG Z, LIU Y. Smartphones Based Crowdsourcing for Indoor Localization ［J］. IEEE Transactions on Mobile Computing (TMC), 2015, 14 (2): 444-457.

［23］ GAO R, ZHAO M, YE T, et al. Jigsaw: Indoor floor plan reconstruction via mobile crowdsensing ［C］. Proceedings of the ACM Annual International Conference on Mobile Computing and Networking (Mobicom). Maui, USA, 2014: 249-260.

［24］ DONG J, XIAO Y, OU Z, et al. Indoor Tracking Using Crowdsourced Maps ［C］. Proceedings of the 15th ACM/IEEE International Conference on Information Processing in Sensor Networks (IPSN). Vienna, Austria, 2016: 1-6.

［25］ SHU Y, SHIN K G, HE T, et al. Last Mile Navigation Using Smartphones ［C］. Proceedings of the ACM Annual International Conference on Mobile Computing and Networking (Mobicom). Paris, France, 2015: 512-524.

［26］ LIM C H, WAN Y, NG B P, et al. A real-time indoor WiFi localization system utilizing smart antennas ［J］.IEEE Transactions on Consumer Electronics, 2007, 53 (2): 618-622.

［27］ XIONG J, JAMIESON K. ArrayTrack: A Fine-Grained Indoor Location System ［C］. Proceedings of USENIX symposium on networked systems design and implementation (NSDI). Lombard, Israel, 2013: 71-84.

［28］ YANG L, CHEN Y, LI X Y, et al. Tagoram: Real-time tracking of mobile RFID tags to high precision using COTS devices ［C］. Proceedings of the ACM 20th annual international conference on mobile computing and networking (Mobicom). Maui, USA, 2014: 237-248.

［29］ XIONG J, SUNDARESAN K, JAMIESON K. ToneTrack: Leveraging Frequency–Agile Radios for Time-Based Indoor Wireless Localizationt ［C］. Proceedings of the ACM 21st Annual International Conference on Mobile Computing and Networking (Mobicom). Paris, France, 2015: 537-549.

［30］ KOTARU M, JOSHI K, BHARADIA D, et al. SpotFi: decimeter level localization using WiFi ［C］. Proceedings of the ACM International Conference on the applications, technologies, architectures, and protocols for computer communication (SIGCOMM). London, United Kingdom, 2015: 269-282.

［31］ ADIB F, KABELAC Z, KATABI D. Multi-Person Localization via RF Body Reflections ［C］. Proceedings of

USENIX symposium on networked systems design and implementation (NSDI). Oakland, USA, 2015: 279-292.

[32] WANG G, ZOU Y, ZHOU Z, et al. We can hear you with WiFi！[C]. Proceedings of the ACM 20th annual international conference on Mobile computing and networking (Mobicom). Maui, USA, 2014: 593-604.

[33] JOSHI K, BHARADIA D, KOTARU M, et al. WiDeo: Fine-grained Device-free Motion Tracing using RF Backscatter [C]. Proceedings of USENIX symposium on networked systems design and implementation (NSDI). Oakland, USA, 2015: 189-204.

[34] WANG Y, LIU J, CHEN Y, et al. E-eyes: device-free location-oriented activity identification using fine-grained wifi signatures [C]. Proceedings of the ACM 20th annual international conference on Mobile computing and networking (Mobicom). Maui, USA, 2014: 617-628.

[35] WANG W, LIU A X, SHAHZAD M, et al. Understanding and modeling of wifi signal based human activity recognition [C]. Proceedings of the ACM 21st Annual International Conference on Mobile Computing and Networking (Mobicom). Paris, France, 2015: 65-76.

[36] ALI K, LIU A X, WANG W, et al. Keystroke Recognition Using WiFi Signals [C]. Proceedings of the ACM 21st Annual International Conference on Mobile Computing and Networking (Mobicom). Paris, France, 2015: 90-102.

[37] YANG L, LIN Q, LI X, et al. See Through Walls with COTS RFID System！[C]. Proceedings of the ACM 21st Annual International Conference on Mobile Computing and Networking (Mobicom). Paris, France, 2015: 487-499.

[38] KUO Y, PANNUTO P, HSIAO K, et al. Luxapose: Indoor positioning with mobile phones and visible light [C]. Proceedings of the ACM Annual International Conference on Mobile Computing and Networking (Mobicom). Maui, USA, 2014: 447-458.

[39] YANG Z C, WANG Z Y, ZHANG J S, et al. Wearables can afford: Light-weight indoor positioning with visible light [C]. Proceedings of the ACM Annual International Conference on Mobile Systems, Applications, and Services (Mobisys). Florence, Italy, 2015: 317-330.

[40] LI T, AN C, TIAN Z, et al. Human sensing using visible light communication [C]. Proceedings of the ACM 21st Annual International Conference on Mobile Computing and Networking (Mobicom). Paris, France, 2015: 331-344.

[41] TUNG Y C, SHIN K G. EchoTag: Accurate Infrastructure-Free Indoor Location Tagging with Smartphones [C]. Proceedings of the ACM 21st Annual International Conference on Mobile Computing and Networking (Mobicom). Paris, France, 2015: 525-536.

[42] MA Q, YANG B, QIAN W, et al. Query processing of massive trajectory data based on mapreduce [C]. Proceedings of the ACM first international workshop on Cloud data management (CloudDB). 2009: 9-16.

[43] ELDAWY A, MOKBEL M F. A demonstration of spatialhadoop: an efficient mapreduce framework for spatial data [C]. Proceedings of the VLDB Endowment, 2013, 6 (12): 1230-1233.

[44] ELDAWY A, MOKBEL M F, ALHARTHI S, et al. SHAHED: A mapreduce-based system for querying and visualizing spatio-temporal satellite data [C]. Proceedings of the IEEE 31st International Conference on Data Engineering (ICDE). Seoul, Republic of Korea, 2015: 1585-1596.

[45] SILVA Y N, XIONG X, AREF W G. The RUM-tree: supporting frequent updates in R-trees using memos [J]. The VLDB Journal, 2009, 18 (3): 719-738.

[46] LIN H Y. Using compressed index structures for processing moving objects in large spatio-temporal databases [J]. Journal of Systems and Software, 2012, 85 (1): 167-177.

[47] XU X, XIONG L, SUNDERAM V, et al. Speed Partitioning for Indexing Moving Objects [J]. Springer, 2015: 216-234.

[48] CONG G, JENSEN C S, WU D. Efficient retrieval of the top-k most relevant spatial web objects [J]. Proceedings of the VLDB Endowment, 2009, 2 (1): 337-348.

[49] ZHANG D, CHEE Y M, MONDAL A, et al. Keyword search in spatial databases: Towards searching by document [C]. Proceedings of the IEEE 25th International Conference on Data Engineering (ICDE). Shanghai, China, 2009: 688-699.

[50] SHI J, WU B, LIN X. A Latent Group Model for Group Recommendation [C]. Proceedings of the IEEE International Conference on Mobile Services (MS). New York, USA, 2015: 233-238.

[51] BALASUBRAMANIAN N, BALASUBRAMANIAN A, VENKATARAMANI A. Energy consumption in mobile phones: a measurement study and implications for network applications [C]. Proceedings of the ACM SIGCOMM 9th conference on internet measurement conference (IMC). Budapest, Hungary, 2009: 280-293.

[52] LABIOD H, BADRA M. New technologies, mobility and security [M]. Berlin: Springer-Verlag, 2007.

[53] LIU H, ZHANG Y, ZHOU Y. Tailtheft: leveraging the wasted time for saving energy in cellular communications [C]. Proceedings of the ACM 6th international workshop on Mobility in the Evolving Internet Architecture (MobiArch). Washington, USA, 2011: 31-36.

[54] ZHAO B, HU W, ZHENG Q, et al. Energy-Aware Web Browsing on Smartphones [J]. IEEE Transactions on Parallel and Distributed Systems (TPDS), 2015, 26 (3): 761-774.

[55] CUI Y, XIAO S, WANG X, et al. Performance-aware energy optimization on mobile devices in cellular network [C]. Proceedings of the IEEE International Conference on Computer Communications (INFOCOM). Toronto, Canada, 2014: 1123-1131.

[56] AGARWAL Y, CHANDRA R, WOLMAN A, et al. Wireless wakeups revisited: energy management for voip over WiFi smartphones [C]. Proceedings of the ACM 5th international conference on mobile systems, applications and services (Mobisys). San Juan, Puerto Rico, 2007: 179-191.

[57] ZHANG X, SHIN K. E-mili: energy-minimizing idle listening in wireless networks [C]. Proceedings of the ACM 17th annual international conference on mobile computing and networking (Mobicom). Las Vegas, USA, 2011: 205-216.

[58] BUI D H, LIU Y, KIM H, et al. Rethinking energy performance trade-off in mobile web page loading [C]. Proceedings of the ACM Annual International Conference on Mobile Computing and Networking (Mobicom), Paris, France, 2015: 14-26.

[59] ZHANG C, ZHANG X, CHANDRA R. Energy Efficient WiFi Display [C]. Proceedings of the ACM 13th Annual International Conference on Mobile Systems, Applications, and Services (Mobisys), Florence, Italy, 2015: 405-418.

[60] RAHMATI A, ZHONG L. Context-for-wireless: context-sensitive energy-efficient wireless data transfer [C]. Proceedings of the ACM international conference on Mobile systems, applications and services (Mobisys), San Juan, Puerto Rico, 2007: 165-178.

[61] YETIM O B, MARTONOSI M. Adaptive delay-tolerant scheduling for efficient cellular and WiFi usage [C]. Proceedings of the IEEE 15th International Symposium on A World of Wireless, Mobile and Multimedia Networks (WoWMoM), Sydney, Australia, 2014: 1-7.

[62] LEONHARDI A, ROTHERMEL K. A comparison of protocols for updating location information [J]. Springer Cluster Computing, 2001, 4 (4): 355-367.

[63] FARRELL T, CHENG R, ROTHERMEL K. Energy-efficient monitoring of mobile objects with uncertainty aware tolerances [C]. Proceedings of the IEEE 11th international database engineering and applications symposium (IDEAS). New York, USA, 2007: 129-140.

[64] YOU C, HUANG P, CHU H, et al. Impact of sensor-enhanced mobility prediction on the design of energy-

efficient localization [J]. Elsevier Ad Hoc Networks, 2008, 6 (8): 1221-1237.

[65] PAEK J, KIM J, GOVINDAN R. Energy – efficient rate – adaptive gps – based positioning for smartphones [C]. Proceedings of the ACM 7th international conference on mobile systems, applications, and services (Mobisys). New York, USA, 2010: 299-314.

[66] KJÆRGAARD M, LANGDAL J, GODSK T, et al. EnTracked: energy–efficient robust position tracking for mobile devices [C]. Proceedings of the ACM 7th international conference on mobile systems, applications, and services (Mobisys). Kraków, Poland, 2009: 221-234.

[67] KJÆRGAARD M, BHATTACHARYA S, BLUNCK H, et al. Energy–efficient trajectory tracking formobile devices [C]. Proceedings of the ACM 7th international conference on mobile systems, applications, and services (Mobisys). New York, USA, 2011: 307-320.

[68] NODARI A, NURMINEN J, SIEKKINEN M. Energy – efficient Position Tracking via Trajectory Modeling [C]. Proceedings of the ACM 10th International Workshop on Mobility in the Evolving Internet Architecture (Mobiarch). Paris, France, 2015: 33-38.

[69] THIAGARAJAN A, RAVINDRANATH L, LACURTS K, et al. VTrack: accurate, energy – aware road traffic delay estimation using mobile phones [C]. Proceedings of the ACM 7th conference on embedded networked sensor systems (SenSys). New York, USA, 2009: 85-98.

[70] THIAGARAJAN A, RAVINDRANATH L, BALAKRISHNAN H, et al. Accurate, low energy trajectory mapping for mobile devices [C]. Proceedings of USENIX 8th symposium on networked systems design and implementation (NSDI). Boston, USA, 2011: 267-280.

[71] DJUKNIC G, RICHTON R. Geolocation and assisted GPS [J]. IEEE Computer, 2011, 34 (2): 123-125.

[72] DIGGELEN V, TROMP F S. A – GPS: assisted GPS, GNSS, and SBAS [M]. London: Artech House, 2009.

[73] RAMOS H, ZHANG T, LIU J, et al. LEAP: a low energy assisted GPS for trajectory based services [C]. Proceedings of the ACM 13th international conference on Ubiquitous computing (UbiComp). Beijing, China, 2011: 335-344.

[74] LIU J, PRIYANTHA B, HART T, et al. Energy efficient GPS sensing with cloud offloading [C]. Proceedings of the ACM 10th conference on embedded networked sensor systems (SenSys). Toronto, Canada, 2012: 85-98.

[75] DHONDGE K, PARK H, CHOI B, et al. Energy–efficient cooperative opportunistic positioning for heterogeneous mobile devices [C]. Proceedings of the IEEE 21st international conference on computer communications and networks (ICCCN). Munich, Germany, 2012: 1-6.

[76] AL-FARES M, LOUKISSAS A, VAHDAT A. A scalable, commodity data center network architecture [J]. ACM SIGCOMM Computer Communication Review, 2008, 38 (4): 63-74.

[77] GREENBERG A, HAMILTON J R, JAIN N, et al. VL2: a scalable and flexible data center network [J]. In ACM SIGCOMM computer communication review, 2009, 39 (4): 51-62.

[78] FARRINGTON N, PORTER G, RADHAKRISHNAN S, et al. Helios: a hybrid electrical/optical switch architecture for modular data centers [J]. ACM SIGCOMM Computer Communication Review, 2010, 40 (4): 339-350.

[79] GUO C, WU H, TAN K, et al. DCell: a scalable and fault–tolerant network structure for data centers [J]. In ACM SIGCOMM Computer Communication Review, 2008, 38 (4): 75-86.

[80] LI D, GUO C, WU H, et al. FiConn: Using backup port for server interconnection in data centers [C]. Proceedings of the IEEE International Conference on Computer Communications (INFOCOM). 2009: 2276-2285.

[81] GUO C, LU G, LI D, et al. BCube: a high performance, server–centric network architecture for modular

data centers〔J〕. ACM SIGCOMM Computer Communication Review, 2009, 39（4）：63-74.

〔82〕 CUI Y, WANG H, CHENG X. Channel Allocation in Wireless Data Center Networks〔C〕. Proceedings of the IEEE International Conference on Computer Communications（INFOCOM）, Shanghai, China, 2011：1395-1403.

〔83〕 ZHOU X, ZHANG Z, ZHU Y, et al. Mirror mirror on the ceiling：flexible wireless links for data centers〔J〕. ACM SIGCOMM Computer Communication Review, 2012, 42（4）：443-454.

〔84〕 CUI Y, XIAO S, WANG X, et al. Diamond：nesting the data center network with wireless rings in 3D space〔C〕. Proceedings of USENIX 8th symposium on networked systems design and implementation（NSDI）. CA, USA, 2016：657-669.

〔85〕 SHIN J Y, SIRER E G, WEATHERSPOON H, et al. On the feasibility of completely wireless datacenters〔J〕. IEEE/ACM Transactions on Networking（TON）, 2013, 21（5）：1666-1679.

〔86〕 CUI Y, WANG H, CHENG X, et al. Dynamic scheduling for wireless data center networks〔J〕. IEEE Transactions on Parallel and Distributed Systems, 2013, 24（12）：2365-2374.

〔87〕 CUI Y, WANG H, CHENG X. Wireless link scheduling for data center networks〔C〕. In Proceedings of the 5th International Conference on Ubiquitous Information Management and Communication, Seoul, Republic of Korea, 2011, 44.

〔88〕 VIGFUSSON Y, ABU-LIBDEH H, BALAKRISHNAN M, et al. Dr. Multicast：Rx for Data Center Communication Scalability〔C〕. Proceedings of the 5th European conference on Computer systems, Paris, France, 2010：349-362.

〔89〕 LI D, LI Y, WU J, et al. ESM：efficient and scalable data center multicast routing〔J〕. IEEE/ACM Transactions on Networking（TON）, 2012, 20（3）：944-955.

〔90〕 KANDULA S, PADHYE J, BAHL P. Flyways to de－congest data center networks〔OL〕. www. researchgate. net.

〔91〕 CUI Y, XIAO S, LIAO C, et al. Data centers as software defined networks：Traffic redundancy elimination With wireless cards at routers〔J〕. IEEE Journal on Selected Areas in Communications, 2013, 31（12）：2658-2672.

第8章
移动边缘计算

移动边缘计算把计算和存储资源放在靠近用户的边缘侧，不但减少了传统云计算回传链路网络资源造成的浪费，而且大大降低了业务的端到端时延，满足了终端设备计算能力的扩展需求，提高了任务处理的实时性、数据安全性。

本章主要介绍移动边缘计算的概念及相关技术，其中8.1节介绍移动边缘计算的概念、特点及其应用场景等，8.2节介绍移动边缘计算的架构、组成及其标准规范等，8.3节介绍移动边缘计算的关键技术，8.4节介绍边缘计算的典型应用。8.5节为本章小结。通过阅读本章内容，读者将对移动边缘计算技术和原理有一个全面的了解。

📖 教学目标
- 了解移动边缘计算的发展历史、概念和应用场景。
- 掌握移动边缘计算的参考架构和技术要求。
- 熟悉移动边缘计算的关键技术和软硬件要求。
- 了解移动边缘计算的典型应用。

8.1 概述

2014年，欧洲电信标准协会（ETSI）成立了移动边缘计算规范工作组（MEC ISG, Mobile Edge Computing Industry Specification Group）来推动移动边缘计算标准化。2016年，ETSI又将边缘计算的概念扩展为多接入边缘计算（Multi-Access Edge Computing），把MEC的概念从电信蜂窝网络扩展到了其他无线接入网络（如WLAN）。MEC是运行在移动网络边缘的、可运行特定任务的服务器或服务器集群。根据ETSI给出的定义，MEC能够在移动网络边缘提供IT服务环境和云计算能力，其基本思想就是把云计算平台从核心网络内部迁移到移动接入网边缘，实现计算与存储资源的弹性利用。这一概念将传统电信蜂窝网络与互联网业务进行了深度融合，旨在减少移动业务的端到端延时，提升无线网络的自身能力，从而提升用户体验。

MEC的特点是离用户更近，可实现更低延时和更高带宽的网络。此外，它还提供实时无线网络和上下文信息，应用程序可以智能地利用这些信息和资源来改善移动网络体验。以位于用户附近的交互式和延时敏感应用程序为例，通过避免远程数据中心服务器在设备之间传输数据时遇到的延时和其他降级，每个用户都能够通过MEC提升自己的用户体验。

　　边缘计算在靠近数据源或用户的地方提供计算、存储等 IT 基础设施，并为边缘应用提供云服务和 IT 环境服务。相比集中部署的云计算服务，边缘计算解决了延时过长、汇聚流量过大等问题，为实时性和带宽密集型业务提供了更好的支持。随着 5G 和工业互联网的快速发展，新兴业务对边缘计算的需求非常迫切。在众多垂直行业的新兴业务中，对边缘计算的需求主要体现在延时、带宽和安全三个方面。目前，智能制造、智慧城市、直播游戏和车联网四个垂直领域对边缘计算的需求较为明确。在智能制造领域，工厂利用边缘计算智能网关进行本地数据采集，并进行数据过滤、清洗等实时处理。同时，边缘计算还可以提供跨层协议转换的能力，实现碎片化工业网络的统一接入。一些工厂还在尝试利用虚拟化软件实现工业控制，对产线机械臂进行集中协同控制，这是一种类似于通信领域软件定义网络中实现转发与控制相分离的机制，通过软件定义的方式实现了机控分离。在智慧城市领域，应用主要集中在智慧楼宇、物流和视频监控等场景。边缘计算可以实现对楼宇各项运行参数的现场采集分析，并提供预测性维护的能力；可以对商超的冷链运输的车辆和货物进行监控与预警；在监控系统中，可以利用本地部署的 GPU 服务器，实现毫秒级的人脸识别、物体识别等智能图像分析。在直播游戏领域，边缘计算可以为 CDN 提供丰富的存储资源，并在更加靠近用户的位置提供音视频的渲染能力，让云桌面、云游戏等新型业务模式成为可能。特别是在 AR/VR 场景中，边缘计算的引入，可以大幅降低 AR/VR 终端设备的复杂度，从而降低成本，促进产业的高速发展。在车联网领域，业务对延时的要求非常苛刻，边缘计算可以为防碰撞、编队等自动/辅助驾驶业务提供毫秒级的延时保证，同时可以在基站本地提供算力，支撑高精度地图的相关数据处理和分析，更好地支持视线盲区的预警业务[1]。

8.2　移动边缘计算架构

　　从 2014 年 12 月开始，ETSI 开启了 MEC 标准化研究，目标是制定一个可在多租户环境下运行第三方应用的统一标准。目前，经过持续研究，MEC ISG 已经公布了关于多接入边缘计算的基本技术需求和参考架构的相关规范，该规范包含移动边缘计算的场景和移动边缘计算的参考框架。

8.2.1　多接入边缘计算标准参考架构[2]

　　图 8-1 是 MEC 的基本框架，该框架从一个比较宏观的层面出发，对 MEC 下不同的功能实体进行了划分，分为网络层、MEC 主机层和 MEC 系统层三个层次。其中，MEC 主机层包含 MEC 主机和相应的 MEC 主机层的管理实体（MEC 主机级管理），MEC 主机又可以进一步划分为 MEC 平台（MEC platform）、MEC 应用（MEC application）和虚拟化基础设施（virtualization infrastructure）。网络层主要包含 3GPP 网络、本地网络和外部网络这些相关的外部实体，该层主要表示 MEC 工作系统与局域网、蜂窝移动网或者外部网络的接入情况。最上层是 MEC 系统层，包含 MEC 系统级管理、设备，以及第三方设备。

　　图 8-2 是一个更为详细的 MEC 参考架构，该架构在图 8-1 所示的基本框架的基础之上详细定义了各个功能实体之间的相互关联，并抽象出 3 种不同类型的接口参考点。其中，Mp 表示和 MEC 平台应用相关的接口参考点，Mm 表示和管理相关的接口参考点，Mx 表示和外部实体相关的接口参考点。

图 8-1　MEC 的基本框架

图 8-2　MEC 参考架构

　　在图 8-2 所示架构下，MEC 主机由 MEC 平台、MEC 应用和虚拟化基础设施组成。虚拟化基础设施可以为 MEC 应用提供计算、存储和网络资源，并且可以为 MEC 应用提供持续的存储和时间相关的信息，它包含一个数据平面来为从 MEC 平台接收到的数据执行转发规则，并在各种应用、服务和网络之间进行流量的路由。MEC 平台从 MEC 平台管理器、MEC 应用或 MEC 服务处接收流量转发规则，并且基于转发规则向转发平面下发指令。另外，MEC 平台还支持本地域名系统（Domain Name System，DNS）代理服务器的配置，可以将数据流量重定向到对应的应用和服务。MEC 平台还可以通过 Mp3 参考点与其他的 MEC 平台进行通信，在分布式 MEC 系统的协作机制中，Mp3 参考点可以作为不同 MEC 平台互联的基础。

MEC 应用是运行在 MEC 虚拟化基础设施上的虚拟机实例，这些应用通过 Mp1 参考点与 MEC 平台相互通信。Mp1 参考点还可提供标识应用可用性、发生 MEC 切换时为用户准备或重定位应用状态等额外功能。

MEC 平台管理器（MEC Platform Manager，MEPM）具有 MEC 平台元素管理、MEC 应用生命周期管理，以及 MEC 应用规则和需求管理等功能。MEC 应用生命周期管理包括 MEC 应用程序的创建和终止，并且为多接入边缘计算编排器（MEC Orchestrator，MEO）提供应用相关事件的指示消息。MEC 应用规则和需求管理包括认证、流量规则、DNS 配置和冲突协调等。MEC 平台和 MEPM 之间使用 Mm5 参考点，该参考点可实现平台和流量过滤规则的配置，并且负责管理应用的重定位和支持应用的生命周期程序。Mm2 是运营支撑系统（OSS）和 MEC 平台管理器（MEPM）之间的参考点，负责 MEC 平台的配置和性能管理。Mm3 是 MEO 和 MEPM 之间的参考点，负责为应用的生命周期管理和应用相关的策略提供支持，同时为 MEC 的可用服务提供时间相关的信息。

MEO 是 MEC 的核心功能，MEO 宏观掌控 MEC 网络的资源和容量，包括所有已经部署好的 MEC 主机和服务、每个主机中的可用资源、已经被实例化的应用以及网络的拓扑等。在为用户选择接入的目标 MEC 主机时，MEO 衡量用户需求和每个主机的可用资源，为它选择合适的 MEC 主机，如果用户需要进行 MEC 主机的切换，则由 MEO 来触发切换程序。MEO 与 OSS 之间通过 Mm1 参考点来触发 MEC 应用的实例化和终止。MEO 与虚拟化基础设施管理器（VIM）之间通过 Mm4 参考点来管理虚拟化资源和应用的虚拟机映像，同时维持可用资源的状态信息。

从 MEC 系统的角度来看，OSS 是支持系统运行的最高水平的管理实体。OSS 从面向用户服务（Customer-Facing Service，CFS）门户和用户设备（UE）接收实例化或终止 MEC 应用的请求，检查应用数据分组和请求的完整性与授权信息。经过 OSS 认证授权的请求数据分组会通过 Mm1 参考点被转发到 MEO 以进行进一步处理。

CFS 门户实体相当于第三方接入点，开发商使用该接口将自己开发的各种应用接入运营商的 MEC 系统中，企业或者个人用户也可以通过该接口选择其感兴趣的应用，并指定其使用的时间和地点。CFS 门户通过 Mx1 参考点与 OSS 实现通信。

用户应用生命周期管理代理（User app LCM proxy）是供 MEC 用户使用来请求应用相关的实例化和终止等服务的实体。该实体可以实现外部云和 MEC 系统之间的应用重定向，负责对所有来自外部云的请求进行认证，然后分别通过 Mm8 和 Mm9 参考点发送给 OSS 与 MEO 来做进一步处理。值得注意的是，LCM 只能通过移动网络接入，Mx2 参考点提供了 UE 与 LCM 相互通信的基础。

VIM 用于管理 MEC 应用的虚拟资源，管理任务包括虚拟计算、存储以及网络资源的分配和释放，软件映像也可以存储在 VIM 上以供应用的快速实例化。同时，VIM 还负责收集虚拟资源的信息，并分别通过 Mm4 和 Mm6 参考点上报给 MEO 与 MEPM。

8.2.2　移动边缘计算平台的技术要求[3]

除上述对 MEC 基本框架、逻辑实体和参考点的定义以外，为满足运营商、应用开发者和用户对移动边缘计算的需求，运营商对平台框架的开放性提出了 7 种技术需求。

1. 网络开放

MEC 可提供平台开放能力，在服务平台上集成第三方应用或在云端部署第三方应用。

2. 能力开放

通过公开 API 的方式为运行在 MEC 平台主机上的第三方 MEC 应用提供包括无线网络信息、位置信息等在内的多种服务。能力开放子系统从功能角度可以分为能力开放信息、API 和其他接口。API 支持的网络能力开放主要包括网络及用户信息开放、业务及资源控制功能开放。

3. 资源开放

资源开放系统主要包括 IT 基础资源的管理（如 CPU、GPU、计算能力、存储和网络等）、能力开放控制和路由策略控制。

4. 管理开放

平台管理系统通过对路由控制模块进行路由策略设置，可针对不同用户、设备或者第三方应用需求，实现对移动网络数据平面的控制。

5. 本地转发

MEC 可以对需要本地处理的数据流进行本地转发和路由。

6. 计费和安全

为边缘基础设施安全、网络安全、数据安全、应用安全、边云协同安全提供防护措施。

7. 移动性

终端可在基站之间移动、在小区之间移动、跨 MEC 平台移动。

8.2.3　移动边缘计算平台的优势

相比中心云计算平台，移动边缘计算平台具有以下优势。

1. 安全性更高

移动边缘计算中的数据仅在源数据设备和边缘设备之间交换，不再全部上传至云计算平台，规避了数据泄露的风险。

2. 低延时

据运营商估算，若业务经由部署在接入点的 MEC 完成处理和转发，则延时有望控制在 1 ms 之内；若业务在接入网的中心处理网元上完成处理和转发，则延时约在 2~5 ms 之间；即使是经过边缘数据中心内的 MEC 处理，延时也能控制在 10 ms 之内，对于延时要求高的场景，如自动驾驶，移动边缘计算更靠近数据源，可快速处理数据、实时做出判断，充分保证乘客安全。

3. 减少带宽成本

移动边缘计算支持数据本地处理，大流量业务本地卸载可以减轻回传压力，有效降低成本。例如，一些连接的传感器（如相机或在发动机中工作的聚合传感器）会产生大量数据，在这种情况下，将所有这些信息发送到云计算中心将会花费很长时间和过高的成本，若采用边缘计算处理，则将减少大量带宽成本。

8.3　关键技术及软硬件要求

移动边缘计算系统是一种为满足某些新型应用需求而产生的 IT 基础设施形态，这就要求 MEC 能够运行在网络边缘的环境下，为特殊需求提供相应的硬件和软件能力，并能够满足性能、成本、可维护性等方面的要求。

8.3.1　移动边缘计算的关键技术

1. 移动边缘缓存[4]

在移动边缘网络中，用户通过移动终端从基站等无线接入网络进入核心网络。用户每次请求一个网页或者视频，都将经过基站等无线接入网络向远端服务器发送请求，并进行一次数据传输。从无线接入网络到远端内容提供服务器之间的链路，在网络状况较好的情况下也会带来较大的延时影响，在用户较少的情况下，影响并不明显，然而实际中，有大量的用户会对相同的热门内容发起传输请求，而这些请求往往集中在较短的时间内，对网络造成巨大的压力，使得用户体验急剧下降。更为关键的是，在网络中重复传输相同内容造成了巨大的资源浪费。这种重复传输的内容需要占用带宽，对远端的源服务器来说，也是资源的浪费。随着 5G 网络的到来和智能移动设备的发展，涌现出了诸如虚拟现实和增强现实（VR/AR）、在线 3D 游戏等许多带宽消耗大、超低延时要求高的新兴应用，这使问题变得更加突出。

移动边缘缓存技术被认为是解决上述问题较为有效的解决方案。移动边缘缓存技术不但可以避免上述带宽浪费的情况出现，而且卸载基站等接入网络的负载，减少传输距离，降低传输延时，从而提升用户的体验，满足新型应用的网络需求。

移动边缘缓存相较于有线网络缓存存在新的特征，这些特征既包括移动边缘网络本身的特点，又包括由这些特点延伸的特点，包括终端移动性、边缘网络的复杂性、设备缓存空间有限性、内容社交性。移动边缘网络相较于有线网络的新特性为缓存设计带来了新挑战和新课题。

（1）终端（或者用户）移动性

随着移动互联技术的发展，越来越多的用户通过高速移动网络和强大的智能终端接入互联网，享受丰富的数据业务和网络内容，移动网络成为人们相互交流、相互协作的重要方式。移动边缘网络的最大特征就是用户的移动性。终端位置的持续改变导致网络拓扑的不断变动，这给边缘网络缓存设计带来了巨大的挑战，需要根据终端的移动来自适应调整缓存方案。

（2）边缘网络的复杂性

在有线环境下，光纤或者电缆受干扰小，有线网络的信道较稳定，通信链路传输内容的速率在短时间内可以假设为固定的，而移动边缘网络具有无线环境的复杂性，如信道衰落等。缓存系统的性能很大程度上依赖已经缓存在系统中的内容，然而某个特定环境所要求的最优缓存策略在环境或者条件变化时将失效。同时，移动边缘中的网络架构异构也是一种趋势，多种设备之间的信息交换也会影响缓存策略。

（3）设备缓存空间有限性

在移动边缘网络中，单个基站、微基站或者终端的存储空间相对于骨干网的缓存空间有限，再加上基站服务的用户有限，这些都将导致低缓存命中率。在保证设计最优的缓存策略条件下，随着内容流行度的更新和用户请求的更新，为了提高缓存命中率，需要设计实时的缓存更新策略。通常情况下，在一个无线接入网络中，数千个基站或者终端是相互存在连接的，为了提高缓存空间容量，可以采用协作的缓存策略，如基站与基站、用户与用户，或者基站与用户，形成大"缓存池"。因此，综合考虑本地用户的需求与邻区基站的缓存状态来优化全局缓存和满足用户服务质量的协助缓存策略至关重要。

（4）内容社交性

传统的内容服务是一种被动的方式，用户向内容提供商请求内容，内容提供商将视频内容传输给用户。近些年，在线社交网络日益流行，并与移动互联网紧密结合。在线社交网络正在成为一个包含全球所有用户的虚拟世界，而虚拟社交网络的物理承载散布在边缘网络中，包括有线边缘网络和移动边缘网络，其中重要的是移动边缘网络。用户时时刻刻携带终端设备而不断移动，终端设备和用户关系更加紧密，而用户的行为具有一定的社会性，导致终端之间也形成了某种独特的关系。在社交网络系统中，人们不但可以维护与他人的社交关系，而且可以通过社交关系进行相互分享或者推荐各种各样的多媒体内容。同时，在线社交网络与在线视频服务的关系日益紧密，用户可以把在线视频内容"转发"到在线社交网络中，并且通过用户之间的社交关系进行内容"传播"。用户行为改变了内容的生成、分发和传播方式。用户不仅是内容的消费者，还是内容的生产者和转发者，这是一种自底向上的内容生成模式，这些改变也深刻影响了移动边缘网络内容缓存的策略设计。因此，社交关系给移动边缘网络的缓存策略设计带来了新的视角。

2. 计算卸载

移动边缘计算的计算卸载技术是将移动终端的计算任务全部或部分卸载到边缘云环境中，以弥补移动设备在计算能力、存储空间以及能效、续航等方面存在的不足。计算卸载技术最初在移动云计算（Mobile Cloud Computing，MCC）中被提出，移动云计算具有强大的计算能力，设备可以通过计算卸载，将计算任务传输到远端云服务器执行，从而达到缓解计算和存储限制问题、延长设备电池寿命的目的。在 MCC 中，用户设备（UE）可以通过核心网访问强大的远程集中式云（Central Cloud，CC），利用其计算和存储资源，将计算任务卸载到云上。移动边缘计算的计算卸载是允许边缘移动设备在能耗、延时和计算能力等约束下将其全部或者部分计算任务卸载到边缘节点，以打破移动设备在计算能力、电池资源和存储可用性等方面的限制。计算卸载作为 MEC 的关键技术，目前业界有很多研究，主要包含卸载策略和资源分配两个问题，其中，卸载策略研究的是用户终端要不要卸载、卸载多少和卸载什么的问题，资源分配则是研究将资源卸载到哪里的问题。

用户计算卸载决策结果可分为本地执行、完全卸载和部分卸载三种情况。具体决策结果由用户的能量消耗和完成计算任务延时决定。卸载策略目标主要分为降低延时、降低能耗以及权衡延时与能耗三个方面。一旦完成了卸载决策，接下来就要考虑合理的资源分配的问题，即卸载在哪里的问题。如果移动用户的计算任务是不可分割的，或可以分割但分割的部分存在联系，就需要卸载到同一个 MEC 服务器。而对于可以分割但分割的部分不存在联系的计算任务，则可以将它卸载到多个 MEC 服务器。

3. 服务迁移

MEC 中的一个关键技术是解决面向用户移动性的服务迁移问题。由于边缘服务器覆盖范围有限以及用户终端（例如，智能手机和智能汽车）的不断移动，可能导致网络性能显著下降，这可能进一步导致用户的服务质量（QoS）急剧下降，甚至导致正在进行的边缘服务发生中断，因此，为了确保用户移动时的服务连续性，实现无缝的服务迁移特别重要。

在连续服务期间，用户可以漫游在由不同边缘服务器服务的无线区域中。为了保持令人满意的服务性能，需要考虑服务迁移。当用户从一个服务区域移动到另一个服务区域时，运营商既可以继续通过边缘连接利用数据中继在原始边缘服务器上运行服务，又可以根据用户的移动位置将服务迁移到另一边缘服务器上。显然，由于网络距离的扩大，前者将导致较长的通信等待时间，而后者将减少服务等待时间，但会产生额外的迁移成本，如带宽使用不足、潜在的服务中断甚至切换失败代价等。

当用户在几个相邻或重叠的地理区域中移动时，服务迁移应处理：

1）是否应将正在进行的服务迁移到承载此服务的当前边缘服务器之外？

2）如果是，则应将服务迁移到哪个边缘服务器？

3）考虑开销和 QoS 要求，应如何进行服务迁移过程？

这些问题涉及对整个服务迁移过程中的迁移成本（例如，迁移成本和传输成本）的权衡，以及用户对迁移后可以实现的 QoS 期望（如减少延时或网络开销）。由于用户的移动性、请求模式的高度不确定性，以及传输和迁移成本的潜在非线性，因此很难获得最佳的服务效果。此外，考虑到大量用户和应用程序以及边缘服务器的异构性，服务迁移变得更加复杂，这也成为 MEC 中一个亟待解决的关键技术问题。

4. 其他

（1）虚拟化技术

虚拟化技术是一种资源管理技术，将计算机的各种实体资源予以抽象、转换后呈现出来，并可供分区、组合为一个或多个虚拟计算机。虚拟化技术与网络的结合催生了网络功能虚拟化（Network Function Virtualization，NFV）技术，该技术将网络功能整合到行业标准的服务器、交换机和存储硬件上，并且提供优化的虚拟化数据平面，可通过服务器上运行的软件实现管理，从而取代传统的物理网络设备。

（2）云技术

云技术与移动网络的结合促进了 Cloud-RAN 这一创新性应用的产生。Cloud-RAN 将原本位于基站的基带处理单元等需要耗费计算和存储资源的模块迁移到云上，在很大程度上解决了基站的容量受限问题，提高了移动网络的系统能量效率。

MEC 技术在网络边缘提供计算和存储资源，NFV 和云技术能够帮助 MEC 实现多租户的共建。由于 MEC 服务器的容量相对于大规模数据中心来说还是较小，不能提供大规模数据中心带来的可靠性优势，因此需要结合云技术引入云化的软件架构，将软件功能按照不同能力属性分层解耦地部署，在有限的资源条件下实现可靠性、灵活性和高性能。

（3）SDN 技术

SDN 技术是一种将网络设备的控制平面与转发平面分离，并将控制平面集中实现的软件可编程的新型网络体系架构。SDN 技术采用集中式的控制平面和分布式的转发平面，两个平面相互分离，控制平面利用控制-转发通信接口对转发平面上的网络设备进行集中控制，并向上提供灵活的可编程能力，这极大地提高了网络的灵活性和可扩展性。利用 SDN 技术将核心网的用户面和控制面进行分离，可以实现网关的灵活部署，简化组网。

8.3.2　移动边缘计算平台的硬件能力

1. 支持特殊的工作环境

受边缘计算应用环境的影响，一些特殊工作条件下的边缘计算机硬件通常必须足够坚固，以达到可在易受频繁冲击、振动、灰尘、碎屑，甚至极端温度影响的易变环境中部署的目的。坚固、耐用的边缘计算机的主要特征是其无风扇设计。无风扇的设计省去了通风口开放冷却系统，使边缘计算硬件制造商能够创造出完全封闭的系统。封闭的系统消除了灰尘、污垢和碎屑进入系统中而损坏敏感的内部组件的可能性。此外，边缘计算机中使用的无风扇设计和宽温度组件使它们能够承受极低或极高的温度。事实上，系统被要求可承受一个很宽的温度范围：−40~85℃。常规的台式计算机可以承受的温度范围为 5~40℃，因此，一般计算机很难用于这种特殊的边缘计算部署的环境。

2. 配备足够坚固的存储设备

边缘计算机通常部署在边缘，以收集、处理和分析从工业物联网设备收集的大量数据，因为此类边缘计算机必须配备足够数量的存储空间以快速存储和访问数据。边缘计算解决方案中一般会优先配置固态硬盘（SSD），也可选择与硬盘驱动器（HDD）的混合配置，相比HDD，高质量的 SSD 支持更高速的数据读写能力，以支撑更快的数据 I/O 及传输速率。除提供高速数据存储以外，SSD 使边缘计算解决方案更坚固，因为数据存储在 NAND 芯片中，相比 HDD，硅芯片可以更好地抵御冲击和震动带来的破坏。但对于需要大量数据存储的情况，可以添加 HDD 来用于其他存储。

3. 具有丰富的 I/O 端口

坚固的边缘计算机通常需要配备丰富的 I/O 端口，因为它通常必须同时连接到现场的新旧机器和设备上。例如，边缘计算机通常配备以下 I/O 端口：USB 端口、COM 端口、以太网端口（RJ45、M12）和通用 I/O 端口，使得边缘计算机允许没有通用接口的外围设备、传感器等。

4. 支持性能加速器以进行实时处理

边缘计算机非常适合在边缘收集、存储、处理和分析数据；但是，对于某些复杂的工业工作负载，边缘计算机应配备性能加速器，以进行实时处理决策。新的计算和存储设计使得处理与存储数据的性能更加接近，从而提高了整个系统的性能。随着更多的处理能力转移到边缘，以下是一些在边缘计算解决方案中使用的较受欢迎的性能加速器。

1）多核 CPU：多核处理器利用多个核来处理数据，而每个核都充当单独的处理设备，从而允许多个任务同时运行（同时运行更多任务）。CPU 中拥有的内核越多，系统的性能就越好，因为它能够同时处理多个进程。

2）GPU：GPU 使用了丰富的内核和高效的运算指令，可与更多的计算机组件（如内存、输入和输出）交互以执行复杂的指令，适合执行重复性和高度并行的计算任务，最初应用于图形渲染和显示，后来也发现非常适合某些非图形任务，如机器学习、科学计算等，因此 GPU 在实时处理和推理分析方面非常有效。

3）FPGA：现场可编程门阵列（FPGA）是一种性能加速器，被用于优化嵌入式系统特定的工作负荷，如使用推理分析、人工智能，以及对用于机器学习的大量数据进行分析。在某些情况下，高端 FPGA 在执行某些任务时可以胜过 GPU，同时其功耗和发热量均低于 GPU。

8.3.3　边缘计算软件

近年来，边缘计算领域较为活跃，不断创新，涌现出了多个开源软件项目，包括

KubeEdge、StarlingX、K3s、EdgeX Foundry、EdgeGallery、Akraino、Baetyl、OpenYurt、Su-perEdge、Azure IoT Edge 等，下面简要介绍其中的几个项目。

1. KubeEdge

KubeEdge 是面向边缘计算场景、专为边云协同设计的业界首个云原生边缘计算框架，在 Kubernetes 原生的容器编排调度能力之上实现了边云之间的应用协同、资源协同、数据协同和设备协同等能力，打通了边缘计算中云、边、设备协同的场景。

KubeEdge 架构上分为云、边、端三个层次。云端负责应用和配置的校验与下发，边缘侧负责运行边缘应用和管理接入的设备，设备端运行各种边缘设备。

其核心能力如下。

1）支持复杂的边云网络环境：双向多路复用边云消息通道提供应用层可靠增量同步机制，支持高延时、低质量网络环境。

2）应用/数据边缘自治：支持边缘离线自治及边缘数据处理工作流。

3）边云一体资源调度和流量协同：支持边云节点混合管理、应用流量统一调度。

4）支持海量边缘设备管理：资源占用相对较小；提供可插拔设备管理框架，支持自定义插件扩展。

5）开放生态：完全兼容 Kubernetes 原生能力，支持 MQTT、Modbus、Bluetooth、WiFi、ZigBee 等业界主流设备通信协议。

未来 KubeEdge 将持续以云原生技术为基础、结合边缘计算场景，将云原生技术无缝扩展到边缘，打造好用的云原生边缘计算平台。

2. EdgeX Foundry

EdgeX Foundry 是由 Linux 基金会运营的厂商中立的开放源码项目，旨在为物联网边缘计算创建公共开放的框架。该项目的核心是基于与硬件和操作系统完全无关的参考软件平台建立的互操作框架，使能即插即用的组件生态系统，统一市场，加速物联网方案的部署。

EdgeX Foundry 使有意参与的各方在开放与互操作的物联网方案中自由协作，无论它们使用的是公开标准还是私有方案。EdgeX Foundry 目前有 60 多家全球企业参与，150 多名工程师贡献代码。EdgeX 中国项目于 2019 年底成立，负责中国区的技术推广并吸引更多的代码贡献。VMware 和 Intel 是 EdgeX 中国项目的联合维护单位。

3. SuperEdge

SuperEdge 是 Kubernetes 原生的边缘容器方案，它将 Kubernetes 强大的容器管理能力扩展到边缘计算场景中，针对边缘计算场景中常见的技术挑战提供了解决方案，如单集群节点跨地域、云边网络不可靠、边缘节点位于 NAT 网络等。这些能力可以让应用很容易地部署到边缘计算节点上，并且可靠地运行。

SuperEdge 支持所有 Kubernetes 资源类型、API、使用方式、运维工具，无额外的学习成本。它兼容其他云原生项目，如 Prometheus，使用者可以结合其他所需的云原生项目一起使用。

8.4　边缘计算的典型应用

边缘计算是一种将主要处理和数据存储放在网络边缘节点的分布式计算形式。随着数字化、智能化的持续发展，各行业纷纷意识到边缘计算在提高机器视觉应用等用户实时性体验、提供差异性服务以及分担中心云计算负荷等方面具备的先天优势。基于边缘计算的机器视觉，其最大特点就是可以与云端协同，从而提高机器视觉的灵活性，能够实现整体计算效能的最大化，并且部署更新更加方便。基于边缘计算的机器视觉与普通机器视觉主要有两个差异点。

1）云侧与边缘机器视觉设备可进行算法、应用、资源等方面的协同，边缘机器视觉设备与算法及应用松耦合，可按需实现多场景应用，可定制性较高。

2）通过边云协同训练可实现机器视觉算法模型准确度的迭代提高，边缘侧支持自动部署执行，随着技术的进步，机器视觉应用可更替、可演进。

基于边缘计算的机器视觉应用可脱离云平台自主运行，即发生现场设备与视觉云平台断网情况后也不会影响其视觉业务，在网络恢复后，该节点状态和缓存数据可自动上传到云中心，并接受云中心的管理调度。

8.4.1　基于边缘计算的机器视觉

机器视觉在边缘侧的部署已经被广泛应用到多个行业场景，如图 8-3 所示。下面选取工业、交通、安防、医疗领域的典型应用场景，以业务为核心，分行业梳理场景及对应的业务需求。

图 8-3　机器视觉边缘计算的应用领域

1. 工业领域

工业视觉聚焦于工业生产领域，其应用可分为提高工业生产效率和保证工业生产安全两大类。提高工业生产效率聚焦于装配定位、产品质量检测、产品识别、产品尺寸测量等方面；保证工业生产安全主要是对人员、环境、设备的监控，人员、环境的监控主要与安防相关，因此工业视觉在保证工业生产安全方向聚焦于机器设备生产过程的监视及控制。

2. 交通领域

机器视觉在交通领域聚焦于交通参与者的识别与定位，主要包括如下内容。

1）车辆、行人的识别和定位：通过车载或路侧摄像头采集道路信息，运用计算视觉算法软件对机动车、非机动车、行人进行检测，是其他应用的基础。

2）车辆身份特征识别：车牌识别，以及车辆的颜色、类型、品牌等细节识别，通过车载或路侧摄像头采集道路信息，运用相应算法进行处理以获取信息，作为基础能力应用于车辆管理、车辆追踪等场景。

3）车辆比对：通过海量数据搜索，检索与目标车辆相似的车辆，用于无牌车、污牌车和套牌车的查找等。

业务需求主要包括如下内容。

1）需要在云端使用大量图像进行 AI 训练，生成目标识别推理模型，该类模型可在云端或边缘侧运行。对于用于训练的数据，其采集地点、采集光照、天气等条件需要保证多样化，从而确保数据集样本的丰富性，避免数据样本特征的重复率过高。

2）边端协作：若设备采集端具备计算能力，则可在设备采集端进行一定的数据预处理和检测（如在端侧过滤无动态目标的图像、视频数据，减少上传数据量），并输出结果到边缘计算单元以进行复杂运算。

3）无效视频过滤：可利用基于传统计算视觉的快速检测动态目标算法，对未发现动态目标的视频采取放弃存储策略，减少存储成本。

3. 安防领域

安防即安全防护，做好准备和保护以应付攻击或者避免受到侵害，从而使被保护对象处于没有危险、不受侵害、不出现事故的安全状态。现阶段，实时高清视频监控是机器视觉在安防领域的重要实现手段，基于边缘计算的智能视频监控可分为损失性预防、破坏性预防两大类。损失性预防聚焦在自然属性或准自然属性的安全破坏，主要是没有人为目的参与而造成的，如意外起火。破坏性预防聚焦在社会人文性破坏，主要是由于人的有目的的参与而造成的，如人为纵火。

4. 医疗领域

机器视觉在医疗领域的应用已经从传统的药品包装、药瓶、标签等视觉检测发展到目前对生物芯片的检测、放射科的 X 放射等，通过引入机器视觉系统，实现对图像信息的采集、存储、管理、处理和传输等功能。其典型应用场景：医学影像诊断、药品制造。

8.4.2　工业互联网领域应用

工业互联网边缘计算系统架构如图 8-4 所示[5]。

图 8-4　工业互联网边缘计算系统架构

整个系统分为云、边缘和端三层，其中工业互联网边缘计算总体架构位于云和端之间的边缘层，边缘层向下支持各种端设备的接入，向上可以与云对接。

边缘层主要包括边缘计算节点，是承载边缘计算业务的核心。边缘计算根据业务侧重点和硬件特点不同，包括以网络协议处理和转换为重点的边缘网关（Edge Gateway）、以支持实时闭环控制业务为重点的边缘控制器（Edge Controller）、以大规模数据处理为重点的边缘云（Edge Cloud）。

边缘计算节点具有计算、网络和存储资源，边缘计算系统对资源的使用有两种方式：第一，直接对计算、网络和存储资源进行封装，提供调用接口，以代码下载、网络策略配置和数据库操作等方式使用边缘计算节点资源；第二，进一步将边缘计算节点的资源按功能领域封装成功能模块，通过模型驱动的业务编排的方式组合和调用功能模块，提供边缘计算的管理服务、数据全生命周期服务、安全服务。

工业互联网边缘计算系统架构中的设备关系如图 8-5 所示。

图 8-5　工业互联网边缘计算系统架构中的设备关系

此框架统一实现南北、东西向的协同运作。

1）边缘控制器承担以下业务内容：
- 接受并执行来自北向的任务编排（自北向）；
- 接受并执行来自北向的应用部署和生命周期管理（自北向）；
- 提供自身的设备信息（向北向），接受来自北向的设备注册管理（自北向）；
- 对产线上的设备进行运动、逻辑、视频等控制（向南向）；
- 控制器–控制器协同（东西向）。

2）边缘网关承担以下业务内容：
- 任务编排被调度（北向）；

- 应用被部署和生命周期被管理（北向）；
- 设备注册被管理（北向）；
- 任务编排调度（南向）；
- 应用部署和生命周期管理（南向）；
- 边缘设备注册管理（南向）；
- 网关-网关协同（东西向）；
- 边缘数据分析（轻量，比如流式数据分析）；
- 边缘智能。

3）边缘云承担以下业务内容：

- 任务编排调度（南向）；
- 应用部署和生命周期管理（南向）；
- 边缘设备注册管理（南向）；
- 边缘服务器之间的协同（东西向）；
- 边缘数据分析；
- 边缘智能。

边缘控制器主要用于提高工业生产设备的接口能力和计算能力，使工业设备能便捷地与其他制造系统进行数据交互，并通过提供计算能力，使边缘控制器可以实现工作站或生产线的控制功能，提高工业设备的适用性。

边缘控制器介于行业终端设备和边缘云/边缘网关之间，根据不同的应用场合，连接不同类型的行业终端设备，包括单个或多个传感器数据采集、PLC、CNC、工业机器人等。

在边缘计算架构中，边缘控制器可以直接与边缘云连接，也可以通过边缘网关进行组网。

8.4.3　5G 核心网边缘计算

如图 8-6 所示，5G 边缘计算系统包含 5G 网络和边缘计算平台系统[6]。

图 8-6　5G 边缘计算系统

　　5G 边缘计算系统相对于 5G 核心网络是 AF（应用功能）+DN（数据网络）的角色，该系统在系统级可引入 5GC（5G 核心网）连接特性（如 MEP 上的能力开放代理和系统级的 5GC proxy）来简化系统和 5GC 的信息交互与流程处理。边缘计算平台系统和 UPF（User Plane Function，用户面功能）之间为标准的 N6 连接；边缘计算平台系统可以以非可信 AF 的角色通过 NEF（Network Exposure Function，网络开放功能）→PCF（Policy Control Function，策略控制功能）→SMF（Session Management Function，会话管理功能）影响用户面策略，或者以可信 AF 的角色通过直接的 PCF→SMF 影响用户面策略；作为 AF 的一种特殊形式，边缘计算平台系统可以与 5GC NEF/PCF 进行更多的交互，调用其他的 5GC 开放能力，如消息订阅、QoS 等。

　　UPF 实现 5G 边缘计算的数据面功能，边缘计算平台系统为边缘应用提供运行环境并实现对边缘应用的管理。根据具体的应用场景，UPF 和边缘计算平台系统可以分开部署，也可以一体化部署。

　　5G 边缘计算系统架构中含以下功能实体。

- MEC 主机：含边缘计算平台（MEP）、MEC 应用（ME APP）、虚拟化基础设施（NFVI）。
- MEC 系统虚拟化管理：含系统级管理和主机级管理，系统级管理即 MEO，主机级管理含 VIM、MEPM。
- 边缘计算运营管理平台：包含运营管理子系统和运维管理子系统。
- 5GC proxy（可选）：提供与 5G 核心网交互信令的统一接口功能，该功能在具体实现上可嵌入系统级其他功能实体。

　　从功能要求的角度来看，认为 MEO、边缘计算运营管理平台为系统级，MEC 主机、MEPM、VIM 为主机级；从部署位置来看，MEPM 可以和主机一起部署在边缘，也可以和系统级网元一起部署在相对集中的位置。

8.5　本章小结

　　MEC 运行于网络边缘，逻辑上并不依赖于网络的其他部分，这对于安全性要求较高的应用来说非常重要。另外，MEC 服务器通常具有较高的计算能力，因此特别适合分析、处理大量数据。同时，MEC 与用户或信息源在地理上非常接近，使得网络响应用户请求的延时大大减小，也降低了传输网和核心网部分发生网络拥塞的可能性。最后，位于网络边缘的 MEC 能够实时获取诸如基站 ID、可用带宽等网络数据以及与用户位置相关的信息，从而进行链路感知自适应，并且为基于位置的应用提供部署的可能性，可以极大改善用户的服务质量体验。

习题

1. 为什么需要移动边缘计算？
2. 相比中心云计算架构，移动边缘计算有哪些好处？
3. 移动边缘计算对硬件有哪些特殊要求？

4. 列举移动边缘计算适合的计算任务。

5. 移动边缘计算的主要典型应用场景有哪些?

参考文献

［1］中国移动边缘计算开放实验室 . 中国移动边缘计算技术白皮书［EB/OL］. 2020.

［2］ETSI. GS MEC 003-V3. 1. 1-Multi-access Edge Computing（MEC）；Framework and Reference Architecture ［EB/OL］. https://www. etsi. org/.

［3］5G 联合创新中心 . 中国移动 5G 联合创新中心创新研究报告：移动边缘计算（2017 年）［EB/OL］. https://mp. weixin. qq. com/s/Z_7obMvhrQxBrIh93WZbqg.

［4］王莹，费子轩，张向阳，等 . 移动边缘网络缓存技术［J］. 北京邮电大学学报，2017，40（6）：1-13.

［5］于海斌，曾鹏，张华良，等 . 工业互联网边缘计算 边缘节点模型与要求 边缘控制器（T/CCSA 332-2021）［S］. 2021-12-28.

［6］中国通信标准化协会 . 5G 核心网边缘计算总体技术要求（通信）（YD/T 3962-2021）［S］. 2021.

第 9 章

卫星互联网

卫星互联网是以卫星通信为技术手段提供的互联网宽带服务，是卫星通信领域的一个重要衍生应用，也是移动互联网服务的一种补充形态。近年来，全球掀起基于低轨星座互联网的热潮，卫星互联网建设已上升为国家战略性工程，将成为国家信息系统的重要组成部分。

本章内容安排如下，9.1 节为卫星互联网概述，介绍传统卫星通信的分类，以及卫星互联网的发展历史；9.2 节介绍卫星互联网系统，包括卫星互联网架构与组网方式；9.3 节介绍卫星互联网协议与技术，包括卫星互联网的协议体系、星间链路与路由技术等；9.4 节介绍卫星互联网的主要应用场景；9.5 节为本章小结。

📖 教学目标
- 了解卫星通信技术和卫星互联网的发展情况。
- 掌握卫星互联网系统的总体架构和组网方式。
- 熟悉互联网的协议体系，了解星间链路技术和路由技术。
- 了解卫星互联网的主要应用场景。

9.1 概述

卫星通信技术是卫星互联网的基础，随着卫星及其发射技术的发展，以及卫星成本的降低，卫星互联网得到了前所未有的重视和发展。本节将介绍卫星通信技术与卫星互联网的发展及其特点，让读者了解卫星通信技术概况以及卫星互联网的发展现状与趋势。

9.1.1 传统卫星通信简介

通信卫星按照其运行的轨道一般分为同步轨道（GEO）、高椭圆轨道（HEO）、中轨道（MEO）和低轨道（LEO）等。各个轨道因其自身高度的不同具有不同的通信特点[1]。

- 同步轨道的高度约为 36000 km。其技术成熟，通信距离远，单颗卫星覆盖面积大，3~4 颗即可覆盖全球，但对高纬度地区覆盖能力较差，长距离对信号的传播延时和干扰有很大影响。
- 高椭圆轨道的高度约为 40000 km（远地点），利用远地点进行通信。采用大仰角，可以覆盖高纬度地区，但需要星间链路，适用于其他卫星较难覆盖到的高纬度区域。

- 中轨道的高度为2000~20000 km。其传输延时、覆盖范围、链路损耗、功耗大于低轨道但小于高轨道。
- 低轨道的高度为500~2000 km，具有传输延时低、覆盖范围小、链路损耗低、功耗较小等特征，因此较多地被现代小卫星采用。

传统卫星通信主要依靠高轨卫星，不同于光纤、移动通信等地面通信方式，它具有覆盖区域广、地面基础设施少、组网部署灵活、信息安全能力强等优点，同时具有信息延时较大、对用户终端要求高、带宽容量有限、通信成本高等不足。

低轨道卫星相对于高轨道卫星具有传播延时小、卫星和地面终端设备简单等特点，更加适合应用于个人移动卫星通信。通过将围绕地球飞行并覆盖地球大部分或者全部地区的卫星群（星座）和地面信关站作为中转站，实现全球通信，可作为全球尤其是偏远地区的重要通信手段。

在经过了与陆地通信网络的竞争后，业界已经对将低轨道卫星通信作为全球通信网的重要补充部分达成了共识。新一代通信系统要求支持多媒体等高带宽、低延时应用，而低轨道卫星相对于高轨道卫星的传输延时低、信号质量较好等优点刚好符合这一需求，从而奠定了低轨道卫星通信在全球通信市场的重要地位。

总而言之，卫星通信具有以下优点。

- 通信覆盖区域大、距离远。
- 机动灵活。
- 通信频带宽、容量大。
- 信道质量好、传输性能稳定。
- 灾难容忍性强，在自然灾害，如地震、台风等发生时，仍能提供稳定的通信。
- 通信设备的成本不随通信距离增加而增加，因而特别适合远距离以及人类活动稀少地区的通信。

按照轨道的不同，可把卫星通信系统分为三种类型。

（1）地球静止轨道卫星通信系统

地球静止轨道通信卫星的优点是只需要三颗卫星就可覆盖除两极以外的全球区域，现已成为全球洲际及远程通信的重要工具。对于区域移动卫星通信系统，采用静止轨道一般只需要一颗卫星，建设成本较低，因此应用广泛，如国际移动卫星系统、ACeS系统、Thuraya系统、SkyTerra系统、天通一号卫星通信系统。

（2）中轨道卫星通信系统

中轨道卫星的高度约10000 km。轨道高度的降低可减弱高轨道卫星通信的缺点，并能够为用户提供体积、重量、功率较小的移动终端设备。用较少数目的中轨道卫星即可构成全球覆盖的移动通信系统。中轨道通信卫星一般采用网状星座，卫星运行轨道为倾斜轨道。中轨道卫星通信系统有Odyssey系统、ICO系统。

（3）低轨道卫星通信系统

在未来空地移动通信中，低轨道卫星将会起越来越重要的作用。与地面通信系统相比，低轨道卫星的覆盖面积更广，更适合在沙漠、森林、高原等无人区进行全球通信；与高轨道卫星通信系统相比，低轨道卫星具有路径衰耗小、传输延时短、研制周期短、发射成本低等优点。低轨道卫星通信系统有Iridium系统、Globalstar系统、Orbcomm系统、OneWeb系统、

Starlink 系统、"虹云" 系统、"鸿雁" 系统。

9.1.2　卫星互联网的发展

卫星互联网是以通信卫星为技术手段提供的互联网宽带服务，其本质是卫星通信领域的一个重要衍生应用。由于卫星通信具有覆盖范围广、不受地域限制等优点，因此它可作为地面通信的补充手段实现用户接入互联网，可有效解决边远地域、海上、空中等用户的互联网服务问题，具有独特的应用价值。

随着下一代互联网与通信技术的飞速发展，全球网络用户的规模与业务需求的种类在不断扩大。据相关互联网产业报告预测，2023 年，全球将有超过三分之二的人口访问和获取互联网业务，网络已经和人类的社会活动密不可分。网络泛在化、业务多样化、管控实时化和服务弹性化是未来网络发展的重要趋势。一方面，互联网已渗透到人类社会方方面面，各种新兴网络应用，如实时音视频、AR/VR、工业互联网控制等，不断驱动网络向低延时、高带宽的服务质量要求发展；另一方面，网络空间的延伸，促进了空基、天基、海基等多样化业务的演进发展与泛在互联网接入需求。随着互联网用户移动终端设备的飞速发展，海洋、航空航天通信的需求不断增长，未来的各类信息网络将从简单的物理连通向协议体系层面的互联互通转变发展。面向泛在接入、万物互联互通的未来网络需求，仅依靠增设更多的地面网络设施难以满足未来网络的服务要求，需要引入新的技术对网络架构实现重构，实现各类异构网络空间的高效组网与融合。

卫星互联网就是基于上述的卫星通信系统，提供互联网宽带服务。截至目前，卫星互联网已经历了三个发展阶段，如图 9-1 所示。

图 9-1　卫星互联网的发展阶段

第一阶段（20 世纪 80 年代~2000 年），即与地面通信网络正面竞争阶段：低轨道卫星通信星座系统主要分为三类：大型 LEO 卫星移动电话系统、中小型 LEO 卫星移动数据传输系统、宽带多媒体通信系统（Ka 频段）。其中，大型 LEO 卫星移动电话系统主要提供语音、传真、数据和寻呼业务，以及低速数据传输业务；中小型 LEO 卫星移动数据传输系统在轨道高度较宽的范围内提供低速数据传输业务；宽带多媒体通信系统则是一种高速数据通信系统，采用 Ka 频段，主要用于传输多媒体内容，如视频、音频和图像等。当时的主要代表星座系统有 Orbcomm、Iridium、Globalstar、Teledesic、Skybridge 等。

第二阶段（2000~2014 年），作为地面通信网络的补充和备份：2000 年后，计算机、微机电、先进制造等行业的快速发展推动了通信技术和微小卫星技术的升级换代，使得卫星通信成本下降，低轨道卫星通信星座系统呈现广泛的应用前景，这一阶段的主要代表有新铱星（Iridium NEXT）、Globalstar、Orbcomm。其中，铱星通信公司于 2010 年 6 月宣布了其下一代卫星星座系统 Iridium NEXT 的筹建资金、建设和部署计划，以取代超期服务的铱星星座系统。

第三阶段（2014 年至今），与地面通信融合发展，扩展覆盖范围：2015 年前后，国内外先后提出多个大规模低轨道卫星通信系统，主要代表有 Starlink、OneWeb、鸿雁、虹云等。

卫星通信系统以其广域覆盖、高可靠的特点，在社会发展和国民生活的各个方面正发挥着越来越重要的作用，世界各主要大国都在竞相部署太空基础设施，构建天基通信网络。除能够支持早期的通信、导航、遥感等专用业务以外，它也逐渐发展成为能承载通用互联网业务的卫星宽带接入、卫星移动数据、卫星移动语音等业务的通信基础设施。随着卫星通信系统与互联网的深度融合，卫星互联网已成为天基信息传输系统的重要组成部分。构建面向互联网业务的卫星巨型星座系统，在国内和国际上，都受到了业界的广泛关注。随着航空航天、星上载荷能力、"一箭多星"等技术的发展，卫星的尺寸、功耗以及建设成本都得到了大幅度降低。在商业航天领域，以 Iridium NEXT、Starlink、OneWeb、Amazon Kuiper 为代表的新一代卫星巨型星座系统发展了起来。我国先后启动了虹云工程、鸿雁星座等太空卫星项目。2020 年，我国提出要继续加快和推进信息网络等新型基础设施的建设，其中新一代基础设施就包括了卫星互联网。

一方面，新型巨型星座系统的演进与部署，促进了天地网络的融合与发展。空间网络和地面网络在覆盖范围与服务能力方面具有极强的互补性，以 Google、Amazon、Microsoft 为代表的国际互联网巨头正纷纷积极开展天地融合互联网基础设施的建设，以期通过卫星网络，为全球用户提供泛在互联网接入服务。天地网络的融合是未来全球互联网发展的重要趋势，天地融合网络是以地面网络为基础，以空间网络为延伸，覆盖太空、空中、陆地、海洋等自然空间，为天基、空基、陆基、海基等各类用户活动提供信息保障的基础设施。天地融合网络将利用互联网技术实现互联网、移动通信网络、空间网络的互联互通，符合未来技术发展的趋势，对我国社会经济发展和国家网络信息安全等方面意义深远。

另一方面，星载计算、网络、存储能力的发展，促进了业务服务平台向太空的延伸。云计算平台与边缘计算平台是地面信息网络中的重要基础设施，支持并推动了海量互联网应用与业务的弹性部署和高效管控。随着卫星平台技术的飞速发展，星载计算、存储、网络能力的逐步增强，可以预见，未来巨型星座系统将从传统封闭的专用平台，逐步演进为能够支撑和运行通用计算任务的类似于地面"云计算""边缘计算"的开放空间计算平台，即"卫星云服务平台"。全球覆盖的未来卫星云服务平台将成为我国天地一体化信息网络中的重要组成部分，为天基、空基、陆基、海基中多样化、差异化的天地业务提供按需高效的服务。

9.2　卫星互联网系统

9.2.1　总体架构

卫星互联网一般由空间段、用户段和地面段三部分组成，如图 9-2 所示[2]。

图 9-2　卫星互联网组成

空间段是指提供信息中继服务的卫星星座，少则一颗卫星，多则成千上万颗卫星，这些卫星可以工作在 GEO、MEO 或 LEO，也可以同时包括两种或两种以上轨道类型的卫星，卫星之间可以有或没有星间链路。用户段是指供用户使用的手持机、便携站、机（船、车）载站等各种陆海空天通信终端。地面段一般包括卫星测控中心及相应的卫星测控网络、系统控制中心以及各类信关站等，其中卫星测控中心及相应的卫星测控网络负责保持、监视和管理卫星的轨道位置与姿态，控制卫星的星历表等；系统控制中心负责处理用户登记、身份确认、计费和其他的网络管理功能等；信关站负责呼叫处理、交换及与地面通信网的接口等。其他通信系统是指地面互联网、移动通信网或其他各种专用网络，用户信息通过卫星中继，经馈电链路连接到地面信关站，然后接入地面通信网。不同地面通信网要求信关站具有不同的网关功能。

9.2.2　组网方式

卫星互联网的组网方式与卫星工作模式有关。当卫星采用透明转发工作模式时，用户终端只能通过卫星一跳与信关站建立连接，再经信关站连接到地面互联网。这种组网方式要求系统中设置非常多的信关站，各信关站可以独立工作，没有信关站覆盖的地方，用户终端无法接入互联网，如图9-3所示[2]。

图9-3　卫星透明转发工作模式时的组网方式

当卫星采用处理转发工作模式时，卫星具备星上处理和交换能力以及星间通信能力。系统中不需要部署很多的信关站，用户终端可通过多颗卫星的中继建立与信关站的连接，从而访问地面互联网，组网方式如图9-4所示[2]。

图9-4　卫星处理转发工作模式下的组网方式

用户终端开机后首先进行注册申请，注册成功后，如果用户有通信要求，就通过控制信道申请建立连接；如果连接申请被接受，系统就通过控制信道向用户终端分配资源，包括使用的卫星和信关站标识码、上下行点波束号、时隙、频率和码字信息等；在收到资源分配命令后，用户终端即可建立连接；由于用户和卫星都可能是移动的，因此通信过程中还需要进行卫星间或波束间切换；连接结束后，用户终端释放信道，系统收回分配的网络资源。

低轨道星座系统与地球静止轨道高通量卫星（GEO-HTS）代表着利用卫星通信提供互联网服务的两种实现思路：低轨道星座系统通过发射成百上千颗小卫星，形成一个大规模星座来实现全球范围内的高容量；而GEO-HTS则通过发射超大型卫星在一个区域内形成成百上千个点波束来实现高容量。

低轨道卫星通常是小卫星，其波束数目和单星容量远低于 GEO-HTS，但由于 GEO-HTS 系统通常只由一颗或有限的几颗卫星组成，而低轨道星座系统通常由大量的卫星组成，如 OneWeb 系统第一期包括 648 颗卫星，Starlink 系统第一期则包括 4425 颗卫星，因此，低轨道星座系统的总容量要比 GEO-HTS 系统大很多。相比 GEO-HTS 系统，低轨道星座系统在传输延时、路径损耗、入轨成本方面有优势。具体来说，GEO-HTS 系统往返延时约为 480 ms，而低轨道星座系统一般只需 30 ms 左右，GEO-HTS 系统的路径损耗约为 210 dB，低轨道星座系统只需 180 dB 左右；另外，低轨道卫星单位质量入轨成本只有 GEO-HTS 的 $1/10 \sim 1/5$。但是，在卫星寿命、地面终端和容量利用效率等方面，低轨道星座系统的性能就不如 GEO-HTS 系统，GEO-HTS 系统的使用寿命一般为 15 年，而低轨道星座系统受大气阻力等影响，使用寿命为 $5 \sim 8$ 年；同时，低轨道卫星的地面终端必须使用自动跟踪天线，制造成本高，并且地球表面 70% 以上为海洋和荒野等无人区域，低轨道卫星全球覆盖的特点造成系统容量利用效率较低，反观 GEO-HTS 系统，它可通过对覆盖区域进行预先设计，实现较高的容量利用效率。

9.3 卫星互联网协议与技术

卫星互联网协议是实现卫星互联互通的通信标准，它包括卫星内部的通信和卫星之间的通信。本章主要介绍空间网络协议体系，以及星间链路技术和空间网络路由技术。

9.3.1 空间网络协议体系

空间网络标准化组织国际空间数据系统咨询委员会（Consultative Committee for Space Data System，CCSDS）于 1982 年 1 月由全球主要航天组织机构联合成立，负责开发、建立适用于航天测控、空间数据传输系统的各种通信协议和数据传输规范。CCSDS 空间通信协议体系针对空间数据传输系统存在的传输距离远、节点动态性高、链路延时变化大、链路不对称、间歇性的链路连接等特点进行优化，其体系模型如图 9-5 所示[3]。

CCSDS 借鉴了互联网协议体系的思想，其体系结构自下而上包括物理层、数据链路层、网络层、传输层和应用层。其中，每一层包括若干可供组合的协议，如 SCPS-FP（文件协议）、SCPS-TP（传输协议）、SCPS-NP（网络协议）、SCPS-SP（安全协议）等。CCSDS 已被较多的航天机构采纳和应用，并且已经过多次航天任务的考验。据统计，国际上采用 CCSDS 建议的航天任务已超过 1000 个。同时，为了适应地面互联网的快速发展和与 TCP/IP 协议族兼容，2012 年 9 月，发布了 IP over CCSDS Space Links 正式推荐标准（蓝皮书），在 CCSDS 的空间链路层协议（AOS、TC、TM、Proximity-1）上实现 IP 数据分组的传输。CCSDS 协议体系存在的问题主要体现在：无法与地面网直接互操作，需要进行协议转换；静态路由支持能力强，但移动接入能力差，动态路由支持能力弱；开发、测试、维护费用相对 TCP/IP 较高；等等。

空间网络协议架构的设计遵循如下原则。

1) 可扩展性。通过分层，将复杂的系统协议分解为处于特定层次的相对简单的多个独立协议，每一层的协议可以随着技术的发展独立更新和完善而不影响其他层次，使得系统具有良好的可扩展性。

注：*包括了可选的空间链路安全协议功能。

图9-5　CCSDS体系模型

2）兼容性。未来要实现空间网络、航天器内部网络、地面互联网之间的互联互通，在协议架构设计时，需要考虑目前航天器以及地面互联网已经广泛使用的标准协议，尽量做到兼容现有的协议标准。

3）适应性。协议架构既要考虑近地空间拓扑结构高动态变化、误码率高的特性，又要考虑深空环境下长延时、上下行不对称等特性，以适应不同的应用场景。

4）安全性。由于各类网络均遵循统一的架构和标准协议，因此网络安全需要被重点关注。

5）可实现性。目前，航天器的资源（包括计算能力、存储能力、网络能力等）相对地面而言是受限的，需要综合考虑各类协议在航天器中的可实现性。

空间网络协议体系包括空间通信协议和星载接口通信协议，目前地面互联网的TCP/IP以及CCSDS定义的空间通信协议、星载标准接口协议都可应用于空间网络，但如何取舍并制定适合我国空间信息网络的协议，仍需要进一步研究。

根据CCSDS以及地面TCP/IP体系，可建立如图9-6所示的空间网络协议体系。

上述协议体系基于空间信息网络的应用需求，以及各层协议之间的关系，对协议进行取舍，并对其中较新的协议进行应用方法研究，最后完善上述协议体系，给出在空间信息网络中不同角色航天器的协议配置以及应用方法，具体研究方案如下。

图 9-6　空间网络协议体系

（1）亚网层

按照通信链路所处的位置或者连接通信双方的相对关系，可以将通信网络分为航天器内部网络、空间网络和地面网络。航天器内部网络物理层包括 1553B 总线、高速总线（如 TSN、TTE 等）、内总线（如 ARINC659 总线）等。空间网络的物理层链路包括激光链路和微波链路。航天器内部网络协议针对不同的链路有相适应的协议，如 1553B 总线协议、TSN 协议、TTE 协议等。空间网络协议包括激光通信编码及同步协议、遥控同步和信道编码协议、遥测同步和信道编码协议、统一空间数据链路协议、动态接入协议、数据链路层安全协议等。

（2）网络层

在网络层，IP 已开始应用于航天器内和空间网络中，其中 IP over CCSDS 协议、封装业务包括其具体的应用方法、参数配置等，为 IP 包在空间网络中的传输提供支撑。

网络层与上下各层协议之间的关系如图 9-7 所示。

IP 包先经过 IP over CCSDS 的封装，加上 IPE 的头，再通过包装业务的封装，即可通过空间链路传送。

（3）传输层

在传输层，TCP、UDP 在地面网络中的应用已非常成熟，而 LTP 则是 CCSDS 新提交的传输协议，尚未在一些航天器中得到应用。

传输层协议与上下层的关系如图 9-8 所示。

图 9-7 网络层与上下各层协议之间的关系

图 9-8 传输层协议与上下层关系

（4）应用支持层

在应用支持层，本协议体系通过应用 PUS 协议、SOIS 的应用支持层业务，为星地操作、航天器之间远程操作、星内数据传输提供标准业务。PUS 是欧洲空间标准化组织（ECSS）创建的标准系列中的一个，它定义了地面和航天器之间的应用层级别的接口，用来满足电气组装、测试及飞行操作的需求。该标准主要内容包括：①描述了地面对航天器操作的基本概念，涵盖了对航天器监视与控制的基本需求；②定义了 16 类业务，用于满足地面操作的需要。该标准详细描述了地面如何利用这些业务进行标准化的操作，并且详细定义了业务请求（遥控包）和业务报告（遥测包）的数据格式。

9.3.2 星间链路技术

星间链路是指在卫星之间建立的通信链路，也称为星际链路或交叉链路。通过星间链路实现卫星之间的信息传输和交换，多颗卫星可以互联在一起，成为一个以卫星为交换节点的空间通信网络，从而降低卫星通信系统对地面网络的依赖。凭借星间链路，通信系统可以大幅减少地面信关站的部署数量，进而扩大通信服务的覆盖区域、实现更大范围的互联，而且信号在星间链路传播可有效避免大气和降雨等因素导致的信号衰减，形成相对独立的通信星座系统或数据中继系统。

近年来，以 Starlink、LeoSat、Iridium NEXT、O3b、OneWeb 等为代表的中低轨道星座项目发展迅速，在这些具备高带宽、大容量、低延时和全球覆盖等特色的通信星座系统的推动下，星间链路成为研究热点。目前，一些高通量卫星的通信容量已达到 5 Tbit/s，随着宽带大容量通信星座系统的建成，整个星座系统的通信能力将提升到 40 Tbit/s 以上。在这些星座系统中，美国的 Starlink 星座系统开始试验采用激光星间链路实现空间组网，以期达到网络优化管理以及服务连续性的目标；LeoSat 星座系统也将采用激光星间链路建立一个空间激光骨干网；加拿大的 Telesat 星座系统亦计划设置激光星间链路；而美国的 Iridium NEXT 星座系统则设置了 Ka 频段星间链路。

星间链路按照卫星所在轨道可分为同类型轨道（如 GEO-GEO、LEO-LEO 等）卫星间的星间链路和不同类型轨道（如 LEO-GEO 等）卫星间的星间链路。根据卫星所在轨道面，还可分为同轨道面星间链路和异轨道星间链路。以 Iridium NEXT 星座系统为例，其轨道间卫星链路如图 9-9 所示。

卫星 1 有 4 条 LEO-LEO 星间链路，其中两条是与同轨道面的相邻卫星建立的相对固定的星间链路（如图 9-9 中卫星 1 与卫星 2、3），另有两条是与邻近异轨道面的两颗卫星建立的可动波束星间链路（如图 9-9 中卫星 1 与卫星 4、5）。由于卫星星间链路设置的限制，因此卫星 1 与相邻异轨道面上的卫星 6、7 之间并没有星间链路，从而降低了星间链路设计的复杂度。

图 9-9　轨道间卫星链路示意图

值得一提的是，由于同轨道面卫星之间的位置关系是固定的，因此这类星间链路比较容易保持。但不同轨道面卫星之间的相对位置关系（如链路距离、链路方位角和链路俯仰角等）是时变的，不但要求天线具有一定的跟踪能力，而且星间链路也很难维持，以 Iridium NEXT 系统为例，星间链路约每 250 s 就需要切换一次。

星间链路除按照轨道划分以外，还可以按照工作频率分为微波链路（Ka 频段）、毫米波链路（部分 Ka 频段和 Q/V 频段等）、太赫兹链路（太赫兹频段）和激光链路等。

星间微波/毫米波链路具有技术相对成熟、可靠性较高、波束相对较宽、跟踪捕获容易等优势。星间激光链路的优势在于频带较宽，可以增加链路通信容量，设备功耗、质量、体积较小，波束发散角较小，具有良好的抗干扰和抗截获性能，系统安全性高。但星间激光链路相应的主要缺点是因波束窄而导致瞄准、捕获、跟踪系统复杂，因此跟踪技术是星间激光链路的关键技术。

星间太赫兹链路使用的频段介于毫米波和远红外波之间，因此太赫兹链路兼具毫米波通信和激光通信的优势。相对于毫米波通信，星间太赫兹链路通信容量更大，可达 10 Gbit/s 以上的传输速率；波束比毫米波更窄，方向性更好；太赫兹波可被大气层吸收，具有更好的保密性；设备质量和体积等比毫米波设备更小。与激光链路相比，太赫兹波通信比光通信的能量效率更高；太赫兹波比激光具有更好的穿透沙尘、烟雾的能力，在恶劣天气下，相比激光通信，太赫兹波通信具有一定的优势。

目前正在设计和建设的低轨道通信星座系统对是否设置星间链路采取了不同的方案，O3b 和 OneWeb 星座系统不设置星间链路，而 Starlink、LeoSat 和 Telesat 等星座系统选择采用激光星间链路，Iridium NEXT 星座系统则采用 Ka 频段星间链路。但是，设置星间链路会使星座系统的设计难度增大，卫星的技术复杂程度提高，星上路由选择等技术问题也相应产生。下面对星间链路选择问题进行梳理。

1）频率资源稀缺受限。星间链路可用的微波频率资源固定且有限，难以同时满足多个大规模星座系统的宽带星间链路使用；毫米波频段的频率资源较为丰富，但目前该频段的星载设备的成熟度相对较低；星间激光链路具有带宽高、抗干扰等优点，欧洲、美国、日本都在通过多项研究计划推动卫星激光通信技术的发展，当前，星间激光通信技术开始试验部署。

2）路由选择问题。对于规模较大的星座系统，星间链路的路由选择注定是一个极其复杂的问题，加之低轨道卫星的相对位置时刻在变化，因此需要及时更新路由表。若由星上完成该工作，则将大幅增加卫星的复杂程度和研制难度，同时降低了卫星对技术升级更新的适应性；若由地面完成路由分配再上传至卫星，则增大了星座系统对地面系统的依赖。另外，如果路由选择不是最佳方案，则数据在星座系统中被多次传输，使得信号延时明显增加，降低了低轨道星座系统在延时方面的优势。因此，路由选择是目前低轨道星座系统星间链路设计中的核心问题。

3）数据监管问题。既然通过星间链路可以在大气层外"编织"一张通信网络，那么如何监管通信数据，如何确保数据精准到达目的地而不被"窃取"，如何精确掌握业务信息的传输方式，都是需要高度重视的问题。

4）星间链路设计复杂和链路干扰问题。同轨道面内的卫星建立的星间链路相对固定，但是异轨道面的卫星甚至不同类型轨道卫星之间建立星间链路较为复杂，需要解决链路设置数目、综合覆盖范围、建链方向角度、链路距离以及链路切换频度等问题。星间链路工作时还需要避免与其他星间链路或星地链路产生相互干扰，以免导致各方的通信链路均受影响。

5）星间链路天线的限制。星间链路的天线或激光终端需要复杂的捕捉、跟踪、瞄准伺服机构和控制器，从而实现星间链路的及时建立和切换。但在低轨道的较小卫星平台上较难以同时安装多副星间链路天线或终端，这就限制了单颗卫星星间链路的设置。虽然可以选择相控阵天线，但问题在于这类天线的高昂费用和使用寿命等因素，限制了大规模构建星座系统的实际使用价值。

6）背景噪声控制问题。星间链路天线的指向范围变化较大，这就导致星间天线/终端的背景噪声温度动态变化，且变化幅度较大，进而影响星间链路的正常通信，若天线指向控制不当或者门限设置不当，要么导致通信阻断，要么引起链路自激。

虽然星间链路存在上述可能出现的问题，但它适合不便在全球布置地面信关站的中低轨道星座系统；而且星间链路的抗毁性强，可以不依赖地面独立组网通信，通过星座系统能扩大通信系统的覆盖范围，还能在一定程度上解决地面蜂窝网的漫游问题。因此，星间链路仍受到重视和应用。凭借星间链路在通信和测控等方面的技术优势，通过合理设计和使用，可以充分发挥其潜力。

9.3.3　空间网络路由技术[4]

现有的卫星网络路由研究可以分为两个主要类别：域间卫星路由和域内卫星路由。随着使用 LEO 卫星大型商业星座系统的话题重新流行，近年来的一些工作研究了新兴巨型星座系统中的拓扑设计和路由设计，这些工作主要是建立在某种特定的星座系统设计（如 Starlink）之上的。本部分将介绍一些目前在卫星空间路由方面的进展和成果。

针对空间网络高动态、长延时的特点，在现有 OSPF 协议的基础上改进。通过划分区域，将链路状态信息的分发限制在区域内，有效提升了路由信息的收集速度，可以更快地响应网络拓扑和流量的动态变化。与此同时，每颗卫星仅维护所处区域的路由信息，降低了路由的更新频率、路由计算和存储的开销。

（1）节点编址

为了减小转发表对资源的占用并提高分组的查表效率，可以对空间路由器采用如图 9-10 所示的基于 IPv6 地址的节点编址方案。

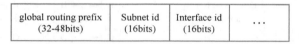

图 9-10　基于分区的节点编址

该方案采用了基于逻辑拓扑的编址思想，将分区编号（area ID 高 8 位，8 bit）、卫星轨道面（satellite orbit，8 bit）、卫星编号（satellite id，8 bit）、卫星的接口编号（interface id，8 bit）嵌入到地址中。这样一来，路由器就可以直接从地址中获取分区编号信息（从自治系统外部注入的地址前缀不在本书的讨论范围内）和路由器编号信息。同时，在分组转发的过程中，卫星只需要知道地址中的 area ID 即可将它发送到对应的分区，而不需要提取整个 IPv6 地址，这样就可以提高分组的处理和查表效率。

例如地址：2001:da8:0101:0101::1/64，其中 2001:da8 为 32 位前缀，其后的第一个 01 代表的是 area ID 的高 8 位，第二个 01 代表的是所属轨道面，第三个 01 代表的是第几台路由器，第四个 01 代表的是这台路由器的第几个接口。

（2）分区组织

卫星的周期性运行会导致在轨道的交汇地区发生链路转交（handover），我们希望将链路转交的影响局限在分区内部。图 9-11 展示了一些划分分区的例子（图中实线为轨道内链路，虚线为轨道间链路）。

图 9-11　分区划分示意图

（3）拓扑变化

当分区间链路状态发生变化时，并不一定会导致分区间的拓扑发生变化。假设分区 A 和分区 B 相邻，直连的节点将根据本分区内各节点直连的分区间链路的状态，判断分区间的连接关系是否发生了变化。只有当分区 A 的所有分区边界路由器与分区 B 的所有分区边界路由器之间的直连链路都断开时，分区间的拓扑才会发生变化。此时进行分区间拓扑信息的洪泛和路由重计算。由于 ASER 协议在分区划分时尽可能使分区间链路较为丰富，因此分区间拓扑在绝大多数情况下都不会发生变化。

（4）路由收敛

链路状态路由协议通过链路状态通告的洪泛，使得自治系统内的卫星获得一致的网络链接状态。由于链路中断和重新恢复连接的情况类似，因此接下来将重点介绍链路中断的情况和相应的处理方案。图 9-12 显示了 3 种不同类型的链路断开及相关的链路状态信息洪泛情况。

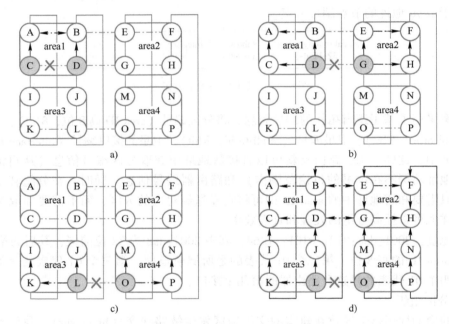

图 9-12　链路断开与链路状态信息洪泛

分区内链路断开的情况如图 9-12a 所示。当图 9-12a 中路由器 C 与路由器 D 之间的链路断开后，两台路由器分别生成链路状态通告，并在当前分区（area1）内洪泛。在洪泛前，路由器首先判断邻居路由器是否和自己属于同一分区，如果是，则洪泛分组给邻居路由器，否则抑制洪泛。分区内的路由器收到链路状态通告后可能触发路由重计算过程，计算分区内的最短路径树并更新分区内路由表。该情况下的链路状态通告洪泛规则是只将链路状态通告洪泛给同一分区的邻居路由器，两颗卫星是否属于同一分区可以直接通过地址中的 area ID 来判断。

两个分区间链路发生断开的情况之一如图 9-12b 所示，但它们之间仍然有其他链路相连。当图 9-12b 中路由器 D 与路由器 G 之间的链路断开后，这两台路由器会分别生成链路状态通告，并在各自所在的分区内进行洪泛。这同样会触发分区内路由重计算过程，计算的结果将是减少一个可以到达的邻居分区的路由表项，因此该计算过程能以很小的开销完成。

两个分区间链路发生断开的情况之二如图 9-12c 所示，这两个分区之间不再有链路相连。当路由器 L 与路由器 O 之间的链路断开后，L 和 O 首先要生成并洪泛分区内链路状态通告；然后 L 和 O 所在分区负责生成分区间链路状态通告（Zone-LSA）的路由器收到链路状态通告后，通过所在分区内的链路状态数据库检测到 area3 和 area4 不再相连，生成并洪泛 Zone-LSA。

如图 9-12d 所示，与分区内链路状态通告不同，分区间链路状态通告并不会记录真实的物理链路状态，而是记录了分区之间的连通情况，且洪泛的范围是整个自治系统。如果分区间存在多条权值相等的路径，则路由器会为每条路径（它们的下一跳不相同）生成一个分区间路由表项。

（5）分区 DR 选举

当遇到分区间的链路同时断开时，若不采用一定的机制限定分区间链路状态通告的生成，则可能会导致多个路由器产生重复的链路状态通告，而重复的链路状态通告的洪泛会浪费网络带宽资源和路由器存储资源，还会频繁产生分区间路由重计算，降低路由收敛速度。因此，需要采用一定机制来限定分区间链路状态通告的生成。我们定义，每次收到分区内链路状态通告 Router-LSA 或 Network-LSA 时，都会进行一次分区间链路状态通告生成者的选举，规定当前分区内拥有最小 RouterID 的路由器负责生成 Zone-LSA。注意，对这个选举过程的理解应该为当前路由器通过检查分区内其他路由器的 RouterID，对比当前路由器自己的 RouterID，来决定当前路由器是否获得生成 Zone-LSA 的资格，而不是在所有路由器上同时进行选举。若一台路由器原先负责生成分区间链路状态通告，但自某一时刻后它不再是分区内 RouterID 最小的路由器，那么它要将其原来生成的所有分区间链路状态通告过期。而刚刚成为负责生成分区间链路状态通告的路由器，即当前分区内拥有最小 RouterID 的路由器，要立刻生成分区间链路状态通告。若负责生成 Zone-LSA 的路由器发生故障而"死"机，则这台路由器生成的 LSA 将会在其 LS "年龄"达到 MaxAge 后自动过期。

为了应对复杂的低轨道卫星网络环境，设计了基于分区的卫星网络路由（Area-based Satellite Routing，ASER）协议。通过划分区域，每颗卫星仅维护其所处区域的链路状态数据库，有效降低了路由更新的频率、数据库同步的通信开销和路由计算开销。ASER 属于动态路由协议，可以快速响应节点失效和链路拥塞。另外，区域间由多条链路相连，连接状态不会因为部分链路的通断而发生切换，因此区域间路由更加稳定。将区域间的流量合理地分配到不同的区域间链路上，在一定程度上实现了负载均衡，缓解了卫星网络中因为流量分布不均而可能导致的拥塞问题。从本质上来讲，ASER 采用了层次化路由的思想，通过划分区域使得区域间和区域内的路由相互分离，起到减少控制消息开销、提高协议收敛速度、增强路由可扩展性的作用。

在上述总体框架下，设计了优化路由区域划分的方法，在控制平面提出了区域内部路由机制和区域间路由机制，在数据平面提出了基于分区路由的分组转发方法。

1. LSA 模块

（1）数据结构

1）Zone-LSA。

为了通告分区间拓扑信息，新增了 Zone-LSA，其具体格式如图 9-13 所示。其中，Link State ID 为本区域 area ID；Advertising Router 设置为 0；Ls CheckSum 改为 Options，表示暂时未填充，值为 0。

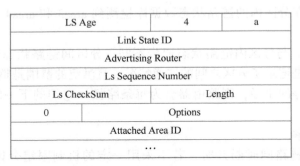

图 9-13　Zone-LSA 具体格式

Zone-LSA 的 LS 类型字段为 0x400a，它的洪泛范围为自治域洪泛范围（AS Flooding Scope）。每个分区都会生成且只生成一个 Zone-LSA。这个 Zone-LSA 描述了所有与该分区相连的分区信息。Zone-LSA 的链路状态 ID 为该分区的分区号。

2）Router-LSA。

为了支持分区结构，修改了 Router-LSA。如果路由器是分区边界路由器（当收到 HELLO 报文时，进行判断，如果 area ID 与自己的 area ID 不一致，则此路由器是分区边界路由器），则 Router-LSA 的 B 位设置为 1；如果 Router-LSA 的 Type 字段填 5，则代表分区边界链路，Neighbor Interface ID 字段填的是邻居分区 ID。Router-LSA 格式如图 9-14 所示。

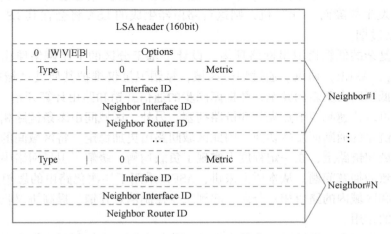

图 9-14　Router-LSA 格式

（2）处理流程

1）区域内普通路由器。

对于从收到的 Router-LSA、Network-LSA 中提取出的 Router-ID，与自己的 Router-ID 进行比较，如果自己的 Router-ID 是整个分区最小的，则自己为分区 DR，角色转换为分区 DR，否则，记录当前分区内的分区 DR。

接收和处理 Zone-LSA，进行路由计算，维护分区间路由信息。

2）区域边界路由器。

对于接收到的 HELLO 报文，不检查区域 ID 字段是否与本区域 ID 相同，直接建立邻居关系。

对于接收或者发送的 DD、LS Update 报文，检查区域 ID 是否相同，如果不相同，则对 Network-LSA、Router-LSA、Intra-prefix-LSA 进行忽略，可以接收或者发送 Zone-LSA 和 Link-LSA。

与邻居分区的边界路由器建立邻居关系后，本路由器洪泛的 Router-LSA 的 B 位设置为 1，这条链路的 Type 字段填 5，代表分区边界的 point-to-point 链路，Neighbor Interface ID 字段填的是邻居分区 ID。

分区内最小 RouterID 的路由器产生 Zone-LSA。

通过 B 位为 1 的 Router-LSA 获取邻居分区 ID（这种 Router-LSA 的 Neighbor Interface ID 为邻居分区的 ID），在某个邻居分区无连接后或者某个分区由无连接变为只有一条连接时，产生和洪泛 Zone-LSA。

3）分区 DR 路由器。

在接收到的 Router-LSA 的 B 位置为 1 时，与本地之前保存的该路由器发送 Router-LSA 的 Type 为 5 的链路进行比较，如果没有变化，则不进行任何动作；如果与之前不相同，则进行如下操作。

- 如果是新增了一条分区间链路，且去往这个分区只有这一条路，则产生一条 Zone-LSA 并且在所有接口进行洪泛，否则仅仅计算分区内路由表和分区间路由表，没有其他动作。
- 如果是删除了一条分区间链路，且是去往这个分区的唯一路径，则产生一条 Zone-LSA 并且在所有接口进行洪泛，否则仅仅计算分区内路由表和分区间路由表，没有其他动作。

2. 路由计算模块

在分区路由协议中，路由计算有两种类型：分区内路由计算和分区间路由计算。若 Router-LSA、Network-LSA 和 Link-LSA 改变，则该分区的路由表将会被触发重计算，和这个分区相关的全局路由表将会被计算。Zone-LSA 的改变，将会导致分区间路由表被触发计算。路由计算主要分为以下三个部分。

（1）计算分区内的最短路径树

由于分区内的最短路径树算法采用的是 Dijkstra 算法，因此所有涉及的链路状态数据库都是分区内的数据结构，具体步骤可以沿用 OSPF 的相关算法，在此不再赘述。当分区内的路由计算完成时，需要重新进行此分区的分区间路由计算。

（2）把邻居分区的边界路由器加入分区内路由表

在分区内路由表计算完成后，就会立刻把邻居分区的边界路由器加入当前分区的分区内路由表。在边界路由器上，维护着邻居分区的边界路由器列表，路由器为每个分区生成一条网段格式为 global prefix+area ID（高 8 位）的路由，在对应接口的链路状态数据库中，找到邻居分区的边界路由器通告的 Link-LSA，将该 Link-LSA 的本地接口地址作为前往该路由器的下一跳。

（3）计算分区间的最短路径

由于分区间的最短路径算法采用的也是 Dijkstra 算法，因此所有涉及链路状态的数据库都是基于分区的数据结构，具体步骤可以沿用 OSPF 的相关算法，可以把链路状态数据库当成一张有向图，图上的点就是分区，称之为分区节点。对于每个分区节点与每个分区路由表的计算，需要注意以下几点。

- 分区的前缀为 global prefix+area ID（高 8 位），其中整个自治域内各节点的 global prefix 都是相同的。
- 在计算完成分区间路由表后，下一跳字段为中间分区 ID，通过中间分区 ID+中间分区 global prefix，查找分区内路由表，命中路由表后，将这条路由的下一跳作为分区间路由表条目的下一跳，路由的 cost 值加 10。
- 当中间节点的路由发生变化时，将重新进行路由计算；相应的分区间路由表也需要改变。
- 分区间路由表和分区内路由表最终合成一张表（路由标识不同，分区间的路由标识为 PR），统一进行路由管理。
- 数据转发模块根据目的地址，正常转发。数据包转发时，查找路由表，如果是到其他分区的数据包，则本分区会生成一个格式为 global prefix+area ID（高 8 位）的路由，匹配到此条路由后，将数据包发送到下一个分区。转发表不做改变，结构与现有转发表相同。

为了从根本上构建真实世界和虚拟网络中的统一定位与寻址基准，提出了基于 IPv6 和空间位置的一体化网络协同编址与分配方案。该方案针对卫星拓扑动态变化、链路频繁切换、高误码、非对称等特性，结合地理位置编码方法对全球地表位置进行层次化分区和编码，为网络地址增加语义，实现 IP 编址的天地全网统一、唯一与兼容，降低用户 IP 地址切换频率，使用户地址分配与切换无关，同时避免路由更新，增加网络稳定性。

9.4　卫星互联网的主要应用场景

卫星互联网相对于传统地面通信网络具有许多优势，因为传统地面通信网络在海洋、荒漠、偏远山区等地理条件限制下铺设难度大，成本高。而卫星互联网不受地理条件限制，可以有效地补充和延伸传统地面通信，通过构建天地一体化信息网，实现网络信息的全球无缝覆盖，应用于航空、航海、陆地和轨道交通等行业领域。

卫星互联网的典型应用场景包括以下四类[5]。

第一类是宽带接入，它提供互联网网络接入、卫星电视、卫星电话等服务，适用于由于地形、环境等原因无法铺设有线通信设施的偏远地区。

第二类是航空、航海和轨道交通，通过在飞机、动车或轮船上装载卫星终端，可以提供机/车载 WiFi 互联网服务，卫星定位和海事卫星电话等服务。在全球范围内，航空和航海通信市场潜力巨大，而且卫星互联网在海岛和偏远地区的通信方面也非常实用。

第三类是灾备应急通信，通过卫星通信可以在公共突发事件、自然灾害、恐怖袭击、大型赛事活动等情况下完成应急通信、数据备份与恢复、异地灾备等。

第四类是政企专网，它主要满足政府和企业的特定需求，如电力和石油企业。它涉及部分海外跨境业务，需要与总部企业内网互联以进行数据传输、网络电话、视频接入、OA 办公等相关业务。

除以上四类应用以外，卫星互联网还具有适用于高频量化交易的优势。由于光纤的限制，全球各大外汇交易市场的价格不是同步变动的。卫星互联网的星间通信真空光速要比光纤内的光速高，因此可以减少几十毫秒的误差。对于高频交易程序，这非常有利。在全球范围内，各大交易所、主要外汇交易商或流动性提供商都必然会购买卫星互联网服务[6]。

9.5　本章小结

本章从卫星通信技术入手，对卫星互联网系统的总体架构、组网方式，以及卫星互联网协议和技术原理进行详细介绍。通过阅读本章内容，读者能够对卫星互联网的技术、发展趋势、主要应用场景有一个比较全面的了解。

习题

1. 什么是卫星互联网？卫星互联网与传统互联网是什么关系？
2. 为什么要发展卫星互联网？
3. 简述卫星互联网的总体架构并说明各部分的功能。
4. 卫星互联网有几种组网方式？
5. 通信卫星的星间链路有哪几种方式？各有哪些特点？
6. 卫星互联网的路由有哪些特点？
7. 卫星互联网的主要应用场景有哪些？

参考文献

[1] 未来智库. 卫星行业深度报告：低轨通信群星竞耀，天基互联加速发展［EB/OL］. https://xueqiu.com/9508834377/148907199.

[2] 张更新，王运峰，丁晓进，等. 卫星互联网若干关键技术研究［J］. 通信学报，2021，42（8）.

[3] 李贺武，吴茜，徐恪，等. 天地一体化网络研究进展与趋势［J］. 科技导报，2016，34（14）.

[4] ZHANG X, YANG Y, XU M W, et al. ASER：Scalable Distributed Routing Protocol for LEO Satellite Networks［C］. In 2021 IEEE 46th Conference on Local Computer Networks（LCN），2021.

[5] 李强，顾芳，韩志军. 卫星互联网产业现状综述［J］. 通信技术，2020，53（8）.

[6] 洪伟权. 卫星互联网发展前景［J］. 通信企业管理，2020（9）.

第 10 章
移动互联网安全

本章主要介绍移动互联网的安全机制及其相关技术，其中 10.1 节是移动互联网安全概述，主要介绍网络安全的基本概念、安全目标、安全服务和安全机制，以及移动互联网安全涉及的内容；10.2 节分析移动终端安全，包括终端安全威胁和安全防护；10.3 节分析无线接入安全，主要介绍 IEEE 802.11i 安全标准；10.4 节介绍传输层安全（TLS）协议和 HTTPS；10.5 节介绍移动云计算安全，重点是云数据机密性、完整性、访问控制和可信删除等方面的技术；10.6 节为本章小结。

📖 教学目标
- 了解移动互联网安全的主要问题、目标与服务机制。
- 掌握移动终端安全的机制、主要威胁和防护手段。
- 了解无线接入的安全威胁，熟悉 IEEE 802.11i 的安全标准和安全接入过程。
- 熟悉 TLS 协议和 HTTPS。
- 掌握移动云计算安全相关技术。

10.1 移动互联网安全概述

互联网最初应用于科研领域，因此对于安全性和资源的审计不太重视。现今，互联网广泛应用于商业、金融、交通等领域，成千上万的普通民众使用计算机网络进行网上购物、银行事务处理和网上聊天等活动，这就要求计算机网络提供一个安全、可靠的信息基础设施，这给互联网技术的发展带来了很大的挑战，互联网的安全问题成为重要的研究领域[1]。

网络安全和
网络管理

移动互联网之所以能够得到广泛的应用，是因为移动互联网不像传统有线互联网那样受到地理位置的限制，移动互联网的用户不像有线互联网的用户那样受到通信电缆的限制，可以在移动的环境下进行通信。移动互联网的上述优势构建在无线接入技术的基础上，而无线信道具有开放性，它在保证用户通信自由的同时，也给移动互联网带来了一些不安全因素，如通信内容容易被窃听、通信对方的身份容易被假冒等，可以说，无线连接使信息偷窥者的梦想成为现实：无须做任何工作就可以免费获得数据，因此，相比有线系统，安全性对无线系统更加重要[2]。

另外，移动互联网广泛应用于金融、工业和军事领域，这些应用需要建立安全机制。因此，移动互联网面临着更为严峻的安全威胁，并且移动互联网的应用具有强烈的安全需求，移动互联网的安全问题成为学术界和工业界重点研究的领域之一[3]。

10.1.1　网络安全基本概念

广义的计算机安全是指主体的行为完全符合系统的期望，系统的期望可表达成安全规则，也就是说，主体的行为必须符合这些安全规则对它的要求。ISO 给出的狭义的系统与数据安全的定义则包括机密性、完整性、可确认性和可用性，其中，机密性是指使信息不泄露给未得到授权的个人、实体或者进程，不被未得到授权的个人、实体或者进程使用；完整性是指数据不会遭受非授权方式的篡改或者破坏；可确认性是指确保一个实体的行为具有唯一性，能够根据行为确定该行为的实体，并实现对实体行为的有效跟踪和控制；可用性是指根据授权实体的请求被访问以及被使用。

计算机网络安全属于计算机安全的一种，是指计算机网络上的信息安全，主要涉及计算机网络上信息的机密性、完整性、可确认性和可用性，并且还涉及网络的可控性。也就是说，计算机网络系统内的硬件、软件中的数据受到保护，不因偶然的或者恶意的原因而遭到破坏、更改或者泄露，计算机网络系统得以持续、稳定、正常地运行。

10.1.2　网络安全的目标、服务与机制

网络安全体系由安全目标、安全服务、安全机制，以及安全算法和算法的实现组成。安全目标借助多个安全服务实现，安全服务由多个安全机制组成，不同的安全服务可能具有相同的安全机制，安全机制则需要算法和实现予以完成。

1. 安全目标

网络安全的目标主要包括保密性、完整性、可用性和可确认性。保密性是指，保护信息内容不会被泄露给未授权的实体，网络中的业务数据、网络拓扑、流量都可能有保密性要求，以防止被动攻击。这是学者考虑网络安全时首先要想到的内容。完整性是指，保证信息不被未授权地修改，或者如果被修改，则可以检测出来，主要指防止主动攻击，如篡改、插入、重放。可用性是指，保证授权用户能够访问到应得资源或服务，要求路由交换设备具备一定的处理能力，具有适宜的缓冲区和链路带宽，主要需要防止对计算机系统可用性的攻击，如拒绝服务攻击等。可确认性是指，保证能够证明消息曾经被传送，能够证明用户对计算机网络的访问。

2. 安全服务

为了实现上述安全目标，需要具备相应的安全服务，安全服务主要包括认证服务、保密服务和数据完整性保护。

认证服务是指在进入商务交易或者显示重要信息之前，需要确定自己在与谁进行通话。其主要包括两种形式：对等实体认证和数据源发认证。对等实体认证针对面向连接的应用，确保参与通信的实体的身份是真实的；数据源发认证针对无连接的应用，确保收到的信息的确来自它所宣称的来源。保密服务是指确保信息不会被未授权的用户访问，主要包括连接保密服务与无连接保密服务。数据完整性保护是指确保消息的完整性，确保信息不会受到篡改。

3. 安全机制

上述安全目标有赖于一定的安全机制加以实现，安全机制的实现需要协议栈各层的配

合。物理层对通信频道加密以防止搭线窃听。在数据链路层上，对点到点线路上的分组进行加密，也就是链路加密机制。网络层通过安装防火墙等方式区分恶意分组和普通分组，对普通分组加以转发，禁止恶意分组进入。传输层采用从进程到进程的加密方式实现端对端的安全。应用层主要处理用户认证和服务的不可否认性等问题。

10.1.3　移动互联网安全

移动互联网的一个重要方面就是各种各样的移动应用，而这些移动应用多数都需要云计算的支持。因此，移动互联网安全除包括移动终端安全、无线接入安全和网络传输安全以外，还涉及云计算安全，如图10-1所示。

图 10-1　移动互联网安全涉及的内容

1. 移动终端安全

近年来，移动终端发展迅速，性能不断提升，用户数量激增，与此同时，它还面临着严重的安全问题。虽然终端操作系统设置了安全机制并对安全漏洞进行更新，但出于获利动机，依然有恶意攻击者利用木马、间谍软件等恶意软件威胁终端的安全。同时，终端破解带来的安全威胁也不容忽视。如何从硬件、系统层级加强终端安全，如何识别恶意软件并采取有效应对措施，都是摆在终端厂商、学者面前的难题。

2. 无线接入安全

移动互联网接入阶段是指终端连接 IEEE 802.11 无线局域网路由器，以及终端与路由器进行数据交互的整个过程，移动互联网接入安全则针对这一阶段。随着 IEEE 802.11 无线局域网技术的不断成熟与无线路由器硬件价格的不断降低，WiFi 成为移动终端接入互联网的主要方式。与传统有线网络相比，无线网络开放的特点大大降低了攻击者的攻击难度。在学术界和工业界的共同努力下，一系列安全机制得以研发并使用。WPA2 作为主流安全机制，利用加密算法、四次握手、基于端口的访问控制等方式确保无线接入安全。

3. 网络传输安全

互联网的诞生让我们生活在一个相互连接的世界。随着移动互联网的发展，我们能够在手机上浏览网页、购买商品、支付账单，而这些服务都可以归纳为 Web 服务，因此保证 Web 安全至关重要。网络数据在传输的过程中面临着被窃听、篡改、冒充的威胁，通信双方面临着如何有效认证对方身份的问题。SSL/TLS 协议是保证互联网安全传输的措施之一，应用广泛的 HTTPS 即利用 TLS 建立安全连接，为用户提供安全 Web 服务。

4. 云计算安全

云计算为移动应用提供服务，然而云计算是一个虚拟化的多租用户环境，面临来自云外部和内部的各种攻击。恶意攻击者可以通过网络接入云端，对云数据中心发起各种网络攻击，从而窃取或篡改用户数据；非法的云用户可能在未授权情况下访问其他用户的敏感信息或破坏其存储在云端的数据；部分云服务商存在偷窥用户数据的可能性。面对上述安全威胁，如何保证云计算环境中用户数据的机密性、防止被非法访问，以及如何确保用户数据的完整性，同时确保用户无用数据的可信删除，都是具有挑战性的研究课题。

10.2　移动终端安全

2007 年，苹果公司发布了第一代 iPhone 智能手机，开启移动智能终端时代。谷歌公司推出的 Android 智能操作系统让移动智能终端在全球范围内得到大规模推广，全球智能手机用户数量已超过 60 亿，预计未来将进一步增长。根据《2021 年上半年度中国手机安全状况报告》[4]，2021 年上半年，360 "安全大脑" 截获移动端新增恶意程序样本约 385 万个，平均每天截获新增手机恶意程序样本约 2.1 万个。移动端新增恶意程序类型主要为资费消耗，占比为 91.7%；其次为隐私窃取（7.3%）、"流氓" 行为（0.8%）、远程控制（0.1%）等。

防范网络病毒

10.2.1　终端操作系统安全机制

目前，市场上主流的智能终端操作系统有 Android 和 iOS。由于设计兼顾了系统性能、可用性、安全性和开发方便性，Android 受到了广大用户、设备厂商和应用开发者的欢迎，近年来市场占有率一直维持在 80% 左右，苹果公司的 iOS 则凭借 iPhone 受到消费者的青睐而拥有一定的市场占比。根据前瞻产业研究院发布的《2023～2028 年中国操作系统行业市场前瞻与投资战略规划分析报告》中的数据，截至 2021 年 7 月，在全球生产的手机中，72.27% 为安装了 Android 操作系统的终端设备，而安装了 iOS 操作系统的终端设备的占比为 26.95%。

1. Android 系统简介

如图 10-2 所示，Android 系统分为四个层次，分别是 Linux 内核层、系统库层、应用框架层和应用层。各层功能和关键技术介绍如下[5]。

- Linux 内核层。Android 是基于 Linux 内核开发出来的，Linux 内核层包括系统层安全机制、内存管理、进程管理、网络堆栈和一系列驱动模块，位于硬件与其他的软件层之间，为上层提供与硬件的交互服务。
- 系统库层。系统库层包括 Android 系统库和运行环境。系统库是为应用程序（Application，App）运行提供服务的 C/C++库。运行环境包括核心库和 Dalvik 虚拟机，其中核心库既包含 Java 核心类库的大部分内容，又包含利用 Java 本地调用等方式封装的 C/C++库，用于向应用框架层提供调用底层程序库的接口；Dalvik 虚拟机负责解释运行 Java 代码。
- 应用框架层。应用框架层为应用开发者提供了用于访问核心功能的 API 框架，并提供了各种服务和管理工具，包括界面管理、数据访问、应用层消息传递电话管理、定位管理以及 Google Talk 服务等功能。
- 应用层。Android 自带的应用有主桌面、邮件、短信/彩信（SMS/MMS）、日历、地图、浏览器、联系人管理等，这些程序通常由 Java 语言编写，通过调用应用架构层所提供的 API 完成。在个人开发过程中，也可以使用 Java 通过 JNI 的方式，配合 Android NDK（Native Development Kit，原生开发工具包）来开发原生程序。

图 10-2　Android 系统框架图

另外，第三方类库是指来自第三方平台的 API 集合，开发者可以在自己的应用中使用这些接口来方便地实现官方 API 未实现的功能。

2. Android 系统安全机制

Android 的安全模型由 3 个部分组成[5]：Linux 安全机制、Android 本地库及运行环境安全与 Android 特有的安全机制。

1）Linux 安全机制。Android 继承了 Linux 的安全机制，主要有 POSIX（Portable Operating System Interface of UNIX，可移植的 UNIX 操作系统接口）用户和文件访问控制。

- POSIX 用户。在安装每个 APK 格式文件时，Android 会赋予该文件唯一 Linux 用户 ID，以避免不同代码运行于同一进程。
- 文件访问控制。Android 系统中的每个文件都绑定 UID、GID 和 rwx 权限，用于进行自主访问控制，且所有用户和程序数据存储在数据分区，与系统分区隔离。

2）Android 本地库及运行环境安全。这部分安全机制由 Android 本地库及运行环境提供，主要包括以下内容。

- 内存管理单元。系统通过为各个进程分配不同的地址空间达到隔离进程的目的，各进程只能访问自己的内存页，而不能访问其他进程的内存空间。
- 强制类型安全。Android 使用属于强类型的 Java 编程语言，强制变量在赋值时必须符合其声明的类型，通过编译时的类型检查、自动的存储管理和数组边界检查保证类型安全，避免出现缓冲区溢出。

- 移动设备安全。电话系统的基本属性集来自识别用户、监督使用和收费的需求。Android 借鉴智能手机设计的这些典型安全特征，认证和授权通过 SIM 卡及其协议完成，SIM 卡中保存使用者的密钥。

3）Android 特有的安全机制。这些安全机制由四部分组成，分别是权限机制、组件封装、签名机制和 Dalvik 虚拟机。

- 权限机制。Android 的权限管理遵循"最小权限原则"[5]，即所有的 Android 应用程序都被赋予了最小权限。如果一个 Android 应用程序想访问其他文件、数据和资源，就必须进行声明，以所声明的权限去访问这些资源，否则将无法访问。但是，Android 的权限机制存在安全缺陷，主要包括粗粒度的授权机制、粗粒度权限、不充分的权限文档、溢权问题等。
- 组件封装。组件封装可以保证应用程序的安全运行。若组件中的 exported 功能被设置为 false，则该组件只能被应用程序本身或拥有同一 UID 的应用程序访问，此时，该组件称为私有组件；若 exported 被设置为 true，则该组件可被其他应用程序调用或访问，此时该组件称为公开组件。Android 系统共有四种类型组件，分别是用户界面（activity）、后台进程（service）、内容提供器（content provider）和广播接收器（broadcast receiver）。
- 签名机制。为便于安装，Android 将应用程序打包成 APK 格式的文件. 一个 APK 文件不仅包含应用程序的所有代码（DEX 文件），还包含应用程序所有的非代码资源，如图片、声音等。Android 要求对所有的应用程序（代码和非代码资源）都进行数字签名，从而使应用程序的作者对该应用负责。只有证书有效，且公钥可以正确地验证签名，签名后的 APK 文件才是有效的。
- Dalvik 虚拟机。Dalvik 虚拟机是 Android 系统的关键组成部分，它与 Java 虚拟机（JVM）不同，是专门为资源有限的移动终端设计的，可使智能手机同时有效地运行多个虚拟机。每个应用程序都作为一个 Dalvik 虚拟机实例，在自己的进程中运行。Dalvik 虚拟机与 POSIX 用户安全机制一起构成了 Android 沙盒机制。

3. iOS 系统及其安全机制

iOS 是苹果公司开发的基于 UNIX 内核的智能终端操作系统，能够运行在 iPhone、iPad 等设备上。iOS 共分为四层，自下而上分别是核心操作系统层（Core OS layer）、核心服务层（Core Services layer）、媒体层（Media layer）和可触摸层（Cocoa Touch layer）[6]。

- 核心操作系统层。核心操作系统层为上层服务提供底层支持，而这些支持往往不被开发者和使用者所察觉。
- 核心服务层。核心服务层为应用程序提供基本的系统服务，这些服务定义了所有应用程序使用的基本类型。
- 媒体层。媒体层为应用程序提供图像、音频和视频的技术支持。
- 可触摸层。可触摸层包含构建 iOS 应用程序的主要框架。这些框架定义了应用程序的外观，并为它提供多任务、触摸输入、通知推送等关键技术的支持。

iOS 系统的安全机制介绍如下。[7]

- 地址空间配置随机加载（ALSR）。ALSR 是一种针对缓冲区溢出的安全保护技术，通过对堆、栈、共享库映射等线性区实现随机化布局，增加目的地址预测的难度，防止代码位置的定位攻击，阻止缓冲区溢出。

- 代码签名。为了确保所有系统中可执行代码的真实性，iOS 强制所有的本地代码（命令行可执行文件和图形应用程序）必须由受信任的证书签名。苹果公司规定 App Store 是其唯一的 App 下载渠道，所有开发者都必须在注册后才能提交应用程序，并且只有在通过苹果公司的审核后才能被广大用户下载[8]，这样能够有效避免用户随意安装从网上下载的恶意应用程序。
- 沙盒机制。沙盒机制通过为每个应用程序分配私有的存储空间，为应用程序及其数据提供隔离保护。沙盒机制用于内置应用程序、后台进程和第三方应用程序。
- 数据加密。iOS 通过硬件级加密服务对用户敏感数据进行加密，为系统提供安全保障。

10.2.2　移动终端安全威胁

1. 移动终端的特点

近年来，移动终端面临的安全威胁日益严峻，通过移动终端侵害用户利益的事件层出不穷。究其原因，不一而足（将会在下文中进行讨论），但移动终端自身的特点需要在研究安全事件频发原因之前知晓。与传统的 PC 相比，移动终端具有以下特点[9]。

- 移动性强。移动终端的实时位置具有很强的移动性，因此很容易被盗或遭受物理侵害，如将终端连入 PC 后窃取数据资料。
- 个性化强。每一个移动终端都代表着一个独特的用户。
- 强连接性。移动终端能够提供短信、彩信、邮件和网络连接等服务，这使得移动终端具备强连接性，恶意软件可以通过不同的渠道"感染"设备。
- 功能汇聚。移动终端能够提供多样化功能，除传统的电话、短信以外，还包括 GPS 定位、银行交易、社交网络等，这增加了移动终端受到攻击的媒介和场景。
- 设备性能不足。与 PC 端相比，移动终端的性能不足，这使得多数 PC 端成熟的安全防护机制无法直接移植到移动终端上。

2. 安全攻击的目标

移动终端领域出现的安全事件都会使用户蒙受损失，了解攻击目标则会帮助我们对移动终端安全有更加全面的认识。目前，针对移动终端实施的攻击有窃取隐私、嗅探、拒绝服务和恶意账单。

1）窃取隐私（Privacy）。鉴于移动终端个性化强的特点，用户的很多隐私信息都留存在终端系统中，这些信息包括 SMS/MMS、GPS 定位、联系人、浏览历史等，由于用户隐私信息价值高，因此使得攻击者愿意利用多种攻击手段对用户隐私进行窃取。近年来，以窃取隐私为目的的安全事件层出不穷，苹果公司甚至因涉嫌允许应用程序未经用户允许将隐私信息发送给广告网络而被起诉[10]。另外，GPS 定位也是多数攻击者伺机窃取的用户隐私类型。

2）嗅探（Sniffing）。目前，移动终端中安装有多种传感器，如传声器（俗称麦克风）、摄像头、GPS 模块、陀螺仪等，这些传感器在丰富终端功能为用户提供便利的同时，也成为攻击者的攻击目标。攻击者对终端实施攻击后，利用多种传感器能够对用户实施嗅探，具体嗅探方式包括窃听用户谈话、偷拍用户等。

3）拒绝服务（Denial of Service）。攻击者发起拒绝服务攻击致使设备失去服务能力，鉴于移动终端强连接性与设备能力不足的特点，攻击者往往只需要付出较小的代价就能完成攻击。使设备丧失服务能力的方法主要有两种，其一是执行耗电量大的程序，其二是一段时间之内持续拨打其电话或发送短信使设备无法正常工作。

4）恶意账单（Overbilling）。在以产生恶意账单为目的的攻击中，攻击者往往向用户强加收费账单或窃取用户账户余额。一种典型的恶意账单攻击类型：攻击者在终端执行下载命令，用户在不知情的情况下消耗巨额流量，从而不得不向运营商支付流量费用。

3. 安全攻击的动机

上文介绍了移动终端领域安全攻击的目标，下面介绍安全攻击的动机。动机与目标的不同在于二者的侧重点。动机侧重激励性和起因，目标则更加强调结果，二者有交叉。针对攻击实施后的获利方式不同，移动终端领域安全攻击的动机有以下 9 类[11]。

- 售卖用户私密信息。对于一些公司（如恶意广告推送公司），这些用户信息隐藏的价值很大，催生出为了窃取用户信息而获利的安全攻击事件。
- 售卖用户认证信息。在处理银行交易的过程中，需要用户的支付密码等认证信息。随着二次认证模式的不断推广，用户的短信、邮件甚至是保存了用户身份验证信息的文档都有可能成为窃取的目标，而售卖这些用户认证信息可能会让窃取者获取巨大利润。
- 收费电话和短信。收费电话和短信是一种用户获取收费服务（如彩铃下载、电视点播）的方式，通过在用户未察觉的情况下拨打收费电话或发送收费短信而获益，也是制造安全攻击事件的动机。
- 垃圾短信。垃圾短信往往被用来分发商业广告、传播钓鱼链接和诈骗，而发送垃圾短信的非法性使得恶意软件成为其实施的重要途径。
- 搜索引擎结果优化。链接在搜索引擎结果中的次序排名与用户点击数量成正比，因此有的恶意软件通过改变搜索引擎搜索结构的顺序，引导用户点击某链接而使得该网站搜索排名上升，从而达到获益的目的。2011 年曝光的 ADRD（又名 HongTouTou）[12]就是该类型恶意软件。
- 勒索。通过恶意软件窃取用户隐私信息（如图片、浏览记录等）后主动公布在网上，并以撤回这些信息为由向用户勒索。近年来，市面上还出现了锁定用户手机致使手机无法使用，并以解锁为由向用户勒索的案例。
- 广告点击欺诈。目前，很多广告服务商（如谷歌、百度等搜索引擎）会将广告投放在网页中，按照用户点击广告次数向网站支付费用。攻击者控制移动终端之后，在用户不知情的情况下自动点击目标网页中的广告，通过增加点击次数来增加网站拥有者的广告点击收入。
- 垃圾广告。目前，很多应用程序免费提供给用户使用，而通过推送广告来维持自身正常运营。此时用户收到的广告是合情合理的，但攻击者会为了投放非法行业广告或增加收入而非法投放"垃圾"广告。"垃圾"广告往往会影响用户使用其他应用程序时的体验，同时这也不符合网络服务的相关规定。
- 应用内收费欺诈。无论是 Android 还是 iOS，都支持应用程序在内部就某些功能或物品（如游戏中的道具）收取费用。攻击者会通过程序漏洞非法扣取用户余额，或利用"钓鱼"、伪装等社会工程方式哄骗用户进行消费。

4. 恶意软件

恶意软件是一种能够在目标终端用户不知情的前提下使用手机资源的非法软件或程序，它通常具有敌对性、侵入性。随着移动终端在功能、性能上的不断提高，移动终端安全领域也不断向前发展。近年来，恶意软件的种类越来越多，根据其攻击目的、载体、方式的不同，有多种分类方法，传统的分类如下。

1）"木马"（Trojan）程序。"木马"这个名称取自"特洛伊木马"（Trojan wooden-horse），"木马"程序将恶意代码或功能隐藏，通过将自己伪装成其他程序或文件（如游戏、系统文件等）骗取用户点击，进而运行恶意代码。比较知名的"木马"程序有 Kasandra. B、Zsone、FakeNetflix、Fakeplayer 等[12,13]。

Kasandra. B 是一款针对 Android 平台的高危远程控制"木马"程序，它伪装为卡巴斯基手机安全 App 以骗取用户下载安装。Kasandra. B 将 SMS、联系人、通话记录、上网记录、GPS 定位等用户敏感信息保存在 SD 卡中，并在后台自动上传至远程控制（Command-and-Control，C&C）服务器。

Trojan-sms. androidos. fakeplayer. b[14]是一款 Android "木马"程序，它通过受感染的网页下载并伪装成一个媒体播放器，需要用户手动安装。该"木马"程序在安装的过程中要求获得发送短信的权限，一旦得到，就会在安装完成后发送收费短信到指定号码，以扣除用户账户余额，对用户造成经济损失。

2）Rootkit。就像是潜伏在敌方阵营中的间谍，Rootkit 能够隐藏自身许久并不被觉察地驻留在目标设备中，秘密搜集数据，或是对设备实施"木马""蠕虫"安装、攻击防火墙等破坏行为。Mindtrick[15]是一种 Android 内核级 Rootkit，其本质是一种可加载的内核模块。当接听触发号码打来的电话时，攻击者使用 3G 或 WiFi 网络发起 TCP 连接。Mindtrick 能够提供根权限，因此攻击者能够读取 SMS、GPS 定位等信息，也能通过拨打长途电话使用户遭受损失。Bickford 等人[16]提出了三种 Rootkit 以展示智能手机面对 Rootkit 时的脆弱性。第一种 Rootkit 允许攻击者远程窃听并记录用户 GSM 通话，第二种 Rootkit 能够使用户手机自动向攻击者发送包含用户当前 GPS 位置详细信息的短信，而第三种 Rootkit 则通过频繁使用 GPS 和蓝牙等耗电高的服务而使用户手机电量在短时间内耗光。

3）"僵尸"网络（Botnet）。"僵尸"网络是一组能够被远程操控的"病毒感染"设备，攻击者往往能够利用"僵尸"网络完成拒绝服务攻击或发送"垃圾"邮件。Geinimi、Anserverbot、BeanBot[17]等是针对 Android 平台的知名的"僵尸"网络恶意软件。iSAM[18]是针对 iOS 平台的一款恶意软件，它能够使受感染的终端组成"僵尸"网络，并发起分布式的同步攻击。感染 iSAM 的终端能够反向联系主服务器，升级内在程序逻辑并执行命令。iSAM 还能够窃取用户敏感信息、发送 SMS、对应用程序和网络发起拒绝服务攻击。

4）"后门"（Backdoor）。"后门"是一种绕过安全控制而获取对程序或系统访问权限的方法。"后门"能够被特定输入、特定用户 ID 或特定事件激活。Kmin、BaseBridge[17]、RATC[19]等是知名的"后门"类恶意软件。

5）病毒（Virus）程序。病毒程序是一段可自我复制的代码，能够感染其他程序、引导扇区，或是直接在文件中插入自身以达到感染并传播的目的。典型的病毒程序的生命周期分为四个阶段，分别是休眠阶段、传播阶段、触发阶段和执行阶段。

6）"蠕虫"（Worm）软件。"蠕虫"软件是一种能够通过不同网络进行自我传播的恶意软件，它可以主动寻找目标设备进行感染，感染后的设备又能继续感染其他设备。Android. Obad. OS[20]是一款知名的蓝牙"蠕虫"软件。

7）"间谍"软件（Spyware）。"间谍"软件通常用来收集用户信息并发送给特定远程服务器，它通常将自身伪装成正常的系统工具。"间谍"软件搜集的数据包括（但不局限于）用户短信、定位、联系人、PIN 码、电子邮件地址、浏览历史等，这些数据的泄露对用户有着显著的危害性。SMSTracker、GPSSpy 和 Nickspy 是知名的"间谍"软件。SMSTracker 是针对 Android 平台的一款"间谍"软件，它提供手机远程追踪和监控功能，允许攻击者远程追踪与监控感染设备上的所有短信、彩信、语音通话、GPS 定位和浏览历史等隐私信息。

8）恶意广告（Adware）。恶意广告是指植入在软件、工具中的广告插件，通过搜集用户的浏览历史、定位信息向用户弹出广告。这些广告不但影响用户体验，而且部分广告隐藏恶意软件链接，用户点击后，恶意软件便自动下载并安装，进一步威胁终端安全和用户隐私。Uapush. A、Plankton[21]是知名的恶意广告软件。Uapush. A 是 2016 年上半年感染率非常高的恶意软件，它的爆发也是 2016 年 4 月份智能手机感染率突然提高的原因之一。Uapush. A 在受感染的终端上推送恶意广告，并且能够发送 SMS、窃取用户敏感信息。

9）勒索软件（Ransomware）。勒索软件能够锁定用户设备并以解锁设备为由要求用户支付"赎金"，它往往伪装为其他软件，诱使用户安装。FakeDefender. B 是一款针对 Android 平台的勒索软件，它通过伪装成反病毒软件 Avast，诱使用户安装，之后发出虚假恶意软件警报并诱使用户安装恶意软件，从而锁定用户设备，在此基础上向用户进行勒索。

5. Root 权限非法获取

Root 权限非法获取是一种通过非法方式获取手机超级用户（Root 用户）权限的行为，该行为在 Android 系统中一般被称为"root exploit"，在 iOS 系统中被称为"破解"（又称"越狱"），为了便于讲解，下文统一称为"破解"。移动智能终端在出厂时并不会将 Root 权限赋予用户，这使得终端存在如下限制[11]。

- 用户只能从官方规定渠道下载应用程序。iOS 用户只能从官方的 App Store 中下载应用程序，很多热门应用程序需要收费，用户无法免费下载这些应用程序。
- 用户无法对系统实现完全备份。
- 用户无法卸载终端出厂时安装的应用程序，这些应用程序往往由厂商或系统提供商安装。
- 用户无法对终端更换操作系统（也称"刷机"），因为一些用户希望使用不同版本的操作系统。

与恶意软件的安装和运行只由攻击者发起不同，实现"破解"的人由两部分组成。一部分自然是恶意软件攻击者，因为拥有 Root 权限之后恶意软件在侵害用户权益时受到的限制大大减少，难度也随之降低；另一部分则是用户，由于"破解"能够获得系统 Root 权限，能够实现对终端系统的"私人定制"，因此有些用户往往会在购买设备或心仪应用更新后主动对手机进行"破解"。

目前，针对 Android 和 iOS 平台，有不少"破解"工具。针对 Android 平台的知名的"破解"工具有 Zimperlich[22]、Exploid[23]、RATC[19]。许多其他恶意软件都是在它们的基础上研发的，如 DroidDream、Zhash、DroidKungFu 和 BaseBridge 等。其中 DroidKungFu 以加密的方式同时包含 RATC 和 Exploid，当 DroidKungFu 运行时，首先解密和发起"破解"攻击，如果成功获取 Root 权限，随后就可以"为所欲为"。针对 iOS 平台的知名的"破解"工具有 EvasiOn、PanGu、RedSn0w。需要注意的是，"破解"给手机带来的危害极大，侵害行为往往在后台运行因而不被用户察觉，强烈建议用户不要对终端进行"破解"操作。

10.2.3　移动终端安全防护

互联网的常用安全机制包括入侵检测机制、加密机制、数字签名机制、防火墙机制和认证机制等，这些机制作为组成元素被移动终端安全机制广泛利用。目前，移动终端安全防护机制根据其工作所属层级分为硬件层级、系统层级和应用层级。

1. 硬件层级安全防护

硬件层级安全防护主要是通过对现有硬件进行改造，扩充一系列安全机制，设计出可信的硬件设备，从系统底层监测和控制系统的运行行为，从而实现整个系统的安全性的增强。TrustZone 是 ARM 针对移动终端提出的一种架构，它支持基于硬件形式的系统虚拟化，该架构能够实现处理器模式，在处理器模式下能够建立一个隔离和安全环境，保护安全内存、加密块、键盘和屏幕等外设，防止移动终端遭受侵害。它提供普通和可信/安全两个区域，用户经常使用的多媒体操作系统运行在普通区中，安全关键软件运行在安全区中。安全区管理软件可以访问普通区的内存，反之则不能。与 IntelVT 等其他硬件虚拟化技术不同的是，普通区的客户操作系统与没有 TrustZone 时相比并不会产生额外的执行负载。TrustZone 技术已经基本成熟，大量的移动终端使用的 ARM 平台都支持该技术，可以在移动终端平台借助该技术，实现安全支付、安全输入和安全显示[24]。

三星公司为 Galaxy Note 3 推出了称为 Knox 的 Android 安全套件，Knox 包含了底层的可定制安全引导和基于 TrustZone 的完整性测量结构（Trust Zone-based Integrity Measurement Architecture，TIMA）、系统层的 Android 安全增强 SEAndroid，以及应用层的 Knox 容器、加密文件系统和 VPN[5]。

2. 系统层级安全防护

针对目前移动终端安全事件层出不穷的现状，业界从系统层面提出了一系列安全解决方案。这是一种试图通过改善操作系统自身以确保移动终端安全的研究思路，这些方案或是从系统内核层出发，或是着力于内核以上层次。

首先介绍两种 Android 内核以上层次的安全解决方案。Saint[25]是一种细粒度的访问控制框架，使应用程序开发者可以定义运行时相关的安全策略，从而保护 App 暴露的应用接口。安全决策基于签名、配置与上下文，可在安装时与运行时实现。应用程序开发者对每个接口赋予适当的安全策略，规定调用者访问接口所需权限、配置和签名，从而防止同时为具有不同调用权限的程序工作而引发的"困惑代理"攻击。但是，Saint 仍然不能防止"合谋"攻击，即多个应用程序之间相互配合发起对某应用程序的攻击。其他问题：如果这些用来保护被调用者的安全策略与调用程序的性质发生冲突，则拒绝组件间通信，将会导致调用故障或崩溃等问题。此外，许多应用程序开发者并不是信息安全专业人员，由他们自行定义的安全策略未必会考虑到所有的安全威胁。

Quire 在 Android 中引入了两个新的安全机制：其一，Quire 透明地追踪设备进程间通信（IPC）的调用链，使应用程序可以选择采用调用者的简约权限或全部权限；其二，Quire 建立了一个轻量级的签名机制，使任何应用都可以创建签名语句，并可被相同手机上的任意应用验证。此外，Quire 扩展了 Linux 内核中的网络模块，可以分析远程过程调用（Remote Procedure Call，RPC）。因为 IPC 接收者知道调用者和完整的调用链，所以 Quire 可以防止来自不可信代理的 IPC 调用和欺骗性的请求。如果发起 IPC 调用的应用没有显式地获得相应的权限，那么 Quire 将拒绝 IPC 请求。Quire 是一个轻量级的解决方案，它对设备性能的影响很小，尽管它可以防止"困惑代理"攻击，但因为它本质上是以应用为中心的，所以仍然无法防止"合谋"攻击。

SELinux（Security-Enhanced Linux）是一种从系统内核层出发的安全方案。SELinux 是美国国家安全局（NSA）设计的一个安全加强版的 Linux 系统，它在 Linux 内核实现了灵活的细粒度强制存取控制，能够灵活地支持多种安全策略。2010 年起，有人就建议应当将 SELinux 引入 Android，从而增强 Android 系统的安全性。2013 年，谷歌发布 Android 4.3 版本，宣布引入 SELinux 以加强系统的强制访问控制，这种强制访问控制不仅针对普通用户，还对系统根用户适用。在引入 SELinux 后，Android 能够为系统服务提供更加强大的保护，对应用程序数据和系统日志的控制也将随之增强。

可信计算（Trusted Computing）是指在计算和通信系统中广泛使用基于硬件安全模块支持的可信计算平台，以提高系统整体的安全性。可信计算组织（Trusted Computing Group，TCG）提出了针对移动终端的可信计算标准——终端可信模块（Mobile Trusted Module，MTM）。TCG 建议使用 MTM 来提升移动终端加密相关的基本功能，这些功能包括随机数生成、哈希、敏感数据保护、非对称加密等。这些加密相关基本功能的提升，会从设备认证、完整性验证、安全引导、远程认证等方面提升移动终端的安全性。与可信平台模块（Trusted Platform Module，TPM）为 PC 提供安全服务一样，MTM 为移动终端提供可信计算的基本服务。

Vasudevan 等人[26]分析了移动终端的可信运行（Trustworthy Execution）问题。可信运行的移动设备应具有下列基本安全特征。

- 隔离的运行（isolated execution）；
- 安全存储（secure storage）；
- 远程认证（remote attestation）；
- 安全供给（secure provisioning）；
- 可信路径（trusted path）。

其中，安全供给指的是一种机制，当发送数据到某个软件模块或运行某个设备时，能够保证数据的机密性与完整性。鉴于当前大多数移动设备是基于 ARM 体系结构的，Vasudevan 等人在论文中详尽地分析了 ARM 平台的硬件与安全架构，讨论了平台硬件组件能否有效地实现上述安全特征。例如，关于隔离运行，分析了 TrustZone 扩展如何实现安全域与一般域的隔离运行；如何将 CPU 状态分为两个不同的域，并与 TrustZone 协同工作来实现安全特征。Vasudevan 等人指出，尽管 ARM 平台与安全体系结构提供了一系列硬件安全特征，但由于该体系结构只是规范，因此生产厂商实现时仍然存在重大挑战，填平设计与实现之间的鸿沟绝非易事。

Zhang X. 等人[27]对移动终端完整性测量进行了研究，并提出了一种通过安全引导认证机制。这种机制通过利用流完整性模型确保移动终端系统能够在启动之后进入安全状态，并获得系统的高完整性。Muthukumaran D. 等人[28]在 PRIMA 框架和 SELinux 的基础上提出了安全策略，该策略能够保护系统关键程序的完整性。相关实验证明，该安全策略能够有效避免关键应用遭受不信任代码的攻击，并且比 SELinux 提供的安全策略更加小巧。J. Grossschadl 等人[29]指出了 MTM 中存在的三个问题，并提出了对应的解决方案。MTM 的第一个问题是如何做到系统性能和功耗的平衡，建议改变 MTM 通过独立硬件模块实现的形式，而将 MTM 硬件模块与处理器进行融合。MTM 的第二个问题是目前 MTM 支持的 RSA 和 SHA-1 算法在性能或安全性上存在不足，建议将椭圆曲线算法加入 MTM 必须支持的算法集。MTM 的第三个问题是目前 MTM 的硬件实现方式的灵活性差，Grossschadl J. 等人提出了一种硬件和软件兼容的实现方式以提高灵活性。

3. 应用层级安全防护

移动终端应用层级安全防护的主要手段是采用入侵检测系统（Intrusion Detection System，IDS）。在互联网安全范畴内，入侵检测系统是对恶意使用计算机和网络资源的行为进行识别的系统，其目的是监测和发现可能存在的攻击行为，包括来自系统外部的入侵行为和来自系统内部用户的非授权行为，并采取相应的防护手段[30]。入侵检测系统的基本结构[31]如图 10-3 所示。其中，事件发生器用于产生经过协议解析的数据包，事件分析器根据事件数据库中的入侵检测特征的描述、用户历史行为、行为模型等解析事件发生器产生的事件，事件数据库存放攻击类型和检测规则，响应单元负责对事件分析器的分析结果做出反应。

图 10-3　入侵检测系统的基本结构

IDS 的分类方法有很多，其中一种是将 IDS 分为基于检测和基于防御两种。基于检测的 IDS 可以被视为防护系统所提供的第一道屏障，IDS 对输入的事件（如应用程序、系统行为等）根据自身规则进行分析并得出处理结果。基于防御的 IDS 则利用加密算法、数字签名、哈希函数等确保系统的安全。除上述分类方法以外，移动终端 IDS 的分类方法还包括：基于移动终端系统的分类、基于部署架构的分类、基于反应类型的分类、基于搜集数据种类的分类、基于检测模式的分类。其中，根据所运行的终端操作系统分类是简单的分类方式，目前 Android、iOS 等主流的操作系统均有各自平台的 IDS 提供给用户使用。下面介绍其余四种分类方式。

1）基于部署架构的分类。在此分类方法中，IDS 按照部署架构的不同被分为本地 IDS 和分布式 IDS。本地 IDS 将监控数据的获取和分析过程都放在移动终端上完成，无须部署远程服务器。而分布式 IDS 则将数据获取和分析两个功能部署在不同的地方，即运行在设备上的监控程序负责搜集终端运行数据，分析监控数据的功能则由部署在远程服务器的分析程序完成。与分布式 IDS 相比，本地 IDS 往往因手机屏幕过小、计算存储资源不够强大而效率不高，同时会加速手机电量的消耗，而分布式 IDS 则在这些方面具有优势。

2）基于反应类型的分类。在此分类方法中，IDS 根据检测出恶意软件后的不同反应可以分为主动型 IDS 和被动型 IDS。主动型 IDS 在检测出恶意软件后，会采取行动来遏制恶意软件的运行，最大限度地保护移动设备和用户数据的安全。PGBC 就是一种主动型 IDS，系统事先设置两个阈值，在运行过程中，当终端行为触发第一个阈值后，系统会限制终端短信发送速率，当终端行为继续触发第二个阈值后，系统会自动禁止终端的短信功能。需要注意的是，虽然主动型 IDS 能够第一时间对终端采取保护措施，但如果出现误报并在此基础上采取行动，则会大大影响用户的正常使用，如何降低误报率是主动型 IDS 一直面临的难题。

3）基于搜集数据种类的分类。在此分类方法中，IDS 按照监控过程中搜集数据种类的不同而进行分类。目前，IDS 搜集的数据可以分为操作系统事件、设备性能指标、键盘输入、传输数据等，其中操作系统事件包括系统调用、函数调用等数据；设备性能指标包括CPU 利用率、内存使用率、文件读写情况等数据；键盘输入则是指用户在使用终端过程中对终端进行的操作和利用键盘（包括虚拟键盘）输入的数据；传输数据是指设备发出或接收的短信、彩信、文件等。

4）基于检测模式的分类。基于检测模式的分类是一种常见的分类方式，它将 IDS 分为异常检测（anomaly detection）和特征检测（signature-based detection）两种。异常检测 IDS假设攻击者行为与用户正常行为相比是"异常"行为，当检测出系统出现异常行为时，意味着系统正在遭受入侵。对于异常检测 IDS，关键在于如何构建正确的用户正常行为库并对异常行为进行有效检测。通常来说，异常检测 IDS 识别异常行为的方法有两种，分别是机器学习和电量监测。

机器学习是一种很好的识别异常行为方法。机器学习是人工智能领域的一门交叉学科，通过研究计算机模拟或实现人类的学习行为，获取新的知识或技能，重新组织已有的知识结构，使之不断改善自身性能。机器学习方法的正确使用能够提高异常行为检测的效率和成功率。

Andromaly[32]是一款 Android 系统异常动态检测软件，它采用机器学习方式实时监控终端性能参数，参数包括 CPU 使用率、网络流量、活跃进程数和电池电量等。Andromaly 是分布式 IDS，其运行环境包括服务器和移动终端，服务器端主要进行计算工作，移动终端则进行系统参数采集工作。Andromaly 由下列四个模块构成。

- 参数采集器（Feature Extractors）。参数采集器通过与 Android 内核和应用程序框架通信，定期地对性能参数进行采集并记录。
- 处理器（Processor）。处理器是一个分析和监测单元，它接收主服务的参数向量，分析后进行威胁评估。处理器支持多种模式，包括基于规则、基于知识分类、基于机器学习等。报警管理模块属于处理器，它可以实现针对异常的报警。
- 主服务（Main Service）。主服务为参数采集、异常检测和报警提供协调服务，它负责请求新的参数采集、向处理器发送新的参数向量并从报警管理模块接收最终的报警信息。主服务提供日志记录功能，日志记录器可以记录日志以进行调试、校准和试验。

配置管理器管理应用程序的相关配置，包括报警阈值、采样间隔等。

- 图形用户界面（Graphical User Interface，GUI）。图形用户界面为用户提供操作界面，允许用户进行应用程序参数配置、激活或关闭应用程序等操作，并向用户发出威胁报警。

PGBC（Proactive Group Behavior Containment）[33]是一种遏制恶意软件利用短信或彩信传播的 IDS。PGBC 的运行核心是服务行为图（service-behavior graph）和行为分类群（behavior clusters），其中服务行为图由客户端消息传递模式生成，而行为分类群则通过对用户行为图的划分而得到。PGBC 能够自动根据终端相互关系识别出最脆弱的设备，在遭受疑似"蠕虫"或"病毒"攻击时，通过速率限制和隔离免疫的方式实时构建脆弱终端节点列表，及时制止"蠕虫"或"病毒"的传播。

电量监测是对异常行为进行识别的另一种办法。运行在移动终端上的所有程序均需要消耗电池电量，针对移动终端的攻击行为通常会给电量带来异常消耗，对异常电量消耗的检测能够实现异常行为检测。B-BID（Battery-Based Intrusion Detection）[34]是基于电量监测的异常检测 IDS，由 HIDE（Host Intrusion Detection Engine）和 HASTE（Host Analyzed Signature Trace Engine）两个模块构成。HIDE 模块安装在用户移动终端上，负责对终端电量进行周期性监测，并与 HASTE 模块实现数据交互；HASTE 模块运行于远程服务器，负责对监测数据进行分析并对终端是否遭受攻击进行判断。

与异常检测 IDS 不同，特征检测 IDS 主要通过特征比对实现对攻击行为的检测。特征检测 IDS 将攻击者行为用一种特征模式来表达，系统检测到行为特征后，与恶意特征数据库进行比对，从而实现对系统入侵行为的检测。与异常检测 IDS 相比，特征检测 IDS 成功率高而误报率低，但对变形攻击的检测往往漏报率较高，因此，特征检测 IDS 的设计难点在于如何在确保高成功率的情况下降低漏报率。特征检测 IDS 维护特征数据库的方式有自动维护和手动维护两种，这里重点介绍采用自动维护模式的特征检测 IDS。

Zyba 等人[35]提出了一种使用自动维护模式的特征检测 IDS，该平台针对利用抵近网络传播的恶意软件，能够根据终端用户行为动态生成特征库。抵近网络是指蓝牙、WiFi 等限定在一定物理范围的网络，利用该网络进行传播的恶意软件给防御带来了很大的压力，因为设备在网络中往往是配对出现的，无法使用传统的观察聚合网络行为的方法来进行恶意软件检测。对此，Zyba 等人提出了三种检测抵近网络恶意软件的防御策略，分别是本地检测（local detection）、抵近特征传播（proximity signature dissemination）和广播特征传播（broadcast signature dissemination）。当移动终端"感染"恶意软件时，设备进行本地检测；设备进行抵近特征传播，创建恶意软件基于内容的特征并利用抵近网络传播给其他设备；在广播特征传播模式下，服务器将在对各个独立设备监测数据汇总后进行恶意软件检测，得出特征后利用广播的形式发送给各终端。这三个策略实现了从简单的小规模本地检测到大规模协调防御，并做到了不依赖电信运营商网络基础设施。除此之外，Venugopal[36]、Alpcan[37]等人提出的特征检测 IDS 也采用自动方式维护特征数据库。

4. 典型防护平台简介

目前，市场上有很多防护平台软件，这些软件或是在开源代码的基础上开发而来，或是零基础研发而来；或是由学者在论文中提出以作为研究成果，或是由商业公司开发以作为商品向公众发售。典型的防护平台有 Androguard、AndroSimilar 和 PiOS。

Androguard[38]是一款开源的 Android 静态分析软件，它能够为系统方法（Method）生成控制流图，提供基于 Python 的命令行和图形处理界面。静态分析是指在安装前检测 Android 应用程序中的安全漏洞，动态分析则在程序运行中完成检测。Androguard 利用标准化压缩距离（Normalized Compression Distance，NCD）框架探测两个"克隆"文件的异同，以此判断应用程序 APK 文件是否被修改。Androguard 提供 Python API，方便用户对系统资源、静态分析模块进行访问调用，这些模块包括基本块（basic-blocks）、流控制（control-flow）等。在 Androguard 的基础上，用户可以使用 Python API 开发属于个人的静态分析软件。

Androguard 通过应用代码相似度来对两个应用程序进行比较。Androguard 使用 NCD 对两个应用程序进行分析并得到二者的相似度（相似度取值范围为 0~100，数值越大，说明二者越相似）。Androguard 对应用程序进行模糊风险测评并得到该应用程序风险指标（风险指标取值范围：0~100，值越大，说明风险越高），风险评测的标准有代码类型、可执行或共享库文件数量、与隐私或金钱相关的权限请求以及其他高危系统权限请求。Androguard 内含恶意应用程序特征数据库，支持用户对该数据库进行增加和删除操作，特征描述为 JSON 格式，包括名称、子特征和用于混淆不同子特征的布尔表达式。

AndroSimilar[39]是一款静态检测软件。字符串加密、方法重命名、"垃圾"方法插入、控制流修改等技术能够对特征产生混淆效果，因此被恶意软件广泛使用以逃避软件的检测。针对这些逃避技术，AndroSimilar 能够对它们进行深度检测，从而可以检测出存在变种的恶意软件。AndroSimilar 的运行可以分为应用程序提交、标记、特征选定、特征存储、特征比对和恶意软件判定等阶段。在应用程序标记阶段，AndroSimilar 为应用程序中固定长度的字节序列生成熵值，熵值取值范围为 0~1000。在特征比对阶段，AndroSimilar 将应用程序特征与数据库中的恶意软件特征进行比对，如果相似度超过阈值，则判定该应用程序为恶意软件。

PiOS[40]是 iOS 系统用户敏感数据泄露分析软件，它能够对应用程序进行敏感数据泄露检测。PiOS 构建二进制文件的综合控制流图（Control Flow Graph，CFG），通过对二进制代码进行分析，检测应用程序导致的用户敏感信息泄露情况。Objective-C 是面向对象的编程语言，它以 C 语言为基础，是 iOS 系统默认支持的开发语言。iOS 系统中的应用程序通常构建大量对象，而且函数的调用其实是对象的方法调用，这使得绘制控制流图的难度较大。对此，PiOS 能够对 Objective-C 语言的二进制文件绘制综合控制流图，实现敏感数据泄露的高效检测。

10.3　无线接入安全

相较于传统的有线网络，移动互联网也带来了新的安全威胁，如数据传输处在开放环境下，遭受拦截的风险远大于有线网络。如果数据没有进行加密或使用弱加密算法，则攻击者可以轻易读取数据，从而影响保密性。本节将介绍移动互联网接入安全，其中重点介绍 IEEE 802.11i 安全标准、IEEE 802.1x 基于端口的网络访问控制和 IEEE 802.11i 网络安全接入过程。

防范黑客入侵

10.3.1　无线接入安全威胁

移动互联网无线接入过程被定义为终端使用 IEEE 802.11 协议通过访问接入点使用网络

服务的整个过程。接入安全范围被限定在终端与访问接入点之间。一个典型的 IEEE 802.11 无线局域网组成如下[41]。

- 访问接入点：任何具有站点功能并且通过无线介质为相关联的站点提供到分配系统的接口的实体，如无线路由器。
- 站点（STA）：任何包含 IEEE 802.11 MAC 子层和物理层的设备，如移动终端。
- 基本服务单元（BSS）：由单一的协调职能控制的一系列站点。

大多数无线局域网的威胁场景通常包括站点、访问接入点、无线连接和攻击者。有线局域网和无线局域网在安全防护上的区别在于，无线局域网攻击者更容易实现对现有网络的接入。在有线局域网中，攻击者通过物理端口接入互联网。在无线局域网中，攻击者只需要在无线网络覆盖范围内，对它所在的物理位置没有其他的必要要求，这样大大降低了攻击者接入无线局域网的难度[41]。

无线局域网面临的主要安全威胁如下[42]。

- 意外连接：未授权的用户连接网络后访问资源，即使无线网络开启了认证服务，意外连接也会为嗅探攻击提供条件。
- 恶意连接：控制合法站点后使它提供访问接入点服务，非法获取无线局域网密码，继而使用密码侵入无线局域网。恶意连接的前提是先控制该无线局域网内部的合法站点（如笔记本计算机），并使它提供访问接入点服务。
- MAC 欺骗：通过嗅探等方式获取合法站点的 MAC 地址，并将它伪装为自身的 MAC 地址。这种攻击一般发生在访问接入点开启了 MAC 地址过滤功能的无线局域网。
- 中间人攻击：攻击者通过中间人攻击，能够在不被通信双方察觉的情况下，完全掌握双方的通信内容。无线网络非常容易遭受这种攻击。
- 注入攻击：注入攻击目标一般是暴露在未过滤流量中的访问接入点，未过滤流量包括路由协议流量和网络管理流量。攻击者通过注入网络配置命令，致使路由器、交换机等网络设备无法正常工作，从而达到攻击的目的。

10.3.2　无线接入安全的发展

无线接入安全的目标：访问控制、数据机密性和数据完整性[41]。在移动互联网面临多重安全威胁的背景下，如何保证移动互联网的接入安全成为急需解决的问题。1999 年公布的 IEEE 802.11b 协议中定义了 WEP（有线等效保密）安全模式。WEP 使用基于 RC4 的加密算法保护数据机密性，使用 CRC32 实现数据完整性保护。在网络访问控制方面，WEP 支持开放系统认证和共享密钥认证两种认证方式。但 WEP 具有明显的安全漏洞，攻击者往往能够轻易攻破网络。本书在 12.4 节设置了破解 WEP 密码实验，建议读者通过动手实验了解 WEP 的脆弱性。

WEP 具有明显的漏洞，制定新的安全机制势在必行。2003 年，由多家厂商组成的 WiFi 联盟发布了 WPA（WiFi 网络安全接入），它以 IEEE 802.11i 标准部分内容为基础（当时 IEEE 802.11i 标准还未正式颁布），通过 IEEE 802.1x 实现网络访问控制，并在 WEP 加密机制的基础上制定了 TKIP（临时密钥完整性协议），在一定程度上增强了安全保护能力。但由于加密机制依然基于 RC4 算法，因此 WPA 依然存在安全隐患。

2004 年 6 月，完整的 IEEE 802.11i 标准正式发布，WiFi 联盟根据 IEEE 802.11i 标准制

定了 WPA2。WPA2 是 WPA 的增强版本，除与 WPA 一样采用 IEEE 802.1x 实现网络访问控制、支持 TKIP 加密机制以外，还制定了以 AES（高级加密标准）为基础的 CCMP（计数器模式密码块链消息完整码协议）来确保传输数据的安全。

10.3.3　IEEE 802.11i 安全标准

1. IEEE 802.11i 服务

IEEE 802.11i 标准定义了强健安全网络（Robust Security Network，RSN）的概念，RSN 通过建立 RSN 协商（RSNA）为无线局域网提供如下安全服务[41]：

- 用户身份认证；
- 密钥管理；
- 数据机密性；
- 数据源认证和完整性；
- 重放保护。

从广义上来说，RSN 包括 IEEE 802.1x 基于端口的网络访问控制、认证与密钥管理机制，以及保证数据机密性和完整性的安全协议 TKIP 与 CCMP，如图 10-4 所示。

图 10-4　强健安全网络架构

2. IEEE 802.1x 基于端口的网络访问控制

IEEE 802.1x 基于端口的网络访问控制机制为局域网提供兼容性的身份认证和服务授权功能。一般的 IEEE 802.1x 认证场景包括请求者、认证者和认证系统。在无线局域网中，请求者一般对应移动节点，认证者对应访问接入点，认证系统对应 RADIUS 服务器。RADIUS 是远程用户拨号认证协议，该服务器能够提供认证、授权和计费功能，一般也被称为 AAA 服务器。

IEEE 802.1x 定义了端口访问实体（PAE），用以控制端口状态。端口共有两种类型，分别是受控端口和非受控端口。在请求者通过认证之前，认证者使用非受控端口与请求者进行数据交互，此时端口会丢弃除 IEEE 802.1x 认证数据以外的数据包。当请求者通过认证后，受控端口状态变为认证成功，请求者通过受控端口使用系统提供的各类服务[43]。

可扩展认证协议（EAP）是一种支持多种认证方法的访问认证框架。EAP 认证方法中定义了具体的加密机制，常用的 EAP 认证方法有 EAP-TLS、EAP-TTLS、EAP-GPSK、EAP-MD5 等。EAP 支持多种认证方法，新的认证方法可以轻易地拓展到 EAP 中[44]。

无论使用哪种 EAP 认证方法，认证信息以及认证协议信息都会包含在 EAP 信息中。EAP 信息交换的目标是认证成功。认证成功的标志是认证者获得被认证端的访问权限。一个典型的 EAP 认证场景由 EAP 被认证端、EAP 认证端和 EAP 认证服务器组成，EAP 被认证端向 EAP 认证端发起认证申请，EAP 认证服务器则与被认证端"协商" EAP 方法，对被认证端进行认证，并决定是否授权。

IEEE 802.1x 定义了 EAPOL（EAP over LAN，局域网上的可扩展认证协议）来封装请求者和认证者之间的 EAP 报文。EAPOL 工作在网络层上，数据包由协议版本、包类型、包主体长度和包主体字段构成。其中包类型字段表明该包的具体类型。EAPOL 包共有四种类型，分别是 EAPOL-EAP、EAPOL-Start、EAPOL-Logoff 和 EAPOL-Key，具体定义见表 10-1。

表 10-1　EAPOL 包类型

EAPOL 包类型	定　　义
EAPOL-EAP	包含封装的 EAP 包
EAPOL-Start	请求者发送该类型包，用于启动 EAP 身份验证过程，替代等待认证者发来的挑战请求
EAPOL-Logoff	返回未被授权的端口的状态
EAPOL-Key	交换密钥

为了进行认证，EAPOL 允许请求者和认证者相互通信。一般的 IEEE 802.1x 认证过程如图 10-5 所示。

图 10-5　IEEE 802.1x 认证过程

10.3.4　IEEE 802.11i 安全接入过程

IEEE 802.11i 安全接入过程分为三个阶段，分别是发现阶段、认证阶段和密钥管理阶段。在完成这三个阶段之后，站点和网络访问接入点都做好了数据交互之前的一切准备。在随后的数据传输阶段，站点通过与网络访问接入点的数据交互使用互联网资源。本节将介绍上述四个阶段。

1. 发现阶段

发现阶段是 IEEE 802.11i 安全接入过程的第一个阶段。在此阶段中,站点首先发现无线网络,并完成与该网络访问接入点之间身份确认、安全策略协商、建立连接等工作。其中,需要协商的安全策略内容如下。

- 保证单播流量机密性和完整性的协议:保证流量机密性和完整性的协议内容与密钥长度一起构成了加密套件。IEEE 802.11i 支持的加密套件有 WEP、TKIP、CCMP 和其他特殊方法。保证多播以及广播流量机密性和完整性的协议由访问接入点决定,不属于协商内容。

- 认证方法和密钥管理方法:认证方法与密钥管理方法一起构成认证与密钥管理套件。IEEE 802.11i 支持的认证与密钥管理套件有 IEEE 802.1x、预共享密钥(无明确的认证过程发生,如果站点和访问接入点之间单独共享密钥,则认为认证完成)和其他特殊方法。

在发现阶段,访问接入点周期性地广播自身安全信息,包括它支持的组密钥套件、成对密钥套件、认证与密钥管理套件等,这些信息被保存在数据帧的 RSNIE(RSN 信息元)字段。同时,访问接入点也能够通过响应站点发出的检测请求使得站点明确自己的存在。相应地,站点可以被动地监听所有信道以发现访问接入点,也可以主动地发送监测请求。随后,站点和访问接入点之间完成两次交互。至此,发现阶段结束。注意,此时的 IEEE 802.1x 受控端口依然处于非认证(阻塞)状态。

2. 认证阶段

在认证阶段,站点和访问接入点之间完成身份认证。这里的认证不仅包括访问接入点认证站点,确定站点是合法的用户,还包括站点认证访问接入点,确定该访问接入点是合法的而不是伪造的。IEEE 802.11i 推荐使用 IEEE 802.1x 进行访问控制,IEEE 802.1x 通过受控端口和非受控端口对网络的访问进行控制。

认证阶段的执行过程与图 10-5 相似。在这个阶段中,站点和认证服务器使用相同的认证方法(如 EAP-TLS)进行认证,数据传输采用透传模式,即访问接入点只做转发而不参与具体认证过程。当认证建立之后,认证服务器会生成认证、授权和计费(AAA)密钥,也就是会话主密钥(MSK),并将该密钥发送给站点。在正常使用过程中,站点和访问接入点之间传输数据的机密性和完整性需要加密机制来保护,而这些加密机制的密钥由会话主密钥产生,具体产生过程将在下一阶段介绍。在认证阶段完成后,IEEE 802.1x 受控端口依然处于阻塞状态。

3. 密钥管理阶段

在顺利完成认证阶段工作后,整个安全接入过程就进入了密钥管理阶段。此阶段产生的一系列密钥会被分发到站点和访问接入点中。密钥有两种类型:成对密钥和群组密钥。成对密钥用于确保单播数据安全,群组密钥用于确保组播和广播数据安全。

根密钥(root key)是产生各种保护机密性和完整性所需密钥(成对密钥)的基础。根密钥有两种来源,分别是预共享密钥(PSK)和主会话密钥(MSK),其中预共享密钥形式经常被用在简单部署的无线网络环境中。主会话密钥也称为 AAA 密钥,在认证阶段产生,用在较为复杂的无线网络环境中。成对主密钥(PMK)生成于根密钥,并随后生成成对临时密钥(PTK)。成对临时密钥由 EAPOL 密钥确认密钥(EAPOL-KCK)、EAPOL 密钥加密密钥（EAPOL-KEK）和临时密钥（TK）组成。群组临时密钥（GTK）由群组主密钥（GMK）产生，与成对主密钥需要站点和访问接入点参与才能产生不同，群组临时密钥由访问接入点产生并传递给站点。

1）成对密钥发布（四次握手）。在成对密钥发布过程中，站点和访问接入点之间进行了4次数据帧传递，因此称为四次握手（见图10-6）。在四次握手结束后，站点和访问接入点分别完成对对方的认证，此时 IEEE 802.1x 受控端口状态由阻塞变为畅通并允许数据通过端口。四次握手过程描述如下。

- 访问接入点→站点（消息1）：消息包括访问接入点生成的随机数 Anonce 和 MAC 地址。
- 站点→访问接入点（消息2）：消息中包括随机数 Snonce 和 MIC 数据。站点收到 Anonce 后产生随机数 Snonce，加上双方的 MAC 地址和 PMK，生成 PTK，随后用 PTK 中的 KCK 对消息2进行 HMAC 加密以生成信息完整性字段（MIC），用于对消息进行完整性验证。
- 访问接入点→站点（消息3）：消息中包括 PTK 确认和 MIC 数据。访问接入点收到 Snonce 后生成 PTK，并用 PTK 中的 KCK 对 MIC 进行验证，如果与消息2中的 MIC 相同，则认为 PTK 生成成功（此时双方的 PTK 相同）。
- 站点→访问接入点（消息4）：对消息3进行确认。

2）群组密钥发布。在成对密钥发布后，访问接入点生成群组密钥并进行发布，如图10-6所示。具体过程如下。

- 访问接入点→站点（消息5）：消息中包括加密后的 GTK 和 MIC 数据。其中，GTK 使用 RC4 或 AES 算法加密，密钥为 PTK 中的 KEK。
- 站点→访问接入点（消息6）：对消息1进行确认，消息中同样包括 MIC 数据。

4. 数据传输阶段

进入数据传输阶段，就意味着访问接入点和站点已经完成了发现阶段、认证阶段和密钥管理阶段的相关工作，IEEE 802.1x 受控端口保持开放状态，站点亦能够使用承载

图 10-6　四次握手

于网络上层的各项服务。IEEE 802.11i 定义了两种机制来保护访问接入点和站点之间的数据传输，它们分别是临时密钥完整性协议（TKIP）和计数器模式密码块链消息完整码协议（CCMP）。

1）TKIP 是在 WEP 基础上改进而来的，密钥长度为 256 bit。早期支持 WEP 的网络设备只需要通过软件升级就能支持 TKIP。TKIP 从以下两个方面保护传输数据安全。

- 数据完整性：通过加信息完整性字段（MIC）来实现完整性保护。MIC 由 Michael 算法生成，输入信息包括数据域、源 MAC 地址、目标 MAC 地址和优先位等。
- 数据机密性：TKIP 使用基于 RC4 的加密算法实现机密性保护。

2）为了确保传输数据安全，IEEE 802. 11i 默认使用 CCMP。CCMP 在设计时没有受到兼容问题的限制，因此它在安全性上要比 TKIP 更进一步。CCMP 从以下两个方面保护传输数据安全。

- 数据完整性：CCMP 使用 CBC-MAC 保证数据的完整性。
- 数据机密性：CCMP 使用基于计数器模式（CTR）的高级加密标准（AES）算法保护数据机密性。AES 是一种主流的对称密钥加密算法，密钥长度为 128 bit。

10.4　网络传输安全

传输层安全（Transport Layer Security，TLS）协议和在 TLS 基础上实现的 HTTPS 是目前保证移动互联网传输安全的主流方案。

10.4.1　TLS

目前，互联网的安全传输建立在 SSL/TLS 之上。TLS 由安全套接字层（SSL）协议发展而来。1999 年 1 月，IETF 颁布了以 SSLv3.0 为基础的 TLSv1.0。随后，TLS 进行了两次更新，TLSv1.2 在 2008 年 8 月公布的 RFC 5246 中被提出。最新的 TLSv1.3 标准已于 2018 年 8 月发布，目前 TLSv1.2 仍是使用广泛的 TLS 协议，本节将介绍 TLSv1.2。

1. TLS 简介

TLS 能够为通信双方间的网络数据提供隐私和完整性保护。如图 10-7 所示，TLS 协议由 TLS 记录协议（TLS Record Protocol）、TLS 握手协议（TLS Handshake Protocol）、TLS 修改密码规格协议（TLS Change Cipher Specs Protocol）、TLS 警报协议（TLS Alert Protocol）组成，各协议所属层次不同。应用协议数据来自使用 TLS 的上层协议，如 HTTP。在典型的 TCP/IP 分层中，TLS 记录协议在传输层以上，TLS 握手协议等在应用层以下。

图 10-7　安全传输协议 TLS 的位置与协议结构

TLS 安全目标如下。

- 加密安全：使用 TLS 建立安全连接，保证双方传输的数据安全、可靠。
- 协同性：针对独立开发人员，TLS 应当实现即使不清楚对方的开发方式，开发人员也能够使用 TLS 实现相关加密参数的交换。
- 可扩展性：TLS 旨在提供一个框架，支持最新的公钥加密和批量加密算法加入到 TLS 之中，同时还要避免新加密算法的引入导致 TLS 协议自身的重新设计。

- 相对高效：加解密操作往往需要占用大量的 CPU 资源，尤其是公钥算法。TLS 引入了可选的会话缓存机制以减少会话重建带来的开销。此外，采用 TLS 会降低网络传输性能。

2. TLS 记录协议

TLS 记录协议用于封装上层协议，从机密性和完整性两个方面提供安全保护。

- 机密性。TLS 记录协议提供私密的安全连接，允许使用对称加密算法对流量数据进行加密，同时每个连接的加密密钥不同。记录协议也允许不对流量数据进行加密。
- 完整性。TLS 记录协议提供可靠的安全连接，使用 MAC 保证消息的完整性，MAC 由 HMAC 算法生成。

TLS 记录协议位于 TLS 整体框架的下层，位于 TCP/IP 传输层之上。数据发送端的记录协议接收上层协议非空随意大小的碎片数据，然后对它进行分块、压缩、生成 MAC、加密等操作，最终在传递给传输层后进行传输。对端的记录协议对收到的数据进行解密、验证数据完整性、解压缩等工作，最后将数据重新组装并交给上层协议。记录协议报文由内容类型、版本号、报文长度、分块数据、MAC 等字段组成。

在分段阶段，记录协议需要将上层交付的数据进行分块操作，分块之后，一个数据块最大为 2^{14} B。随后是压缩阶段。在该阶段中，数据通过当前会话状态中定义的压缩算法进行压缩。数据压缩后进入加密阶段。在此阶段中，记录协议首先对压缩后的数据计算 MAC，然后将 MAC 附在数据的尾部，以保证数据的完整性。记录协议使用 HMAC 算法进行 MAC 计算，同时支持会话双方协商使用其他的 MAC 计算算法。记录协议随后会对数据进行加密，它支持的加密算法包括流加密、分组加密、认证加密（AEAD，使用相关数据的身份验证加密）。

3. TLS 握手协议

TLS 握手协议（TLS Handshake Protocol）在服务器端和客户端之间传输数据之前实现双方的身份认证、加密算法和密钥协商。TLS 握手协议提供的安全传输服务有以下三个特点。

- 传输双方的身份认证可以使用不对称、公钥算法实现。身份认证不是必需的，但一般会要求至少对一方的身份进行认证。
- 协商的内容是安全的。TLS 协商的内容是无法被窃听的，即使攻击者使用中间人攻击，也无法获知已经经过身份认证连接的传输内容。
- 协商是可靠的。攻击者一旦对协商过程进行篡改，连接双方一定会发觉。

握手协议是 TLS 中最复杂的部分，是 TLS 能够实现数据传输安全的保障。服务器端和客户端通过执行握手过程，建立会话连接。握手过程分为两种：全握手过程和简短握手过程。当服务器端和客户端之前没有建立会话时，需要执行全握手过程；当服务器端和客户端希望恢复或复制之前的会话时，则会选择执行简短握手过程以节省开销。TLS 全握手过程如图 10-8 所示，一共有 13 个步骤，分别介绍如下。

步骤 1：客户端发送 ClientHello 消息。客户端发送 ClientHello 消息以开始一个新的握手过程，ClientHello 消息主要包含下列信息：TLS 版本号、随机数、会话 ID、密码套件、压缩方法、扩展信息。其中，随机数用于生成主密钥和防止重放攻击。

步骤 2：服务器端发送 ServerHello 消息。服务器端接收到客户端发送的 ClientHello 消息后，回复 ServerHello 消息。ServerHello 消息所包含的字段与 ClientHello 消息一致，其中密码套件字段为服务器端选定的某一密码套件，压缩方法字段为服务器端选定的某一压缩方法，扩展信息字段为服务器端选定的对应扩展信息，随机数字段为服务器端产生的随机数。

步骤 3：服务器端发送 Certificate 消息。该消息用于封装服务器 X. 509 格式的证书，证书用于服务器自证身份，由专门的证书管理机构（CA）颁发。由于某些加密算法的实现依赖于证书中的相关信息，因此服务器端发送的证书必须与之前步骤中选择的密码套件相符。

步骤 4：服务器端发送 ServerKeyExchange 消息。如果 Certificate 消息中没有包含足够的密钥交换信息，则服务器发送 ServerKeyExchange 消息。该消息包含密钥交换需要的额外数据，根据所选密码套件的不同，消息包含不同的数据（这条消息不是必须发送的）。

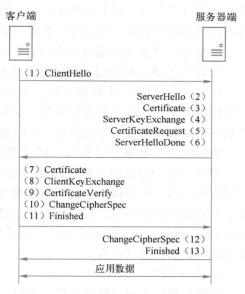

图 10-8　TLS 全握手过程

步骤 5：服务器端发送 CertificateRequest 消息。非匿名服务器可以选择发送该消息以对客户端发起认证，如银行就要求访问者必须自证身份（通常使用 Ukey 或密保卡），否则不提供服务。该消息必须在 ServerKeyExchange 消息之后（如果没有 ServerKeyExchange 消息，则在 Certificate 消息之后）立即被发出。

步骤 6：服务器端发送 ServerHelloDone 消息。该消息的发送意味着服务器端握手所需发送的所有消息已发送完毕。接下来，服务器端等待客户端发来的消息。

步骤 7：客户端发送 Certificate 消息。当服务器端发送 CertificateRequest 消息时，客户端发送该消息。如果客户端不能提供证书或合法证书，则服务器端可以自行选择继续或终止握手过程。该消息的内容规格与服务器端发送的 Certificate 消息一致。

步骤 8：客户端发送 ClientKeyExchange 消息。该消息的内容取决于所选的密码套件，在使用不同的密钥交换类型时，本消息内容不同。主要的密钥交换类型如下。

- RSA。此时，客户端生成 48 B 数据（其中 46 B 为随机数，2 B 为版本号），使用服务器公钥（在服务器证书中保存）进行加密后封装形成 pre_master_secret。
- 暂态 Diffie-Hellman。消息包含客户端的 Diffie-Hellman 公钥参数。
- 固定 Diffie-Hellman。消息为空，但消息必须被发送。

步骤 9：客户端发送 CertificateVerify 消息。此消息提供客户端显式认证功能，只有当客户端证书有签名功能时（含有固定 Diffie-Hellman 参数的所有证书），此消息才被发送。

步骤 10：客户端发送 ChangeCipherSpec 消息。修改密码规格协议，指明当前双方会话密码状态，客户端和服务器端均可发送修改密码规格消息，以告知对方接下来的记录消息将使用最新的密码规格进行加解密操作。在握手过程中，双方完成安全参数协商之后才能发送修改密码规格消息，但该消息的发送要保证在结束消息发送之前完成。

步骤 11：客户端发送 Finished 消息。这条消息的发送表明握手过程中的密钥交换和身份认证工作已经完成，接下来即将进入应用数据发送阶段。本消息是整个会话中第一条使用已经协商好的密码算法、密钥进行加密的信息，接收端收到后需要对本消息进行解密。

步骤 12：该步骤中服务器端发送的 ChangeCipherSpec 消息格式与步骤 10 中的消息一致。

步骤 13：该步骤中服务器端发送的 Finished 消息格式与步骤 11 中的消息一致。

在完成了全部 13 个步骤之后，客户端和服务器端建立了安全连接，之后双方可以开始应用数据的交互。由于服务器对客户端的认证并不是必需的，因此在某些应用场景中，服务器端不会对客户端进行身份验证，此时握手过程没有步骤 5、步骤 7 和步骤 9。

可以看出，全握手过程需要的步骤较多，且其中与密码相关的操作需要占用大量的 CPU 资源，由于会话断开后双方依然会在一段时间内保留相关的协商数据，此时，若双方希望恢复会话，则再执行全握手机制会相对低效，因此 TLS 建立了会话恢复机制以节省开销。在会话恢复握手中，客户端首先发送 ClientHello 消息，随后服务器端发送 ServerHello、ChangeCipherSpec 和 Finished 消息，最后客户端发送 ChangeCipherSpec 和 Finished 消息，握手完成，之前的会话恢复。

4. TLS 警报与修改密码规格协议

警报协议位于记录协议上层，警报消息传递警报的详细描述和严重性。警报消息能够被记录协议层加密或压缩，但是否执行由当前连接双方协商而定。TLSv1.2 定义了多种警报消息，包括关闭通知、非预期消息、MAC 错误等。

警报消息根据严重程度可以分为告警（Warning）警报和致命（Fatal）警报。当一方发现连接存在致命错误时，会发出致命警报。当致命警报出现时，通信双方必须立刻终止连接，同时双方必须丢弃当前会话的会话标志、密钥等信息。告警警报没有致命警报等级高，往往不会影响连接状态，但是如果一方接收到告警警报后决定终止连接，它会立刻发送关闭通知以终止连接。常见的告警警报包括用户取消连接警报和未重协商警报等。

关闭通知是一种致命警报消息。关闭通知使得客户端和服务器端迅速了解连接是否结束，这样可以有效避免截断攻击。连接中的双方都可以发送 close_notify（关闭通知）警报以结束连接，连接结束后再接收的任何数据都会被丢弃，当一方收到对方发来的 close_notify 警报后需要回复对方 close_notify 警报。当使用 TLS 的上层应用协议在 TLS 连接关闭后需要使用底层协议进行数据传输时，必须在接收到对方 close_notify 警报后才能通知上层应用协议连接已中断。如果上层应用协议没有额外的数据进行传输，则该端可以选择立刻关闭 TLS 连接。除关闭通知以外，常见的致命警报如下。

- 非预期消息。接收到的消息含有非预期内容。
- MAC 错误。接收到的 MAC 码存在错误。
- 消息长度过长。接收到的密文长度或压缩信息长度超过理论长度。
- 解压缩失败。解压缩函数接收非法输入，导致解压缩失败。
- 握手失败。发送方无法与对方协商出合理的安全参数以建立握手，这是致命警报。
- 未知 CA。证书接收方会查询签发证书的 CA 是否合法，当无法查询到 CA 有效信息时，发送未知 CA 警报。
- 解码错误。当消息某部分因出现错误或长度不对而无法被解码时，消息接收方发出解码错误警报。

TLS 修改密码规格协议比较简单，它负责在会话过程中指明当前双方会话密码状态，如果通信一方希望改变密码规格，则可以发送修改密码规格消息，对方在收到消息之后会使用新的密码套件。

5. 密码计算

TLS 记录协议通过密码算法、主密钥（master secret）、客户端和服务器端随机值实现对传输数据的安全保护。压缩算法以及规定了认证、加/解密和 MAC 算法的加密套件在握手过程的 ServerHello 消息中确定，随机值在 Server Hello 消息中进行了交换。接下来，主要介绍主密钥及其生成步骤。

主密钥的长度为 48 B，由预备主密钥（pre_master_secret）生成，不同的密码算法对应不同长度的预备主密钥。当主密钥生成后，预备主密钥必须立刻被丢弃。主密钥生成过程可以分为两步：生成预备主密钥和生成主密钥。各个密码算法生成预备主密钥的方法如下。

- RSA。在握手过程的步骤 8 中，客户端生成 48 B 的预备主密钥，通过公钥加密后构成 pre_master_secret 消息并发给服务器端，服务器端利用私钥进行解密以获得预备主密钥。
- Diffie-Hellman。预备主密钥由服务器端和客户端各自产生一个 Diffie-Hellman 参数，交换之后，双方再分别进行 Diffie-Hellman 计算，得到预备主密钥。

在得到预备主密钥后，不同的密码算法使用相同的算法生成主密钥。将预备主密钥、客户端随机数、服务器端随机数作为输入经过主密钥生成算法运算生成主密钥。需要注意的是，生成主密钥的三个输入项，以及服务器和客户端均已获得，双方使用相同的算法得到的主密钥相同。

10.4.2　HTTPS

HTTPS（HTTP Secure）是安全版的 HTTP，它将 HTTP 运行在 SSL/TLS 上层来提供安全的 HTTP 通信。随着 TLS 取代 SSL，目前讨论的 HTTPS 多是建立在 TLS 的基础上。随着越来越多的应用场景需要对通信双方进行身份验证，HTTPS 的应用部署渐渐成为标准配置。2014 年，HTTP 2.0 成为标准以来，所有的 HTTP 通信都应采用 HTTPS 实现的讨论就已经出现[45]。HTTPS 的实现需要浏览器的支持，目前绝大多数浏览器都已支持 HTTPS。

在 TCP/IP 架构中，HTTPS 的端口号为 443，而 HTTP 的端口号为 80。HTTPS 与 HTTP 的显式区别主要是浏览器中 URL 起始于 "https" 而不是 "http"，URL 的旁边往往还有锁状图案显示证书状态。HTTPS 的标准文档为 RFC 2818（HTTP Over TLS）。当使用 HTTPS 时，以下通信元素被加密：

- URL；
- 数据内容；
- 浏览器表单内容；
- 浏览器和服务器双方发送的 Cookie；
- HTTPS 报头内容。

1. HTTPS 连接的建立与关闭

HTTPS 中的通信双方也被视为 TLS 中的通信双方。当一方希望建立 HTTPS 连接时，首先与对方服务器建立 TCP 连接，随后发送 TLS ClientHello 消息开始进行 TLS 握手。当 TLS 握手完成并建立安全会话后，客户端可进行 HTTP 数据的发送。所有 HTTP 数据均应作为 TLS 应用数据被封装发送。

如果连接中的一方希望关闭连接，则必须首先构造关闭通知警报（close_notify alert）。如果一方收到合法的关闭警报，则随后将不会再收到任何进一步的数据。当关闭警报发出后，发出方可以不等对方发送关闭警报就单方面关闭连接，这称为"不完全关闭"。当上层的应用确定已经接收所有期望的数据后，执行不完全关闭操作的用户（服务器端或客户端）接下来可能会重新使用这个会话。

2. HTTPS 面临新的安全威胁

近年来，针对 HTTPS 的研究有很多，有的从 HTTPS 部署后对网络开销的影响入手[45]，有的则从 HTTPS 自身面临的安全威胁入手。证书管理机构（Certificate Authority，CA）作为证书签发机构，是 TLS 会话双方均充分信任的对象。如果 CA 签发的证书存在问题，则会对 HTTPS 通信安全产生严重影响。Durumeric 等人[46]调查了 1832 个合法的 CA 证书，发现仅有 7 个证书使用名称限制，而 40%的证书没有路径长度限制。他们发现，超过半数的叶证书中包含不够安全的 RSA1024 密钥。

2009 年，TLS 被曝存在重协商漏洞。漏洞存在的原因是不同数据流之间没有延续性以及应用程序与 TLS 信息交互不够及时，攻击者利用中间人模式完成攻击后，能够实现执行任意的 HTTP GET 请求、跨站脚本（XSS）等进一步攻击。目前，重协商漏洞已经基本得到了修复。除重协商漏洞以外，侧信道劫持（Sidejacking）、Cookie 窃取（Cookie Stealing）、Cookie 伪造（Cookie Manipulation）等安全漏洞都会对 HTTPS 的安全构成严重威胁，容易被攻击者利用而对 HTTPS 连接进行攻击[47]。

Somorovsky 等人[48]提出了 TLS-Attacker 开源框架，可对 TLS 库的安全性进行评估。TLS-Attacker 使用双阶段模糊测试方法（two-stage fuzzing approach），支持定制 TLS 消息流并允许任意修改消息中的内容，能够自动搜索密码失效（cryptographic failures）和边界溢出（boundary violation）漏洞、缓冲区溢出/越界（overflows/overreads）漏洞，从而对 TLS 库行为进行测试。TLS-Attacker 支持三种攻击方法，分别是密码攻击（Cryptographic Attacks）、状态机攻击（State Machine Attacks）和缓冲区溢出/越界攻击（Overflows and Overreads）。

10.5　移动云计算安全

作为移动互联网和云计算结合的产物，移动云计算具有无线移动互联、灵活终端应用和便捷数据存取等特点，但同时面临着巨大的安全威胁。一方面，移动云计算通过各种无线或移动网络接入和访问云端，网络连接环境变得非常复杂，任何漏洞都有可能被恶意用户和"黑客"利用而进行攻击。另一方面，云端为多租户提供服务，多租户间很可能存在一些恶意的租户，他们通常会利用共享的云端环境来窃取其他合法租户的数据。此外，从移动用户角度来看，提供公共服务的云端也是不可信的，云服务提供商（Cloud Service Provider，CSP）可能会因一些不可告人的目的而访问甚至有意泄露用户的数据。

据 Verizon 公司统计, 2015 年, 全球 61 个国家或地区出现了 79790 起云数据泄露事件, 如此频繁发生的云数据安全事件使用户对移动云计算的安全性表示担忧, 也削弱了移动用户使用云服务的信心。

为了解决移动云计算的安全问题, 近年来, 学术界和产业界开展了大量而深入的研究, 并取得了一系列研究成果, 特别是针对云数据的安全问题, 提出了许多新的密码技术和安全解决方案。考虑到移动云计算中涉及的其他安全问题在前面几节中已进行了介绍, 本节就重点针对云数据安全问题和相应安全技术进行分析。

10.5.1　云计算数据安全

在移动云计算环境中, 用户的数据和计算任务通过移动互联网迁移到云端数据中心, 并由云端进行计算、存储和处理。在这些操作过程中, 用户数据不但要面临来自传统网络的攻击, 而且会面临来自 CSP 内部的攻击, 从而使得移动云计算用户的数据面临巨大的安全挑战。

1. 云计算数据安全威胁

云端是一个资源虚拟化和多租户的环境, 移动用户在将数据外包于云端的同时, 其数据也面临着巨大的安全威胁, 包括数据泄露、非法访问, 以及数据破坏或丢失等[49,50]。

- 数据泄露。在开放网络环境下, 移动云计算既面临着各种传统网络安全的威胁, 如网络窃听、非法入侵和非授权访问等, 又面临着云环境下的共享虚拟机漏洞、侧信道攻击和云端内部攻击等威胁, 这些威胁都很容易造成存储于云服务器上的数据泄露。另外, 当用户需要删除云端数据时, 云服务器可能并不会真正删除用户数据, 而只是逻辑上标记为不可用, 这种用户数据留下的 "印迹" 很容易被其他用户恢复, 从而造成数据泄露。

- 非法访问。将数据外包给云服务器, 用户就失去了对数据的物理控制权, 至于云服务器对数据进行何种操作, 用户将不得而知, 云服务提供商可能会因某种商业目的而蓄意窥探用户数据, 甚至将用户数据提供给第三方使用。另外, 存储于云端的用户数据还有可能在用户不知情的情况下被第三方监听访问。此外, 恶意 "黑客" 的攻击可能获取系统访问权限, 进一步非法读取和使用用户数据。

- 数据破坏或丢失。存储于云中的数据可能会因管理误操作、物理硬件失效 (如磁盘损坏) 以及电力故障、自然灾害等而丢失或损坏, 造成数据服务不可用。另外, CSP 还可能会为了节省存储空间、降低运营成本而移除用户极少使用的数据, 致使用户数据丢失。

2. 云计算数据安全需求

在面对来自云服务系统外部和内部的各种攻击与安全威胁时, 有必要采取措施保护用户数据的安全, 即保护数据的机密性、防止数据非法访问、确保数据的完整性和数据被可信删除。

- 数据机密性。数据机密性是云数据服务的基本安全需求, 它要求只有数据拥有者和授权用户才能够访问数据内容, 其他任何用户 (包括 CSP 在内) 都不能获得任何数据内容。

- 访问可控性。访问可控性意味着数据拥有者能够对外包于云端的数据进行访问控制,通过对用户授权，允许其他用户访问部分数据。不同用户可以被授予不同的数据访问权限，以实现细粒度的数据访问控制。

- 数据完整性。数据完整性要求用户数据必须被正确、可靠地存储于云服务器中，不允许被非法篡改、故意删除或恶意伪造。一旦这些不期望的行为发生，数据拥有者应该能够检测出数据遭受到了破坏。
- 数据可信删除。数据可信删除是指，当用户要求 CSP 删除其数据时，CSP 应彻底删除或"破坏"用户数据，使任何其他用户（包括 CSP 在内）均不能再获得数据内容。

3. 云计算数据安全技术方案

根据云计算数据安全需求，多种数据安全技术方案被相继提出，如表 10-2 所示。

表 10-2　云计算数据安全威胁、安全需求与安全技术方案

安全威胁		安全需求	安全技术方案
数据泄露	网络窃听、非授权访问、云端内部攻击、虚拟机侧信道攻击等	数据机密性	• 代理重加密 • 查询加密 • 同态加密
非法访问		数据访问控制	• 基于选择加密的访问控制 • 基于属性加密的访问控制
数据破坏或丢失	恶意篡改、有意丢弃、操作配置错误、存储硬件失效、电力故障、自然灾害等	数据完整性	• 数据持有性证明 • 数据可恢复证明
数据泄露（数据残留）	数据仅逻辑上删除、数据备份未删除、数据迁移后留下数据"印迹"	数据可信删除	• 集中式密钥管理的可信删除 • 分散式密钥管理的可信删除 • 层次化密钥管理的可信删除 • 属性策略密钥管理的可信删除

10.5.2　云数据机密性保护

加密技术是保护云数据机密性的一种常用方法。然而，简单使用传统加密技术将使得外包给云端的数据无法在云端有效地进行查询、计算和共享等操作与服务。例如，当用户要查询在云端的某一数据时，由于数据被加密，云服务器无法为用户提供查询，因此用户只能将所有密文数据下载到本地并解密后才能进行相应查询。同样，对数据进行其他操作也将如此。显然，这种方式将带来巨大的通信开销，也违背了用户将数据外包给云端存储或处理的初衷。为了解决这些问题，确保用户数据机密性的同时保证云服务器提供正常的应用服务，需要采用代理重加密、查询加密和同态加密等新型加密技术。

1. 混合加密机制

密码算法包括对称密码算法和非对称密码算法（公钥密码算法）两种。其中，对称密码算法加/解密运算复杂度低，运行速度快，而非对称密码算法通常依赖于某个数学难题（如大数据分解问题、离散对称问题等），加/解密运算复杂度高，运行速度慢。但与对称密码相比，非对称密码的密钥管理相对简单、灵活，应用范围和场景更加广泛。

在云计算环境中，为了保证系统的运行效率和各种应用的灵活性，通常使用混合加密机制来保证云数据的安全，如图 10-9 所示。首先，使用对称密码算法加密数据量较大的数据文件，以保证加/解密运算具有高速度和低复杂性；然后，用公钥密码算法封装用户加密数

据文件的对称密钥，以方便实现多种灵活的云数据访问控制方式。尽管公钥密码算法速度较慢，但由于对称密钥数量非常少，因此整个系统的运行速度是非常快的。

图 10-9　混合加密机制

数据拥有者使用混合加密机制将加密的文件上传到云服务器中，而数据使用者则通过解封装获得对称密钥 K，然后对数据文件进行解密，最终得到明文数据。混合加密机制充分利用了对称密码和公钥密码各自的优点，在对数据文件进行加密时，可以使用随机的对称密钥，有效提高了数据的安全性。由于随机的对称密钥以密文的形式保存在云端，而本地只需要保存公钥算法的公私钥对，从而大大降低了用户端密钥的管理复杂性。

2. 代理重加密

在云环境下，加密会给不同用户间的灵活数据共享带来一定的困难。一方面，共享策略的任何改变都需要对数据重加密，若让云端来完成重加密，则云端需要首先解密数据，这便使得明文数据暴露给了不信任的云端，而让数据拥有者来重加密，又会给数据拥有者带来巨大的计算和通信开销。另一方面，大规模用户数据共享涉及大量密钥的生成、分发和管理，也会带来巨大的计算、通信和存储开销。代理重加密（Proxy Re-Encryption，PRE）技术为解决上述云数据共享问题提供了一种较好的解决方案。

（1）代理重加密基本概念

代理重加密是密文间的一种密钥转换机制，在代理重加密系统中，代理者（proxy）在获得由授权人产生的针对被授权人的转换密钥（代理重加密密钥）后，能够将原本加密给授权人的密文转换为针对被授权人的密文，然后被授权人只需要利用自己的私钥就可以解密该转换后的密文。在代理重加密过程中，虽然代理者拥有转换密钥，但他无法获取密文中的对应明文的任何信息。

根据代理转换密钥的性质，代理重加密分为双向代理重加密和单向代理重加密两种。在前者中，代理者利用代理钥既能将 Alice 的密文转换成针对 Bob 的密文，又能将 Bob 的密文转换成针对 Alice 的密文；在后者中，代理者利用代理钥只能将 Alice 的密文转换成 Bob 的密文，而无法进行另一方向的转换。根据密文能否被多次转换这一性质，代理重加密又可分为多跳代理重加密和单跳代理重加密两种；前者允许密文被多次转换，而后者只允许密文被转换一次。

（2）代理重加密主要算法

以单向代理重加密为例，一个代理重加密方案一般由如下 8 个算法（Setup、KeyGen、ReKeyGen、Enc_1、Enc_2、ReEnc、Dec_1、Dec_2）构成[51]。

1）系统建立算法 $\mathrm{Setup}(K)$：给定安全参数 K，该算法生成全局参数 params。

2）密钥生成算法 $\mathrm{KeyGen}(\mathrm{params})$：该算法负责生成公钥和私钥对 $(\mathrm{pk}_i,\mathrm{sk}_i)$、$(\mathrm{pk}_j,\mathrm{sk}_j)$。

3）重加密密钥生成算法 $\mathrm{ReKeyGen}(\mathrm{params},\mathrm{sk}_i,w,\mathrm{pk}_j)$：给定授权人的私钥 sk_i 和被授权人的公钥 pk_j，该算法生成一个重加密密钥 $\mathrm{rk}_{i\to j}$。

4）第一层加密算法 $\mathrm{Enc}_1(\mathrm{params},\mathrm{pk}_i,m)$：给定公钥 pk_i 和明文 m，该算法生成一个第一层密文 CT_i。该第一层密文可以通过重加密算法 ReEnc 进一步转换为第二层密文。

5）第二层加密算法 $\mathrm{Enc}_2(\mathrm{params},\mathrm{pk}_j,m)$：给定公钥 pk_j 和明文 m，该算法生成一个第二层密文 CT_j。该第二层密文不能被进一步转换。

6）重加密算法 $\mathrm{ReEnc}(\mathrm{params},\mathrm{CT}_i,\mathrm{rk}_{i\to j})$：给定公钥 pk_i 的第一层密文 CT_i，该算法利用重加密密钥 $\mathrm{rk}_{i\to j}$ 生成一个针对公钥 pk_j 的第一层密文 CT_j。

7）第一层解密算法 $\mathrm{Dec}_1(\mathrm{params},\mathrm{CT}_i,\mathrm{sk}_i)$：给定针对公钥 pk_i 的第一层密文 CT_i，该算法利用相应的私钥 sk_i 进行解密，从而得到明文 m。

8）第二层解密算法 $\mathrm{Dec}_2(\mathrm{params},\mathrm{CT}_j,\mathrm{sk}_j)$：给定针对公钥 pk_j 的第一层密文 CT_j，该算法利用相应的私钥 sk_j 进行解密，从而得到明文 m。

想要满足 PRE 方案的正确性要求，以下等式必须成立：$\mathrm{Dec}_1(\mathrm{Enc}_1(\mathrm{pk}_i,m),\mathrm{sk}_i)=m$，$\mathrm{Dec}_2(\mathrm{Enc}_2(\mathrm{pk}_j,m),\mathrm{sk}_j)=m$，$\mathrm{Dec}_2(\mathrm{ReEnc}(\mathrm{CT}_i,\mathrm{rk}_{i\to j}),\mathrm{sk}_j)=m$。

（3）3种代理重加密方案

1）基于身份的代理重加密（Identity-Based Proxy Re-Encryption，IB-PRE）方案[52]将代理重加密引入到基于身份的环境中，以用户身份作为公钥来进行数据加密，而用户私钥则根据用户身份来产生。该方案最大的问题是需要一个可信的第三方来生成用户私钥并进行管理。

2）无证书代理重加密（CertificateLess Proxy Re-Encryption，CL-PRE）方案[53]将身份作为公钥的一部分，具有基于身份和无证书公钥密码体制的优点，解决了传统 PKI 中的证书管理问题和基于身份公钥系统中的密钥托管问题。

3）基于时间的代理重加密方案[54]的基本思想是将时间概念引入到 PRE 中，当用户访问权限在访问时间内有效时，可以解密相应数据，而当其预定义的时间期满后，将自动终止，即撤销用户，该方案解决了共享用户撤销时需要数据拥有者在线给第三方发送代理重加密密钥的问题。

（4）基于代理重加密的云数据共享

在云存储环境下，当用户需要将某些数据与指定用户进行共享时，可以使用代理重加密机制。例如，如果用户使用混合加密机制来保护数据，则用户可以委托 CSP 将自己用公钥封装的对称密钥 K 密文转换为某一数据使用者用公钥封装的对称密钥 K 密文，而 CSP 不能解密获知相应的对称密钥 K。重加密操作由 CSP 完成，以节省用户的计算开销。

代理重加密的实现需要一个代理重加密密钥 rk。当需要数据共享时，首先由数据拥有者生成 rk 转换密钥，并发送给云服务器；然后，云服务器利用 rk 转换密钥将加密数据转换为针对指定共享用户的密文；最后，指定用户利用其自身的私钥解密转换后的密文，从而实现数据的安全共享。在密文转换过程中（见图 10-10），虽然代理者拥有转换密钥，但无法获取明文的任何信息。

图 10-10 基于代理重加密的云数据共享

3. 查询加密

出于数据机密性的考虑，用户会将数据以密文的形式外包存储在云服务器中。但当用户需要提取包含某些关键字的数据时，会遇到如何在云端服务器进行密文搜索的难题。一种简单的方法是先将所有密文数据下载到本地进行解密，再进行关键字查询，但这种方法将浪费巨大的网络带宽，给用户带来大量不必要的存储和计算开销。另一种方法是将密钥和需要查询的关键字发送给云服务器，由云服务器解密数据后进行查询，显然，这种方法泄露了用户数据，不能满足数据机密性要求。为此，支持密文搜索的查询加密（Searchable Encryption，SE）技术便应运而生。

（1）查询加密基本概念

查询加密的基本思想是通过构造安全索引、利用查询陷门来高效地支持密文搜索，其一般过程如图 10-11 所示[50]。首先，数据拥有者加密本地数据，同时生成查询安全索引（步骤 1），其次，安全索引与密文数据一起被上传至服务器（步骤 2）。当用户需要查询数据时，向数据拥有者发送查询请求（步骤 3），数据拥有者根据查询请求生成查询陷门（步骤 4），并将生成的陷门返回给用户，同时给用户一个解密密钥（步骤 5）。用户提交查询陷门给云端服务器（步骤 6），服务器执行查询（步骤 7），将查询结果返回给用户（步骤 8）。最后，用户利用数据拥有者发送来的密钥解密查询结果，获得需要的数据（步骤 9）。

图 10-11 查询加密过程

根据采用密码体制的不同，可将 SE 方案分为基于对称密码的 SE 方案和基于公钥密码的 SE 方案两类。基于对称密码的 SE 方案的构造通常基于伪随机函数，具有计算开销小、算法简单、速度快的特点，除加/解密过程采用相同的密钥以外，其"陷门"生成也需要密钥的参与。此外，还需要专门的安全信道来传输密钥。基于公钥密码的 SE 方案使用两种密钥，公钥用于明文信息的加密和目标密文的检索，私钥用于解密密文信息和生成关键词查询"陷门"，公钥查询加密算法通常涉及复杂的公钥计算，加/解密速度较慢，但由于公钥和私钥相互分离，因此非常适合多用户体制下查询加密环境，而且它支持的查询功能更加灵活（如范围查询、子集查询等）。

（2）查询加密主要算法

一个基于对称密码的 SE 方案主要有以下六个多项式时间算法[55]。

1）密钥生成算法 KeyGen：该算法根据输入的安全参数 λ 来产生 SE 方案所需的密钥 k，即 $KeyGen(\lambda)\rightarrow k$。

2）加密算法 Enc：该算法以密钥 k 和明文集合 D 为输入，输出密文集合 C，即 $Enc(k,D)\rightarrow C$。

3）索引生成算法 BuildIndex：该算法以密钥 k 和明文集合 D 为输入，从明文中提取关键字并加密，输出索引集合 I，即 $BuildIndex(k,D)\rightarrow I$。

4）查询"陷门"生成算法 Trapdoor：该算法以密钥 k 和查询关键字 w 为输入，输出查询"陷门" t，即 $Trapdoor(k,w)\rightarrow t$。

5）查询算法 Search：该算法以由明文集合 D 生成的索引集合 I 和查询关键字 w 对应的"陷门" t 为输入，输出包含关键字 w 的密文集合 C_w，即 $Search(I,t)\rightarrow C_w$。

6）解密算法 Dec：该算法用于对查询后的结果进行解密，获得所需的明文数据，它以密文 $c_i(c_i\in C)$ 和密钥 k 为输入，输出对应的明文 $d_i(d_i\in D)$，即 $Dec(c_i,k)\rightarrow d_i$。

基于公钥密码的 SE 方案一般也由以上六个算法构成，不过它的 KeyGen 算法产生公钥 pk 和私钥 sk，Enc 和 BuildIndex 算法采用公钥 pk，Dec 和 Trapdoor 算法采用私钥 sk。

（3）安全查询索引

为了保护查询隐私和提高密文查询效率，SE 方案一般都是通过构造关键字的安全索引来实现查询功能的。基本的安全索引类型[50]有如下两种。

1）以关键字组织的索引，也称倒排索引（inverted index），即每个关键字对应一个由包含该关键字的所有文件构造而成的文件列表，其优点在于查询速度快，但当添加一个新文件时，需要更新所有对应的关键字文件列表，且仅支持单关键字查询。

2）基于文档构造的索引，即为每个文档构造一个由该文档中的所有关键字构成的关键字列表，此类索引结构在文档更新时，不会影响其他文档对应的索引，但在进行关键字查询时，需要搜索所有索引。

此外，还采用一些树结构来构造关键字索引，如 B 树、B+树等。与采用链表的索引结构相比，这种基于树的索引结构具有更高的查询效率。

（4）安全查询功能

在保护数据和关键字隐私的前提下，如何在加密数据上获得与明文一样的查询体验是一个具有挑战性的问题。目前，提出的 SE 方案支持的查询条件越来越灵活，支持的查询功能越来越丰富，不但实现了单关键字查询和多关键字查询，而且能够提供模糊查询、范围查询等功能，有的 SE 方案还能够同时支持多关键字和模糊查询。

1）动态数据查询支持。在 SE 方案中，当添加、修改或删除数据时，意味着需要动态改变查询索引，才能支持原有的查询功能，否则查询的结果将不准确，甚至出现错误的查询结果。因此，如何构造支持动态操作的查询索引结构是实现动态数据查询的关键。一些方案采用矩阵分块的思想来实现关键字索引字典的动态更新。

2）查询结果排序。用户在进行数据查询时，云服务器可能会搜索出大量的数据。而用户总是期望服务器能够返回与查询关键字相关程度最大的数据，一方面，可使用户快速找到目标数据，另一方面，可减少不必要的带宽消耗，这就要求云服务器对查询到的结果进行排序。为了实现查询结果排序，需要一个排序标准，如词频与逆文本频率指数（TF-IDF）、坐标匹配内积相似度和余弦相似性等。

4. 同态加密

在解决一些大规模最优化、大数据分析、生物特征匹配等问题时，会涉及大量的数据计算。对于资源有限的移动用户，承担如此巨大的计算量是不可行的。一种有效的解决方案是借助云端的强大计算能力为移动用户提供计算服务，但这会使用户的敏感数据暴露给云服务器。这个问题可以通过加密数据，并让云服务器在密文数据上进行计算来解决，这就需要用到同态加密（Homomorphic Encryption，HE）技术。

（1）同态加密基本概念

同态加密是一种支持直接在密文上进行计算的特殊加密体系，它使得对密文进行代数运算得到的结果与对明文进行等价运算后再加密所得的结果一致，而且整个过程中无须对数据进行解密，即对于函数 f 及明文 m，有 $f(\text{Enc}(m))=\text{Enc}(f(m))$。若函数 f 是某种特定类型计算（如加法、税法运算）或有限次特定类型计算的复合，则称该类方案为部分同态加密（Somewhat Homomorphic Encryption，SwHE）方案；如果函数 f 可以是任意有效函数且支持无限次运算，则称该类方案为全同态加密（Fully Homomorphic Encryption，FHE）方案[56]。

（2）同态加密主要算法

同态加密方案有 4 种基本算法：密钥生成算法 KeyGen、加密算法 Enc、解密算法 Dec 和密文计算算法 Evaluate。其中，Evaluate 算法是同态加密四个算法中的核心，这个算法的功能是对输入的密文进行计算，且具有同态性。

（3）全同态加密构造

从密文计算次数的角度来划分，可将 FHE 方案分为纯（pure）FHE 和层次（leveled）FHE，前者可以对任意深度的电路进行计算，即对密文进行无限次的计算，而后者只能对任意多项式深度的电路计算，即进行有限次密文计算。从构造 FHE 时涉及的数学基础来划分，现有的 FHE 方案可分为基于理想格的方案、基于整数的方案和基于 LWE（Learning with Errors）的方案三种。

基于理想格和基于整数的 FHE 方案构造方法主要是遵循 Gentry 提出的构造框架，其构造思想是非常"规则"的。首先构造一个部分同态加密方案，然后"压缩"解密电路，进行同态解密，最后在循环安全的假设下，通过递归来实现 FHE 方案。在该 FHE 构造框架中，想要采用同态解密技术，需要满足解密电路的深度小于 SwHE 方案所能计算的深度，如果满足该条件，则称 SwHE 方案是可自举启动的（Bootstrapped）。该 FHE 构造框架的同态解密非常关键，其目的是控制密文噪声的增长，以保证递归运算后密文能够被解密。

基于 LWE 的 FHE 方案都是以 LWE 或 R-LWE 为安全假设条件，其构造过程如下：首先构造一个 SwHE 方案，然后采用密钥交换技术和模交换技术来分别控制密文计算后新密文向量维数的膨胀与噪声的增长，最后通过迭代获得 FHE 方案，通常仅能实现层次 FHE。这种构造方法无须效率低下的同态解密技术，极大地提高了 FHE 的效率。然而，密钥交换技术引入了许多密钥交换矩阵，每次密钥交换都要乘以一个密钥交换矩阵，这直接影响了 FHE 的效率，因此如何改进密钥交换技术就成了此类 FHE 方案构造的关键问题。

FHE 方案通常都非常复杂，运行效率低下，但可进行一些优化，如控制密文的大小、提高密钥产生效率和减少计算维数等。采用 SIMD（Single Instruction Multiple Data）技术来实现 FHE 是提高全同态的效率的一种有效方法。可采用 SIMD 来提高自举启动的性能，使重加密能够并行运行。

10.5.3　云数据访问控制

传统的访问控制方法需要依赖一个可信的服务器，其控制策略通常由信任的服务器来实施，而在移动云环境下，用户并不信任远程的云服务器，因此传统的访问控制方法无法直接应用于云环境。针对这一问题，研究人员提出了针对不可信云环境的基于加密的访问控制技术。该技术通过数据加密并转换成相应授权策略的方式来完成访问控制的"自实施"，在保护数据机密性的同时可有效实施数据授权访问控制策略。

然而，简单选择传统的加密方法会给加密数据访问控制带来一定的困难：一是大规模用户的数据共享需要大量密钥，生成、分发和保管这些密钥比较困难；二是如果需要制定灵活可控的访问策略，实施细粒度的访问控制，会成倍地增加密钥数量；三是当用户访问权限更新或撤销时，需要重新生成新的密钥，势必引入巨大的计算量。本节将针对这些问题介绍两种基于加密的访问控制技术，即基于选择加密（Selective Encryption）的访问控制和基于属性加密（Attribute-Based Encryption，ABE）的访问控制。

1. 基于选择加密的访问控制

基于选择加密的访问控制思想是将加密机制与访问控制策略相结合，通过密钥的分发管理来控制数据的授权访问，其核心是如何将访问控制策略有效地转换为等效的加密策略，以及如何安全高效地产生和分发密钥。其中，密钥的产生和分发通常采用密钥派生技术。

（1）密钥派生原理

密钥派生是指一个密钥可通过另一个密钥和一些公开的信息来计算产生。这种方法首先需要定义和计算公开的 token。设 K 是对称密码系统中的密钥集，给定 K 中的两个密钥 k_i 和 k_j（$k_i, k_j \in K$），以及一个 token $t_{i,j}$，这里 $t_{i,j} = k_j \oplus h(k_i, l_j)$，其中 l_j 是一个与 k_j 相关的、公开可获得的标签信息，$\oplus$ 是"位异或"操作，h 是一个确定性密码函数。如果用户知道密钥 k_i 以及公开的 token $t_{i,j}$ 和标签信息 l_j，则他可计算出另一密钥 k_j。在已知一系列公开的 token 的情况下，可通过上述方法计算出一系列密钥。由于 token 和标签信息可公开获得，因此这种派生方法大大简化了用户密钥的管理。

密钥派生可通过密钥派生图来定义实现。密钥派生图是一个有向无环图，顶点表示密钥，边表示 token。密钥派生图可有效实施访问控制策略，但图中的 token 和密钥数量比需要的多，而 token 数量将直接影响系统的访问时间。因此，需要移除一些不必要的 token，即图中的边。最小化密钥派生图中的边是一个 NP 问题，Vimercati 等人[57]设计了相应的启发式算法，有效地实现了密文数据的控制。

（2）高效访问控制

当用户群能够被建模为一个偏序集（一个有向图）时，就需要进行分层访问控制处理。一个拥有某类访问权限的用户能够访问该类资源及其所有子类资源。这种层次结构的密钥管理问题实际就是给一层中每类资源分配一个密钥，满足子类资源的密钥能够通过高效的密钥派生来获得。针对这种访问层次的密钥管理和密钥派生问题，Atallah 等人[58]提出了一个满足如下特性的访问控制方案：①公共信息的空间复杂度与存储的密钥层次结构相同；②每一类都有一个秘密信息；③更新（撤销或添加）在每层的局部处理；④方案在防共谋方面是可证明安全的；⑤每一个节点都能够在有限路径长度内，通过一定数量的对称密钥操作，派生计算出其任何一个子孙节点；⑥方案的安全是基于伪随机函数的，而不是依赖于随机预言模型（Random Oracle Model）。该方案还可以通过适当地增加与层次结构相关的公开信息量来降低密钥的派生时间。

（3）访问策略更新与管理

访问策略可能会经常发生变化，相应地需要重新生成加密策略。通常涉及的更新操作包括用户的插入/删除、资源的插入/删除和权限的允许/撤销等。当用户访问权限改变时，需要对数据进行重加密计算，从而使数据拥有者承担大量的加密计算和通信开销。一种较好的解决方案是将访问控制策略的实施交给云服务器来执行（但同时要保证服务器不能获知数据内容信息），从而最小化数据拥有者的开销。

Vimercati 等人[57]给出了由数据拥有者来管理授权策略的策略更新过程，为减少策略更新给数据拥有者带来的开销，采用更新操作外包的思想，提出了基于两层加密的授权策略更新方案，其中基本加密层（Base Encryption Layer，BEL）执行初始访问控制策略，而表面加密层（Surface Encryption Layer，SEL）执行访问控制策略更新。

针对数据拥有者实施访问控制策略带来的大量加密计算和通信开销问题，Nabeel 等人[59]提出了一个基于两层加密的访问控制方法，其基本思想是将访问控制策略（Access Control Policy，ACP）进行分解，一部分用于数据拥有者实施粗粒度加密，以保证数据的机密性，另一部分用于云服务器实施细粒度加密，以实施细粒度的数据访问控制。问题的关键在于如何将访问控制策略分解到两层加密上来保证授权访问（同时保护数据的机密性和用户的隐私性）。这个问题是 NP 问题，可设计相应启发式算法进行求解。

2. 基于属性加密的访问控制

属性加密（Attribute-Based Encryption，ABE）以用户属性为公钥，通过引入访问结构将密文或用户私钥与属性关联，能够灵活地表示访问控制策略，对数据进行细粒度访问授权，且具有良好的系统扩展性，是实现云数据访问控制的理想方案。

典型的基于 ABE 的访问控制系统一般包括一个属性授权机构（Attribute Authority，AA）、一个数据发布者（加密者）和多个数据使用者（解密者），属性授权机构审核用户属性并为用户生成属性对应的私钥。系统在生成密钥或者产生密文时可以根据一个访问结构来实现，使得只有满足指定属性条件的用户才可以解密密文，从而实现数据的授权访问。

（1）两种基本 ABE

ABE 可分为密钥策略 ABE（Key-Policy ABE 或 KP-ABE）和密文策略 ABE（Ciphertext-Policy ABE 或 CP-ABE）两种类型，分别如图 10-12 和图 10-13 所示。在 KP-ABE 方案中，

用户的私钥对应一个访问结构，密文对应一个属性集合，而在 CP-ABE 方案中，密文对应一个访问结构，用户的私钥对应一个属性集合，在两种方案中，只有用户属性集合中的属性满足访问结构时，才能成功解密。ABE 机制的本质是属性集合与访问结构的匹配，KP-ABE 是一个属性集合和多个访问结构进行匹配，而 CP-ABE 是一个访问结构和多个属性集合进行匹配。

图 10-12　KP-ABE 原理

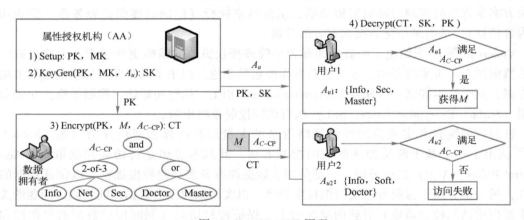

图 10-13　CP-ABE 原理

一个 ABE 方案通常有四个核心算法，即 Setup、KeyGen、Encrypt 和 Decrypt。AA 用 Setup 算法为系统产生公共参数（PK）和主密钥（MK）（步骤 1），用 KeyGen 算法为用户生成私钥（SK）（步骤 2），数据拥有者用 Encrypt 算法加密产生密文数据（CT）（步骤 3），用户用 Decrypt 算法和他的私钥（SK）解密 CT 以获得明文数据（步骤 4）。

（2）访问控制策略表达

访问控制策略一般采用访问结构（access structure）来表达。访问结构是描述访问控制策略的逻辑结构，其中定义了授权访问集合和非授权访问集合。访问结构的概念最初来源于门限秘密共享方案。在秘密共享方案的访问结构中，将参与者分成了两个部分，一部分是可以重构秘密的授权集合，另一部分是不能重构秘密的非授权集合。因此，可以说秘密共享方案相当于一类简单的访问结构。

设 n 是参与者的集合，Γ 是由参与者子集构成的集合。如果 Γ 是单调的访问结构，则应该满足：对于所有的 B、C，如果 $B \in \Gamma$ 且 $B \subseteq C$，则 $C \in \Gamma$，其中 B、C 表示由参与者构成的集合。因此，一个访问结构 Γ 是一个非空的由参与者构成的集合，也可以说 Γ 中的元素是参与者的集合。在 ABE 方案中，通常以用户身份属性集合来代替上述访问结构中的参与者集合，其中的授权集合的实质就是满足密钥策略或密文策略的属性集合（合法的身份）。

访问结构直接决定了基于 ABE 的访问控制策略的表达能力。目前，基本的访问结构主要有门限访问结构、基于树的访问结构和基于 LSSS（Linear Secret Sharing Scheme）矩阵的访问结构。门限访问结构是简单、基础的访问结构，如 (t,n) 门限结构表示授权集合为 t 个或者多于 t 个参与者构成的集合，而非授权集合为少于 t 个参与者构成的集合。基于树的访问结构可以支持属性的"与""或""门限"和"非"等操作，能够实现复杂逻辑表达式描述的访问策略。基于树的访问结构可以被看作在门限结构基础上的扩展，其中"与"门可表示为 (n,n) 门限，"或"门可表示为 $(1,n)$ 门限。基于 LSSS 矩阵的访问结构具有与基于树的访问结构相同的策略表达能力，且它的描述更加简洁。基于树的访问结构可以通过相应算法转换为基于 LSSS 矩阵的访问结构。

（3）访问权限撤销与访问控制效率

实际的数据共享系统通常会动态地撤销用户访问权限。在基于 ABE 的访问控制系统中，用户访问权限撤销有三种：用户撤销、用户部分属性撤销和系统属性撤销。其中，用户撤销将撤销其所有属性；用户部分属性撤销只撤销用户的某些属性，撤销的用户属性不会影响其他具有这些属性的用户的权限；而系统属性撤销则会影响具有该属性的所有用户。系统属性撤销的难点在于：当某一属性被撤销时，如何更新与该属性相关的密文数据以及如何高效地分发属性更新密钥。现有方案一般利用双重加密、代理重加密等技术实现上述三种访问权限的撤销。

ABE 实质上是一种公钥密码，其构造主要以各种数学难题（如判定 BDH 问题）为基础，方案大多涉及复杂的双线性对运算，计算量非常大，且密文大小和加/解密时间会随访问结构复杂性的增长而增加。为了减少用户端的计算量，充分利用云服务器的计算能力，现有很多方案都采用外包计算的思想，将涉及大量计算的加密、解密、密钥产生以及属性撤销带来的密文更新等操作都外包给云服务器，从而提高云数据访问控制系统的实用性。

10.5.4　云数据完整性验证

传统数据完整性验证方案主要采用消息认证码和数字签名相结合的技术，由用户直接对数据进行验证，但在云存储环境下，由于带宽和资源条件的限制，用户不可能将数据全部取回进行验证。针对此问题，研究者们提出了支持远程无块验证（Blockless Verifiability）的技术，即在不下载用户数据的前提下，仅仅依据数据标识和简单的挑战-应答方式来完成完整性验证，典型的技术有数据持有性证明（Provable Data Possession，PDP）和数据可恢复性证明（Proof of Retrievability，POR）。

1. 数据持有性证明

PDP 是一种基于挑战-应答协议的概率性远程完整性验证方案，其基本思想是，用户在上传数据到云服务器前为数据块生成验证标签，用户通过一个挑战-应答协议，根据云服务器生成的验证证据和存储于本地的验证标签来检验数据是否被修改。

（1）PDP 主要算法

一个 PDP 方案主要由以下四个多项式时间算法构成[60]。

密钥生成算法 KeyGen：该算法运行于客户端，以安全参数 k 为输入，产生一个公钥和私钥对（pk, sk），即 $KeyGen(1^k) \rightarrow (pk, sk)$。

验证标签生成算法 TagBlock：该算法运行于客户端，以公钥和私钥对（pk, sk）以及一个文件块 m 为输入，输出相应验证标签 T_m，即 $TagBlock(pk, sk, m) \rightarrow T_m$。

验证证据生成算法 GenProof：该算法运行于服务器端，以公钥 pk、文件块集合 F、用户挑战 chal 和相应文件块的验证标签集合 Σ 为输入，生成验证证据 v，即 $GenProof(pk, F, chal, \Sigma) \rightarrow v$。

证据验证算法 CheckProof：该算法运行于客户端，以公钥和私钥对（pk, sk）、用户挑战 chal 和相应验证证据 v 为输入，输出验证结果，即 $CheckProof(pk, sk, chal, v) \rightarrow \{"success", "failure"\}$。

（2）PDP 协议实施过程

PDP 协议基本实施过程如图 10-14 所示，大致分为三个阶段：初始化阶段、验证信息生成与数据存储阶段、数据验证阶段。

图 10-14　PDP 协议基本实施过程

1）初始化阶段：用户运行 KeyGen 算法，产生所需的密钥（pk, sk）。

2）验证信息生成与数据存储阶段：用户首先对文件数据进行分块，得到文件块集合 F，运行 TagBlock 算法，为每个数据块计算标签值 T_m，并生成一个描述文件数据块信息的元数据（metadata）文件；然后，用户发送公钥、数据块和相应标签值（即 pk、F 和 Σ）到远程云服务器存储，而元数据文件存储于本地。

3）数据验证阶段：当用户需要验证数据时，随机生成一个验证挑战 chal（对应于一个任意选择的需要验证的数据块集合），并发送给云服务器；云服务器会根据收到的验证挑战，查询相应的数据块和数据标签，运行 GenProof 算法，并将生成的对应的验证证据 v 返回给用户；最后，用户运行验证算法 CheckProof 以验证从服务器返回的证据，得到数据是否存储在云端的结论。

在上述数据验证过程中，客户端只需要存储常量级的验证元数据，服务器端只需要按照用户的挑战抽样访问小部分文件块来生成验证证据，挑战-应答协议也只需要传输少量的数据，大大减少了客户端的存储开销、服务器的 I/O 和计算开销、验证通信开销。

（3）支持动态数据操作

在许多云存储应用场景中，数据可能会被频繁地修改、删除和插入，如何支持这种动态变化数据的完整性验证，是构造 PDP 方案时面临的一个具有挑战性的问题。其原因在于，当数据动态变化时，为了能够进行完整性验证，需要全部重新计算数据标签，对于资源受限的用户，这显然是不可接受的。Erway 等人[61]则采用公钥密码技术提出了两种动态数据 PDP 方案，一种使用基于等级的认证跳跃表；另一种基于 RSA 树结构，实现了数据的插入操作，但此方案基于 RSA 的模指运算，计算开销较大。此外，还可采用 Merkle 哈希树结构，以支持动态数据的验证[62]。

针对云存储中的另一种数据更新模式，即动态地删除、添加整个文件，而文件内容本身是静态的，Xiao 等人[63]分别采用带虚拟块索引的同态认证符和纠错编码技术，提出了两种多文件远程验证方案 MF-RDC，能够支持用户验证由可不断添加文件而组成的一组动态文件的完整性，该方案还利用聚合验证技术，大大减少了一组文件的验证开销。

（4）支持公开可验证

当需要确保大量外包存储于云端的数据的完整性时，如果仍由用户自己来验证，则会引入巨大的存储和计算开销，这对资源受限的用户来说显然是不可行的。因此，有必要引入拥有更多资源和专业验证能力的第三方审计者（Third Party Auditor，TPA），设计支持公开可验证的方案，使得用户可借助 TPA 来高效地完成数据完整性验证，从而减轻用户的验证负担。但引入 TPA 后会面临数据隐私保护问题，即被验证数据的内容可能会泄露给 TPA。Wang 等人[64]采用基于公钥的同态线性认识符（Homomorphic Linear Authenticator，HLA）和随机掩码，提出了一个支持公开验证的安全云存储系统，保证了 TPA 在审计验证过程中不能获知任何用户数据信息，进一步利用 HLA 的聚合性质构造了基于 TPA 的批验证方案。

（5）支持多用户修改和用户撤销

在有些云计算应用场景中，一个文档可能由多个用户共同来完成和维护。针对这种多用户数据修改的场景，Wang 等人[65]采用哈希索引表来组织数据块，每个数据块由一个虚拟索引和一个随机产生的抗碰撞哈希值来标识，以保证数据块的正确顺序和标识的唯一性，避免某一块数据动态操作后其他数据块的重签名，从而高效地支持多用户对数据的动态操作，但该方案不支持用户动态撤销。Wang 等人[66]又进一步采用代理重签名技术，并扩展了先前设计的数据块标识信息（增加一个签名者 ID），在支持多用户数据动态操作的同时，支持用户的动态撤销，然而，该方案的验证计算开销随组用户数和验证任务数量的增加而成比例增长，因此其扩展性较差。另外，其用户撤销方案是以服务器和撤销用户不共谋为假设前提，这显然也不符合实际。Xiao 等人[67]采用基于多项式的认证标签和标签更新代理技术，进一步提出了一个新的完整性验证方案，支持多用户数据修改和用户动态撤销，同时用户在完整性验证过程中只有常数级的计算开销，能够抵抗服务器和撤销用户以及合法用户与撤销用户的共谋攻击。

2. 数据可恢复性证明

PDP 方案能够检测数据是否正确，但不保证数据是可取回的，即当数据被破坏时，不能恢复原始数据，POR 则是一种在部分数据丢失或破坏的情况下仍然有可能恢复原始数据的远程数据完整性验证协议。

与 PDP 类似，POR 也是一种基于挑战–应答协议的远程数据完整性验证协议，但与 PDP 不同的是，它采用了纠错编码技术，从而保证了被丢失或被破坏数据的可恢复性。

（1）POR 主要算法

一个 POR 方案主要有以下六个算法构成[68]，其中 π 为系统参数（如安全参数、文件编码长度/格式、挑战/应答大小等），α 为验证请求状态参数（初始值一般设为空），F 为文件数据。

1）密钥生成算法 KeyGen$[\pi]\rightarrow k$：用于产生密钥 k（为了分离权限，可将 k 分解为多个密钥）。如果采用公钥密码，则 k 为一个公钥和私钥对。

2）编码算法 encode$(F;k,\alpha)[\pi]\rightarrow(\widetilde{F}_\eta,\eta)$：用于将文件 F 编码为一个新的文件 $\widetilde{F}_\eta$ 和相应文件句柄 η。

3）挑战算法 challenge$(\eta;k,\alpha)[\pi]\rightarrow c$：用于产生验证者 V 向示证者 P 发出的对应于文件 η 的挑战 c。

4）响应算法 respond$(c,\eta)\rightarrow r$：用于示证者 P 产生对应挑战 c 的响应。

5）验证算法 verify$((r,\eta);k,\alpha)\rightarrow b\in\{0,1\}$：用于验证者 V 验证对应挑战 c 的响应 r 是否有效，输出为 1 时表示有效，验证成功，否则验证失败。需要注意的是，该算法并没有显式地以挑战 c 为输入，而是用相应文件句柄 η 和验证参数 α 来间接地表示挑战 c。

6）文件提取算法 extract$(\eta;k,\alpha)[\pi]\rightarrow F$：它是一个交互函数，用于验证者 V 从示证者 P 提取原始文件 F。在特定情况下，该函数会调用一系列 challenge 函数，并验证其响应结果，如果验证成功，则输出 F_η。

（2）基本 POR 协议实施过程

基本 POR 协议实施过程如图 10-15 所示，主要包括以下步骤。

图 10-15 基本 POR 协议实施过程

步骤 1：首先，文件被分成多个块，用 encode 算法进行编码，然后，用加密算法加密，最后，随机嵌入一系列"哨兵"（sentinel），并发送到云服务器（示证者）存储。

步骤 2：当用户（验证者）需要验证数据时，利用 challenge 算法产生一个验证挑战 c（即随机选择一些位置的"哨兵"），并发送给云服务器。

步骤 3：云服务器用 respond 算法产生一个针对挑战 c 的响应 r（即对应"哨兵"位置的信息），并返回给用户。

步骤 4：用户利用 verify 算法验证服务器返回的响应 r，给出数据是否完整存储云端以及是否可被正确恢复的结论。

　　上述基本 POR 方案中的"哨兵"数量是预先定义的，验证过程中使用过的"哨兵"不能再用，因此只能进行有限次的挑战验证。

　　（3）支持动态数据操作和公开可验证

　　POR 采用冗余纠错编码，使得少量数据的变化将导致大量数据块的修改，进一步地使数据更新操作变得非常困难。为了探索支持动态数据操作的 POR 机制，Wang 等人[69]改进了基本 POR 协议，构造了一个公开可验证的动态完整性验证方案，该方案基于 BLS 签名技术和 Merkle 哈希树结构，并在生成签名时移除了文件块索引信息，避免了数据更新时其他数据块的重签名计算。Zheng 等人[70]提出了公平动态 POR 的概念，并采用一个新的认证数据结构（基于距离的 2-3 树）和一种新的增量签名技术（哈希压缩签名），构造了相应方案 FDPOR，但该方案并不支持公开可验证，不能应用于基于 TPA 的验证环境。

　　上述方案仅仅是动态 PDP 思想和 POR 技术的简单结合，还不是完全意义上的动态 POR 方案。Stefanov 等人[71]首次构造了动态 POR 方案，该方案提出两层认证设计思想，下层基于消息认证码和版本号，上层采用平衡 Merkle 树认证结构，同时提出一种新的稀疏随机纠删编码技术，并采用缓存机制，设计出一个高效动态 POR 协议，实现了数据动态更新情况下的数据完整性、新鲜性和可恢复性。Cash 等人[72]提出一个采用 ORAM 的动态 POR 方案 PORAM，允许用户对其存储数据进行任意读、写操作，并通过验证协议确保服务器存储数据的最新版本。该方案的主要思想是将数据分为小块，分别对每个小块进行冗余编码，使数据更新仅影响少量的编码符号，而采用 ORAM 技术在于隐藏存储于服务器的各种编码符号存储位置，即提供访问隐私保护。为了进一步提高动态 POR 效率，Shi 等人[73]采用纠删编码技术，提出一个轻量级动态 POR 方案，该方案具有常数级客户端存储开销和与采用 Merkle 哈希树方案相近的通信带宽开销，并支持公开可验证，在理论上和实用性上都比先前方案好。

　　为了减少公开可验证的通信开销，Yuan 等人[74]提出一个常数级通信开销的公开可验证 POR 方案，该方案采用多项式委托和同态线性认证符技术，将验证证据信息聚合在一个多项式里，使通信开销与验证数据块数据无关。

10.5.5　云数据可信删除

　　用户期望借助于云端的存储资源来存储自己的数据，但当用户不需要一些数据的时候，他们希望云端的数据可以像在本地一样被删除或清理，这些被删除的数据可能包含用户的隐私或用户不希望被他人得到的信息。云服务提供商（CSP）可能不会老老实实地删除用户发送命令删除的数据，可能会对这些数据进行分析或者留有后台给第三者访问，这就存在云端数据可信删除的问题。

　　传统数据删除方法常采用覆盖技术，即使用无用或没有价值的数据来覆盖需要删除的数据来达到删除的效果，这种方法要求用户知道自己数据的存储形式和具体物理地址。然而，对于现在广泛使用的云计算以及虚拟化模型，数据所有者失去了对数据存储位置的物理控制，无法获知数据存储在何处。另外，对于用户，CSP 并不完全可信，云端可能并不会"忠实"地执行用户发送的删除命令。因此，基于覆盖技术的数据删除方法无法满足云数据的可信删除需求。

　　目前，解决云数据可信删除问题主要采用基于密码技术的数据可信删除方法。该方法并不是真正物理上删除原始数据，而是采用某种措施"破坏"原有数据，使得数据不能被恢复，从而达到删除的效果。具体来说，首先对用户数据进行加密，然后上传并存储到云端。当用户发送删除命令后，无论云端是否删除数据，和数据相关的密钥都会被安全销毁。一旦用户可以安全销毁密钥，那么即使不可信的云服务器仍然保留用户本该销毁的密文数据，也不能解密获得数据内容，从而保证了用户删除数据的隐私性。

　　基于密码技术的数据可信删除的核心是如何有效地删除数据加密密钥，这与密钥的管理方式紧密相关。根据密钥管理方式的不同，可将基于密码技术的数据可信删除分为以下 4 种[75]：集中式密钥管理的可信删除、分散式密钥管理的可信删除、层次化密钥管理的可信删除和属性策略密钥管理的可信删除。

　　1. 集中式密钥管理的可信删除

　　集中式密钥管理一般需要一台可信的服务器来集中管理密钥。Perlman 等人[76]设计了一种集中式密钥管理的文件可信删除方案，其基本思想：数据拥有者将文件用数据密钥（Data Key，DK）加密，并设置一个到期时间，DK 再经过可信服务器的公钥加密后外包给可信服务器；当需要解密文件时，授权用户先与可信服务器联系，如果当前时间在预设的到期时间之前，则可信服务器使用私钥解密获得 DK 后再安全传递给授权用户，用户用 DK 解密原文件密文获得其明文；如果预设到期时间已过，则可信服务器将会自动删除相应的私钥，从而无法恢复出 DK，最终用户无法解密文件以实现对文件的确定性删除。如果数据在有效期后仍需要被访问，则需要更新公钥和私钥对。

　　上述方案的密钥管理比较简单，缺乏灵活性，不能实现对文件细粒度的访问控制。为此，Tang 等人[77]提出了基于策略的文件确定性删除方案 FADE。该方案描述如下：一个文件与一个访问策略或者多个访问策略的布尔组合相关联，每个访问策略与一个控制密钥（Control Key，CK）相关联，系统中所有的 CK 由一个密钥管理者负责管理和维护；需要保护的文件由 DK 加密，DK 进一步依据访问策略由相应的 CK 加密。如果某个文件需要确定性删除，那么只需要撤销相应的文件访问策略，则与之关联的 CK 将被密钥管理者删除，从而无法恢复出 DK，进而不能恢复和读取原文件以实现对文件的确定性删除。

　　2. 分散式密钥管理的可信删除

　　分散式密钥管理的思想：将数据加密密钥经过秘密分享计算后变成多个密钥分量，然后将这些密钥分量进行分布式管理，常通过 DHT（Distributed Hash Table）网络和 WWW 随机网页等途径进行分散管理[75]。

　　（1）基于 DHT 网络的可信删除

　　基于 DHT 网络实现密钥删除主要是利用了 DHT 网络的自动更新机制，其基本过程可描述为：采用 Shamir 的 (k,n) 门限秘密分享方案计算出 n 个密钥分量，然后将密钥分量发布到大规模分散的 DHT 网络中，并删除该密钥的本地备份。在 DHT 网络中，每个节点将自己存储的密钥分量保存一定的时间（如 8h），当保存时间期限到达后，自动清除所存储的密钥分量。随着节点的不断自更新，更多的密钥分量将被消除，当清除的密钥分量达到 $n-k+1$ 个时，原始密钥将无法重构，从而使密文不可恢复，实现数据的可信删除。

　　基于 DHT 网络实现密钥删除的方案中，数据生命周期将受 DHT 节点更新周期的限制，想要延长数据使用时间且不改变系统的构建方式，简单的方法：待密钥快到期时，重新加密数据，然后重新将密钥发布到 DHT 网络节点中，这样就能够延长数据使用的有效时间。然而，该密钥更新方法灵活性非常差，将给用户带来巨大的开销。

（2）基于 WWW 随机网页的可信删除

互联网中有大量的 WWW 网页，统计后发现，许多网页会随着时间的改变而改变它存储的内容，或者直接将存储的内容全部删除。如果能确定网页内容的改变或删除频率，则可利用随机网页的这种内容更新方法来保存密钥分量信息。具体过程：数据拥有者将加密数据的对称密钥经过秘密分享处理后变为 n 个密钥分量，分别存入 n 个随机网页中，而数据密文存储在云端服务器；授权用户只需要从随机网页中提取 k 个密钥分量，利用拉格朗日插值多项式重构出原始对称密钥；而经过一段较长的时间之后，由于随机网页的改变会自动删除密钥分量，数据用户就无法从剩余的随机网页上提取足够多的密钥分量，进而使对称密钥不可恢复，达到删除相应数据的效果。

基于 WWW 随机网页的可信删除完全利用现有网络基础设施，而无须额外的第三方服务，易于实现部署。另外，随机网页使用时间通常较长（有的可达数个月），相应的数据使用时间会得到延长，这种方法能够弥补使用 DHT 网络时数据生命周期较短的缺陷。

3. 层次化密钥管理的可信删除

实现细粒度的密文数据访问控制需要产生大量的密钥和巨大的密钥管理开销，为了实现有效的密钥管理，Atallah 等人[58]提出了层次密钥管理方法。通常，采用树结构来实现层次化密钥管理。

（1）基于密钥派生树的可信删除

密钥派生树是一种利用密钥派生技术生成的层次化密钥管理树。使用密钥派生树，用户只需要保存根节点的主密钥，其下层节点上的密钥由父节点密钥及公开参数通过一次哈希函数派生计算出来，最后派生出的各叶子节点密钥用于加密数据块。基于密钥派生树的可信删除的核心是删除密钥派生树中生成的密钥，一种方法是将密钥派生树生成的密钥分发到 DHT 网络中存储，根据 DHT 网络的动态自更新功能确保数据块对应的加密密钥在授权期到达后被自动删除，使密文不可解密与恢复，从而实现云数据的可信删除。

（2）基于红黑密钥树的可信删除

采用红黑树也可以实现层次化密钥管理，如 Mo 等人[78]提出的递归加密的红黑密钥树（Recursively Encrypted Red-black Key tree，RERK）。该方案的主要思想：用户将要保护的数据分成 n 份，然后选取一个主密钥，经过伪随机函数产生对应的 n 个数据密钥，再构造一棵 n 个叶子节点的红黑树，每个叶子节点对应一个数据密钥，在红黑树的内部节点中，每层节点对应的密钥均被其父节点对应的密钥加密，根节点被用户随机选取的元密钥加密，从而构造出一棵递归加密的红黑密钥树。红黑树是一种高效的自平衡树，根据红黑树的节点删除操作，可以对 RERK 树的内部节点对应的密钥进行删除，使该节点的子节点密钥无法获取，进一步地，其下层叶子节点的密钥也无法被恢复，从而实现对数据密钥的删除操作，确保数据不可恢复。

4. 属性策略密钥管理的可信删除

属性策略密钥管理利用基于属性的访问控制策略来分发管理密钥。一种实现方式是基于策略图的密钥管理，另一种实现方式是基于 ABE 的密钥管理，分别对应基于策略图的可信删除和基于 ABE 的可信删除。

（1）基于策略图的可信删除[76]

该方法利用图论思想将属性组织为一个有向无环的策略图（见图 10-16）。策略图中包含源节点（图中黑色的实心圆）、内部节点（图中空心圆）和由源节点指向内部节点的边，每个内部节点对应一个保护类（与要保护的文件关联）并与一个门限值关联，每个源节点对应一个属性并与一个布尔值关联，而内部节点的布尔值则由其门限值与上一层节点的布尔值决定。删除操作依据删除策略来表达，删除策略通过删除属性与保护类来描述数据销毁。在初始化时，所有源节点及其出度边的布尔值均为 False，当将某些属性的子集设置为 True 时，触发删除操作，策略图中的相应节点也被设置为 True，则与内部节点保护类相关联的所有文件均被安全删除。在图 10-16 中，保护类 P3 由表达式 Alice or Exp_2015 决定，当 Alice 的属性值由 False 设为 True，或者（门限值 or）终止时间 Exp_2015 到达时，触发保护类 P3 的布尔值变为 True，使 P3 对应的数据被安全删除。

图 10-16　策略图

（2）基于 ABE 的可信删除[79]

该方法采用 ABE 技术，通过对访问策略进行相关设置实现对密钥授权期限的控制，当超过设定的期限时，密钥将无效。例如，可将时间作为属性附加到 KP-ABE 方案中，将访问策略中访问树的每个属性都关联一个由用户设定的时间区间。由于 KP-ABE 的密文与属性关联，因此密文将与指定的时间区间关联。私钥获取时，与当前时间点相关，当与密文关联的属性满足密钥的访问策略，且当前时间点在指定的时间区间范围内时，密文才能被解密，否则不能解密，从而实现数据的可信删除。

10.6　本章小结

虽然移动互联网和云计算蓬勃发展，但是移动互联网和云计算的安全问题不断出现。本章首先介绍了网络安全的基本概念，然后着重对移动互联网的终端安全、接入安全、传输安全和云计算安全等进行了分析和介绍。

移动终端的安全受到越来越多的关注。移动终端自身具有移动性强、个性化强、连接性强、功能汇聚和性能不足的特点，这使得 PC 安全机制无法完全复制到移动终端上。攻击者出于隐私窃取、嗅探、拒绝服务、恶意账单等目的，利用"木马"、"蠕虫"、Rookit、"间谍"软件等对移动终端发起攻击。在安全防护方面，移动终端在硬件层级、系统层级、应用层级上都出现了安全防护机制或方案。相信在未来很长的一段时间，移动终端安全仍会是学者们倾注研究精力的领域。

IEEE 802.11 无线局域网是移动终端接入互联网的重要方式。鉴于 WLAN 开放性的特点，它面临着意外连接、恶意连接、MAC 欺骗、中间人攻击和注入攻击的威胁，近年来，针对 WLAN 的网络攻击事件层出不穷，软件工具愈发多样，WLAN 安全机制的发展经历了从 WEP 到 WPA，再到 WPA2 的阶段。IEEE 802.11i 通过强健的安全网络为用户提供安全的网络服务，利用 IEEE 802.1x、四次握手等机制确保 WLAN 的安全。

TLS 协议的设计目标是确保两个通信实体实现安全的通信传输。TLS 协议可以分为两层，TLS 记录协议位于下层，为上层协议提供服务，TLS 握手协议、TLS 修改密码规格协议、TLS 警报协议位于上层，在记录协议的基础上为通信双方提供安全握手、密码规格修改和 TLS 会话告警的功能。近年来，基于 TLS 的 HTTPS 应用广泛，不但银行、电商等网站开始使用 HTTPS，而且搜索引擎、视频平台等访问量大的网站也开始使用 HTTPS。在应用增加的同时，TLS 自身存在的漏洞也开始被人们渐渐挖掘，针对 TLS 的改进工作还需要持续进行。

云数据安全问题是云计算中较为突出的问题，已得到了工业界和学术界的广泛关注，并成为当前云计算安全方面的研究热点。本章分析了云计算数据安全威胁和安全需求，介绍了云数据机密性保护、云数据访问控制、云数据完整性验证和云数据可信删除等方面的技术。从总体上来看，在不可信云环境下，现有的云数据安全技术主要是针对不同云服务应用（如数据共享、数据查询、数据计算等）的各种加密技术，以及在加密技术基础上的相应安全机制，包括访问控制、完整性验证和可信删除等。从性能角度来看，多数安全方案的计算复杂度偏高，通信带宽和存储空间开销较大，还难以进行实际应用，有待研究者们进一步优化提高。除本章介绍的一些云数据安全技术以外，还有很多其他关于云数据安全方面的研究内容，如存储隔离验证（Proof of Isolation，PoI）、存储位置证明（Proof of Location，PoL）、数据所有权证明（Proof of oWnership，PoW）和二次外包验证等。因此，云数据安全问题仍将是未来需要进一步深入研究的开放问题。

习题

1. 计算机网络安全属于计算机安全的一种，它是指计算机网络上的信息安全，主要涉及计算机网络上信息的机密性、完整性、可确认性、可用性和可控性。请介绍网络安全的基本概念，并描述安全目标、安全服务和安全机制的概念以及三者的相互关系。

2. 网络安全的目标主要包括保密性、完整性和可用性。请介绍保密性、完整性和可用性的基本含义，并分别举一到两个破坏计算机网络的保密性、完整性和可用性的攻击示例。

3. WiFi 网络的开放性是威胁其自身安全的一个重要方面。请使用无线网络设备对你居住环境周边的无线网络进行搜索，并试着找到没有使用密码保护的无线网络。

4. 四次握手是 WPA2 用于保证认证过程安全的重要手段，但针对 WPA2 的攻击手段已经出现，De-Authentication 攻击就是其中一种。请通过资料查阅方式了解 De-Authentication 攻击的原理和实现过程，编写能够实现 De-Authentication 攻击的测试程序并进行验证。

5. 使用 Wireshark 软件抓取 TLS 全握手过程中客户端和服务器交互的数据包，参照全握手过程步骤对数据包进行对照分析。

6. Andromaly 是一款 Android 系统异常动态检测软件，它采用机器学习的方式实时地监控终端性能参数。请仔细分析 Andromaly 的 4 个主要构成模块的工作原理，并用恶意软件和正常软件对 Andromaly 进行评估实验。

7. 移动云计算面临诸多安全威胁，除传统的网络安全威胁以外，还有哪些是移动云计算特有的安全威胁？请列举近一年来发生的与云计算相关的重大安全事件。

8. 查询加密是一种支持密文数据查询的加密方法，请描述该加密方法的基本思想、主要算法和主要过程。FHE 是一种支持在密文上进行任意计算的加密方法，请简要说明 Gentry 提出的 FHE 构造思想。

9. 云数据的访问控制与传统的访问控制有什么本质上的不同？两种基本的 ABE（即 KP-ABE 和 CP-ABE）均可以实现灵活的云数据访问控制，它们有何区别？举例描述两种基本的 ABE 实现云数据访问控制的基本过程。

10. 虽然 PDP 和 POR 都是基于挑战-应答的完整性验证协议，但二者有所不同。请说明它们之间的区别，并分别介绍它们的主要算法和相应作用。

11. 当用户不需要云端的数据时，希望存储在云端的数据也能像在本地一样被删除或清理，那么，在云计算中，如何实现这种删除？它与传统的本地数据删除有什么不同？

参考文献

［1］ CLARK D. The design philosophy of the DARPA internet protocols ［C］. ACM, 1988: 106-114.
［2］ TANENBAUM A S. 计算机网络 ［M］. 4 版. 潘爱民，译. 北京：清华大学出版社, 2004.
［3］ WOO T, YACOBI Y. Topics in wireless security ［J］. IEEE Wireless Communications, 2004: 6-7.
［4］ 360 手机卫士部. 2021 年上半年度中国手机安全状况报告 ［OL］. https://www.freebuf.com/articles/paper/286842.html.
［5］ 卿斯汉. Android 安全研究进展 ［J］. 软件学报, 2016, 27 (1): 45-71.
［6］ Apple. iOS Technology Overview ［OL］. https://developer.apple.com/documentation/#//apple_ref/doc/uid/TP40007898-CH3-SW1.
［7］ ZOVI D A D. Apple iOS 4 security evaluation ［J］. Black Hat USA, 2011: 1-29.
［8］ MOHAMED I, PATEL D. Android vs iOS Security: A Comparative Study ［C］. Information Technology-New Generations (ITNG), 2015 12th International Conference on. IEEE, 2015: 725-730.
［9］ POLLA M L, MARTINELLI F, SGANDURRA D. A Survey on Security for Mobile Devices ［J］. IEEE Communications Surveys & Tutorials, 2013, 15 (1): 446-471.
［10］ SERIOT N. iPhone privacy ［J］. Black Hat DC, 2010: 30.
［11］ FELT A P, FINIFTER M, CHIN E, et al. A survey of mobile malware in the wild ［C］. ACM Workshop on Security and Privacy in Smartphones and Mobile Devices. ACM, 2011: 3-14.
［12］ STRAZZERE T. Security Alert: HongTouTou, New Android Trojan, Found in China ［OL］.
［13］ SHAHZAD F, AKBAR M A, FAROOQ M. A survey on recent advances in malicious applications analysis and detection techniques for smartphones ［J］. National University of Computer & Emerging Sciences, Islama-

bad, Pakistan, Tech. Rep, 2012.

[14] Popular Porn Sites Distribute a New Trojan Targeting Android Smartphones [OL]. www. kaspersky. com/ news? id=207576175.

[15] PAPATHANASIOU C, PERCOCO N J. This is not the droid you're looking for [J]. DEF CON, 2010, 18.

[16] BICKFORD J, O'HARE R, BALIGA A, et al. Rootkits on smart phones: attacks, implications and opportunities [C]. Proceedings of the eleventh workshop on mobile computing systems & applications. ACM, 2010, 49-54.

[17] ZHOU Y, JIANG X. Dissecting Android Malware: Characterization and Evolution [J].2012, 4 (3): 95-109.

[18] DAMOPOULOS D, KAMBOURAKIS G, GRITZALIS S. iSAM: An iPhone stealth airborne malware [J]. Ifip Advances in Information & Communication Technology, 2011, 354: 17-28.

[19] RageAgainstTheCage [OL].

[20] Backdoor. AndroidOS [OL].

[21] CASTILLO C A. Android malware past, present, and future [J]. White Paper of McAfee Mobile Security Working Group, 2011, 1: 16.

[22] Zimperlich sources [OL].2011.

[23] Exploid [OL].2010.

[24] 蒋绍林，王金双，张涛，等. Android 安全研究综述 [J]. 计算机应用与软件，2012 (10): 205-210.

[25] ONGTANG M, MCLAUGHLIN S, ENCK W, et al. Semantically rich application-centric security in Android [J]. Security & Communication Networks, 2009, 5 (6): 658-673.

[26] VASUDEVAN A, OWUSU E, ZHOU Z, et al. Trustworthy Execution on Mobile Devices: What Security Properties Can My Mobile Platform Give Me? [C]. International Conference on Trust and Trustworthy Computing, 2012: 159-178.

[27] ZHANG X, MEZ O, SEIFERT J P. A trusted mobile phone reference architecturevia secure kernel [C]. ACM Workshop on Scalable Trusted Computing, Stc 2007, Alexandria, Va, Usa, November 2007: 7-14.

[28] MUTHUKUMARAN D, SAWANI A, SCHIFFMAN J, et al. Measuring integrity on mobile phone systems [C]. SACMAT 2008, ACM Symposium on Access Control MODELS and Technologies, Estes Park, Co, Usa, June 11-13, 2008, Proceedings. 2008: 155-164.

[29] GROSSSCHADL J, VEJDA T, DAN P. Reassessing the TCG specifications for trusted computing in mobile and embedded systems [C]. IEEE International Workshop on Hardware-Oriented Security and Trust. 2008: 84-90.

[30] 杨义先，钮心忻. 入侵检测理论与技术 [J]. 北京: 高等教育出版社，2006, 9.

[31] DENNING D E. An Intrusion-Detection Model [J]. IEEE Transactions on Software Engineering, 1987, 13 (2): 222-232.

[32] SHABTAI A, KANONOV U, ELOVICI Y, et al. "Andromaly": a behavioral malware detection framework for android devices [J]. Journal of Intelligent Information Systems, 2012, 38 (1): 161-190.

[33] BOSE A, KANG G S. Proactive security for mobile messaging networks [C]. ACM Workshop on Wireless Security, Los Angeles, California, USA, September. 2006: 95-104.

[34] JACOBY G A, MARCHANY R, IV N J D. How Mobile Host Batteries Can Improve Network Security [J]. IEEE Security & Privacy, 2006, 4 (5): 40-49.

[35] ZYBA G, VOELKER G M, LILJENSTAM M, et al. Defending Mobile Phones from Proximity Malware [C]. INFOCOM. IEEE, 2009: 1503-1511.

[36] VENUGOPAL D, HU G, ROMAN N. Intelligent virus detection on mobile devices. [C]. International Con-

ference on Privacy，Security and Trust：Bridge the Gap Between Pst Technologies and Business Services，Pst 2006，Markham，Ontario，Canada，October 30-November. 2006：65.

［37］ ALPCAN T，BAUCKHAGE C，SCHMIDT A D. A probabilistic diffusion scheme for anomaly detection on smartphones ［C］. Information Security Theory and Practices. Security and Privacy of Pervasive Systems and Smart Devices，Ifip Wg 11.2 International Workshop，Wistp 2010，Passau，Germany，April 12-14，2010. Proceedings. 2010：31-46.

［38］ BlackHat. Reverse Engineering with Androguard ［OL］.

［39］ FARUKI P，LAXMI V，BHARMAL A，et al. AndroSimilar：Robust signature for detecting variants of Android malware ［J］. Journal of Information Security & Applications，2015，22：66-80.

［40］ EGELE M，KRUEGEL C，KIRDA E，et al. PiOS：Detecting Privacy Leaks in iOS Applications ［C］. Network and Distributed System Security Symposium，NDSS 2011，San Diego，California，USA，February，2011：280-291.

［41］ STALLINGS W. 网络安全基础应用与标准 ［M］. 白国强，译. 北京：清华大学出版社，2014.

［42］ FRANKEL S E，EYDT B，OWENS L，et al. NIST SP 800-97，Establishing Wireless Robust Security Networks：A Guide to IEEE 802.11i ［J］. 2007.

［43］ CHEN J C，JIANG M C，LIU Y W. Wireless LAN security and IEEE 802.11i ［J］. IEEE Wireless Communications，2005，12（1）：27-36.

［44］ CHEN J C，WANG Y P. Extensible authentication protocol（EAP）and IEEE 802.1x：tutorial and empirical experience ［J］. IEEE Communications Magazine，2006，43（12）：supl. 26-supl. 32.

［45］ NAYLOR D，FINAMORE A，LEONTIADIS I，et al. The cost of the s in HTTPS ［C］. Proceedings of the 10th ACM International on Conference on emerging Networking Experiments and Technologies. ACM，2014：133-140.

［46］ DURUMERIC Z，KASTEN J，BAILEY M，et al. Analysis of the HTTPS certificate ecosystem ［C］. Proceedings of the 2013 conference on Internet measurement conference. ACM，2013：291-304.

［47］ RISTIC I. Bulletproof SSL and TLS：Understanding and Deploying SSL/TLS and PKI to Secure Servers and Web Applications ［M］. Feisty Duck，2013.

［48］ SOMOROVSKY J. Systematic fuzzing and testing of TLS libraries ［C］. Proceedings of the 2016 ACM SIGSAC Conference on Computer and Communications Security. ACM，2016：1492-1504.

［49］ 崔勇，任奎，唐俊. 云计算中数据安全挑战与研究进展 ［J］. 中国计算机学会通讯，2016，12（5）：20-25.

［50］ TANG J，CUI Y，LI Q，et al. Ensuring Security and Privacy Preservation for Cloud Data Services ［J］. ACM Computing Surveys，2016，49（1）：1-39.

［51］ BLAZE M，BLEUMER G，STRAUSS M. Divertible protocols and atomic proxy cryptography ［C］. in Advances in Cryptology-EUROCRYPT'98. Springer，1998：127-144.

［52］ GREEN M，ATENIESE G. Identity-Based Proxy Re-encryption ［C］. Applied Cryptography and Network Security，International Conference. 2007：288-306.

［53］ XU L，WU X，ZHANG X. CL-PRE：a certificateless proxy re-encryption scheme for secure data sharing with public cloud ［C］. ACM Symposium on Information，Computer and Communications Security. 2012：87-88.

［54］ LIU Q，WANG G，WU J. Time-based proxy re-encryption scheme for secure data sharing in a cloud environment ［J］. Information Sciences，2014，258（3）：355-370.

［55］ CURTMOLA R，GARAY J，KAMARA S，et al. Searchable symmetric encryption：Improved definitions and efficient constructions ［J］. Journal of Computer Security（JCS），2011，19（5）：895-934.

［56］ GENTRY C. Fully homomorphic encryption using ideal lattices ［C］. ACM Symposium on Theory of Computing (STOC), 2009: 169-178.

［57］ VIMERCATI S D C D, FORESTI S, JAJODIA S, et al. Encryption policies for regulating access to outsourced data ［J］. ACM Transactions on Database Systems (TODS), 2010, 35 (2): 1-46.

［58］ ATALLAH M J, BLANTON M, FAZIO N, et al. Dynamic and efficient key management for access hierarchies ［J］. ACM Transactions on Information and System Security (TISSEC), 2009, 12 (3): 1-43.

［59］ NABEEL M, BERTINO E. Privacy Preserving Delegated Access Control in Public Clouds ［J］. IEEE Transactions on Knowledge and Data Engineering (TKDE), 2013, 26 (9): 2268-2280.

［60］ ATENIESE G, BURNS R, CURTMOLA R, et al. Provable data possession at untrusted stores ［C］. ACM conference on Computer and communications security (CCS), 2007: 598-609.

［61］ ERWAY C, KÜPÇÜ A, PAPAMANTHOU C, et al. Dynamic provable data possession ［C］. ACM conference on Computer and communications security (CCS), 2009: 213-222.

［62］ CHEN L. Using algebraic signatures to check data possession in cloud storage ［J］. Future Generation Computer Systems (FGCS), 2013, 29 (7): 1709-1715.

［63］ XIAO D, YANG Y, YAO W, et al. Multiple-File Remote Data Checking for cloud storage ［J］. Computers & Security, 2012, 31 (2): 192-205.

［64］ WANG C, CHOW S S M, WANG Q, et al. Privacy-preserving public auditing for secure cloud storage ［J］. IEEE Transactions on Computers (TOC), 2013, 62 (2): 362-375.

［65］ WANG B, LI B, LI H. Oruta: Privacy-preserving public auditing for shared data in the cloud ［C］. International Conference on Cloud Computing (CLOUD), 2012: 295-302.

［66］ WANG B, LI B, LI H. Panda: Public Auditing for Shared Data with Efficient User Revocation in the Cloud ［J］. IEEE Transactions on Services Computing (TSC), 2014, 7 (3): 1-14.

［67］ XIAO D, YANG Y, YAO W, et al. Multiple-File Remote Data Checking for cloud storage ［J］. Computers & Security, 2012, 31 (2): 192-205.

［68］ JUELS A, KALISKI J B S. PORs: Proofs of retrievability for large files ［C］. ACM conference on Computer and communications security (CCS), 2007: 584-597.

［69］ WANG Q, WANG C, REN K, et al. Enabling public auditability and data dynamics for storage security in cloud computing ［J］. IEEE Transactions on Parallel and Distributed Systems (TPDS), 2011, 22 (5): 847-859.

［70］ ZHENG Q, XU S. Fair and dynamic proofs of retrievability ［C］. ACM conference on Data and application security and privacy, 2011: 237-248.

［71］ STEFANOV E, DIJK M V, JUELS A, et al. Iris: A scalable cloud file system with efficient integrity checks ［C］. ACM Annual Computer Security Applications Conference, 2012: 229-238.

［72］ CASH D, KÜPÇÜ A, WICHS D. Dynamic proofs of retrievability via oblivious ram ［C］. Advances in Cryptology-EUROCRYPT 2013, 2013: 279-295.

［73］ SHI E, STEFANOV E, PAPAMANTHOU C. Practical dynamic proofs of retrievability ［C］. ACM conference on Computer and communications security (CCS), 2013: 325-336.

［74］ YUAN J, YU S. Proofs of retrievability with public verifiability and constant communication cost in cloud ［C］. international workshop on Security in cloud computing, 2013: 19-26.

［75］ 熊金波, 李凤华, 王彦超, 等. 基于密码学的云数据确定性删除研究进展 ［J］. 通信学报, 2016, 37 (8): 167-184.

［76］ PERLMAN R. File System Design with Assured Delete ［C］. IEEE International Security in Storage Workshop,

2005：83-88.

[77] TANG Y, LEE P P C, LUI J C S, et al. FADE：Secure Overlay Cloud Storage with File Assured Deletion [C]. International ICST Conference on Security and Privacy in Communication Networks (SECURECOMM), 2010：380-397.

[78] MO Z, XIAO Q, ZHOU Y, et al. On Deletion of Outsourced Data in Cloud Computing [C]. IEEE International Conference on Cloud Computing, 2014：344-351.

[79] XIONG J, LIU X, YAO Z, et al. A Secure Data Self-Destructing Scheme in Cloud Computing [J]. IEEE Transactions on Cloud Computing, 2014, 2 (4)：448-458.

第 11 章
移动互联网的应用

近些年，在综合运用移动互联网的基本原理和关键技术的基础上，结合具体的工程设计、实现与组网，移动互联网在很多领域的应用都取得了成功。前面章节探讨了移动互联网的接入方式、组网方式、移动 IP 机制、传输机制、移动云计算和安全机制等，本章重点探讨移动互联网的应用。

计算机网络概述
综合应用

11.1 节介绍了移动互联网应用场景，包含移动云计算、物联网、"互联网+"和虚拟现实等应用；11.2 节介绍移动云存储应用，主要介绍同步机制和传输优化；11.3 节阐述移动社交应用，主要介绍系统架构和现有研究；11.4 节介绍网络直播应用，包含应用简介、流媒体技术基础、流媒体传输协议和流媒体分发关键技术；11.5 节为本章小结。

> 📖 教学目标
> - 熟悉移动互联网应用场景。
> - 了解移动云存储应用。
> - 了解移动社交应用。
> - 了解视频直播应用。

11.1 移动互联网应用场景

移动互联网应用多种多样，娱乐、商务、信息服务等各种各样的应用已进入人们的日常生活和工作。移动云计算应用、物联网应用、"互联网+"应用、虚拟现实应用等移动数据业务开始带给用户新的体验。

认识 Internet 的
特点和组成

11.1.1 移动云计算应用

随着移动云计算技术的持续发展，各类新型应用应运而生，典型的有移动云存储、微云应用、基于群智的应用和移动云游戏等。这些应用与前文所述的计算迁移、基于移动云的位置服务、移动终端节能以及安全与隐私保护技术的关系见表 11-1。从表 11-1 中可以看出，移动云计算应用一般需要多项移动云计算关键技术的共同支持。一方面，为了增强应用功能和优化应用性能，会根据需求选用相应迁移技术、位置服务或节能技术；另一方面，更加倾向于综合选用多种安全技术来共同保证移动应用的安全性。

表 11-1　移动云计算典型应用与移动云计算关键技术的关系

技　　术		应　　用			
		移动 云存储	微云 应用	基于群智 的应用	移动 云游戏
计算迁移	细粒度迁移			√	√
	粗粒度迁移	√		√	√
基于移动云的位置服务	室内轨迹追踪与导航			√	
	室内精确定位与动作识别				√
	海量位置信息管理	√	√	√	√
移动终端节能	传输节能	√	√	√	√
	定位节能			√	√
安全与隐私保护	云端安全	√	√	√	√
	隐私保护	√	√	√	√
	终端安全	√	√	√	√

1. 移动云存储

移动云存储服务作为新兴的移动云计算应用，得到了学术界和工业界的广泛关注。Drago 等人[1]最先对目前主流的商业云存储服务 Dropbox 进行测量研究。Dropbox 在存储文件时将文件控制信息（元数据信息、Hash 值等）和数据信息分开，并分别存储在控制服务器和存储服务器。服务器在多个地区分布式部署，就近为用户提供服务，减少用户接入的延时和带宽成本。在后续的工作中，Drago 等人又进一步对四个主要的商用云存储服务 Box、Dropbox、Google Drive、OneDrive 进行了测量比较[2]。研究发现，Dropbox 已经可以实现增量编码、冗余消除和文件压缩等云存储优化机制。对于云端已经存在的数据块，移动终端采用冗余消除技术只上传文件的控制信息。当云端文件发生小部分修改时，移动终端采用增量编码技术，只上传数据块修改的部分。当上传可压缩文件时，移动终端通过压缩技术减少文件本身的冗余信息，节省文件在云端的存储空间。采用这些优化技术不但节约了数据上传带宽，而且减少了云端的存储资源占用。

2. 微云应用

针对广域网传输延时过长的问题，研究者提出了微云（Cloudlet）的概念，并把它定义为一种可信任的、资源丰富的计算设备或一群计算设备向附近的移动终端提供计算资源。Cloudlet 模式通过局域网提供低延时、高带宽的实时交互式服务。Cloudlet 模式减少了移动终端接入延时，提高了网络带宽，其应用模式多样化。Quwaider 等人[3]通过个人终端、组网设备等组成通信网络，建立了基于 Cloudlet 的数据采集处理系统，分析人体相关信号信息，但仅适用于轻量级的数据采集分析。由于 Cloudlet 服务器的性能决定了移动用户享受的服务效果，因此一些学者从计算能力、服务延时方面对应用是迁移至远端 Cloud 还是本地 Cloudlet 做了相关研究。Li 等人[4]认为，Cloudlet 提供的总计算能力取决于 Cloudlet 的计算性能、节点的生存周期和可到达时间，用户根据计算需求选择计算任务迁移方式。Fesehaye 等人[5]根据移动环境下的数据传输跳数动态选择文件编辑、视频流播放和网络会议等云应用数据迁移方式。

上述研究都依赖于集中式云架构，Wu 等人[6]提出了一个基于 Cloudlet 的多边资源交换架构，每个移动终端都可以部署一个微云以向其他移动终端提供计算资源。该架构提供以市场为导向的移动资源交易方式，设计贸易机制和竞价策略，实现高效的资源交换，增大 Cloudlet 网络覆盖范围。

Cloudlet 管理问题是一个比较大的挑战。目前，Cloudlet 架构中提供的主要解决方案是使用 VM（虚拟机）技术来简化 Cloudlet 管理。用户在使用前预先定制 VM，使用后清除，以此来确保每次使用的微云架构能恢复到原始状态。VM "寄宿" 在 Cloudlet 架构的永久软件环境中，相比进程级迁移更加稳定，而且对编程语言的要求低、限制少。另外，Cloudlet 多基于无线局域网设计实现，而无线局域网的通信距离有限，因此终端的移动性是 Cloudlet 系统有效工作所必须考虑的因素。

3. 基于群智的应用

现在的移动终端除拥有强大的处理能力以外，通常还内置定位、光线和位移等多种传感器，这促使群智应用逐渐从固定式计算机转向移动终端[7]。移动群智服务主要应用在自然环境检测、基础设施监视和移动社交等场景。移动终端可以作为数据提供方向云端提供信息，也可以作为被服务方从云端获取服务。

Yan 等人[8]提出了基于 iPhone 的 mCrowd 平台，利用传感器进行位置感知的图像采集和道路监视，iPhone 用户既是服务提供者，又可以同时享受平台提供的服务。Eagle 等人[9]提出的 txteagle 主要基于群智为用户提供语言翻译、市场调查和语音转录等服务。Mobile-Works[10]、mClerk[11]为发展中国家的用户提供光学字符识别（Optical Character Recognition，OCR）等服务。MobileWorks 平台的字符识别速率非常快，精确度非常高（99%）。Jigsaw[12]通过从移动用户收集的位置、空间大小等信息，结合用户的移动轨迹重构建筑物内部结构，为室内定位提供依据。Ou 等人[13]则通过收集到的移动用户在不同位置的手机信号强度来预测未来的信号强度，并以此为基础调度数据传输，达到手机节能的目的。

有些学者尝试在机会型感知网络上实现群智系统。Wang 等人[14]和 Xie 等人[15]的研究侧重于优化消息的传递效率，减少通信的开销和能耗。Tuncay 等人[16]的研究更加侧重于参与式感知框架，包括传感器更新阶段和提前启动数据收集阶段。上述研究[14-16]都基于特定的应用，目标是以最快的方式和最小的开销来传送最大的数据量至数据汇集点，并没有考虑基于位置相关的数据来提高覆盖范围的问题。Karaliopoulos 等人[17]提出了一种名为 OMNIA 的用户招募框架，它利用机会网络中的社交关系和节点移动模式，通过智能手机应用程序招募移动群感知用户。

激励机制是基于群智的服务必须关注的一个方面。学者们从任务分配、奖励分配以及用户选择角度开展了一系列研究。Gao 等人[18]对如何从每个时隙中选取最优用户来最大化总贡献值进行了深入研究，并提出基于 Lyapunov 算法的在线竞拍策略和考虑到未来信息（完整的或随机的）的离线策略，以提高用户服务率和社会贡献率。Zhang 等人[19]基于用户行为偏好，设计了预算有限情况下的任务分配策略和定价机制，以此提高任务处理效率并节约任务开支。

随着移动社交应用的快速发展，移动社交网络与群智服务的结合受到了研究者越来越多的关注。Xiao 等人[20]提出了基于移动社交网络（Mobile Social Networks，MSN）的复杂计算和传感任务分配方案，如图 11-1 所示。

图 11-1　MSN 群智系统

　　在移动过程中，每当请求方遇到邻近空闲用户时，就会给它分配处理任务，直到所有任务都分配完毕为止。服务方完成任务时将处理结果返回给请求方。请求方还可以通过无线接入点向固定式计算机分配任务。就近任务分配原则有效降低了传输开销。然而，由于用户的移动性，因此如何保证动态的用户集高效且可靠地完成任务是需要进一步研究的问题。

　　4. 移动云游戏

　　作为移动云计算的典型应用，移动云游戏将传统游戏的复杂计算迁移到云端，移动终端只需要向云端发送游戏指令，云端执行游戏计算、数据存储任务，并将游戏画面编码成实时视频流并传输至移动终端。这不仅极大地扩展了移动终端的执行能力，还提高了游戏的平台兼容性和升级维护的灵活性。

　　游戏平稳性和实时性是移动云游戏的重要性能指标，尤其是数据传输延时对用户体验的影响极大。Huang 等人[21]设计开发了 GamingAnyWhere，旨在从响应延时、网络负载和视频质量等方面对移动云游戏系统进行优化，并与 OnLive、Gaikai、StreamMyGame 等当前主流的移动云游戏服务进行了对比。为了进一步降低延时，Chao 等人[22]提出了基于 UDP 的数据传输协议——Pangolin，以解决 TCP 传输数据的不可并发性问题。Pangolin 基于马尔可夫决策理论自适应决策，通过在线查表、发送冗余前向纠错数据包等方式进行优化控制，降低数据包丢失概率，并将传输延时从 4 s 多降低到 1 s。此协议已被纳入 Xbox SDK，可真正在工业界发挥效用。Outatime[23]则通过预测未来状态、基于图像的状态近似、快速状态点检测与回滚以及状态压缩传输等方式，最高可以将网络延时减少 120 ms。然而，由于无线接入方式的多样性，以及无线带宽抖动等特有属性，因此交互的实时性和游戏画面的流畅性问题仍是移动云游戏研究领域需要重点解决的问题。

11.1.2　物联网应用

　　物联网，通俗来说就是"物物相连的网络"，它将传感器、射频识别（Radio Frequency IDentification，RFID）、二维码等作为感知元件，通过基础网络来实现物与物、人与物的互连。1999 年，麻省理工学院的 Kevin Ashton 教授提出了以标示为特征的物联网概念，把 RFID 技术与传感器技术应用于日常物品中，形成一个"物联网"。2003 年，Sun Microsystems 公司副总裁比尔·乔伊（Bill Joy）发表了一篇名为《为全球物联网做好准备》

（*Why the Future Doesn't Need Us*）的文章。在这篇文章中，比尔·乔伊提出了"向全球'物联网'迈进"（toward a global "Internet of Things"）的口号。2005 年 11 月 17 日，在威尼斯举行的信息社会世界峰会（World Summit of Information Society，WSIS）上，ITU 发布的《ITU 互联网报告 2005：物联网》中指出：物联网是通过 RFID 和智能计算等技术实现全世界设备互连的网络。目前已形成以互连为特征的物联网概念，无所不在的"物联网"通信时代即将来临，世界上所有的物体，从轮胎到牙刷、从房屋到纸巾，都可以通过互联网主动进行信息交换。2009 年 2 月 24 日，IBM 大中华区首席执行官钱大群在 2009 IBM 论坛上公布了名为"智慧的地球"的最新策略，于是物联网概念转而以智能服务为特征，IBM 提出：把传感器设备安装到电网、铁路、桥梁、隧道、供水系统、大坝、油气管道等各种物体中，并且普遍连接形成网络，即"物联网"[24]。

1. 智能交通系统

每年全球因交通事故造成的经济损失是相当巨大的，智能交通系统因其高达 9:1 的高效费比得到人们更多的重视。智能交通系统在降低交通事故的发生率、加强交通监管、减少交通堵塞和减少尾气排放等方面发挥了重要的作用。基于无线传感技术进行的交通优化，显著提升了城市道路运行的效率。

2. 智能电网技术

电网中发电量和用电量不匹配的情况导致了电网的利用率较低。将物联网技术运用到电网中产生的智能电网系统在发电、输变电和用电的各个环节提高了电力的使用效率。智能电网系统将以前发电量不稳定的太阳能发电和风电等并入其中以作为补充。我国的国家电网公司目前制定了智能电网的发展战略，对我国的电网改造具有重要的战略意义。

3. 环境生态监控

物联网技术在环境生态监控中也发挥着重要的作用。当前的城市大气监测、饮用水水源地的监视和流域管理生态补偿等方面均应用了物联网技术。利用 RFID 技术或者视频感知技术进行感知，通过传输到达处理中心，运用虚拟现实技术、决策支持系统等处理技术达到智能监控的目的。

4. 电子保健

在医疗领域，越来越多的医疗机构开始采用电子化的方式来管理病历、医学图像和医嘱等信息。有研究数据显示，运用电子病历可以将错误降低约 20%，运用医学图像存档和通信系统可将错误降低约 15%，而计算机化医嘱录入系统则可将错误降低约 50%。电子病历是指医院等医疗机构用电子化的方式创建并保存使用的针对住院、门诊等信息的数据库系统。患者在每次就诊时都会生成相应的记录，不仅方便了医护人员的工作，还保护了患者的隐私。目前，我国各地医疗机构也在积极推广电子病历，以提升医疗服务的质量和效率。

5. 智能物流

物联网技术在物流行业中也有着广泛的应用，基于 RFID 技术的产品可追溯系统和基于智能配货的物流网络化的信息平台等均利用了物联网技术。运用有关的软件可以对产品从原材料阶段到成品的供应网络进行优化，帮助相关企业选择适合的原材料采购地点以及确定库存的分配，提高企业运行的效率和企业效益。举个例子，某物流公司是我国目前比较大的物流企业，在应用了信息化管理以后，成功将分销中心由 100 个降低到 40 个，大大节约了成本和燃料，碳排放减少了 15% 左右。

6. 物联网技术在其他领域的应用

物联网技术可以轻松实现家居的智能化，实现对住房的监视和安保。它还可以利用防侵入传感器系统对军事基地、机场等重点区域进行监视。目前，广泛应用于城市的电子眼系统正在城市的交通、安保等领域发挥着重要作用。基于物联网的服务业也正在蓬勃发展。

11.1.3 "互联网+"应用

1. 电子商务

随着移动互联网技术的不断发展，电子商务得到了更多的发展机会和创新模式。过去几年，移动互联网技术在电子商务领域的应用不断增加，为电子商务带来了更多的便捷和创新。

移动互联网技术促进了电子商务的移动化发展。随着智能手机的普及，移动互联网用户规模不断扩大，移动端成为电子商务的重要入口。很多电子商务平台通过开发移动应用程序，提供更加个性化、便捷的服务，满足了消费者随时随地购物的需求。移动互联网技术的发展也促进了O2O模式的兴起，通过线上和线下融合，为消费者提供更加全面的服务。

移动互联网技术加速了电子商务的数据化升级。随着大数据技术的应用，电子商务企业可以对消费者进行更加精细化的分析，为消费者提供更加个性化的产品和服务。同时，人工智能技术的应用，为电子商务企业提供了更加智能化、高效化的解决方案，如自动化客服、推荐算法等。

此外，移动互联网技术推动了电子商务与社交媒体的融合。社交媒体平台的用户规模不断增加，电子商务企业通过在社交媒体上建立品牌形象、进行产品宣传等方式，吸引更多的消费者。同时，社交媒体平台为电子商务企业提供了更加便捷的销售渠道，如社交电商。

移动互联网技术的发展为电子商务带来了更加便捷、高效的服务和创新模式。未来，随着5G、物联网等新技术的发展，电子商务将迎来更加广阔的发展前景和更大的创新机遇。

2. 互联网金融

面对飞速发展的电子科技，人们不断追求金融产品的高效、便捷和简单化，致使传统的金融业受到了一定影响。为了适应现代社会的发展需要，互联网金融应运而生。这种将互联网与金融相结合的新型金融模式丰富和拓展了支付、投资等金融活动的方式与渠道，重新建构了金融市场的格局，在一定程度上影响和推动了金融业的发展，对金融业来说是机遇与挑战并存。[25]

互联网金融是指在云计算、移动技术、社交网络、搜索引擎等互联网工具的支撑下进行资金融通、信息中介与移动支付等活动的新型金融模式，其主要基于互联网平等开放、协作共享的核心理念，深入挖掘有关数据信息，在金融领域拓展自身业务，使金融业在互联网信息技术的支持下开展移动支付等相关金融业务，拓宽了金融活动开展的方式和渠道，增加了金融业务的透明度和可操作性，且降低了中间成本，除众筹、第三方支付、互联网虚拟货币以及网络理财和网络保险等多种模式以外，正逐渐向资金融通、供需信息匹配等传统金融业务核心进军。以下是关于互联网金融的相关研究。

（1）P2P 借贷平台的相关研究

P2P 借贷是一种通过网络信贷公司在个人之间进行的借贷行为，网络信贷公司提供网络平台，将有多余资金的个人与有资金需求的个人联系到一起。这种方式的优势是快捷高效。2005 年，世界上首个 P2P 网贷平台 Zopa 出现，引起了人们的关注。近年来，P2P 借贷快速发展，众多平台相继涌现。然而，随着行业的发展，出现了一些问题，比如平台失信、风险控制不力等，引发了监管部门的关注。同时，研究者对 P2P 借贷进行了一系列研究。高汉[26]针对在 Zopa 上开展的借贷行为进行了相关研究。林章悦等人[27]探讨了微小融资的交易成本是否会在 P2P 网贷平台的互联网技术支持下有所降低，所持观点是基于 Web 2.0 的互联网技术平台对降低交易成本并不会起多大作用，认为 P2P 借贷交易实际上是离不开网络交易平台的提供方——运营商（即中介方）的。操胜[28]认为，融资项目的特性、群体因素和地理因素是能否在 P2P 网贷平台上成功融资的决定性因素。

（2）众筹融资的相关研究

众筹融资机制的研究主要涉及奖励型、借贷型和捐助型。在捐助型众筹融资模式中，捐助者对资助并没有更大的期望，这种模式在很长一段时间内被很多非政府组织运用。通过调查研究发现，一些非盈利性的产品项目比较容易获得融资，但对这些项目进行资助的人比较少；一些生产性产品的众筹融资项目相对于社会服务性的众筹融资项目更加容易成功融资。在众筹融资项目中，回报方式是产品还是分红，需要根据投资的具体情况进行分析。如果在投资初期，资本需求市场不是特别大，那么投资者选择的回报方式一般为产品；如果资本需求大，那么投资者选择的回报方式是分红。众筹融资项目也存在一定的风险，风险的来源可以从发起人和投资人的角度来分析。项目发起人的投资目的一般归结为融资以及吸引市场公众的注意力，然后从公众的视角获得关于产品以及相关服务信息的反馈等。在项目投资人方面，他们的目的一般归结为获得投资回报，并且产品生产与市场"志趣相投"，能够与社会和市场分享自己的专业产品构想。在应用过程中，众筹融资被广泛地应用于新药品的研发、音乐唱片研发或图书出版等领域。

在互联网普及和信息技术日臻成熟的今天，互联网金融技术得到迅猛发展，在创新支付、投资等金融活动的方式和渠道的同时，也应该关注互联网金融在风险和监管上的问题。

11.1.4　虚拟现实应用

1. 虚拟现实的发展

虚拟现实（VR）技术是近年来受到国内外广泛关注的热点技术，其发展也在不断推进。简单来说，VR 技术是通过计算机技术和硬件设备创建一种人们可以通过视觉、听觉、触觉等感官体验的虚拟现实环境。2014 年，Facebook 以 20 亿美元收购 Oculus 公司，推出了首款面向大众的商用虚拟现实头戴式显示器——Oculus Rift。随后，索尼公司推出了 PlayStation VR，谷歌推出了 Daydream View。据艾媒咨询发布的《2022 年中国虚拟现实行业研究报告》显示，2022 年，我国虚拟现实市场规模达到 1404 亿元，预计到 2025 年将达到 2856 亿元。VR 技术的应用场景在不断扩展，如 VR+购物、VR+旅游、VR+游戏、VR+电影、VR+新闻等。其中，VR+购物的应用探索尤为广泛，但目前仍处于探索阶段。在 VR+游戏方面，制作成本、硬件画质等问题仍是制约其发展的主要因素。在 VR+电影方面，技术缺陷、价格高昂、晕眩感等问题仍需要解决。在 VR+新闻方面，越来越多的权威媒体尝试将 VR 技术应用于新闻报道中，通过虚拟现实的沉浸感、交互性和想象力，带领观众身临其境地感受新闻现场。未来，VR 技术还有望与网络直播相结合，为用户呈现更加直观、全面的新闻现场。

2. 虚拟现实设备现状

VR 设备主要分为输入设备和输出设备两部分，其中，输入设备主要有游戏手柄、手势识别设备、动作捕捉设备、方向盘等，输出设备主要有外接式 VR 头盔、一体式 VR 头盔、智能手机 VR 眼镜等。目前，国内 VR 硬件投资市场以输出设备为主，市场上主要产品可以分为 PC 端 VR 设备、移动端 VR 设备和 VR 一体机。市场上的 PC 端 VR 设备主要有 Oculus Rift 和 HTC VIVE，分别如图 11-2 和图 11-3 所示，移动端 VR 设备主要有 Gear VR 和谷歌的 Daydream View，分别如图 11-4 和图 11-5 所示。

图 11-2　Oculus Rift

图 11-3　HTC VIVE

图 11-4　Gear VR

图 11-5　Daydream View

PC 端 VR 设备绝佳的体验感可以让消费者体验到 VR 技术的真正魅力。以 Oculus Rift 为例，相比移动端的 Gear VR，Rift 有定位追踪功能、更深层次的游戏体验和高保真环境。但是 PC 端 VR 设备相对于移动 VR 设备存在操作烦琐、价格昂贵、携带不便等不足。

目前，PC 端 VR 设备还存在许多问题。PC 端 VR 设备的使用需要一定的空间以及多项设备（包括 PC、传感器），并且 VR 设备对 PC 的硬件要求很高，如 HTC VIVE 要求的最低 PC 配置是酷睿 i5+GTX 970，Oculus Rift 也有类似要求。目前，微软、video 等公司正在努力优化显卡，VR 对 PC 硬件的要求会随着技术的提升而降低，并且 VR 领域正在努力发展云端技术，未来或许并不需要连接 PC。

在我国 VR 设备市场，基于智能手机的发展轨迹以及巨大的潜在用户规模，移动端 VR 设备被很多人认为是未来的主流 VR 设备。另外，由于移动端 VR 设备相对来说技术含量较低、成本不高，因此移动端 VR 设备的推广更为迅速。但在沉浸感和交互性体验上，它就要比 PC 端 VR 设备和一体机低很多，尤其是目前其技术还处在发展阶段，VR 内容较少，较低的舒适度和体验感会影响消费者对移动 VR 产品的评价。

相较于市场上的手机盒子以及依托计算机输出的 VR 产品，VR 一体机更加符合人们对 VR 的认知。VR 一体机是具备独立处理器并且同时支持 HDMI 输入的头戴式显示设备，它具备了独立运算、输入和输出的功能。由于 VR 一体机需要具备独立的运算处理核心，因此具有更高的研发难度。

可以从图像质量、响应速度、便携性、成本和能耗五个方面来对比上述三类 VR 输出设备，其中 PC 端 VR 设备在图像质量和响应速度上表现出色，然而它便携性不足、成本高、能耗大；移动 VR 设备在便携性和价格上占优，然而由于移动终端计算资源和存储资源的限制，其响应速度不如 PC 端 VR 设备，图像质量和能耗上的表现更不理想；一体机是较为理想的 VR 设备，然而它研发难度大，投放市场速度慢。

3. 虚拟现实面临的挑战

相比传统的应用，VR 应用主要有以下三个性能要求。

1）极低的用户感知延时。对于 VR 应用，当用户移动头盔时，应用需要能够在极短的时间内响应用户输入，并且将对应的图像渲染、显示在屏幕上。这个延时要求在 50 ms 以内，否则，过大的延时会让用户在使用过程中有严重的视觉滞留感，进而导致用户头晕等不良反应，影响用户体验。

2）高帧数和图像质量。VR 应用的屏幕距离用户的眼睛非常近，并且通过放大镜将图像放大。所以，如果 VR 应用显示的图像质量不高，则用户看起来就会有严重的颗粒感，影响用户体验。同样，在显示视频的时候，帧刷新率要足够高，否则会引起用户在使用过程中的不良反应。

3）低功耗。VR 应用在运行过程中需要占用屏幕、GPU，会产生大量的计算开销。为了使移动终端获得更久的续航时间，VR 应用需要想办法降低自身能耗。

以上三点也是当今 VR 应用面临的挑战。因此，想要获得良好的 VR 体验，吸引更多的用户，就必须克服上述挑战。

11.2　移动云存储应用

近年来，个人云存储服务占有的市场份额越来越大，已成为用户个人信息存储不可分割的一部分。伴随着移动互联网的发展，轻巧、便捷的移动设备受到用户广泛青睐，移动终端的人均持有量快速上升。随之而来的是，终端应用迅猛增长，促使移动终端逐渐成为新的应用平台。用户对终端存储空间以及终端资源在线共享等的要求越来越高，使得移动云存储服务成为移动端信息存储领域的研究热点。与传统的移动硬盘、U 盘等存储设备相比，移动云存储服务提供的云端超大容量的数据中心统一、高效地管理用户在多个终端上的零散数据。用户不仅可以通过移动互联网跨平台、跨终端地将个人数据同步至云端，还可以使用任意终端随时随地存储、同步、获取和分享云端数据。而移动网络下，用户比较注重数据同步流量和同步效率，服务商提供了多种优化技术来提升移动端服务性能。

本节首先介绍整合移动应用产品线的需求、实现方法和发展现状，然后引出移动云存储服务主流架构、文件同步协议和优化技术等内容，最后分析移动云存储所面临的挑战。

11.2.1　移动云存储简介

1. 移动云存储的发展

在这个信息爆炸的时代，人们的智能终端每天都会产生大量的个人信息。一份关于互联网数据中心（Internet Data Center, IDC）的数据调查报告表明[29]，未来，世界上大约70%的数据来自于个人用户。其原因主要在于智能终端的功能日益强大，促使了海量功能丰富的应用的诞生。在人们的日常生活中，许多社交应用、流媒体应用、文档编辑、邮件都会产生大量的数据。如何更好地存储、管理、同步多个设备上的个人数据，已经成为信息"爆炸"时代下至关重要的问题。

云存储（Cloud Storage）服务是在云计算（Cloud Computing）概念上延伸和发展出来的概念，它为解决数据存储、同步问题提供了良好的技术基础。一般来说，云存储是通用集群应用，利用网络技术或分布式文件系统等功能，将网络中大量不同类型的存储设备通过软件集合起来以进行协同工作，共同对外提供数据存储和业务访问。个人云存储（Personal Cloud Storage）是云存储的一个子部分，它建立在传统的云存储技术之上，重点关注个人用户在多个智能终端上数据的备份、管理、共享和同步，大大降低了终端的数据存储和管理负担。而随着移动设备的快速发展，人们获取信息的方式发生了革命性的改变。许多以往需要在 PC 上才能完成的工作现在在移动终端中也能够完成。人们开始更加关注如何在多个移动设备之间进行数据的分享和协同工作。

顺应移动互联网和大数据技术的发展，目前已涌现出以 Dropbox 为代表的一系列个人云存储服务。一些互联网巨头，如谷歌、微软也纷纷进入这一市场。移动网络技术的飞速发展，使得用户能够随时随地通过移动设备获取网络服务。然而，由于移动互联网接入网络相对于传统的有线网络而言，带宽更低，成本更高，同时移动设备一般计算能力和存储能力相对于传统 PC 来说较小，因此移动环境下的个人云存储服务在终端设备和云端之间进行数据上传或下载时对网络带宽与本地硬件设备造成了很大的压力。此外，移动网络环境下网络延时（RTT）较高，且信道质量的变化使网络连接不稳定，丢包率较高，如何保证移动云存储服务的同步效率，以及减轻终端设备的计算、存储负担，成为移动云存储领域需要解决的重要问题。

然而，现今主流移动云存储服务大多是闭源的，很难了解其同步协议和系统架构。对学术研究人员，发现并解决移动云存储服务的同步协议中存在的问题，以及降低终端设备的计算、存储、传输负担，成为一件意义重大但充满挑战的任务。

2. 整合移动应用产品线的需求

移动应用产品线是由一类功能近同、顾客群与渠道类同的移动应用程序组成的，每一个应用程序均可以被视为一个产品。

移动互联网已经渗透到人们工作和生活的各个领域，基于移动终端的应用程序越来越多，应用程序产生的数据量正呈现爆炸式增长态势。但是，各应用的数据往往分布在各个孤立的服务器端，数据间没有互相连通，每个应用均是一个"数据孤岛"。随着移动应用程序数量的快速增长，用户难以统一管理应用的数据，而现有的数据存储方式难以满足用户的需求。例如，用户需要在多应用上发布相同信息，需要在每个应用上重复操作，导致不必要的时间浪费。移动云存储服务提供的云端超大容量的数据中心可统一、高效地管理用户多应用的数据，所有数据都会在云端共享，极大地满足了用户的需求。对于商家，各服务商相互竞争用户资源，且竞争压力越来越大。当各服务商提供的移动云存储服务功能相似时，用户更加注重服务的体验质量（Quality of Experience）。服务商提供的移动云服务功能越丰富，产品线中的产品种类越多，其统一管理的数据量越庞大，越能满足人们日常办公和生活的需求，产生更好的用户体验，容易在竞争中脱颖而出。因此，对于用户和商家，整合产品线是一个双赢的选择[30]。

3. 整合移动应用产品线的方法

百度、谷歌等已成为用户搜索入口，App Store 等已成为用户下载新应用入口，与它们相似，移动云存储服务正逐渐成为共享移动用户数据的入口。如图 11-6 所示，社交应用数据、文件应用数据、游戏应用数据、其他移动应用数据等通过统一的数据入口接入云端。移动云存储服务作为移动应用程序数据入口平台，提供应用集成服务。应用集成服务的核心是连接"数据孤岛"，共享应用数据。整合产品线不但方便用户统一管理多应用程序的数据，而且可以提供多应用数据云端共享，挖掘数据的潜在价值。用户在移动端使用的应用程序产生的数据均共享至云端，云端服务器充分利用应用数据，实时分析并决策，智能地实现不同应用间数据的流通。为了更好地吸引移动应用接入云端，移动云存储服务提供商通过开放云存储 API，向开发者提供了面向本地或云端的应用数据集成解决方案，开放应用程序入口，共享应用程序数据。

图 11-6 移动云存储聚合平台

4. 整合移动应用产品线的现状

目前，对于不同的服务商，主要存在两种产品线整合模式：单云聚合和多云融合。单云聚合即多个应用程序均接入一个云端，所有数据在云端共享，但单个云端形成了更大的"数据孤岛"。多云融合连接了多个云端，每个云端连接多个应用程序，即使多个应用程序接入不同的云端，其数据也能在云端相互连通，真正实现所有应用数据融合。

（1）单云聚合

单云聚合适用于应用产品丰富的服务提供商。该类服务商有较大的市场规模和一定的用户基础，旗下应用产品比较丰富，涵盖全面。它们更倾向于提供自己的云端，聚合用户使用旗下产品产生的数据，如百度提供百度云盘来聚合百度地图、百度搜索、百度贴吧、百度百科等应用的数据，腾讯提供腾讯微云来聚合 QQ、微信、腾讯微博等应用的数据，谷歌提供 Google Drive 来聚合谷歌翻译、谷歌照片、谷歌搜索等应用的数据。该类服务商在整合产品线时将所有应用的 API 以统一的格式整合在一个平台中。用户在使用服务商旗下产品时产生的数据会自动同步至云端，数据在云端共享，也会推送至其他应用。例如，用户使用一个账号便可畅游该类服务商旗下的所有应用；又如，腾讯用户在 QQ 空间发送的状态不仅会同步至云端，还会推送至腾讯微博等其他应用。

（2）多云融合

虽然单云聚合提供云端来统一管理用户使用单一服务厂商旗下所有应用的数据，但无法融合用户在使用多个服务商应用时产生的数据，数据在各服务商之间并未真正实现连通，各服务商提供的云端是一个更大的"数据孤岛"。为了解决各服务商之间数据不连通的问题，出现了一批集成平台服务公司，包括 IFTTT、CloudWork、MuleSoft CloudHub、SnapLogic 等。该类公司提供集成平台服务，主要面向不同类型、不同服务商提供的应用程序，它们通过 API 提供了多个服务商数据连通平台，各服务商之间的应用都可以通过该平台共享数据，真正实现所有应用数据共享。

集成平台服务主要有以下 4 个特点。

1）预先集成或连接在线服务供应商：用户通过该服务可以直接访问其他服务商。

2）任务执行的自动化：该服务会将应用程序的操作自动同步至其他应用。

3）服务供应商选择多样化：用户可以有针对性地选择服务供应商，以满足不同需求。

4）无须软件开发：用户只需要学会使用该服务，无须付出任何开发代价。

MuleSoft 推出的 CloudHub 是多云融合的代表，它提供了全球性、多用户、可伸缩的集成云，其目标是像 Facebook 连接全球用户一样，实现所有应用程序数据的融合。CloudHub 是一种提供应用集成和连接，共享所有应用数据，能让应用进行互动、分享和共同工作的平台，可以满足用户各种各样的需求。

11.2.2　移动云存储同步机制

移动云存储服务聚合并统一管理移动端应用程序的数据，让数据在各应用之间的连通成为可能。以下将介绍移动云存储服务的同步架构和同步协议。

1. 移动云存储服务同步架构

移动云存储服务同步架构如图 11-7 所示，主要由存储服务器、控制服务器和移动客户端构成。移动客户端是指手机、平板电脑或 PC 等移动设备，控制服务器负责与移动客户端进行文件夹中数据块信息、文件的数据块列表以及文件夹目录索引等元数据的交互，存储服务器则专门存储数据块。下面介绍各部分的详细功能。

图 11-7　移动云存储服务同步架构

（1）存储服务器

存储服务器主要存储文件内容。在该服务器中，所有的文件并不是以独立元的形式存在，而是拆分或者聚合成数据块存储。存储服务器只存储文件内容，不包含文件的名称、大小、版本号等信息。同时，数据存储服务器在地理上是分布式的，这意味着组成一个文件的分块可能存储在不同的存储节点。

（2）控制服务器

控制服务器主要负责与移动客户端交换控制信息，主要分为通知流、元数据流两个部分。

通知流：通知流用于保持移动客户端和云端同步文件的一致性。移动客户端向控制服务器发送请求，监测其他终端是否修改同步文件。若云端同步文件发生改变，则云端返回"已更新"通知流，移动客户端同步云端文件的最新版本。若云端文件在一定时间内未发生改变，则云端返回"未更新"通知流。当移动客户端同步完毕或者接收到"未更新"通知时，移动客户端会再次向控制服务器发送请求，进行新一轮检测。

元数据流：元数据流通常传输文件元数据信息。元数据信息包含哈希表、服务器文件日志等信息。哈希表存放数据块的哈希值，哈希值是数据块的唯一标识符。服务器文件日志存放文件的 ID、数据块列表等信息。

（3）移动客户端

移动客户端由分块器、索引器、通知器和缓存器四个部分组成。分块器将本地文件切分成固定大小的数据块。索引器用于存放文件的元数据信息。通知器通常向云端发送请求，检测云端文件是否更新。缓存器是云端文件与本地文件和应用交互的中介。文件传输和本地应用对云端文件的操作都必须先存到缓存器中。

2. 移动云存储服务同步协议

当多个移动终端共同使用单一账户时，在任一终端上传的文件均会同步至其他终端。图 11-8 显示用户在上传大文件时的协议流程，它分为文件上传、文件下载两部分。

图 11-8　移动云存储服务同步协议

（1）文件上传

在移动客户端1上传大文件时，元数据流上传文件元数据信息至云端控制服务器，控制服务器将它与云端元数据对比，并返回所需数据块的哈希表。移动客户端1上传所需数据块至云端，每个数据块上传成功时都会返回一个确认信息。当所有数据块上传成功时，移动客户端1会再次发送元数据信息并进行核对，确保所有文件上传成功。

（2）文件下载

移动客户端2下载云端更新文件以保持数据一致性。移动客户端周期性地监视云端文件元数据信息，当云端文件元数据信息发生改变时，即向移动客户端返回通知流，移动客户端2向云端发送元数据信息。云端返回通知列表，移动客户端2下载新增数据块。在每个数据下载成功时，存储服务器都会返回一个确认信息，直到所有数据块均下载完成为止。

11.2.3 移动云存储传输优化

1. 移动云存储典型传输优化技术

（1）分块

在移动客户端传输大文件时，文件被切分成多个数据块并上传至云端。文件分块可避免移动客户端上传文件时由于网络中断而进行文件的重复传输，降低了移动客户端的流量开销。

（2）捆绑

当移动客户端批量上传小文件时，文件被捆绑成一个数据块并传输至云端，云端返回一个确认消息以完成传输操作。文件捆绑传输减少了云端反复确认延时和控制的开销。

（3）冗余消除

冗余消除即移动客户端冗余消除技术。对于云端已经存在的文件（创建索引，未进行元数据索引，判断有无需要重复上传），移动客户端无须重复上传相同的文件，不仅节省移动客户端上传的流量，还减少了运营商的使用带宽。

（4）增量同步

增量同步是一种特殊的压缩技术。当移动客户端修改云端同步文件时，移动客户端只同步文件修改部分，无须再同步整个文件。当移动客户端反复修改同步文件时，增量同步大大减少了移动客户端上行网络流量。增量同步大幅度减少修改云端文件产生的同步数据量，而在计算开销有限的移动客户端，其实施并不简便。对于已压缩文件，修改小部分压缩内容会使整个文件发生变化，增量同步也会失效。

（5）数据压缩

数据压缩是一种传统的技术。当一个非随机序列文件上传时，数据压缩是以压缩时间为代价，消除文件冗余信息，减少网络流量和存储空间。数据压缩技术也在一定程度上方便了对信息的管理。数据压缩能在一定程度上减少移动端上传的数据量，但是它会增加移动客户端的计算开销。

2. 移动云存储传输优化的最新进展

基于上述研究，Cui 等人[31]从移动终端的角度对云存储服务进行相关研究。通过测量发现，移动终端通过持续的 HTTP（S）连接来保持各终端数据一致性，同一管理账户的数据一旦通过某一终端更改，就会通过推送机制同步至云端其他移动终端。Cui 等人还从同步开销、同步完成时间和能耗方面对上述服务进行测量对比，发现各个服务都有各自的优缺点，见表 11-2。各服务实现了不同粒度的静态文件分块，Dropbox 还实现了冗余消除。在网络状况不稳定的无线环境下，移动终端存在数据同步延时过大甚至同步失败问题，小部分文件修改竟产生上百乃至上千倍的同步数据量，这些都在很大程度上降低了移动云存储服务的同步效率。

表 11-2　各移动云存储服务关键技术实现情况

对比项	关键技术			
	Dropbox	Google Drive	OneDrive	Box
文件分块	4 MB	260 KB	1 MB	×
文件捆绑	×	×	×	×
冗余消除	√	×	×	×
增量编码	×	×	×	×

针对测量中发现的问题，Cui 等人[32]设计了 QuickSync 系统，从同步延时、同步开销等方面进行优化，很大程度上提高了云存储的同步效率，其架构如图 11-9 所示。QuickSync 系统在本地同步文件夹上监听到文件添加或修改操作会触发文件同步。内容定义分块器通过内容定义分块（Content Defined Chunking，CDC）算法先将文件切分成多个长度不均等的数据块，再将每个数据块的控制信息和数据信息传输给冗余消除器。冗余消除器通过与本地数据库进行对比，对数据块执行冗余消除和增量编码操作，并将数据信息存放在批量同步器。冗余消除器将控制信息备份至本地，并传输至云端。批量同步器通过延时确认和批量传输机制将数据流上传至云端。

图 11-9　QuickSync 架构图

QuickSync 系统中实现的 CDC 算法、冗余消除机制和批量同步算法大大减少了同步的数据量和完成时间。移动云存储服务还可以在尾延迟（Tail Latency，TL）、多云传输等相关方面进行更深入的研究。随着学术界和工业界越来越重视移动云存储服务，IETF 开始着手推动相关领域协议的标准化。

目前的云存储服务已经基本解决了单个应用的跨平台、跨设备的同步问题，但各类服务还基本处于互不相干的独立工作状态，即单个应用只能解决用户的单个问题，用户信息以碎片化的方式存储在不同位置。IFTTT[33]的推出，旨在利用开放的 API，将 Twitter、Dropbox 等各个网站或应用通过工作流串连起来，通过触发器和响应动作的方式，实现多种应用的通信和协同工作，整合增强云服务的功能，为用户提供智能化的信息服务。例如，将用户保存到印象笔记中的文档自动备份到 Dropbox；将用户收到的特定标签的邮件以短信形式自动转发到用户手机上；等等。然而，IFTTT 目前只支持特定应用。如何开放性地支持多种应用，并允许移动用户自定义任务工作流程，还需要进一步研究。

另外，由于存储容量、接入带宽、访问延时、服务类型和服务价格等因素的限制，因此70%以上的移动用户都同时应用多个云服务商提供的服务[34]。UniDrive[34]、AONT-RS[35]、DepSky[36] 和 SCC[37] 等系统旨在通过多云协作的方式增强用户数据的可用性。然而，目前提出的以客户端为中心的多云协作的体系架构需要客户端维护多份数据副本并分别上传到不同云端，增加了客户端计算、网络传输的开销。另外，这种架构无法满足多用户数据分享的需求。用户数据在多云之间安全、高效地进行同步、共享必将成为移动云计算领域新的研究课题。

11.2.4　移动云存储面临的挑战

移动云存储的关键技术实现对各种网络环境中的同步性能有很大的影响，移动云存储服务改进面临着以下三个重大挑战。

1）带宽节省和分布式存储之间的冲突。如何提高网络带宽效率是移动网络中同步时需要解决的重要但极具挑战性的问题。在理想情况下，只有文件的修改部分才需要同步到云端。然而，大多数移动云存储服务只使用简单的全文件同步机制，在同步小更改时，会浪费大量流量。在实践中实现增量同步机制在两个方面是非常具有挑战性的。一方面，当今的大多数云存储服务（如 OneDrive 和 Dropbox）构建在 RESTful 基础架构之上，RESTful 基础架构仅支持全文件（或全块）级别的数据访问操作。另一方面，增量编码算法是增量同步机制的关键技术。然而，大多数增量编码算法[38,39]在文件粒度工作，这意味着在两端运行的实用程序必须具有对整个文件的访问权限。但对于移动云存储服务，文件被分割成块并分布存储。增量编码的直接适配需要将所有块拼接在一起并重建整个文件，这将浪费大量的数据中心内部流量。由于文件修改频繁发生，因此未来的改进方向是通过提出改进的增量编码算法来减少同步业务的开销。

2）实时一致性和协议开销之间的折中。实时一致性要求多个设备之间的数据应尽快正确同步[39,40]。为此，像 Dropbox 这样的服务需要打开一个持久的 TCP 连接，用于轮询和接收通知。然而，这种轮询机制将导致大量的业务和能量消耗，因为轮询涉及额外的消息交换，请求无线网络接口被唤醒并保持在高功率状态。对于移动云存储服务，通知流程应仔细设计，以避免过多的流量和能量浪费。

3）移动设备中同步效率和受限能量资源之间的平衡。同步效率一般被定义为本地更新到服务器的速度，是移动云存储服务的重要指标。通常，重复数据删除、增量编码和压缩是提高效率的关键技术。然而，所有这些技术可能导致额外的计算开销和能量成本。因此，更高能效的同步技术的出现将改进移动云存储服务。

11.3　移动社交应用

社交网络已经成为人们互联网生活中不可或缺的一个环节，微信、微博、QQ 空间等应用已经融入人们的生活。虽然如今市场关于社交领域的细分已经基本完成，每个细分领域的竞争商家都有很多，但是依然还有人义无反顾地投身社交网络，在同质化严重的行业中试图占领制高点。人类的社交本能需求，加之互联网所能提供的便利，使得社交网络拥有海量的潜在用户。

11.3.1　移动社交应用简介

人类的本能需求加上移动互联网的便利性，使得社交网络成为众多厂商争夺的目标。其实，移动社交这个概念非常大，所涵盖类型非常多，市场已经完成较为深入的领域细分，大致可分为娱乐、婚恋和商务，每一个分类中都包含多种形态的产品。

在移动社交的即时通信类别中，微信目前稳居行业前列。月活跃用户数据显示，微信逐渐实现自己的口号"微信，是一个生活方式"。用户不仅能够用微信发送文本信息，还能发送照片和语音，这大大提升了用户体验。而且，由于微信信息都是通过流量发送，不会产生除流量以外的其他费用，因此，微信自 2011 年推出后就大受欢迎，短时间之内用户数量就突破了百万。在微信出现之前，人们通过手机短信进行文字交流，按条收费的短信给运营商们带来丰厚的利润。而如今，微信抢占了原本运营商独占的业务，使得运营商从服务的提供者变成了单纯的数据传输服务商。看到微信获得巨大成功，行业其他企业也纷纷涉足移动即时通信（IM）市场，目前市场上还有手机 QQ、易信、陌陌等其他产品。随着用户需求的不断细分，国内移动即时通信市场势必会在激烈的行业竞争中不断发展。

目前，国内的微博类应用主要是新浪微博。微博的原型是 2006 年于美国上线的 Twitter，每条消息 140 个字符的限制也是由它首创，目前该网站的流量排名世界前十，日访问量在 9 亿以上。Twitter 的成功启发了国内的互联网从业者，国内的各大公司迅速上线了微博类产品。新浪微博于 2009 年上线，一年后用户数量就突破了 1 亿。2014 年，新浪微博成为一家独立的公司并在纳斯达克成功上市。

当然，其他社交细分领域也存在着激烈的竞争，例如，百合网和世纪佳缘网在婚恋社交领域的竞争，天极网和 LinkedIn 在商务社交领域的竞争，每个商家都使出浑身解数试图占领社交这块阵地。但是，在社交领域，目前还没有出现 Windows 之于操作系统这种绝对占领了社交入口的产品，主要还是因为社交覆盖的范围太广，人们在不同领域都存在着强烈的社交需求。虽然很多社交领域看上去受众面非常窄，但在长尾效应（一种商业和经济模型，指那些数量巨大、种类繁多的产品或服务，其中很大一部分得不到足够重视，但是零零散散的这些冷门产品或服务的总收益却超越了主流商品）作用下，市场上依然有着对应的社交产品，而且真正的用户量也非常可观。

11.3.2　移动社交应用系统架构

移动社交网络是在社交网络的基础上发展而来的。社交网络是随着 Facebook、BBS、博客、微博等互联网应用自然发展起来的、反映社会交往群体的一种形态，其本质是提供一个能够分享个人兴趣、爱好、状态和活动等信息的在线平台。移动社交网络（Mobile Social Networks，MSN）就是利用移动终端设备，将社交活动的媒介从传统网页转移到移动 APP。这种转移使人们逐渐将线下生活更完整的信息流转移到线上来进行低成本管理，从而发展为大规模的虚拟社交，形成虚拟社会与真实社会的深度交织。

架构设计在移动社交网络中起着至关重要的作用，移动社交网络的所有应用程序、服务和平台都需要在架构中协调配合，最终形成一个无缝的移动社交网络。可以通过三个视图来呈现移动社交网络的架构[41]：物理视图基于移动社交网络的系统工程师的视角，开发视图基于移动社交网络应用开发人员的视角，逻辑视图基于移动社交网络的终端用户的视角。三个视图及其关系如图 11-10 所示。本节将介绍移动社交网络的传统架构，它们大多采用客户端-服务器交互，并且被现有移动社交应用广泛使用，如 Facebook、"Google+" 等。

图 11-10　移动社交网络视图关系架构

（1）物理视图（系统工程师视角）

如图 11-11 所示，物理架构的移动社交网络是一种客户端-服务器架构，其中客户端通过互联网连接到服务器。目前广泛使用的移动社交网络平台（如 Facebook 和 Twitter）都是基于这样的架构，它主要包括三个部分：服务器端内容/服务提供商、可访问的无线网络和客户端移动设备。

图 11-11　移动社交网络的物理视图

服务器端负责中心协调和多样化移动社交服务。它通常有三个基本组件：网络服务器、中央处理机和数据库。网络服务器通过互联网提供大多数移动社交网络服务，可以实现服务的简化，减少对用户移动设备的硬件要求，实现高效的集中化控制和协调移动通信设备。但这些客户端-服务器架构仍存在一些常见的缺点，即由于移动社交网络服务高度依赖服务器，因此服务器需要具有高稳定性和高可靠性，以及在一些特殊情况下（例如，移动节点的密度在一些特定位置或者时间段太高，或者许多服务器在灾难情况下已经损坏），操作服务器可能遭受流量过载，导致移动设备应用程序出现相当长的时间延迟。

相比之下，客户端分布在不同的移动设备上。随着移动设备的高速发展，客户端的移动社交网络能够在三个方面扮演重要的角色：无处不在的移动社交网络服务接入，如通过 4G 长期演进（LTE）、WiFi 等；分布式计算能力，如利用智能手机的存储和计算能力来预存储和处理经常使用的社交内容与服务，并在上传前实时压缩手机上的照片，从而减少移动社交网络的延时和网络开销；多维感知能力，如 GPS、加速度计、照相机，这使得实时定位和未来上下文感知服务成为可能。

（2）开发视图（开发人员视角）

在客户端-服务器体系结构中，移动社交网络的开发人员也专注于客户端和服务器端，从而将有吸引力和个性化的移动社交网络应用与服务提供给最终用户。对于移动客户端的发展，目前主流的移动操作系统已经充分集成了网络协议和库（如多传感模型），并提供相关 API。另外，基于操作系统，大部分流行移动社交网络平台提供了 SDKs 的标准 API 以支持不同移动社交网络应用程序的开发。

随着移动云计算的发展，诸如亚马逊云服务（AWS）也提供了多样的功能，使得不同移动客户端开发人员可以使用 API 的方式开发定制的移动社交网络应用程序。例如，AWS 为使用不同编程语言的开发人员提供了特定程序语言库，包括 SDK Android、iOS、Java、.NET、PHP、Python 和 Ruby 等。AWS API 所提供的功能涵盖了大量基础设施的弹性资源，如计算和数据服务。

（3）逻辑视图（终端用户视角）

终端用户只关心移动社交网络的功能。通过移动设备，终端用户可以使用多个移动社交网络应用程序范例由后端 MSN 服务支持即时通信。同时，终端用户可以给移动社交网络应用程序开发者提供反馈，并通过移动设备更新具体社交内容到社交网站。由于移动网络和移动设备的特征，因此基于移动社交网络的客户端-服务器架构具有社交网站所没有的四个特色功能。

1）交互式通信：支持交互的移动社交网络与其他移动电话进行通信的功能，如短信和电子邮件。移动社交网络用户能够通过连接互联网或蜂窝服务向他的朋友发送社交消息。

2）更新个人状态：允许移动社交网络用户通过互联网自动或手动上传或共享由传感器产生或从其他移动应用收集的信息。信息包括移动用户的位置、用户当前正在参与的活动（如刚上传的照片）等。用户的朋友可以迅速通过社交网络获取信息。

3）广告：与传统广告直接展示的方式不同，社交网络的广告通常推送给用户。基于用户的活动，移动社交网络的内容和服务提供商可以分发个性化与定制广告给移动社交网络用户。由于大量人群频繁在移动设备上使用移动社交网络应用，因此广告为内容和服务提供商带来了较多收入。

4）定位服务：与传统的社交网站不同，移动用户可以通过 GPS、网络或蜂窝网络等方式从智能手机中获得位置信息。定位服务不仅使移动用户获取他当前的位置信息，并可将这个信息通知给他的朋友，还可以创造许多与其他服务相关的新功能。例如，当用户在逛商场时，位置服务可以帮助该用户找到附近的朋友。此外，位置服务还可以使用标记的社交媒体服务自动标记用户的智能手机拍摄的照片中的朋友，并在数字地图中找到这个朋友；用户可以通过在网站上签到来分享他当前的位置，Foursquare 通过位置信息找到和他拥有共同兴趣的朋友；等等。此外，相关研究[42,43]已经证实，基于位置的社交网络服务为了解人的流动性提供了重要的新维度。例如，相关研究[42]显示，基于对不同种类位置数据集的分析（来自智能手机的社交网络签到数据和位置数据），社会关系可以解释人类 10%~30% 的活动。

11.3.3　移动社交应用现有研究

移动社交网络的理论基础包括马斯洛需求层次理论和米尔格拉姆提出的六度空间理论。移动用户与互联网的联系主要体现在信息查找、网页浏览、移动应用下载和在线运行、电子书籍阅读、音频/视频在线播放并下载、移动社交应用服务、电子商务、移动电子政务等。移动互联网具有移动性、即时性、上下文识别、终端个性化等特点，与传统网络用户相比，移动用户更容易被识别。例如，移动用户的个人信息通常在注册入网时填写。另外，还可以使用某些方法来获得移动用户的其他信息。移动社交网络可以利用移动设备（如智能手机）的功能模块，如 GPS 接收器、感测模块（照相机、加速度计、重力传感器等）和无线接口（2G/3G/4G/5G 等无线通信网络、WiFi、蓝牙、WiFi Direct 等）等，启用 MSN 增强传统社交网络特征，如位置感知、异步交互的能力、媒体的捕获和标记能力，以及感测数据的自动处理能力。目前，关于移动社交网络的研究主要包括以下五个方面。

（1）移动群组推荐

当前，群组推荐系统以个人或者群组为单位进行，这就需要在全面研究群组所有人的喜好的基础上进行推荐，而不是只记住某个人的喜好。在群组推荐中，需要考虑多个用户的喜好，但群组用户的喜好不完全相同，如何处理群组用户喜好之间的冲突，以获得准确的群组喜好并成功推荐一个群组用户，是群组推荐系统中需要重点考虑的问题。

（2）位置服务

基于位置的服务可以使用户更了解身边所有美好的事物，享受更为真实的服务信息和全新的交友方式，对于企业，则可以更有针对性地进行宣传，更精确地投放广告，然后更好地回馈忠实的用户。在拥堵严重的时候，应减少车辆的运行，将社交网络和位置服务相结合，通过拼车和优化乘车路线等方式，可以在一定程度上减少车辆的运行；出租汽车公司可以根据特定时间、特定环境和特定路线，使司机和乘客实时交流，不仅可以减少乘客等车的时间，还大大提高了出租车的载客效率。当汽车成为人们重要的交通工具时，拼车不仅可以节省费用，还可以改善环境。

（3）移动社交网络推荐

移动社交的特点是在真实世界中交往，移动用户在移动社交网络中的行为能体现出物理社会中真实用户的社交行为，因此，可以将移动社交网络中的信息用于移动推荐系统。正确构造的移动社交网络是移动推荐的基础。先通过构造的可信网络或关系网络来获得某个移动用户的邻居节点，再使用协作筛选算法进行推荐，这是将移动社交网络和移动推荐系统相结合的一种方法。

（4）移动推荐系统的评估

移动推荐系统的功能主要由其评估指标来衡量。传统因特网推荐系统中的评估指标，如准确率和召回率，也可以被用来评估移动推荐功能。在运用这些指标时，需要提供对应的数据集，但当前移动推荐领域很少有公开可用的数据集，这给移动推荐系统的评估带来了一定的难度。为了准确评估移动推荐系统的指标，研究人员需要经常号召用户真实使用移动推荐系统，并以调查问卷的方式了解用户的反馈意见，借此方法评估移动推荐系统的功能。通过这种方式，可以知道移动用户对移动推荐系统的满意程度、交互体验感受等，但这需要耗费大量的成本，并且样本数量相对较少。能否有效评估移动推荐系统的功能是需要考虑的问题。

（5）以位置服务进行社交化服务

位置服务主要探测用户的轨迹。对于企业，可以通过用户的轨迹来更好地服务客户；对于研究者，应研究如何使位置服务和移动社交网络进行结合，开辟一个新的研究领域，一般位置服务的信息都是保密的，从而这也是一个隐私性问题，用户不希望自己的轨迹信息被公开或者被探知，这对移动社交网络的研究造成了很大的障碍。如何利用现有的数据进行实验，向用户提供更好的服务和相应的回馈也是正在解决的问题。

11.3.4 移动社交应用前景展望

作为一个新兴的研究领域，移动社交网络还存在以下问题值得进一步研究[40]。

（1）移动用户的信息捕获

推荐系统中捕获用户喜好是进行推荐的前提。在移动推荐中，由于移动终端屏幕小，不方便输入，以直接的用户打分方式来捕获用户喜好会大大影响用户的体验。在移动推荐中，常用间接方法来捕获用户喜好。如何迅速、准确地捕获移动用户的喜好，是移动推荐系统的难点问题。移动用户喜好会随着时间的推移不断发生变化，对于上下文用户喜好，亦是如此。因此，上下文用户喜好变化检查与校正方法也是值得研究的方向。

（2）移动用户的保密问题

移动用户的保密问题制约了移动推荐系统的发展。为了给移动用户提供精确的推荐，移动推荐系统必须记录并分析移动用户的信息、行为、位置等参数，但考虑到个人隐私问题，移动用户不希望提供自己的完整信息，担心自己的隐私得不到保护，以及移动推荐系统保存的信息有可能被窃取。根据移动用户在不同时间段所处的位置信息，可以推断出其移动轨迹，但是移动轨迹包含了用户个人的隐私，因此，对移动轨迹的保护也是移动推荐系统需要关注的问题。另外，为了缓解由于信息集中引起的安全问题，可使用分布式移动推荐系统，将用户描述的文件在各个移动终端代理之间相互传输并保存。有些攻击者还会利用虚假数据来欺骗推荐系统，从而危害系统的推荐信用度。因此，移动推荐系统的用户保密问题是研究的一个难点。

（3）服务的普及

移动社交可服务于社会和大众。基于移动社交和位置信息的研究，可以服务于出租车的有效载客和乘客的快速乘车。根据用户的轨迹进行研究，推测用户的地理位置变化走向并绘制成图，进而可以用在出租车有效载客上。用户可以对应地利用社交网络和实时服务，对出租车的轨迹进行查看，优先选择合理的乘车路线。

传统社交网络会在一定程度上向移动社交网络转型。对移动社交网络的信息进行挖掘、分析和处理，并进行适当的应用，同时与当今的社交化问题紧密结合在一起，这也是移动社交网络将来必然的发展趋势。

11.4　视频直播应用

网络直播是新兴的高互动性视频娱乐形式，如今的直播平台已经进入了"随走、随看、随播"的移动视频直播3.0时代，越来越多的人愿意参与其中，直播并分享自己的生活，全民直播渐成趋势。本节从网络直播在国内的传播现状、传播特征和发展前景三部分展开论述。网络直播与其他的传播方式相比有其独有的传播优势，其平台的开放性、传播及互动的实时性、不可篡改的真实性使它获得了越来越多用户的推崇，在人们自我包装宣传、企业营销、新闻传播、社交等许多方面发挥着越来越大的作用。

11.4.1　视频直播应用概述

近年来，网络直播迅速发展成为一种新的互联网文化业态。中国投资咨询网发布的《2016—2020年中国网络直播行业深度调研及投资前景预测报告》显示：网络直播行业在影响力、经济收入、用户人数等方面都发展较快。网络直播作为一种新的媒体形态，随着视频直播门槛的降低和交互方式的多元化，越来越多的人接受这种传播形式，直播队伍逐步扩大，也预示着全民直播时代终将到来。

网络直播平台兴起的时间不长，目前并没有对它的官方的定义。从狭义上来说，网络直播是新兴的高互动性视频娱乐方式，这种直播通常是主播通过视频录制工具，在互联网直播平台上，直播自己唱歌、玩游戏等活动，而受众可以通过弹幕与主播互动，也可以通过虚拟道具进行"打赏"。当前，网络直播行业正呈现三方分化的形态，包括知名的秀场类直播、人气很高的游戏直播，以及新诞生并迅速崛起的泛生活类直播[44]。

传统秀场直播主要指的是PC端的秀场直播，也就是人们较为熟悉的以主播为核心的直播模式，在新的直播格局下，此领域的内容生产由UGC转化为PUGC，趋于专业化、垂直化，用户黏性增强。电竞游戏直播平台受众大、用户参与度高，加之难以替代的赛事资源和人气主播，在直播领域具有很强的不可替代性。而真正进入全民直播时代的标志是移动泛生活直播领域的开启。一批新的直播平台在巨大的市场"蛋糕"吸引下异军突起，直播内容从游戏、比赛到吃饭、聊天，似乎只要有个APP，人人都能成为"网红"。

随着网络直播内容及形式不断丰富所带来的边际效益的不断提高，人们逐渐习惯运用直播与人聊天、学化妆、与明星互动以及了解产品信息等。直播依靠直观的视频影像联结了不同于微信、微博等以文字和图片为主的传播交际系统，人们可以通过直播更直观地接触"真实"的对方，它成为网络人际交流的新平台、新空间。

从门户网站到论坛社区，再到微博、微信，文字直播不断迭代，后来，图片社交平台掀起了以纯图片直播的热潮，紧接着喜马拉雅等音频直播平台崛起，现在出现了网络直播平台，在这一发展过程中，直播内容的表现形式越来越丰富，网络直播改变了原有的媒体形态，其可视性、交互性、实时性、沉浸感越来越强。

11.4.2　流媒体技术基础

流媒体（Streaming Media）是指采用流式传输方式在互联网播放的多媒体格式。在流媒体出现之前，人们在互联网上获取音视频信息的唯一方式就是将音视频文件下载到本地计算机进行观看或收听。而流媒体技术把连续的影像和声音信息以数据流的方式实时发布，即边下边播的方式，使得用户无须等待下载或只需要少量时间缓冲即可观看或收听，大大提高了音视频信息的可欣赏性，节省了用户时间和系统资源。

自从 1995 年 Progressive Networks 公司（1997 年更名为 RealNetworks 公司）发布第一个流媒体产品以来，流媒体取得了巨大的发展，已经成为目前互联网上呈现音视频信息的主要方式[45]。

1. 流媒体传输的方法

流媒体传输技术分为两类：顺序流（Progressive streaming）传输和实时流（Realtime streaming）传输。

顺序流传输又称渐进式下载，其传输方式是按顺序下载文件，用户可以在下载文件的同时观看在线内容，但用户只能观看已下载的部分，而不能跳到还未下载的部分。由于标准的 HTTP 服务器可发送顺序流传输的文件，且不需要其他特殊协议，因此顺序流传输经常被称为 HTTP 流式传输。

实时流传输可使流媒体内容被实时观看到，特别适合现场直播，它提供 VCR 功能，具备交互性，可以在播放的过程中响应用户的快进或后退等操作。实时流传输必须匹配网络带宽，其出错的部分一般被忽略。实时流传输需要专门的流媒体服务器和流传输协议。

2. 流媒体技术原理

流传输方式是指通过特定算法将音频和视频等多媒体文件分解成多个小的数据包，由服务器向客户端连续传送，用户可播放已经接收到的数据包，而不需要将整个文件下载到客户端。由于 TCP 不太适合传输多媒体数据，故在实时流媒体方案中，一般采用 HTTP/TCP 来传输控制信息，而用 RTP/UDP 来传输实时数据。

3. 流媒体技术的系统结构

目前，不同公司的流媒体解决方案各不相同。但就其本质来说，一个完整的流媒体系统至少包括三个组件：编码工具、服务器和播放器。这三个组件间通过特定的通信协议相互联系，按特定的格式相互交换数据。

11.4.3　流媒体传输协议

流媒体系统的各组件通过传输协议相互通信。对于顺序流传输，可采用 HTTP。但 HTTP 并不适合传输实时流数据。

1. 传统流媒体传输协议

传输协议是流媒体技术的一个重要组成部分，也是基础组成部分。它包括资源预留协议、实时传输协议和实时传输控制协议、实时流协议、MMS 协议，这四种协议构成了"实时"服务的基础。

（1）资源预留协议

互联网上的资源预留协议（Resource Reservation Protocol，RSVP）可以让流数据的接收者主动请求流数据经过的路由器，请求为该数据流预留一部分网络资源（即带宽），这在一定程度上为流媒体的传输提供了服务质量保障。

（2）实时传输协议和实时传输控制协议

实时传输协议（Real-time Transport Protocol，RTP）是一种针对 Internet/Intranet 多媒体数据流的传输协议。RTP 可以在一对一或一对多的传输场景下工作，其目的是提供时间信息和实现流同步。RTP 通常使用 UDP 来传送数据，但它本身并不能提供按序传送、流量控制或拥塞控制，它依靠实时传输控制协议（Real-time Transport Control Protocol，RTCP）提供这些服务。RTP 和 RTCP 配合使用，能以有效的反馈和最小的开销使传输效率最优化，特别适合传送网络上的实时数据。

（3）实时流协议

实时流协议（Real Time Streaming Protocol，RTSP）是由 RealNetworks 和 Netscape 共同提出的，该协议定义了一对多应用程序如何有效地通过 IP 网络传送多媒体数据。RTSP 在体系结构上位于 RTP 和 RTCP 之上，它使用 TCP 或 RTP 完成数据传输。

RTSP 是应用级协议，它以底层的 RTP 和 RSVP 为依托，控制实时数据的发送，它提供了可扩展框架，使实时数据的受控、点播成为可能。在客户端应用程序中，对流式多媒体内容的播放、暂停等操作都是通过 RTSP 实现的。

（4）MMS 协议

与 QuickTime 和 Realsystem 流媒体技术采用 RTSP 进行传输不同，微软采用专用协议——MMS 协议（Microsoft Media Server Protocol）进行流式传输。MMS 协议是一种用来访问并且流式接收 Windows Media 服务器中流媒体文件（asf 或 wmv）的协议。MMS 协议是访问 Windows Media 发布点上的单播内容的默认方法。观众在 Windows Media Player 中必须使用 MMS 协议才能引用该流。

2. 基于 HTTP 的动态自适应流技术

近年来，HTTP 更多地被用在网络流媒体传送中，HTTP 流有以下两个优势：首先，互联网基础设施的演进可以有效实现对 HTTP 的支持，如 CDN 提供的局部缓存减少了长途流量、防火墙支持 HTTP 的出局连接等；其次，在使用 HTTP 时，客户端可以自行实现流管理，而不再依赖于同服务器维持会话状态，这样大大减少了网络开销。

这种情况下，产生了一些基于 HTTP 的流传送解决方案，如苹果公司的 HTTP 实时流方案、微软公司的平滑流方案和 Adobe 公司的动态流方案等。然而，市场需要一种统一的、支持异构客户端和服务器的 HTTP 多媒体流传送标准，在这样的背景下，产生了基于 HTTP 的动态自适应流（Dynamic Adaptive Streaming over HTTP，DASH）标准[46]。

最初，HTTP 被设计用来传送网页内容，但后来逐渐也用它传送多媒体内容。如今，将 HTTP 作为流媒体传送协议已成为主流，主要原因大致有以下 3 个方面：①HTTP 和下层的 TCP/IP 被广泛采用，而基于 HTTP 的传送协议更可靠和易部署；②基于 HTTP 的传送可以使用标准 HTTP 服务器和 HTTP 缓存，即可以在 CDN 或其他标准服务器上传送；③基于 HTTP 的传送可以避免网络地址转换和防火墙转换问题，更为简捷。

DASH 技术，即一种实现流媒体动态自适应的技术。简单地说，就是将同一媒体内容在不同码率下分别进行编码，得到不同质量的媒体流；在不同带宽的条件下，可根据需要动态选择合适码率的流，以实现流畅的播放效果。

DASH 技术，就是在将 HTTP 作为流传送标准的基础上，应用动态自适应流技术，实现多媒体内容的无缝传送和播放。DASH 是在 MPEG 的组织之下发展出的一种多媒体流传送技术标准。对 DASH 的研究工作始于 2010 年，2011 年 1 月，DASH 成为国际标准草案，2011 年 11 月，DASH 成为正式的国际标准。

DASH 具有如下特点：支持视频直播、点播和录制服务，可有效地使用现有的 CDN、HTTP 代理和缓存、防火墙等网络基础设施，通过客户端控制整个流会话，支持不同码率的媒体流内容无缝选择和转换，服务器和客户端组件同步，支持文件分片和广告植入，支持可缩放视频编码（Scalable Video Coding, SVC）和多视图视频编码（Multiview Video Coding, MVC），对实时内容的时间偏移控制，支持可变长度段，多基准 URL，以及提供会话体验的质量标准等。以上特点大部分都是 DASH 标准以一种灵活、扩展的方式定义的，它们为 DASH 未来部署中可能出现的需求做好了准备。

DASH 是一种自适应比特率的流媒体传送技术，在这一技术中，多媒体文件被分成若干段（Segment），并使用 HTTP 进行传送。段可以采用任意格式的媒体数据，但 DASH 标准限定了段只能采用特定的两种格式：MPEG-4 格式和 MPEG-2TS 格式。DASH 采用 MPD（Media Presentation Description，媒体表示描述）文件描述段的信息，包括时序、URL、媒体特征（如解析度和比特率）等内容。在 DASH 技术标准中，MPD 和段是两个主要的组成部分。

DASH 与基于 RTP/RTSP 的流媒体传送技术对比见表 11-3。

表 11-3　DASH 与基于 RTP/RTSP 的流媒体传送技术对比

对比项	对 比 技 术	
	DASH	基于 RTP/RTSP 的流媒体传送技术
服务器实现	Web 服务器	流媒体服务器
现有网络基础设施（如防火墙、HTTP 缓存等）兼容性	较好	较差
传送控制占用的带宽	较少	较多
网络带宽适应	支持，灵活切换	部分服务器支持
支持业务	直播、点播、录制，实时性稍差	直播、点播，实时性较好
流媒体质量	采用动态自适应流技术，较好	不稳定
系统部署与客户端实现	较容易	较复杂
研究和应用	较晚，较少	较早，较多

11.4.4　流媒体分发关键技术

鉴于流媒体技术在应用中的重要地位，对其在网络中分发策略的研究是非常有必要的，也是非常紧迫的。目前，流媒体传送策略主要有两种：基于 CDN（Content Distributed Network）和基于 P2P（Peer to Peer）[47]。

1. 基于 CDN 的流媒体系统

在基于 CDN 的流媒体系统中，流媒体服务器和流媒体代理服务器是提供流服务的关键平台，也是流媒体系统的核心设备。流媒体服务器一般处于 IP 核心网络中，用于存放流媒体文件，响应用户请求并向终端发送流媒体数据。流媒体代理服务器位于网络的边缘，靠近用户，使客户能从位于本地的缓存代理服务器上获取流媒体内容，从而提高用户访问的性能，并减轻骨干网络流量，同时增加系统容量，如图 11-12 所示。

图 11-12　基于 CDN 的流媒体系统

关于代理服务器的角色，从流媒体服务器的角度来说，代理服务器是终端；从用户的角度来说，代理服务器是服务器。流媒体代理服务器一端支持用户，另一端连接流媒体服务器。从流媒体代理服务器到客户端是最短的网络路径，这意味着能减少网络故障，缓解带宽瓶颈问题。当一部分流媒体已经缓存于代理服务器时，这部分流媒体可以直接从代理服务器以组播方式发送到用户，不用再从远端的流媒体服务器提取。因此，为了减轻流媒体源服务器和终端的负载，以及节省主干网络的带宽，应在代理缓存中实现如下操作：对于特别流行的媒体对象，应该尽量缓存其所有的数据，使得代理可以尽量服务于请求的用户；对于比较流行的媒体对象，应该缓存大部分数据，这样，源服务器只需要提供剩余部分就可以满足客户要求；对于最不流行的媒体对象，只缓存媒体对象开始部分（前缀部分），使得流媒体在代理中缓存的数据量尽可能与流媒体流行度成正比。

2. 基于 P2P 的流媒体系统

P2P 的基本实现思想是充分利用网络中分布在不同地理位置上的客户端资源，采用分布式计算模式来为网络上的用户提供各种服务，P2P 网络中没有集中的服务器，网络的每个节点既可以作为客户接收其他节点的服务，又可以作为服务器向其他节点提供服务。基于 P2P 的流媒体系统也是借助这种思想进行流媒体内容的分发，其目标是充分利用多客户机的空闲资源，构建一个成本低，扩展性好，并有一定 QoS 保证的流媒体分发系统。但是，在 3G 网络中实现基于 P2P 的分发策略是比较困难的，一般情况下，无线信道传输可靠性差、误码率高，而且无线信道的传输带宽明显小于互联网的带宽，移动智能终端的性能明显弱于互联网上的主机性能，尤其是它只有有限的终端缓存。新的流媒体文件只有分布到足够多的节点以后才能正常提供服务，其中的管理是非常复杂的。

11.5　本章小结

本章主要讨论了移动互联网的应用，包括移动互联网的应用场景和一些典型的应用，如移动云存储、社交和直播。移动互联网具备动态性等特点，在移动云计算、物联网、"互联网+"、社交、网络直播等领域得到了广泛的应用。移动互联网的应用是一项复杂的工程，面临的主要问题包括移动网络不稳定、移动用户体验要求高、延时和带宽敏感等。为了解决这些问题，在一些典型应用中，针对性地设计了相应的关键技术来优化用户体验，本章对典型应用和关键技术分别进行了介绍。

习题

1. 智能交通系统能够动态地获得道路上各个车辆的信息，并且实现交通流量的动态控制，从而有效地减少堵车的情况以及交通事故。请结合移动互联网的特点，谈谈你对智能交通的理解。

2. 移动位置服务又被称为移动定位服务，它通过移动运营商的网络（如 GSM 网络、CDMA 网络）等获得移动终端用户的实际位置信息，并在电子地图上加以显示。请介绍确定用户所在位置的主要机制，并加以比较。

3. 移动云存储应用的出现使得多设备任意时间任意地点同步数据成为可能，请结合你在移动云存储应用方面的使用体验，展望移动云存储的未来发展。

4. 移动社交成为日常生活密不可分的一部分，请列举平时使用社交应用（如微信、微博等）的过程中遇到的网络、同步等问题，分析问题出现的原因，并提出相应的解决方案。

5. 移动互联网顺应了教育信息化建设的前进步伐，在校园中得到广泛应用。移动互联网的主要特点包括：具有高度的空间自由度和灵活性；可以避免大规模铺设网线和固定设备投入，有效地削减了网络建设费用，极大地缩短了建设周期。请介绍一个典型的移动互联网的校园应用。

6. 移动流媒体技术使得用户可以借助移动互联网获得视频服务，并且在下载流媒体数据的同时进行播放。请查找相关的综述性论文，总结移动流媒体技术的最新研究进展。

参考文献

[1] DRAGO I, MELLIA M, MUNAFO M, et al. Inside dropbox：understanding personal cloud storage services ［C］. Proceedings of the ACM SIGCOMM conference on Internet measurement conference （IMC）. Boston, USA, 2012：481-494.

[2] DRAGO I, BOCCHI E, MELLIA M, et al. Benchmarking personal cloud storage ［C］. Proceedings of the ACM SIGCOMM conference on Internet measurement conference （IMC）. Barcelona, Spain, 2013：205-212.

[3] QUWAIDER M, JARARWEH Y. Cloudlet-based efficient data collection in wireless body area networks ［J］.

Simulation Modelling Practice and Theory, 2015, 50: 57-71.

[4] LI Y, WANG W. Can mobile cloudlets support mobile applications? [C]. Proceedings of the IEEE International Conference on Computer Communications (INFOCOM). Toronto, Canada, 2014: 1060-1068.

[5] FESEHAYE D, GAO Y, NAHRSTEDT K, et al. Impact of cloudlets on interactive mobile cloud applications [C]. Proceedings of the IEEE 16th International Conference on Enterprise Distributed Object Computing Conference (EDOC). Beijing, China, 2012: 123-132.

[6] WU Y, YING L. A Cloudlet-based Multi-lateral Resource Exchange Framework for Mobile Users [C]. Proceedings of the IEEE International Conference on Computer Communications (INFOCOM). 2015: 927-935.

[7] CHATZIMILIOUDIS G, KONSTANTINIDIS A, LAOUDIAS C, et al. Crowdsourcing with smartphones [J]. IEEE Internet Computing, 2012, 16 (5): 36-44.

[8] YAN T, MARZILLI M, HOLMES R, et al. mCrowd: a platform for mobile crowdsourcing [C]. Proceedings of the 7th ACM Conference on Embedded Networked Sensor Systems (SenSys). Berkeley, USA, 2009: 347-348.

[9] EAGLE N. txteagle: mobile crowdsourcing [C]. Proceedings of the 3rd International Conference on Internationalization, Design and Global Development (IDGD). Berlin, SPRINGER, 2009: 447-456.

[10] NARULA P, GUTHEIM P, ROLNITZKY D, et al. MobileWorks: a mobile crowdsourcing platform for workers at the bottom of the pyramid [C]. Proceedings of the AAAI Conference on Human Computation & Crowdsourcing (HCOMP). San Francisco, USA, 2011: 11-13.

[11] GUPTA A, THIES W, CUTRELL E, et al. mClerk: enabling mobile crowdsourcing in developing regions [C]. Proceedings of the ACM SIGCHI Conference on Human Factors in Computing Systems (CHI). Austin, USA, 2012: 1843-1852.

[12] GAO R, ZHAO M, YE T, et al. Jigsaw: Indoor floor plan reconstruction via mobile crowdsensing [C]// Proceedings of the 20th annual international conference on Mobile computing and networking. ACM, 2014: 249-260.

[13] OU Z, DONG J, DONG S, et al. Utilize signal traces from others? a crowdsourcing perspective of energy saving in cellular data communication [J]. IEEE Transactions on Mobile Computing, 2015, 14 (1): 194-207.

[14] WANG Y, WU H. Delay/fault-tolerant mobile sensor network (dft-msn): A new paradigm for pervasive information gathering [J]. IEEE Transactions on mobile computing, 2007, 6 (9).

[15] XIE X, CHEN H, WU H. Bargain-based stimulation mechanism for selfish mobile nodes in participatory sensing network [C]. Proceedings of the IEEE 6th Communications Society Conference on Sensor, Mesh and Ad Hoc Communications and Networks (SECON). Rome, Italy, 2009: 72-80.

[16] TUNCAY G S, BENINCASA G, HELMY A. Participant recruitment and data collection framework for opportunistic sensing: a comparative analysis [C]//Proceedings of the 8th ACM MobiCom workshop on Challenged networks. ACM, 2013: 25-30.

[17] KARALIOPOULOS M, TELELIS O, KOUTSOPOULOS I. User Recruitment for Mobile Crowdsensing over Opportunistic Network [C]. Proceedings of the IEEE International Conference on Computer Communications (INFOCOM), 2015: 2254-2262.

[18] GAO L, HOU F, HUANG J. Providing long-term participation incentive in participatory sensing [C]. Proceedings of the IEEE Conference on Computer Communications (INFOCOM). 2015: 2803-2811.

[19] ZHANG Q, WEN Y, TIAN X, et al. Incentivize Crowd Labeling under Budget Constraint [C]. Proceedings of the IEEE International Conference on Computer Communications (INFOCOM). 2015: 2812-2820.

[20] XIAO M, WU J, HUANG L, et al. Multi-Task Assignment for CrowdSensing in Mobile Social Networks

［C］. Proceedings of the IEEE International Conference on Computer Communications （INFOCOM）. 2015：2227-2235.

［21］ HUANG C Y, HSU C H, CHANG Y C, et al. GamingAnywhere：an open cloud gaming system ［C］. Proceedings of the ACM 4th multimedia systems conference （MMSys）. Oslo, Norway, 2013：36-47.

［22］ ZHANG C, HUANG C, CHOU P A, et al. Pangolin：speeding up concurrent messaging for cloud-based social gaming ［C］. Proceedings of the ACM Conference on emerging Networking Experiments and Technologies （CoNEXT）. Tokyo, Japan, 2011：23-34.

［23］ LEE K, CHU D, CUERVO E, et al. Outatime：Using Speculation to Enable Low-Latency Continuous Interaction for Cloud Gaming ［C］. Proceedings of the ACM 13th Annual International Conference on Mobile Systems, Applications, and Services （Mobisys）. Florence, Italy, 2015：151-165.

［24］ 邬贺铨. 物联网的应用与挑战综述 ［J］. 重庆邮电大学学报 （自然科学版）, 2010, 22 （5）：526-531.

［25］ 吴晓迪. 互联网金融的发展与研究综述 ［J］. 北方经贸, 2016 （2）：101-102.

［26］ 高汉. 互联网金融的发展及其法制监管 ［J］. 中州学刊, 2014 （2）：57-61.

［27］ 林章悦, 刘忠璐, 李后建, 等. 互联网金融的发展逻辑：基于金融与互联网功能耦合的视角 ［J］. 西南民族大学学报 （人文社科版）, 2015 （7）：140-145.

［28］ 操胜. 浅析中国互联网金融的发展 ［J］. 速读 （中旬）, 2015 （2）：266.

［29］ 陈静. IDC 业务发展研究 ［D］. 北京：北京邮电大学, 2004.

［30］ 崔勇, 赖泽祺, 缪葱葱. 移动云存储服务关键技术研究 ［J］. 中兴通讯技术, 2015, 21 （2）：10-13.

［31］ CUI Y, LAI Z, DAI N. A first look at mobile cloud storage services：architecture, experimentation, and challenges ［J］. IEEE Network, 2016, 30 （4）：16-21.

［32］ CUI Y, LAI Z, WANG X, et al. QuickSync：Improving synchronization efficiency for mobile cloud storage services ［C］. Proceedings of the 21st Annual International Conference on Mobile Computing and Networking. ACM, 2015：592-603.

［33］ IFTTT ［OL］. https：//ifttt. com/.

［34］ TANG H, LIU F, SHEN G, et al. UniDrive：Synergize multiple consumer cloud storage services ［C］. Proceedings of the 16th Annual Middleware Conference. ACM, 2015：137-148.

［35］ RESCH J K, PLANK J S. AONT-RS：Blending security and performance in dispersed storage systems ［C］. Proceedings of the USENIX Conference on File and Storage Technologies （FAST）. San Jose, USA, 2011：14-25.

［36］ BESSANI A, CORREIA M, QUARESMA B, et al. DepSky：dependable and secure storage in a cloud-of-clouds ［J］. ACM Transactions on Storage （TOS）, 2013, 9 （4）：12.

［37］ MADHYASTHA H V, MCCULLOUGH J, PORTER G, et al. SCC：cluster storage provisioning informed by application characteristics and SLAs ［C］. FAST, 2012：23.

［38］ 王超. 移动社交网络综述 ［J］. 互联网天地, 2015 （2）：74-76.

［39］ TRIDGELL A, MACKERRAS P. The rsync algorithm ［J］. Technical Report TR-CS-96-05, Canberra 0020 ACT, Australia, 1996.

［40］ CHITNIS A, HENRIQUE D, LEWIS J, et al. Primary neurogenesis in Xenopus embryos regulated by a homologue of the Drosophila neurogenic gene Delta ［J］. Nature, 1995, 375 （6534）：761.

［41］ HU X, CHU T H S, LEUNG V C M, et al. A survey on mobile social networks：Applications, platforms, system architectures, and future research directions ［J］. IEEE Communications Surveys & Tutorials, 2015, 17 （3）：1557-1581.

［42］ CHO E, MYERS S A, LESKOVEC J. Friendship and mobility：user movement in location-based social networks ［C］. Proceedings of the 17th ACM SIGKDD international conference on Knowledge discovery and data mining. ACM，2011：1082-1090.

［43］HUMPHREYS L. Mobile social networks and social practice：A case study of Dodgeball ［J］. Journal of Computer Mediated Communication，2007，13（1）：341-360.

［44］赵梦嫒. 网络直播在我国的传播现状及其特征分析 ［J］. 西部学刊，2016（16）：29-32.

［45］刘邦智，胡勇. 流媒体技术综述 ［J］. 信息与电脑（理论版），2011（12）：73-75.

［46］朱晓晨，沈苏彬. 基于 HTTP 的动态自适应流技术综述 ［J］. 系统仿真学报，2013，25（11）.

［47］杨戈，廖建新，朱晓民，等. 流媒体分发系统关键技术综述 ［J］. 电子学报，2009，37（1）：137-145.

第 12 章
移动互联网实验指导

本章针对移动互联网的基本原理、关键技术与热门应用分别设计了实验,包括 Android 应用开发实验、VR 游戏开发实验、传输协议握手实验、WEP 密码破解实验和移动 IP 实验, 帮助读者深入理解移动互联网的关键技术,并希望读者掌握一定的开发能力。

📖 教学目标
- 通过 5 个典型实验,巩固移动互联网的基本原理和关键技术,如移动应用、网络 传输协议、网络安全和移动 IP 等。
- 了解 Android 等操作系统应用的开发设计方法,掌握一定的开发能力。

12.1 Android 应用开发实验

12.1.1 实验目的

人的生活琐事有很多,每天需要处理的事情也很多,很多人意识到自己的记忆力不足以 记下自己所有的日程,这在一定程度上促使某些厂商开发日程管理软件。日程管理软件可以 帮助用户记录每天的日程,方便用户管理自己的日程。

相比笔记本电脑,手机更加便携,可以随时随地打开并使用。因此,手机端的日程管理 软件备受人们的青睐。本实验基于 Android 平台开发一款日程管理软件,帮助读者对 Android 应用的基本架构和开发流程形成一定的认识,掌握基本的 Android 软件开发能力。

12.1.2 实验要求

实验开发环境介绍如下。

1)数据库:日程管理软件的开发与数据库密切相关,但对数据库要求不高,因为 Android 系统自带 SQLite 数据库,因此,在开发软件时,可使用 Android 系统自带的数 据库。

2)Android 开发使用 Java,因此首先需要在开发设备上配置好 Java 的开发环境。

3)Android Studio 是谷歌官方强烈推荐的集成开发环境。用户可在 Android 官方网站下 载 Android Studio,它包含了:

- 基于 IntelliJ 平台的 Android IDE;

- Android SDK 工具（API、驱动程序、源码、样例等）；
- Android 模拟器。

12.1.3 实验内容

日程管理软件主要为用户提供日程的基本信息管理，其主界面如图 12-1 所示，具体功能如下。

1）新建日程。用户可以创建自己的日程信息，并对该日程的日期和是否需要打开闹钟进行设置。

2）删除日程。用户可以删除自己不需要的日程信息。

3）修改日程。用户可以对自己之前新建立的日程进行修改，使该日程更加适合当前的状况。

4）查找日程。用户可以在有大量信息的情况下更加方便地查找自己需要的日程信息。

5）删除过期日程。在该软件存在大量的过期日程信息的情况下，用户可以使用该功能批量地删除自己不需要的过期日程。

6）日程类别维护。用户可以增加自己需要的日程类别，并且删除自己不需要的日程类别。

该软件主要包括日程类别管理模块、日程信息管理模块和删除过期日程信息模块，其功能结构图如图 12-2 所示。

图 12-1　日程管理软件主界面

图 12-2　日程管理软件功能结构图

12.1.4 实验帮助

为了帮助开发者开发出优秀的应用程序，Android 系统提供了以下内容。

1. 四大组件

Android 系统的四大组件分别是活动（Activity）、服务（Service）、广播接收器（Broadcast Receiver）和内容提供器（Content Provider）。其中，活动是所有 Android 应用程序的"门面"，只要用户在应用中看得到的东西，就都是放在活动中的。而服务就比较"低调"了，用户无法看到它，但它一直会在后台默默运行，即使用户退出了应用，服务仍然是可以继续运行的。广播接收器允许用户的应用接收来自各处的广播消息，如电话、短信等，当然，用户的应用同样可以向外发出广播消息。内容提供器则为应用程序之间共享数据提供了可能，比如用户想要读取系统电话簿中的联系人，此时需要通过内容提供器来实现。

2. 丰富的系统控件

Android 系统为开发者提供了丰富的系统控件，使得开发者可以很轻松地设计出漂亮的界面。当然，如果你的品位比较高，不满足于系统自带控件的效果，也完全可以定制属于自己的控件。

3. SQLite 数据库

SQLite 是一种轻量级、运算速度极快的嵌入式关系型数据库。它的数据库就是一个文件，实现了自给自足、无服务器、零配置的、事务性的 SQL 数据库引擎。它可以通过 Android 封装好的 API 进行操作，让存储和读取数据变得非常方便。

4. 地理位置定位

和 PC 相比，移动设备的地理位置定位功能是一大亮点。现在的 Android 手机都内置 GPS，随时随地可以定位自己的位置，这样开发者就可以开发出创意十足的应用，如果再结合功能强大的地图功能，那么 LBS 这一领域潜力无限。

5. 强大的多媒体

Android 系统提供了丰富的多媒体服务，如音乐、视频、录音、拍照、闹铃等，开发者可以通过代码对它们进行控制，让开发出的应用变得丰富多彩。

6. 传感器

Android 手机中会内置多种传感器，如加速度传感器、方向传感器等，这也是移动设备的一大特点。通过灵活使用这些传感器，开发者可以开发出很多在 PC 上根本无法实现的应用。

12.2　VR 游戏开发实验

12.2.1　实验目的

Daydream 是由谷歌开发的一个 VR 平台，它于 2016 年在谷歌 I/O 公布，谷歌 VR 方面的负责人 Clay Bavor 表示，移动 VR 才是 VR 的未来，于是推出了一个名为 Daydream 的 VR 平台。这个平台由三部分组成：核心的 Daydream-Ready 手机及其操作系统，配合手机使用的头盔和控制器，以及支持 Daydream 平台生态的应用。

通过 VR 游戏开发实验，读者可以理解 Daydream 平台的开发原理，掌握 Daydream VR 的开发技能。

12.2.2　实验要求

充分理解 Daydream 平台的开发原理，了解开发需要用到的依赖库和 VR 开发所需的权限，运行 Daydream 官方示例，理解源码，了解如何快速开发出 Daydream VR 程序，并能够在此基础上开发实现更多的功能。

12.2.3　实验内容

1）安装 Android Studio 开发环境。

2）下载示例源码文件 gvr-android-sdk，打开现有的 Android Studio 项目，或者，在运行界面中，首先选中 File→Open，然后选择示例源码文件 gvr-android-sdk 所在的目录。

3）将 Android 手机连接到计算机，运行 Daydream 示例应用，如寻宝小游戏 Treasure Hunt，开始在手机上编译和运行应用程序。寻宝小游戏有互动效果，购买的 Daydream 控制器可以连接使用，也可以用另一个手机下载控制器，模拟控制器来使用。Treasure Hunt 运行效果如图 12-3 所示，点击黄色立方体宝藏，立方体会消失，并且会反馈震动以提示找到宝藏。读者可通过读源码理解其运行原理。

黄色立方体

图 12-3　Treasure Hunt 运行效果

4）在 Treasure Hunt 的基础上，仿照宝藏的效果，新建一个红色立方体，点击该红色立方体，立方体消失，并反馈震动以提示未找到宝藏。

12.2.4　实验帮助

1. Daydream 简介

谷歌发布了旗下第一款 Daydream VR 头盔——Daydream View。Daydream View 是第一款由谷歌设计的 Daydream VR 头盔，需要配合特定的手机使用。谷歌为此启用了 Daydream Ready 的认证，而 Pixel 就是第一款符合这个标准的手机，未来还会有更多的手机支持这款头盔。

与传统的头盔 Gear VR 不同的是，Daydream View 完全不用连接手机，其上也没有供操作用的按钮；而 Gear VR 拥有外置陀螺仪，需要通过 USB 或 Type-C 接口与手机相连。谷歌希望外置传感器做的这些事情可完全通过手机内置的传感器实现。和传统的头盔不同，Daydream View 提供了一个手柄供用户操作，手柄上有一个触摸圆盘以及两个按键，实现常规操作会更方便一些。

2. Daydream 的 Android 开发背景知识

示例源码 gvr-android-sdk 包含 7 个依赖库和 4 个可运行的 sample App。

1）7 个依赖库是创建 Android VR 的核心，介绍如下。

- com. google. vr. sdk. base：Google VR API 的核心代码。
- com. google. vr. sdk. common：Google VR API 的公共代码。
- com. google. vr. sdk. audio：3D 空间化声音的代码。
- com. google. vr. sdk. controller：用于在 VR 应用程序中使用 Daydream 控制器的代码。
- com. google. vr. sdk. widgets. common：用于嵌入 VR 视图内容的共享代码。
- com. google. vr. sdk. widgets. pano：VR 全景视图代码。
- com. google. vr. sdk. widgets. video：VR 视图视频小部件的代码。

如果需要了解这些代码的 API，则可以查看谷歌开发者网站。

2）4 个可运行的 sample App，介绍如下。

- samples-simplepanowidget：提供简单全景视图组件例子。
- samples-treasurehunt：寻宝小游戏例子。
- samples-simplevideowidget：提供简单视图视频组件例子。
- samples-controllerclient：Daydream 控制器 App 模拟器客户端。

如果需要了解寻宝游戏的实现方式，则可以查看谷歌开发者网站。

3）寻宝游戏主要用到的权限如下。

- android. permission. INTERNET：获取网络权限。
- android. permission. NFC：获取 NFC 权限。
- android. permission. VIBRATE：获取振动权限。
- android. permission. READ_EXTERNAL_STORAGE：读取拓展内容。
- android. hardware. sensor. accelerometer：加速度传感器。
- android. hardware. sensor. gyroscope：水平陀螺仪。
- com. google. intent. category. CARDBOARD：兼容 Cardboard 纸盒。

4）寻宝游戏用到的 Activity 和接口如下。

- GvrActivity：使用谷歌 VR SDK 制作应用程序的起点。
- GvrView. StereoRenderer 接口：负责所有的立体渲染、失真校正的细节与渲染抽象和视图内部管理。
- GvrView：可用于 VR 渲染，渲染立体声内容。

12.3　传输协议握手实验

12.3.1　实验目的

传输层是互联网协议栈的核心层次之一，它的任务是在源节点和目的节点间提供端到端的、高效的数据传输功能。TCP 是主要的传输层协议，它为两个任意处理速率的、使用不可靠 IP 连接的节点，提供了可靠的、具有流量控制和拥塞控制的、端到端的数据传输服务。快速 UDP 网络连接（Quick UDP Internet Connection，QUIC）协议是下一代传输层网络传输协议，由 Google 公司开发，在 2013 年首次被提出。QUIC 协议使用 UDP，支持多路复用传输和快速连接建立，提供等同于 SSL/TLS 层级的网络安全保护，减少数据传输及创建连接时的延迟时间，双向控制带宽，以避免网络拥塞。Google 希望用这个协议来替换 TCP，使网页传输速率加快，并将 QUIC 提交至 IETF，计划让它成为下一代的正式网络规范。

本实验通过对 TCP 和 QUIC 协议的抓包分析与对比，帮助读者理解 TCP 和 QUIC 协议的原理与握手过程；通过搭建 QUIC 服务器与客户端，帮助读者进一步理解 QUIC 的特性。

12.3.2　实验要求

充分理解 TCP 和 QUIC 协议，以及它们的握手过程；实现 TCP 建立连接的抓包分析，QUIC 服务器和客户端的搭建，以及 QUIC 建立连接的抓包分析。

12.3.3　实验内容

本实验主要包括如下内容。

1）使用 Wireshark 抓包，观察 TCP 三次握手建立连接的过程。

2）根据 Google Playing with Quic 教程，搭建服务器和客户端。

3）根据客户端控制台输出，观察 QUIC 握手建立连接的过程。

4）分析 TCP 与 QUIC 协议在握手规则上的异同。

12.3.4　实验帮助

1. Wireshark 抓包

Wireshark 是一个网络抓包分析软件。网络抓包分析软件的功能是截获网络抓包，并尽可能显示最为详细的网络抓包资料。Wireshark 使用 WinPCAP 作为接口，直接与网卡进行数据报文交换。在过去，网络抓包分析软件是非常昂贵或专门用于营利的软件，Wireshark 的出现改变了这一切。在 GNU 通用公共许可证（GPL）的保障范围内，用户可以免费获取软件及其代码，并拥有针对其源码修改及定制化的权利。Wireshark 是目前全世界使用较为广泛的网络抓包分析软件。

1）抓包捕获：首先在菜单中依次选择"Capture"→"Interface"，然后选择需要抓包的网卡。

2）数据过滤：根据需求在"Filter"对话框中输入命令进行过滤。常用过滤规则包括 IP 过滤（如 ip. addr＝＝×.×.×.×、ip. src＝＝×.×.×.×、ip. dst＝＝×.×.×.×）、协议过滤（如 HTTP、HTTPS、SMTP、ARP 等）、端口过滤（如 tcp. port＝＝21、udp. port＝＝53）、组合过滤（如 ip. addr＝＝×.×.×.×&& tcp. port＝＝21、tcp. port＝＝21 or udp. port＝＝53）。更多过滤规则可以在 Expression 中进行学习和查询。

过滤器可以帮助用户在庞杂的结果中迅速找到自己需要的信息。过滤器分成捕捉过滤器和显示过滤器。捕捉过滤器用于决定将什么样的信息记录在捕捉结果中，需要在开始捕捉前设置。捕捉过滤器是数据经过的第一层过滤器，它用于控制捕捉数据的数量，以避免产生过大的日志文件。显示过滤器则允许在捕捉结果中进行详细查找，过滤条件可以在得到捕捉结果后随意修改。显示过滤器是一种更为强大（复杂）的过滤器，它允许用户在日志文件中迅速准确地找到所需的记录。

3）Follow TCP Stream：对于 TCP，可提取一次会话的 TCP 流进行分析。右键单击某条 TCP 数据，在弹出的快捷菜单中选择"Follow TCP Stream"，可以看到本次会话的文本信息，还可继续进行搜索、另存等操作。

2. 搭建 Quic 服务器与客户端

1）编译安装 QUIC toy client 和 server。

Chrome 中提供了示例 server 和 client。想要使用示例，需要先检查 Chrome 源码，并构建二进制文件。

2）准备服务器内容，并配置密钥证书。

预览 www.example.org 的测试数据，下载 www.example.org 的副本，使用 quic_server 二进制文件在本地提供服务。

生成证书：为了运行服务器，需要有效的证书和公私钥对。如果没有，则可以使用脚本来生成它们。除服务器的证书和公私钥对以外，脚本还将生成一个 CA 证书，需要将它添加到操作系统的根证书存储目录下，以保证在证书验证期间可信。

3）开启服务器，客户端发起 QUIC 连接请求，观察分析控制台输出。

开启服务器，使用 quic_client 通过 QUIC 成功请求并获取文件。如果服务器的默认端口为 6121，则必须指定客户端端口，因为它默认为 80。此外，如果本地计算机有多个环回地址（假如同时使用 IPv4 和 IPv6），则必须选择一个特定 IP 地址。客户端和服务器主要用于集成测试，不支持大规模性能测试。

12.4　WEP 密码破解实验

12.4.1　实验目的

利用 BackTrack 提供的工具破解目标 AP 的 WEP 密码。

12.4.2　实验要求

BackTrack 是"黑客"攻击专用 Linux 平台，是非常有名的无线攻击光盘（LiveCD）。BackTrack 内置了大量的"黑客"和审计工具，涵盖了信息窃取、端口扫描、缓冲区溢出、中间人攻击、密码破解、无线攻击、VoIP 攻击等攻击方式。aircrack-ng 是一个与 IEEE 802.11 标准的无线网络分析有关的安全软件，主要功能有：网络侦测、数据包嗅探、WEP 和 WPA/WPA2-PSK 破解。它包含了多款无线攻击审计工具软件（组件），具体见表 12-1。

表 12-1　组件说明

组件名称	描　　述
aircrack-ng	用于密码破解，只要 airodump-ng 收集到足够数量的数据包，就可以自动检测数据包并判断是否可以破解
airmon-ng	用于改变无线网卡的工作模式
airodump-ng	用于捕获无线报文，以便于 aircrack-ng 破解
aireplay-ng	可以根据需要创建特殊的无线数据报文及流量
airserv-ng	可以将无线网卡连接至某一特定端口
airolib-ng	在进行 WPA Rainbow Table 攻击时，用于建立特定数据库文件
airdecap-ng	用于解开处于加密状态的数据包
tools	其他辅助工具

本实验利用 BackTrack 系统中的 aircrack-ng 工具破解 WEP 密码。为了快速捕获足够的数据包，采用有合法客户端活动情况下的破解方式（对于无客户端的破解方式，感兴趣的读者可以自行上网查找相关资料），合法客户端在实验过程中需要保持网络活动（如网络下载）。

本实验的网络拓扑图如图 12-4 所示。

图 12-4　WEP 密码破解实验网络拓扑图

12.4.3　实验内容

1. 确定 AP 对象

按 AP 分成小组，小组中一部分作为合法用户，另一部分作为攻击方，合法用户需要保持网络活动（如 Ping AP 或同组其他合法用户）以便抓包。在 Windows 系统下，利用无线网卡搜索 AP，可以获得 AP 的 SSID 和安全设置。选择采用 WEP 的无线 AP 来破解。

2. 启动 BackTrack 5，载入网卡

1）新建虚拟机文件，导入 BackTrack 5 系统（下载 BackTrack 5 系统，启动 ISO）。

启动 VMware，新建虚拟机，需要设置操作系统类型（Ubuntu）、虚拟机名称、磁盘大小等。选择虚拟机，单击"开始"，即可启动 BackTrack 5 系统。在有提示时，按〈Enter〉键启动系统。注意，保持启动方式为默认的"Text"，按照提示输入"startx"启动 x 窗口模式。

2）单击"VM｜Removable Devices"，选择无线网卡。如果未接入虚拟机，则单击"Connect"。

3）单击 BackTrack 5 系统左下方的终端图标按钮，启动 Shell，输入"ifconfig-a"命令以查询所有的网卡。

3. 捕获数据包

1）首先输入"airmon-ng start <interface> <channel>"，将网卡（interface）激活为 monitor 模式，利用"kill"命令删除提示中可能影响网卡工作的进程后再重新激活；通道（channel）通过 BackTrack 搜索，然后依次选择"Internet"→"Wicd Network Manager"。

2）输入"airodump-ng-w ciw-channel 通道名 网卡名"，注意，其中网卡名为激活后的虚拟名（如 mon0、mon1 等），ciw 为文件名，具体的文件名可在命令窗口中通过输入"ls"命令查看；输入指令后开始抓包；抓包数据中显示了许多网络信息，data 的值表示抓包数量。

4. 破解 WEP 密码

1）等到抓包数足够（一般 data 数量可达 4 万~5 万，甚至更高）后，在新的 Shell 中输入"aircrack-ng-x-f 2 抓包文件名"；按照提示以输入方式选择 AP。

2）等待一段时间后，密码破解成功。如果提示破解失败，则等待一段时间捕获更多数据包后再破解。

12.4.4　实验帮助

通过 WEP 密码破解实验，可以发现，只要能够捕获足够的数据包，就可以轻松破解 WEP 密码，从而入侵内部网络。为了提高无线网络的安全，必须采用除 WEP 加密以外的其他安全措施。

SSID（Service Set Identifier）也可以写为 ESSID，用来区分不同的网络，最多可以有 32 个字符。无线网卡设置了不同的 SSID 就可以进入不同网络。SSID 通常由 AP 广播出来，通过 Windows 自带的扫描功能可以查看当前区域内的 SSID。简单来说，SSID 就是一个局域网的名称，只有设置了相同 SSID 值的计算机，才能互相通信。可以通过隐藏 SSID 信息来提升无线通信的安全性。

每一个网络设备，无论是有线还是无线，都有一个唯一标识——MAC 地址。这些地址一般表示在网络设备上，网卡的 MAC 地址可以用这个办法获得：打开命令行窗口，输入"ipconfig/all"，然后出现很多信息，其中"物理地址"就是 MAC 地址。无线 MAC 地址过滤功能通过 MAC 地址允许或拒绝无线网络中的计算机访问广域网，从而有效控制无线网络内用户的上网权限。

无线路由器或 AP 在分配 IP 地址时，通常默认使用 DHCP，即动态 IP 地址分配，这对无线网络来说是有安全隐患的，只要找到了无线网络，就可以很容易通过 DHCP 得到一个合法的 IP 地址，由此就进入了局域网。因此，可以关闭 DHCP 服务，为每台计算机分配固定的静态 IP 地址，然后再把这个 IP 地址与该计算机无线网卡的 MAC 地址进行绑定，这样就能大大提升网络的安全性。这样的话，非法用户不易得到合法的 IP 地址，即使得到了，也还要验证绑定的 MAC 地址，相当于有两重"关卡"。

12.5　移动 IP 实验

12.5.1　实验目的

移动 IP 是一种在全球因特网上提供移动功能的方案。它使 MN（移动节点）在切换链路时仍然可保持现有的通信，并且提供了一种 IP 路由机制，可以使 MN（移动节点）以一个永久的 IP 地址连接到任何链路上。

本实验分"角色"［即 MN、FA（外地代理）和 HA（家乡代理）］地实现移动 IP 的三个技术：代理搜索、注册和包传送。

通过本实验，读者可以理解移动 IP 的工作原理，掌握移动 IP 的主要技术。

12.5.2　实验要求

充分理解移动 IP，了解它的三个"角色"的主要作用，能够实现以下功能。

1）代理搜索–MN 功能的实现。

2）注册–MN 功能的实现。

3）注册–FA 功能的实现。

4）注册–HA 功能的实现。

5）包传送–HA 功能的实现。

6）包传送–FA 功能的实现。

12.5.3　实验内容

（1）实现代理搜索过程 MN 的主要功能

根据系统提供的参数组装并发送代理请求报文，收到代理应答消息后，判断出该代理是 FA 还是 HA，如果是 FA，则提交转交地址（本实验默认采用 FA 地址作为转交地址）。

（2）实现注册过程中 MN 的主要功能

根据系统提供的参数组装并发送注册请求消息，收到注册应答消息后，根据报文的内容修改 MN 的路由表。

（3）实现注册过程中 FA 的主要功能

1）在收到注册请求报文后，通过查找路由表将该报文重新进行组装，然后中继到 HA。

2）在从 HA 收到注册应答消息后，判断本次注册过程是否成功，若成功，则需要修改 FA 的路由表，最后将该应答消息中继到 MN。

（4）实现注册过程中 HA 的主要功能

对于收到的注册请求报文，进行合法性检查（只需检查要注册的 MN 是否合法），如果合法，则修改它的绑定表，最后发送注册应答消息给 FA。

（5）实现包传送中 HA 的主要功能

如果收到目的地址是 MN 的 HA 的数据包，则查找绑定表，将该包进行 IP 封装，然后发送给 FA；否则，查找路由表，进行正常的 IP 转发。

（6）实现包传送中 FA 的主要功能

如果收到目的地址是 MN 的 HA 的数据包，则查找路由表，将该包进行解封装，然后发送给 MN。

如果收到来自 MN 的数据包，则必须先为 MN 发来的数据包查找路由，验证 IP 头部检验和，并减少 IP 的生存期（Time To Live，TTL），再重新计算 IP 头部检验和，并转发这样的数据包。

12.5.4　实验帮助

1. 移动 IP 简介

越来越多的网络用户通过无线技术接入网络，这种方式有很多优点。然而，它也存在不足之处，当用户移动到一个新网络时，连接就会断开。移动 IP 是一种网络标准，它实现了跨越不同网络的无缝漫游功能。当用户跨越不同网络边界时，移动 IP 技术可以确保诸如网络技术、多媒体业务和虚拟专用网络等应用的永不中断连接。

采用传统 IP 技术的主机在移动到另一个网段或者子网时，由于不同的网段对应不同的 IP 地址，因此用户不能使用原有 IP 地址进行通信，必须修改主机 IP 地址为所在子网的 IP 地址，而且出于各种网络设置，用户一般不能继续访问原有网络的资源，其他用户也无法通过该用户原有的 IP 地址访问该用户。

移动 IP 技术是指移动用户可在跨网络随意移动和漫游中，使用基于 TCP/IP 的网络时，不用修改计算机原来的 IP 地址，同时，继续享有原网络中一切权限。简单地说，移动 IP 就是实现网络全方位的移动或者漫游。

移动 IP 可应用于所有基于 TCP/IP 的网络环境中，它为人们提供了无限广阔的网络漫游服务。例如，在用户离开北京总公司，出差到上海分公司时，只要简单地将移动终端（笔记本计算机、PDA 等所有基于 IP 的设备）连接至上海分公司的网络上，且不需要做其他任何改动，就可以实现与在北京总公司里一样的所有操作，如用户依然能使用北京总公司的相关打印机。诸如此类的种种操作，让用户感觉不到自己身在外地。换句话说，移动 IP 的应用让用户的"家"网络随处可以安"家"。

2. 计算机网络试验系统 NetRiver

清华大学研制的计算机网络试验系统 NetRiver 为学生提供了一个能够进行网络协议编程、调试、可视化执行和测试的实验平台。

NetRiver 提供可控、真实的全协议栈网络实验环境，支持实验代码编辑、编译和调试的集成开发环境，可视化的协议报文捕捉与行为分析，基于脚本语言的可扩展的实验描述和执行，基于协调测试法的自动实验测试，以及功能丰富的实验管理平台。

利用 NetRiver，学生可以方便地完成网络协议的编程、调试、可视化执行和自动测试。在此平台上，学生无须关心系统对实验的影响，能够直接编写和测试协议相关的核心内容。目前，NetRiver 支持的实验包括 IPv4 收发实验、IPv4 转发实验、TCP 实验、IPv6 收发实验、IPv6 转发实验、滑动窗口协议实验、移动 IP 实验等。

NetRiver 由三部分构成：实验管理服务器、测试服务器和客户端。实验管理服务器用于保存所有用户的信息，包括用户名、用户密码、实验进度、测试结果、实验成绩以及教师管理信息等。测试服务器会根据实验内容与客户端进行协议通信，完成协议一致性测试。客户端是学生实验的操作平台，它不仅可以连接并登录实验管理服务器和测试服务器，还提供了一个可以编辑、编译、调试和执行实验代码的软件开发环境。在测试过程中，客户端软件还能够显示并分析协议测试分组的内容。

3. 实验拓扑

本实验可将所有测试用例或实验代码作为 MN、FA 和 HA 这三个功能实体中的某一个"角色"，系统则作为其他两个"角色"。